高等院校艺术设计类"十四五"规划教材

SketchUp
草图大师基础与实例

主　编　马前进　薄楠林　侯　佳

副主编　张子悦　谢各各　王佩蕊

中国海洋大学出版社

·青岛·

图书在版编目（CIP）数据

SketchUp 草图大师基础与实例 / 马前进，薄楠林，侯佳主编 .— 青岛：
中国海洋大学出版社，2024.4
ISBN 978-7-5670-3765-6

Ⅰ．①S⋯ Ⅱ．①马⋯ ②薄⋯ ③侯⋯ Ⅲ．① 建筑设计－计算机辅助
设计－应用软件 Ⅳ．① TU201.4

中国国家版本馆 CIP 数据核字（2024）第 026436 号

出版发行	中国海洋大学出版社
社　　址	青岛市香港东路 23 号　　　　　　邮政编码　266071
出 版 人	刘文菁
策 划 人	王　炬
网　　址	http://pub.ouc.edu.cn
电子信箱	tushubianjibu@126.com
订购电话	021-51085016
责任编辑	矫恒鹏　　　　　　　　　　　　　电　　话　0532-85902349
印　　制	上海万卷印刷股份有限公司
版　　次	2024 年 4 月第 1 版
印　　次	2024 年 4 月第 1 次印刷
成品尺寸	210 mm×270 mm
印　　张	21
字　　数	494 千
印　　数	1～3000
定　　价	69.00 元

发现印装质量问题，请致电021-51085016，由印刷厂负责调换。

前　言

PREFACE

　　SketchUp是一款运用于建筑设计、室内设计和景观设计等领域的软件，其创作过程不仅能够充分表达设计师的思想，而且完全能满足与客户即时交流的需要，方便设计师直接在电脑上使用该工具进行直观的构思，是三维建筑设计创作的优秀工具。

　　本书从实际应用角度出发，通过大量的操作案例对SketchUp Pro 2020版的功能命令、操作方法、综合应用等进行了详尽的讲解和演示，使读者能够在较短的时间内掌握SketchUp的使用方法。

　　本书共12章。第1~3章，讲解SketchUp软件基础、软件的操作环境、视图与对象的控制方法，包括SketchUp的简介与特色，SketchUp的应用领域，SketchUp与相关软件的协同作业，SketchUp软件的操作界面、系统设置、工作界面的优化，以及SketchUp视图的控制与对象的显示方法等。

　　第4~5章，讲解SketchUp图形的常用绘制工具和编辑工具等，其中绘制工具主讲直线、矩形、圆、圆弧、坐标轴、模型交错等工具的使用，编辑工具主讲擦除、移动、旋转、缩放、推拉、路径跟随、偏移等操作方法，最后讲解测量与标注工具、文字工具和截面工具的使用方法。

　　第6~9章，讲解SketchUp的高级操作，主要包含标记、群组与组件的运用，场景与动画的功能与操作，材质与贴图的运用和技巧以及插件的操作与应用、文件的导入与导出等。

第10~12章，详细讲解在不同的行业和领域SketchUp的系统操作，包括导入SketchUp前的准备工作、创建基础模型、贴图与组件的添加、导出场景和图像的方法等，在此过程中还相应介绍了其他与之相协作的绘图软件（AutoCAD、Photoshop）的关联用法和V-Ray渲染器插件的运用等。

本书理论结合实际，基础和详解并重，针对各个专业的设计重点，通过室内设计、景观设计的综合实例进行了实战演示，适合广大室内设计、建筑设计、景观设计行业的工作人员学习和使用。

由于编者水平所限，书中不足之处在所难免，敬请广大读者批评指正。

编者
2023年12月

目 录
CONTENTS

1 SketchUp 草图大师概述

SketchUp 作为一款优秀的三维模型设计创作工具，可提供从平面设计到施工管理结束所需要的工具，简化工作流程，优化设计步骤，用最直观的设计方式表达用户的创意想法。本章将介绍 SketchUp 的简介和特色、SketchUp 的应用领域及其与相关软件的协同作业等相关基础知识。

学习目标

了解 SketchUp 的概况与特色；

了解 SketchUp 的应用领域；

了解 SketchUp 在不同的操作阶段中与相关软件的协同作业。

1.1 SketchUp 简介与特色

1.1.1 SketchUp 简介

在最初的设计过程中，设计师们都是通过手绘来表现和完善设计。随着社会的进步，手绘在精确度、便捷性上都已无法满足人们的需求，由此应运而生了众多专业设计软件，SketchUp 便是最受欢迎、应用最为广泛的三维建模软件之一。

SketchUp 在建筑设计方面的应用是现代技术与艺术设计的完美结合，能够明确又快速地把设计师的设计想法呈现出来，被建筑师称为最优秀的建筑草图工具之一，是建筑创作上的一大革命。

SketchUp 看似简单，实际上却是蕴含着强大的构思与表达能力的软件工具，它可以迅速地构建、显示、编辑三维建筑模型，同时可以导出图形文件、2D 向量文件及 3D 模型文件等尺寸正确的图形，与其他相关设计软件协同作业。

SketchUp 是直接面向设计方案创作过程开发的软件，而不只是渲染成品或施工图纸的设计工具，其创作过程不仅能够充分表达设计师的思想，而且能完全满足与客户即时交流的需要。设计师一般的工作过程是，接到方案后的设计构思—勾画草图—制图员建模—渲染—提出修改意见—修图—加配景—出图。在这个过程中，SketchUp 与设计师手工绘制构思草图的过程很相似，使得设计师可以直接在电脑上进行十分直观的构思，随着构思的不断清晰，细节也在不断增加。同时，其成品导入其他着色，或后期渲染软件可以继续形成照片级别的商业效果图。

1.1.2 SketchUp 的特色

（1）简洁性。

SketchUp 界面简洁，易学易用，完全不同于 3ds Max 等复杂的设计软件，短时间内即可掌握。

（2）直观性。

SketchUp 直接针对建筑设计、室内设计、景观设计，设计过程中的任何阶段都可以呈现直观的三维作品，建模过程"所见即所得"，可与客户随时交流和修改。

（3）准确性。

SketchUp 建模可直接输入数据或修改数据，做到精确建模。设计师可以最大限度地控制设计成果的准确性。

（4）多样性。

SketchUp 可以将模型输出为不同质感和线条体块的风格化图纸。

（5）深入性。

在 SketchUp 软件内，可以为表面赋予材质、贴图，并且有 2D、3D 配景形成的图面效果，类似于钢笔淡彩，可以方便地生成任何方向的剖面，可以形成可供演示的剖面动画、准确定位的阴影，使得设计过程的交流完全可行。

1.2　SketchUp 的应用领域

SketchUp 的应用范围主要是建筑内外设计，包括室内设计、建筑设计、园林景观和城市规划等领域。

1.2.1 室内设计

SketchUp 可以创建室内空间设计模型，更加灵活地展示及修改方案，结合渲染器渲染照片级别的效果图，如图 1-2-1、图 1-2-2 所示。

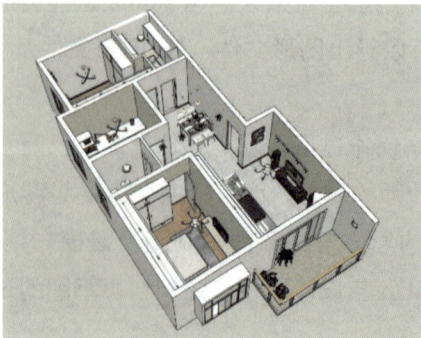

图1-2-1

图1-2-2

1.2.2 建筑设计

SketchUp 在建筑设计领域主要应用在方案设计的初期阶段，对点位的场地进行初步的环境设置，以及制作出建筑的大体轮廓。同时也可以用来分析光影和日照，设定某一城市的经纬度及时间等信息，得到更真实的光照效果，如图 1-2-3 所示。

图1-2-3

1.2.3 园林景观

SketchUp 有丰富的景观设计素材、植物素材，输出的效果能够满足景观效果图的需求，也可以很便捷地把 SU 模型导入 Lumion、Twinmotion 软件中，配合更高级的渲染器创造更丰富的效果表现，如图 1-2-4 所示。

图1-2-4

1.2.4 城市规划

SketchUp 在城市设计的概念性规划领域，主要用于制作宏观的城市空间形态，能真实反映城市规划设计的意图及真实场景，如图 1-2-5 所示。

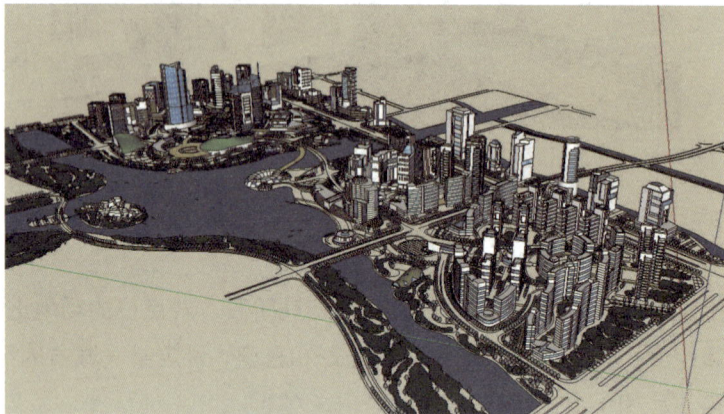

图1-2-5

1.3　SketchUp 与相关软件的协同作业

SketchUp 可以独立完成效果图的制作，但如果需要绘制一张照片级别的高仿真效果图，需要在建模阶段、渲染阶段、后期阶段与不同的软件协同作业。

1.3.1 建模阶段

在传统的设计工作中，设计师们习惯于使用 AutoCAD 来设计最初的平面施工图，由于 AutoCAD 自身强大的二维功能，所有的平面图、立面图设计都可由此来完成。AutoCAD 软件的工作界面，如图 1-3-1 所示。

图1-3-1

此外，以 AutoCAD 为平台二次开发的众多专业建筑设计软件（如天正建筑、园方、中望），也广泛运用于我国各大设计院与设计公司。SketchUp 与 AutoCAD 之间有良好的导入导出接口，设计师可将现有的 AutoCAD 二维图纸做一些调整和修改，导入 SketchUp 进行三维建模，也可以反向操作，从 SketchUp 的三维模型导出 AutoCAD 二维图纸。虽然 SketchUp 也有较强的画线功能，但是 AutoCAD 绘制的平面图更加精准和便捷。AutoCAD 图纸导入 SketchUp 之后建模，如图 1-3-2 所示。

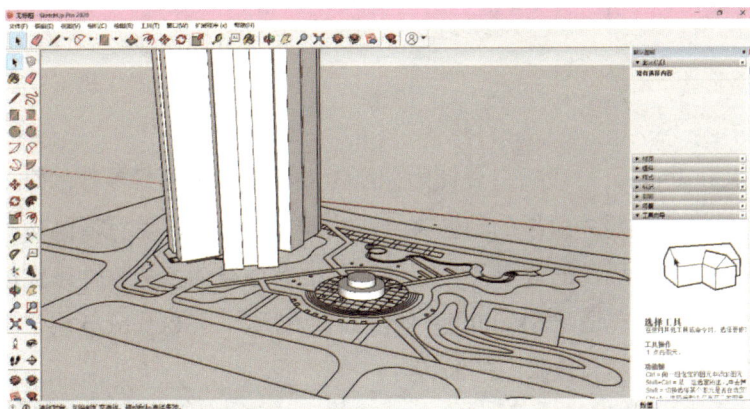

图1-3-2

若建模过程中没有精准的 AutoCAD 文件作为底图，只有 JPG、PNG 等格式的图形文件作为作图的参考时，可在 SketchUp 中直接导入光栅图（包括 JPG、PNG、PSD、TIF、BMP 等多种图形文件），然后按比例缩放到与实际尺寸相符的大小，就可以此为底图在 SketchUp 中绘制三维模型了。图形文件导入 SketchUp 作图，如图 1-3-3 所示。

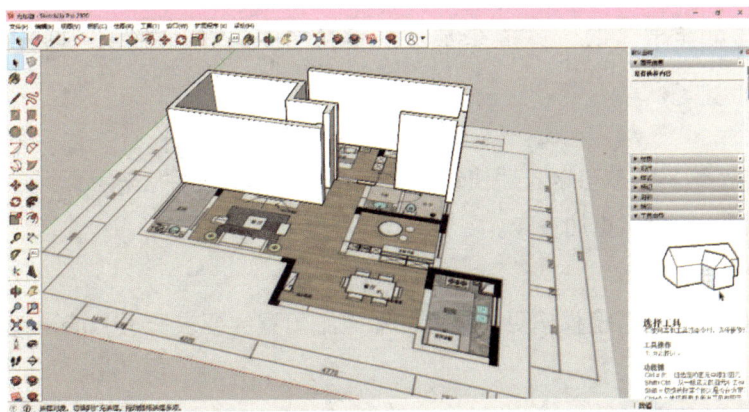

图1-3-3

SketchUp 中最小的编辑单位是直线，因此在 SketchUp 中能够快捷地完成大多数基础模型（简单的单体、室内大体量造型、建筑外墙、景观、规划等）。其特点是线条简单，建模直观迅速，但对于复杂曲面造型的模型相对困难。

3ds Max 是 Discreet 公司推出的集三维建模、材质、灯光、动画、渲染为一体的，是迄今为止室内建模最精密且效果图渲染级别最高的大型三维建模软件，是当前主流的三维建模软件，其点、线、面、体的建模原理使其可以完成几乎所有的建模模型。相比之下，SketchUp 无法完成过于细腻的模型。SketchUp 的文件（后缀名为 .skp）可与 3ds Max 的文件（后缀名为 .3ds）在 SketchUp 软件和 3ds Max 软件中互相导入、导出以及转化，可以将 SketchUp 的基础模型导入 3ds Max 中继续深化，或在大的 SketchUp 场景中添加 3ds Max 家具等细腻模型来完成全部的建模工作，两个软件在设计功能上互相做有机的补充。

1.3.2 渲染阶段

渲染的英文是"Render"，一般指将设计师们所做的模型、设置好参数的灯光材质等各种对象综合到一起，生成一个具有真实照片效果的图像文件。由于 SketchUp 没有渲染功能，只能模拟简单的日照及光影，因此要制作照片级别的效果图必须借助其他有渲染功能的软件来完成。市面上主流的第三方模型渲染器商家也都会发布适配 SketchUp 的渲染软件版本，SketchUp 早已摆脱了需要将模型导入其他建模软件中才能渲染高质量效果图的阶段。

（1）V-Ray。

在众多渲染软件中，V-Ray 是在国内普及度最广泛的渲染插件之一，渲染出来的图像逼真，版本更新速度快，具有很强的兼容性，与众多三维建模软件（3ds Max、Maya、Rhino、C4D 等）都能无缝协作。

（2）Lumion。

Lumion 是一款界面清晰、实时渲染的渲染器，具有出色的高精度图像显示以及快速高效的工作流程，支持静态图像、视频和全景效果，尤其适合室外场景图像和动画的制作。

（3）Enscape。

Enscape 是近几年非常火的一款渲染插件，非常容易上手，能够实时渲染，同步操作，与 SketchUp 兼容性强。

（4）Maxwell。

其与 V-Ray 一样，这是一款可以长期使用且稳定可靠的渲染插件，采用真实世界的光谱运算机制，渲染速度比 V-Ray 慢，但效果更加真实。

（5）Twinmotion。

其与 Lumion 有相似之处，但操作更加简单，对电脑配置的要求低于 Lumion。

1.3.3 后期阶段

无论是单独使用 SketchUp 建模、贴材质、设定光影制作风格化的草图，还是借助专业的渲染器所生成的效果图，想要追求更优质的画面效果、营造更具表现力的环境氛围，都需要进行图形后期处理。Photoshop 因其强大的图形处理功能至今仍是最常用的后期处理软件，可兼容多种格式的图片。Photoshop 后期处理效果如图 1-3-4 所示。

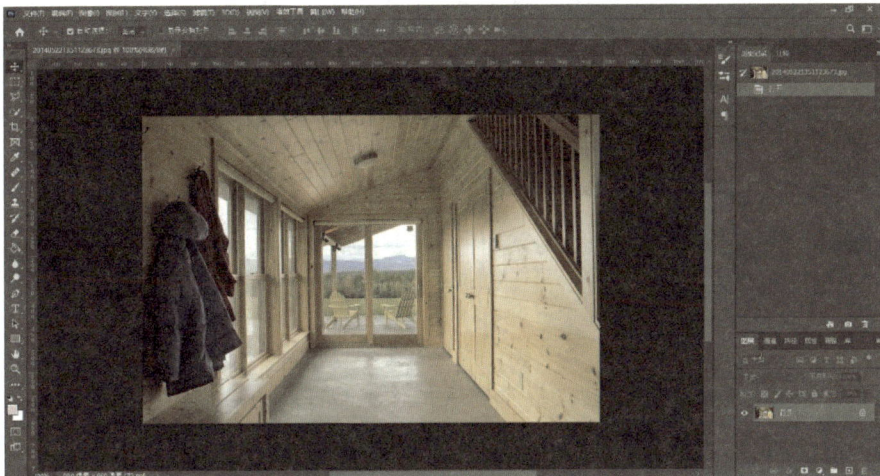

图1-3-4

本章小结

本章主要介绍了 SketchUp 的简介、特色、应用领域及其在不同的作业阶段中与相关软件的协同联动。学完本章后，读者应重点掌握以下内容。

◆ SketchUp 最大的优势就是界面简洁、简单易学、建模速度快且易于修改。

◆ SketchUp 非常适合建室内和景观模型。

◆ SketchUp 在建筑设计和城市规划方案中更适合做初步的、概念化的效果呈现。

◆ SketchUp 可以导入和导出三维模型、二维图形、剖面、动画等多种文件类型。

◆ SketchUp 与 AutoCAD 的适配度非常高，可以在任意阶段互相导入和导出。

◆因其本身没有渲染功能，SketchUp 与 V-Ray、Lumion、Enscape、Maxwell、Twinmotion 等多种渲染软件均可协作。

2 SketchUp 的操作环境

在 SketchUp Pro 2020 版本中，操作界面简单易懂，可操作性强，初学者能很快熟悉基本的绘图环境，对 SketchUp 界面有一个大致了解。合理设置系统及工作界面可以为后期的个性化操作和建模出图提供方便。

学习目标

了解 SketchUp 的操作界面构成；

了解 SketchUp 的系统设置；

掌握 SketchUp 工作界面的优化设置。

2.1 SketchUp 的操作界面

双击 SketchUp Pro 2020 的快捷方式图标，打开 SketchUp 窗口。SketchUp Pro 2020 的操作界面由标题栏、菜单栏、工具栏、状态提示栏、默认面板、数值输入框、绘图区七个部分组成，如图 2-1-1 所示。

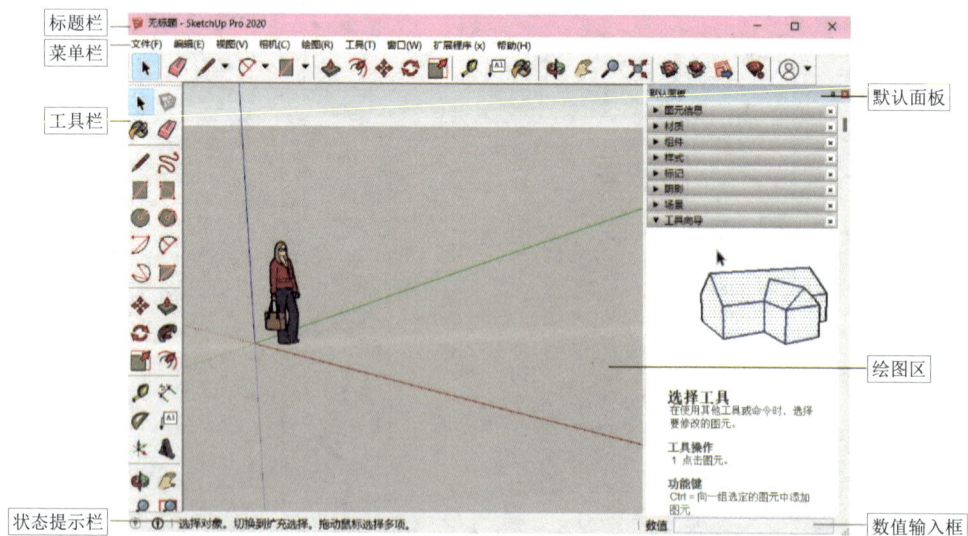

图2-1-1

2.1.1 标题栏

标题栏由文件名称、SketchUp版本名称、窗口控制按钮（最小化、最大化、关闭）组成，文件显示"无标题"则为新创建未保存的文件名称。

2.1.2 菜单栏

SketchUp下拉式菜单栏与Windows平台其他软件相同，包含了SketchUp大部分的工具、命令和菜单中的设置，若安装了辅助插件则会增加扩展程序。

2.1.2.1 文件

文件菜单包含与SketchUp文件相关的命令，如图2-1-2所示。

"新建"工具，以系统默认方式新建一个后缀为.skp的文件，快捷键Ctrl+N。

"打开"工具，以选取文件路径的方式打开文件，快捷键Ctrl+O。SketchUp软件向下兼容，低版本无法读取高版本的文件。

"保存"工具，给未保存过的文件设定文件名和保存路径，进行保存，快捷键Ctrl+S，保存窗口的保存类型中可选文件版本，如图2-1-3所示。

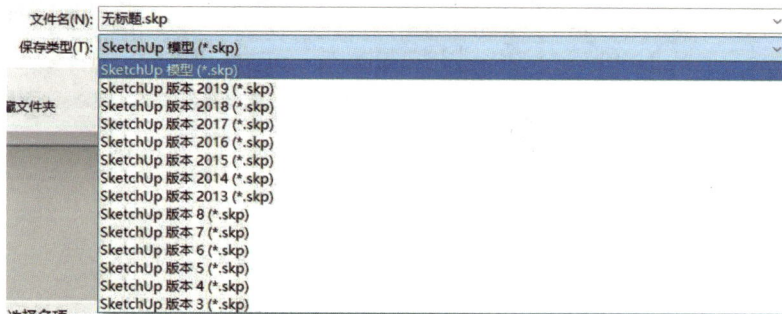

图2-1-2 图2-1-3

"另存为"工具，给当前打开的文件设定新的文件名和保存路径，进行保存，版本可选。

"导入"工具，在弹出的导入文件窗口中，在"文件名"右侧的文件下拉列表内，可选择导入文件的格式，如图2-1-4所示。

"导出"工具，可选择导出三维模型、二维图形、剖面、动画四种文件类型，如图2-1-5所示。三维模型可导出".3ds"".dwg"".dxf"等三维格式文件，如图2-1-6所示。二维图形可导出".pdf"".eps"".jpg"".png"".dwg"等二维格式文件，如图2-1-7所示。剖面可导出剖切位置的".dwg"文件格式。动画可导出以场景视图为视点的".mp4"".jpg"".png"".tif"等文件格式，如图2-1-8所示。

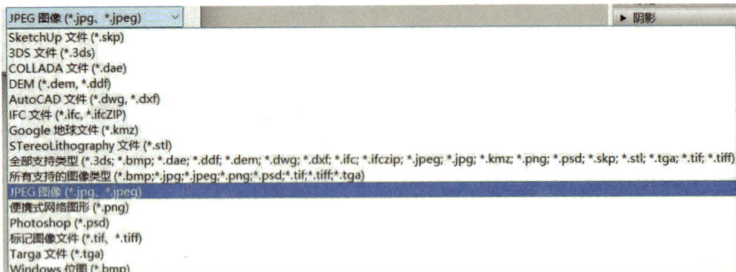

图2-1-4

图2-1-5

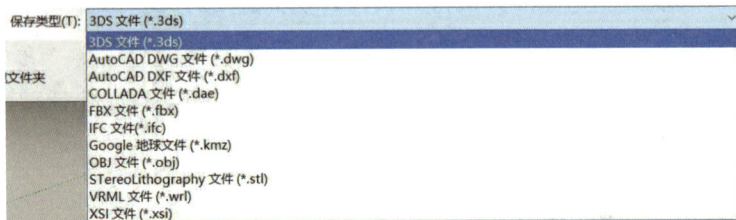

图2-1-6

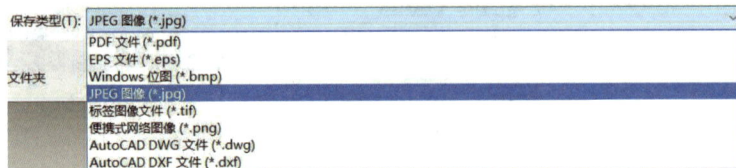

图2-1-7

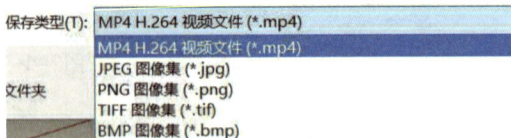

图2-1-8

2.1.2.2 编辑

编辑菜单主要是绘图的相关操作命令，如图2-1-9所示。

此菜单中常用的"复制""粘贴""剪切""全选"等命令，既可通过菜单来操作，也可通过Windows通用的快捷方式来完成。

"隐藏"与"撤销隐藏"命令，可以对物体有选择地隐藏与显示，以降低计算机运行负担和绘图的复杂程度。

"锁定"与"取消锁定"命令，可以对选中的物体加以锁定，锁定时模型是可见的，但是不能进行编辑。

"创建组件""创建群组""关闭群组／组件"与"模型交错"命令在第5章详细讲解。

2.1.2.3 视图

视图菜单中的命令，均为勾选即可使用此项功能，取消勾选则为取消此项功能，如图2-1-10所示。

"工具栏"弹出窗口可勾选和关闭建模所需的工具条，在下文有详细讲解。

"动画"子菜单是对场景视图的编辑与控制，如图2-1-11所示。

2.1.2.4 相机

相机菜单包括与视图、视点相关的命令，集中了透视与轴测显示的切换、观察模型和确定视角的命令，如图2-1-12所示。

图2-1-9

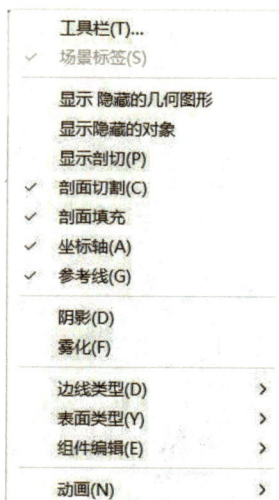

图2-1-10

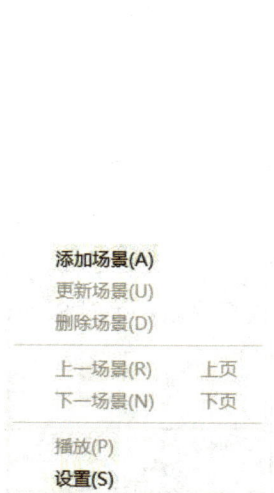

图2-1-11

图2-1-12

"匹配新照片"可以在选定背景图片（.jpg 格式）后，让计算机按照图片的透视关系调整模型。

"定位相机"可以通过对相机的选择和设定，改变场景的显示及动画的视图。

2.1.2.5 绘图

绘图菜单包含绘图工具栏中的直线、圆弧、形状等所有绘图工具与沙箱工具栏中的根据等高线创建和根据网格创建两个工具，如图 2-1-13 所示。

2.1.2.6 工具

工具菜单包括主要工具栏、编辑工具栏、建筑施工工具栏与截面工具栏等所有的编辑修改命令，如图 2-1-14 所示。

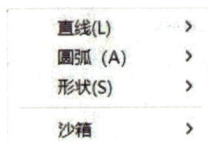

图2-1-13

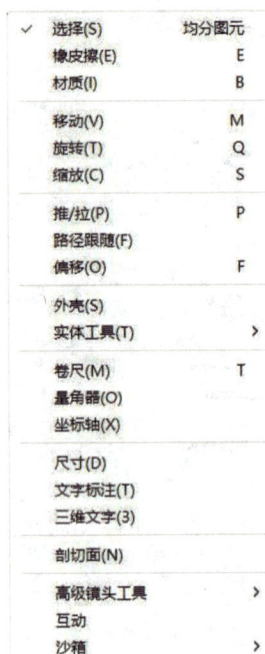

图2-1-14

2.1.2.7 窗口

窗口菜单主要包含针对绘图区的命令，包括"默认面板"的控制与管理，以及"模型信息""系统设置""扩展程序管理器"等界面优化设置菜单，如图 2-1-15 所示。

2.1.2.8 帮助

帮助菜单主要包括"帮助中心""管理许可证""检查更新"等对 SketchUp 的介绍与反馈，如图 2-1-16 所示。

2.1.3 工具栏

SketchUp 的工具栏与其他应用程序的工具栏相似，包含一系列用户化的工具和控制按钮，使用者可依据个人建模习惯调用与关闭。可以将工具栏吸附在绘图窗口旁边，也可以根据需要拖曳工具栏窗口，调整其窗口大小。工具栏包含了 SketchUp 中的大部分命令。大多数辅助插件也以工具栏的形式置于操作界面中。

　　执行"视图—工具栏"命令，可在打开的面板中开启或关闭相应的工具栏，勾选后的工具栏会出现在操作界面上，如图 2-1-17 所示。在"工具栏—选项"中勾选"在工具栏上显示屏幕提示"后，光标置于命令图标上时会显示该命令的名称及用法，勾选"大图标"后界面工具栏的图标会放大，反之则缩小，如图 2-1-18 所示。

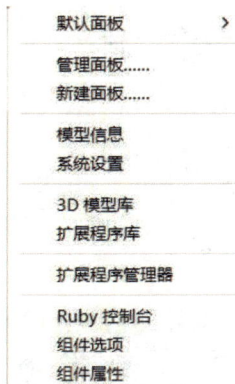

图2-1-15

图2-1-16

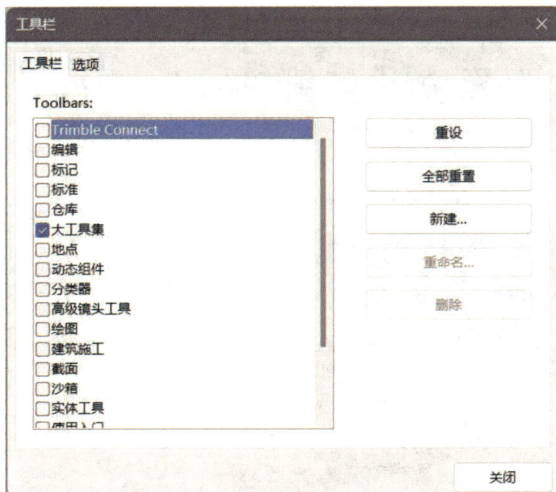

图2-1-17

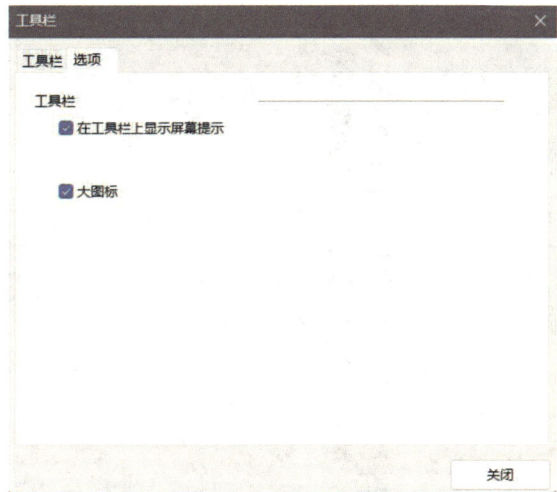

图2-1-18

　　在工具栏列表中，可以找到"使用入门"和"大工具集"两个工具栏，如图 2-1-19、图 2-1-20 所示。"使用入门"是 SketchUp 中默认显示的工具栏，是为了初步了解 SketchUp 的基本用法所设置的。而"大工具集"则更加全面、具体，集中了 SketchUp 大部分常用的工具与命令，包括主要工具栏、编辑工具栏、建筑施工工具栏与相机工具栏等。

2.1.3.1 编辑工具栏

编辑工具栏主要包括针对几何体进行编辑的工具，包括"移动""推/拉""旋转""路径跟随""缩放"和"偏移"工具，如图2-1-21所示。

2.1.3.2 标准工具栏

标准工具栏主要用于管理文件、打印和查看帮助，包括"新建""打开""保存""剪切""复制""粘贴""擦除""撤销""重做""打印"和"模型信息"工具，如图2-1-22所示。

2.1.3.3 动态组件工具栏

其为自SketchUp7.0版本之后的新增工具，常用于制作动态交互组件方面，包括"与动态组件互动""组件选项"与"组件属性"工具，如图2-1-23所示。

2.1.3.4 高级镜头工具工具栏

其专为使用SketchUp的电影和电视从业人员设计，可供制作故事板、设计布景、布置场景和规划地点，在模型中放置真实的镜头，预览实际的镜头拍摄效果等，如图2-1-24所示。

图2-1-19

图2-1-20

图2-1-21

图2-1-22

图2-1-23

图2-1-24

2.1.3.5 绘图工具栏

绘图工具栏是用于绘图的主要工具，包括"直线""手绘线""矩形""旋转矩形""圆""多边形""圆弧""3点画弧"与"扇形"等工具，如图2-1-25所示。

2.1.3.6 建筑施工工具栏

建筑施工工具栏属于帮助绘图的辅助用具，包括"卷尺工具""尺寸""量角器""文字""轴""三维文字"等工具，用于测量、画辅助线、标注、调整坐标轴等，如图2-1-26所示。

2.1.3.7 截面工具栏

截面工具栏便于在SketchUp创建的模型中显示需要表达的剖面，并以动画或CAD图形的形式输出，包括"剖切面""显示剖切面""显示剖面切割"与"显示剖面填充"工具，如图2-1-27所示。

图2-1-25

图2-1-26

图2-1-27

2.1.3.8 沙箱工具栏

沙箱工具栏包括"根据等高线创建""根据网格创建""曲面起伏""曲面平整""曲面投射""添加细部"与"对调角线"工具，如图2-1-28所示。

2.1.3.9 实体工具工具栏

实体工具工具栏是用于相交、相切或包含与被包含关系的群组或组件实体之间的编辑工具，包括"实体外壳""相交""联合""减去""剪辑"与"拆分"工具，如图2-1-29所示。

2.1.3.10 视图工具栏

视图工具栏使三维模型可以通过标准预设视角进行观察，方便模型的建模、修改和输出。此工具栏包括"等轴""俯视图""前视图""右视图""后视图"与"左视图"工具，如图2-1-30所示。

图2-1-28

图2-1-29

图2-1-30

2.1.3.11 相机工具栏

相机工具栏主要用于制作漫游动画时调整观察角度、定视点高度以及漫步观察，实现精确的透视和移动观察模型，通过创建漫游和动画交流方案。此工具栏包括"环绕观察""平移""缩放""缩放窗口""充满视窗""上一视图""定位相机""绕轴旋转"与"漫游"工具，如图2-1-31所示。

2.1.3.12 样式工具栏

样式工具栏可根据绘图过程和设计表达的需要选择不同的显示模式，相应的工具图标可实时改变屏幕场景显示模式，包括"X光透视模式""后边线""线框显示""消隐""阴影""材质贴图"与"单色显示"工具，如图2-1-32所示。

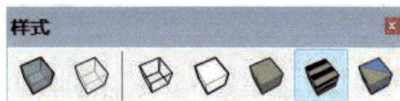

图2-1-31　　　　　　　　　　　　　　　　图2-1-32

"X光透视模式"工具是可复选按钮，可叠加其他显示模式，该模式可以清楚地观察模型内部结构。

"后边线"工具，在场景模型中可把所有看不见的、背面的边线用虚线的方式显示。

"线框显示"工具，在场景中以最直接简洁的线的方式显示，没有面、贴图、材质，计算机运行速度也最快。

"消隐"工具可在线框模式的基础上隐藏模型中所有背面的边和平面的着色，兼顾空间表现感和计算机显示速度。

"阴影"工具，显示模型中所有带纯色的表面。

"材质贴图"工具，在模型被赋予材质的情况下，可完整地显示材质及贴图，计算机显示速度相对缓慢，在查看材质或完成图纸时可以采用。

"单色显示"工具，以系统默认的白色显示图形，而且不影响其他模式的显示使用，兼顾模型的空间感，同时计算机的显示速度也能维持较快的水平。

2.1.3.13 阴影工具栏

通过设定日期和时间，在场景中表现模型的光照及阴影效果，为建筑的体块关系及景观场景提供参考，包括"显示/隐藏阴影""日期"与"时间"工具，如图2-1-33所示。

2.1.3.14 主要工具栏

主要工具栏由绘图过程中最常用的四种工具组成，包括"选择""制作组件""材质"与"擦除"工具，如图2-1-34所示。

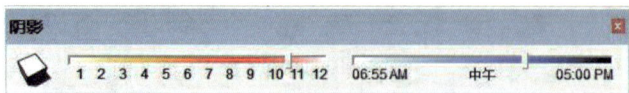

图2-1-33　　　　　　　　　　　　　　　　图2-1-34

"选择"工具用于选取绘图区中已存在的线、面、体，包括点选、框选、交叉选三种方式。

"制作组件"工具可随时将正在建模的物体制作成组件。

"材质"工具可将调整好的材质贴附到指定物体的指定面。

"擦除"工具可删除选定的线、面、组等物体。

2.1.4 状态提示栏

　　状态提示栏由"地理位置""版权信息"和"文字提示信息"组成。在作图过程中以文字形式解释当前所使用的命令和工具，并提示相关信息和相关功能键。初学者对工具栏的功能按钮不太熟悉时可参考状态栏的文字说明，如图 2-1-35 所示。

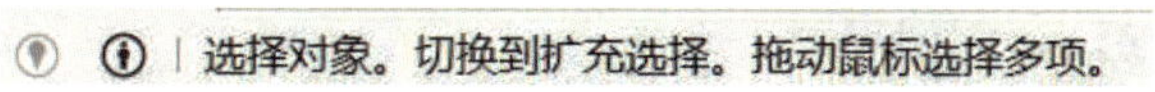

　　　　　　选择对象。切换到扩充选择。拖动鼠标选择多项。

图2-1-35

2.1.5 默认面板

　　默认面板是由"图元信息""材质""组件""样式""标记""阴影""场景""工具向导"组成的控制面板，可根据使用者的需求调整或关闭，如图 2-1-36 所示。

2.1.6 数值输入框

　　数值输入框位于绘图区右下方，执行命令的过程中会同步显示绘图的数值，或在执行命令过程中，直接键盘输入数值以确认绘图尺寸，可多次重复输入调整数值（至回车键结束），确定模型的精确尺寸，如图 2-1-37 所示。

图2-1-36

数值

图2-1-37

2.1.7 绘图区

SketchUp 的绘图区与 3ds Max、AutoCAD 等软件的绘图区域相似，空间依据模型尺寸无限延伸。

绘图区域的初始界面由系统设置所选的模板决定。执行"窗口—系统设置"命令后弹出"SketchUp 系统设置"窗口，可在下拉菜单"模板"中选择所需的模板样式。

2.2 SketchUp 的系统设置

SketchUp 与其他软件一样有供客户端根据计算机的情况做设定的系统设置，合理设置好各种参数可以为设计师长期绘图提供方便。因为 SketchUp 软件本身默认英制单位，所以我们打开 SketchUp 的第一件事就应该是设定系统，设定好的系统设置将一直生效。

2.2.1 OpenGL 硬件加速

OpenGL 的英文全称是"Open Graphics Library"，中文译为"开放式图形库"。SketchUp Pro 2020 中的 OpenGL 是由 NVIDIA 提供的 4.6.0 版本。OpenGL 是创建复杂的三维物体时所执行的工业标准，目的是提升 3D 显示性能，通过硬件加速渲染。该设置的应用要与硬件配置和显卡的兼容性达到一致，否则将不能使硬件加速。

系统默认选择"4x 多级采样消除锯齿"，等级越低运行速度越快，并且颜色会稍微发灰，可以在绘图建模时选择"0x"，输出效果图时选择"16x"。除此之外，系统默认勾选"使用快速反馈"加速，显示流畅度会大幅提升，但其需要 CPU 的配合。"使用最大纹理尺寸"默认不勾选，为了不影响软件运行速度，若无高端图形卡不建议勾选此选项，如图 2-2-1 所示。

2.2.2 常规

SketchUp 同其他设计软件一样，具备自动创建备份、自动保存、模型检查等功能，以免文件丢失或出错，如图 2-2-2 所示。其操作方式如下。

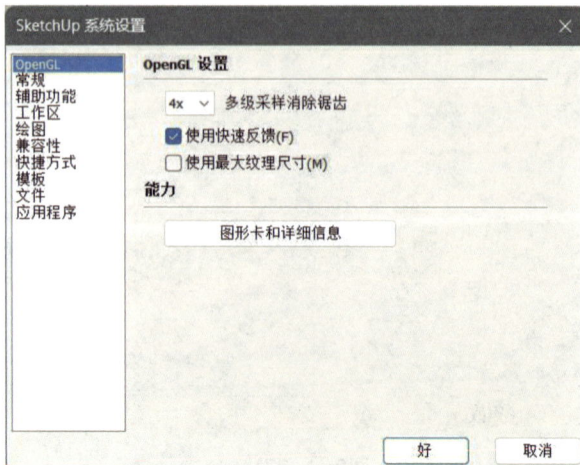

图2-2-1

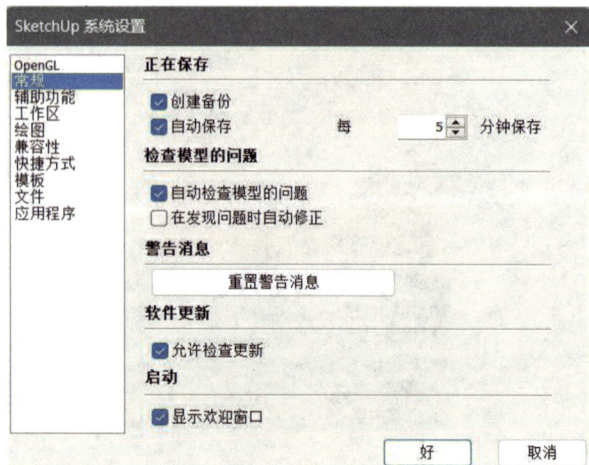

图2-2-2

（1）单击菜单栏中的"窗口"，在下拉菜单栏中单击"系统设置"，在弹出窗口中打开"常规"界面。

（2）在"常规"界面中，勾选"创建备份""自动保存"，根据需要在右侧的微调框中设置自动保存的间隔时间。

（3）勾选"自动检查模型的问题""在发现问题时自动修正"，应对模型出错的问题。

（4）使用者根据个人使用需求选择是否勾选"显示欢迎窗口"，软件启动时弹出的欢迎窗口可更改模板，查看最近打开的文件以及学习网站索引。

（5）单击"好"按钮，完成设置。

2.2.3 辅助功能

SketchUp 的轴线与辅助线的颜色可根据使用者的个人喜好设定，如图 2-2-3 所示。其操作方式如下。

（1）单击菜单栏中的"窗口"，在下拉菜单栏中单击"系统设置"，在弹出窗口中打开"辅助功能"界面。

（2）单击任意需要更改颜色的色框弹出"选择颜色"窗口，根据拾色器中的"色轮""HLS""HSB"与"RGB"等选色模式选取想要的颜色。

（3）分别在"选择颜色"和"辅助功能"窗口单击"好"按钮，完成设置。

2.2.4 快捷键的设定

同 AutoCAD 等绘图软件一样，SketchUp 有系统自带的默认快捷键设定。例如，"移动"工具的快捷键是 M，在选取模型的条件下，键入 M，即可移动选取部分。设计师可根据自身情况来设定快捷键，方便个人使用和记忆，如图 2-2-4 所示。其操作方式如下。

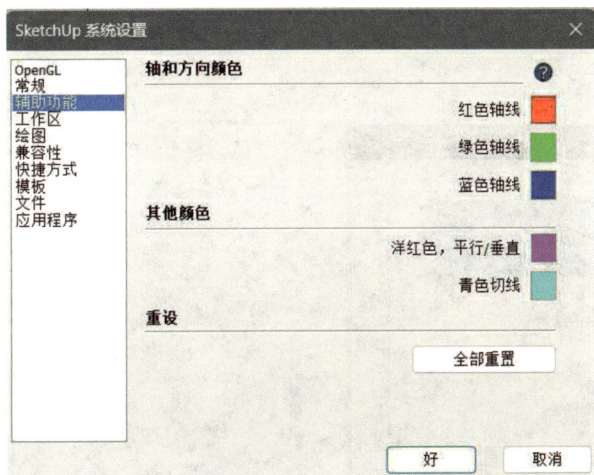

图2-2-3

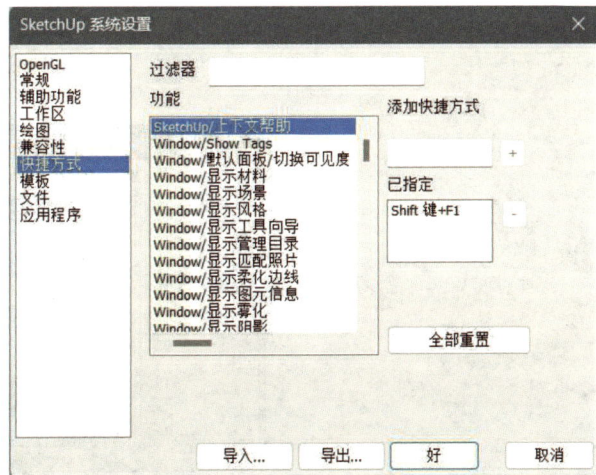

图2-2-4

（1）单击菜单栏中的"窗口"，在下拉菜单栏中单击"系统设置"，在弹出窗口中打开"快捷方式"界面。

（2）在"快捷方式"界面中，选取需要重新设定快捷键的工具名称，在"添加快捷方式"输入框中按下所设定的快捷键（可以是单键，也可以是组合键，需要注意的是不能与 Windows 系统默认快捷键冲突）。

（3）单击"添加快捷方式"右侧的"+"按钮，出现文字提示，单击"好"按钮即可添加快捷键。

除此之外，也可将软件自定义的快捷键设定全部清空，重新设定。其操作方式为：单击"全部重置"，然后单击"导入"按钮，选择提前设定好的 Preferences.dat 文件导入安装即可（也可找出系统文件包中原设定的 Preferences.dat 文件，修改后再导入）。

2.2.5 模板的选择

模板指的是打开软件时系统默认的绘图所用的格式样板，包含单位、角度表示法等参数设置。

模板默认在运行软件后先于软件界面弹出的欢迎窗口选定，如图2-2-5所示；也可在"系统设置"的"模板"中设定或更改，如图2-2-6所示。其操作方式如下。

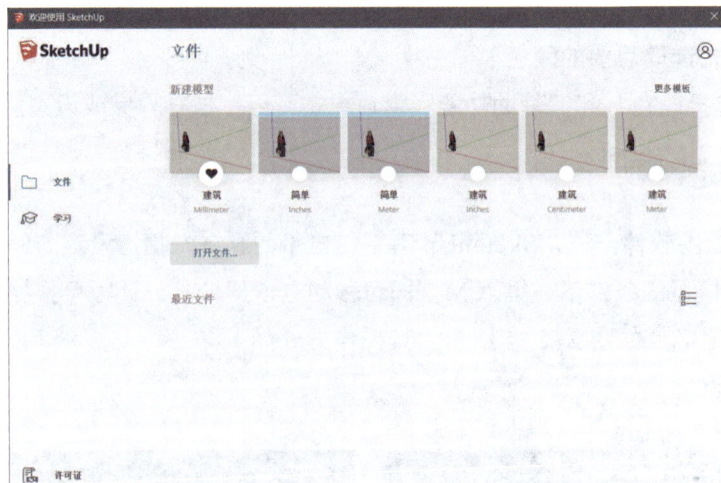

图2-2-5

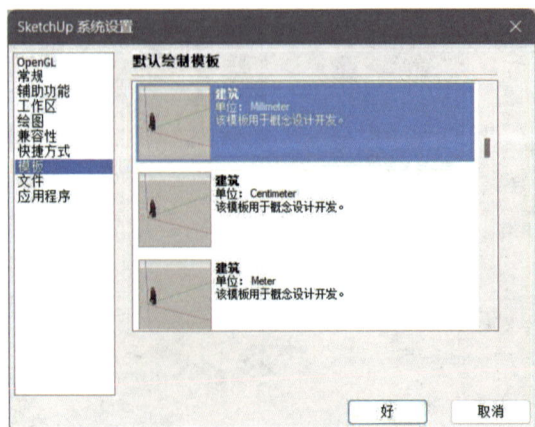

图2-2-6

（1）单击菜单栏中的"窗口"，在下拉菜单栏中单击"系统设置"，在弹出窗口中打开"模板"界面。

（2）在"模板"界面中，单击选择默认绘制模板（环境设计专业一般默认使用"建筑—毫米"模板）。

（3）单击"好"按钮，完成模板的选择或更改。

2.3 SketchUp 工作界面优化

在 SketchUp 中每次只能开启一个文件，一个绘图文件称为一个场景。作为三维图形文件，每一个场景可能需要单独设定具体的文字、颜色等选项，因此工作界面可以根据绘图情况做实际调整，也可以进行个性化的设定。

工作界面的优化在 SketchUp 中集中在"模型信息"窗口，在窗口中单击左侧的列表选项，有多个选项卡可以切换。"模型信息"窗口中可以有效设置"尺寸""单位""地理位置""动画""统计信息""文本""文件""组件"等信息。

2.3.1 尺寸

在"尺寸"选项栏中可设置"文本""引线"及"尺寸"这三个相关选项，如字体、字形、大小及端点，也可以后期修改相关信息，如图 2-3-1 所示。

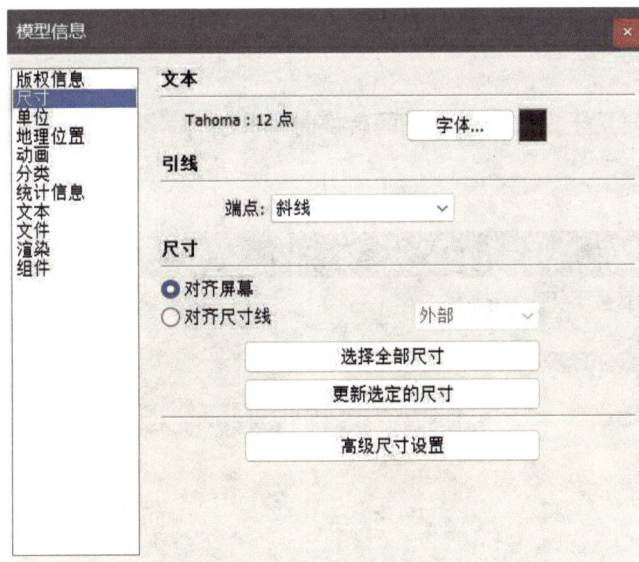

图2-3-1

2.3.2 单位

"单位"选项栏主要对绘图单位进行设置，包括"度量单位"与"角度单位"。在开始工作之前要设置好单位。在欢迎界面选择模板时，基本模板的单位已经默认，如图 2-3-2 所示。

图2-3-2

2.3.3 地理位置

"地理位置"选项栏可以导入图像以及各国家、城市精确的经纬度信息等，如图2-3-3所示。

2.3.4 动画

"动画"选项栏主要用于设置场景动画的转换时间和暂停（延迟）时间，如图2-3-4所示。

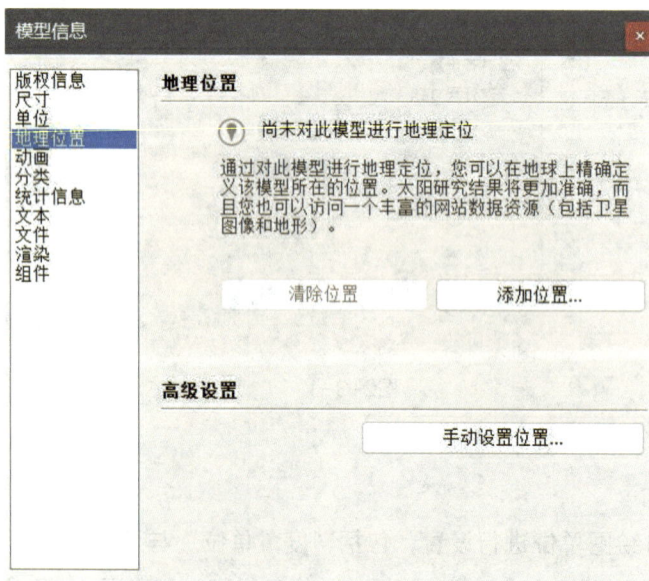

图2-3-3

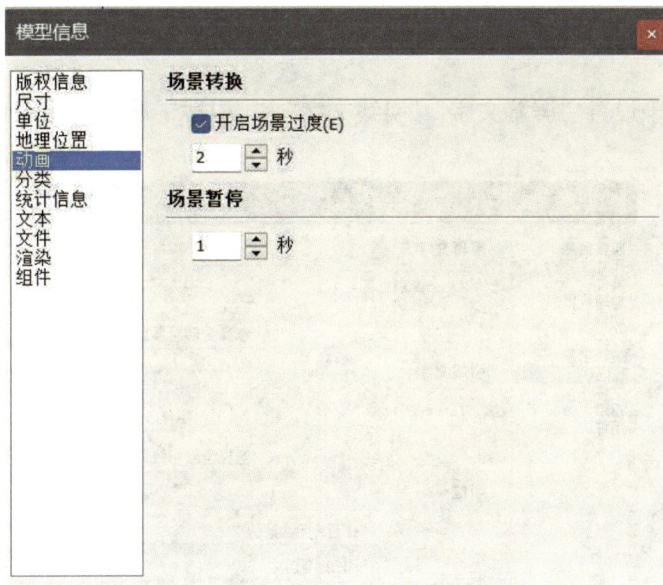

图2-3-4

2.3.5 统计信息

　　"统计信息"选项栏显示了当前模型中各个对象的名称和数量，可在模型出错的时候排除一定的错误，如图2-3-5所示。在"整个模型"下拉菜单中会显示整个模型的统计信息，勾选"显示嵌套组件"，将添加组件内的统计信息。

图2-3-5

2.3.6 文本

"文本"选项栏用于设置"屏幕文字""引线文字"和"引线"属性，如图2-3-6所示。

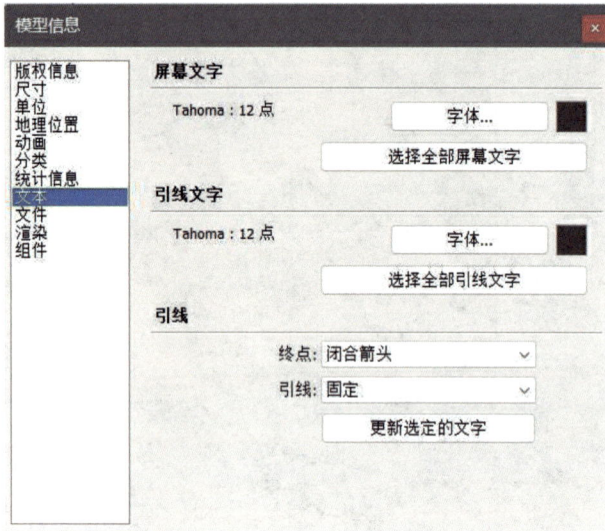

图2-3-6

2.3.7 文件

"文件"选项栏用于显示当前文件的存储位置、使用版本等信息。

2.3.8 组件

"组件"选项栏可以控制相似组件或其他模型的淡化效果，如图2-3-7所示。

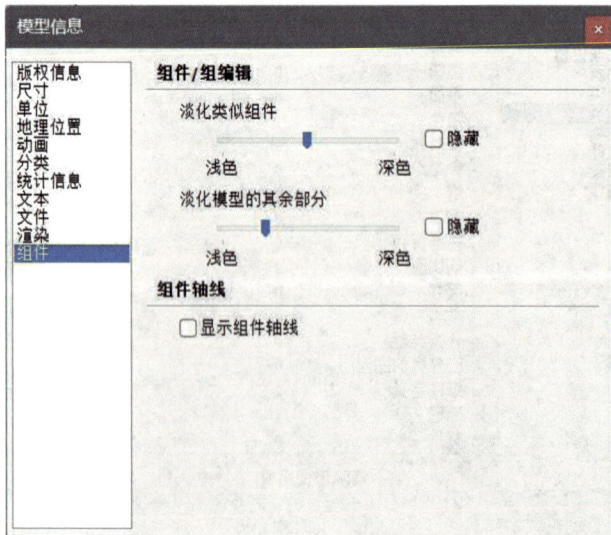

图2-3-7

本章小结

　　本章主要介绍了 SketchUp 的界面构成、系统设置及其工作界面优化操作。在学习 SketchUp 具体的操作技能之前，要明确如何构建合理的绘图环境。学完本章后，读者应重点掌握以下内容。

　　◆新建（Ctrl+N）、打开（Ctrl+O）、保存（Ctrl+S）等功能的快捷键与电脑系统操作相同，应用频率很高。

　　◆欢迎窗口选定的模板后期还可以在"窗口—系统设置"中修改。

　　◆没有自动弹出的工具栏可在"视图—工具栏"窗口中勾选显示。

　　◆在菜单栏的"编辑"下拉菜单中可以统一编辑参考线、隐藏模型和锁定模型。

　　◆任意操作过程中左下角的"状态提示栏"都会实时显示该工具的功能或下一步操作。

　　◆"默认面板"可以在"窗口"下拉菜单中开启、关闭、管理或新建。

3 视图的控制与对象的显示

在 SketchUp 软件中，要灵活方便地创建模型和编辑模型，就必须熟练掌握对视图的转换与控制，常用的视图操作包括视图显示模式、旋转视图、缩放与平移视图等；而在编辑模型对象时，要做到快捷、准确地选择对象，包括选择单个对象、框选或窗选多个对象、相同属性对象的选择等；而根据模型的用途和属性，创建完整的模型对象，就要考虑对象的显示风格、显示内容等。

本章将从视图的控制、对象的选择、对象的显示三个方面，结合实例操作来讲解视图的控制与对象的选择和显示，为熟练绘图打下良好的基础。

学习目标

了解视图控制的方法；

理解对象的含义；

掌握对象的选择与显示操作。

3.1 视图的控制

3.1.1 视图的类型

打开相机菜单，可选择视图的类型，如图 3-1-1 所示。

3.1.1.1 标准视图

提供了顶视图、底视图、前视图、后视图、左视图、右视图、等轴视图等视图类型，如图 3-1-2 所示。

3.1.1.2 相机视图

提供了平行投影、透视显示和两点透视图三种显示方式。

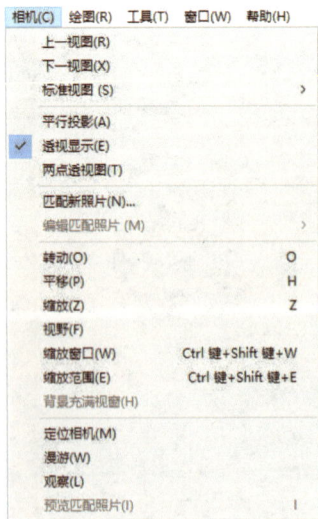

图3-1-1

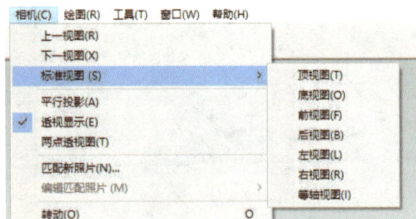

图3-1-2

操作技巧

透视显示和平行投影

（1）透视显示模式。

透视显示模式为三点透视，此模式下的显示效果以模拟人眼观察物体的方式呈现，模型中的平行线会消失在远处的灭点，模型显示的效果根据灭点位置进行变形。当视线处于水平状态时，会生成两点透视的效果。

执行"相机—两点透视图"菜单命令，这时绘图区会显示两点透视图，两点透视位于垂直方向的线条始终平行。如图3-1-3所示为两点透视。

（2）平行投影模式。

平行投影模式是模型的三向投影图。在平行投影模式中，所有的平行线在绘图窗口中仍显示为平行，一般用来形成立面图、平面图或剖面图，如图3-1-4所示为平行投影。

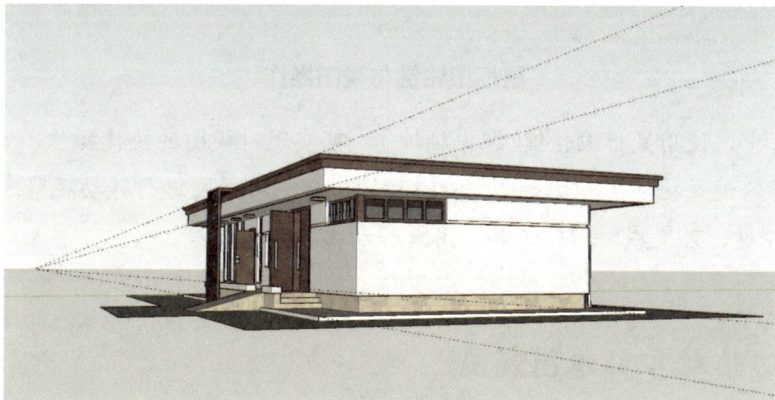

图3-1-3

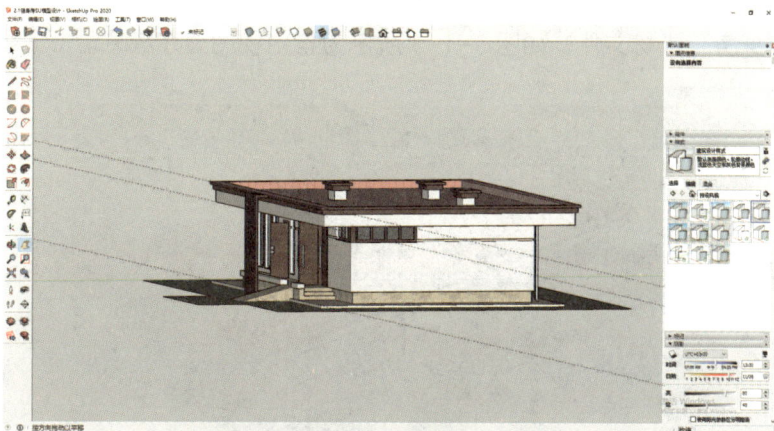

图3-1-4

3.1.2 视图的操作

（1）环绕观察✪——执行该命令后，按住鼠标左键移动可使视图转动，便于观察（快捷键：滚轮键）。

（2）平移✋——按住鼠标左键移动可使视图平移，便于观察（快捷键：Shift+滚轮键）。

（3）缩放🔍——按住鼠标左键移动可使视图缩放。向上移动放大视图，向下则缩小视图。

（4）缩放窗口🔍——使用鼠标左键拖出一个窗口进行局部放大，便于观察和编辑。

（5）充满视窗✖——可满视野显示场景中的所有模型（快捷键：Shift+Z）。

（6）上一视图🔍——返回上一个视图画面。

（7）下一视图——切回下一个视图画面。

（8）定位相机👤——可以将相机镜头精确放置到眼睛高度或者置于某个精确的点。

（9）绕轴旋转👁——用于调用"环视"工具，以固定点为中心转动相机视野。

（10）漫游👣——用于调用"漫游"工具，以相机为视角漫游。

操作技巧

鼠标滚轮键与视图操作

在SketchUp中，使用鼠标滚轮键(即中轴键)，可实现对视图的快捷操作。

·按住鼠标滚轮键并拖动，可切换成"环绕观察"工具，对视图进行转动观察。

·Shift+滚轮键，可变成"平移"工具，用来移动画布进行观察。

操作实践 1：切换对象的视图模式

下面以"健身房"模型为实例，按照视图工具栏✪🏠🏠🏠🏠的显示顺序，讲解视图常用的6种显示模式，使读者了解不同视角下观察图形的方法和显示效果。

（1）打开"健身房"素材文件，如图3-1-5所示为自由视图显示模式。

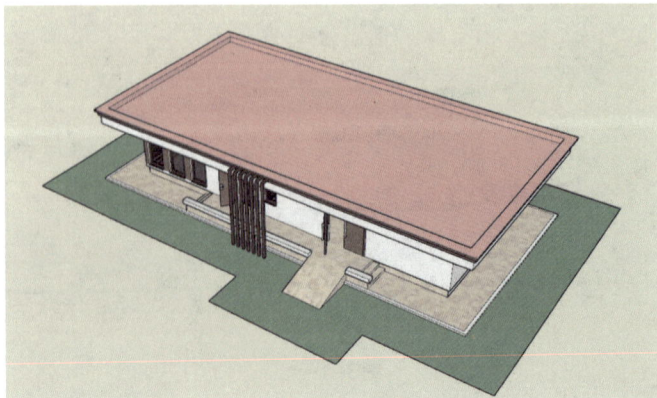

图3-1-5

（2）在视图工具栏中单击"等轴视图"选项，在视图界面上，三向坐标轴会以60°夹角形成视觉观察效果，如图3-1-6所示。

（3）单击"俯视图"选项，图形切换成以俯视视角观察模式，如图3-1-7所示。

（4）单击"前视图"选项，图形切换成前视角观察模式，如图3-1-8所示。

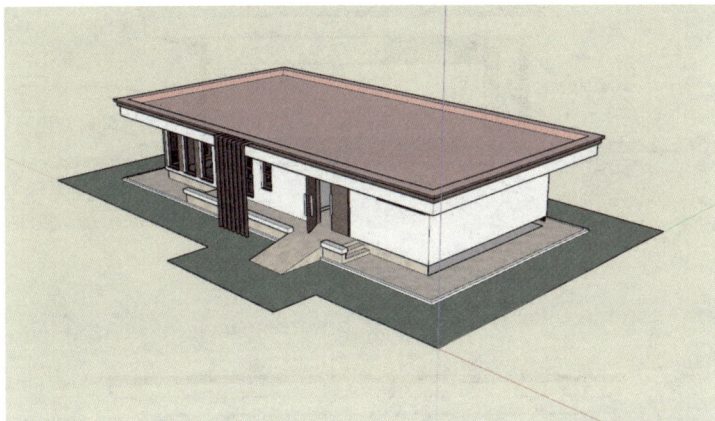

图3-1-6

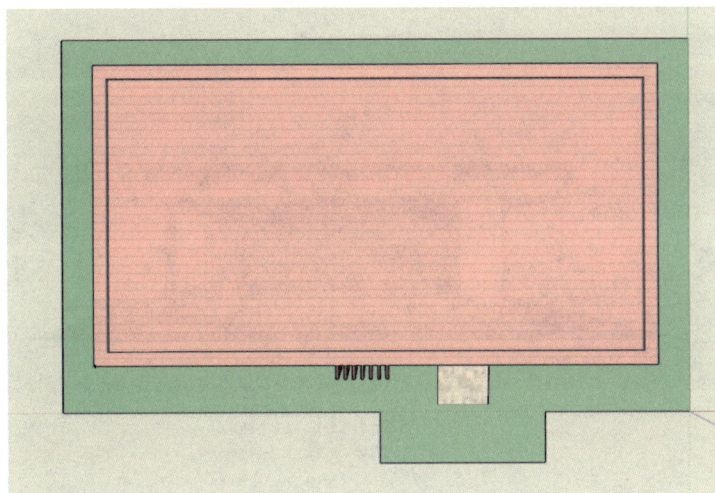

图3-1-7

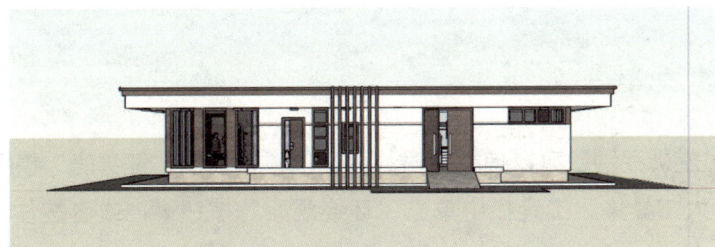

图3-1-8

（5）单击"右视图"选项，切换视图为右视角观察模式，如图3-1-9所示。

（6）单击"后视图"选项，转换视图效果如图3-1-10所示。

（7）单击"左视图"选项，则转换成如图3-1-11所示的视角效果。

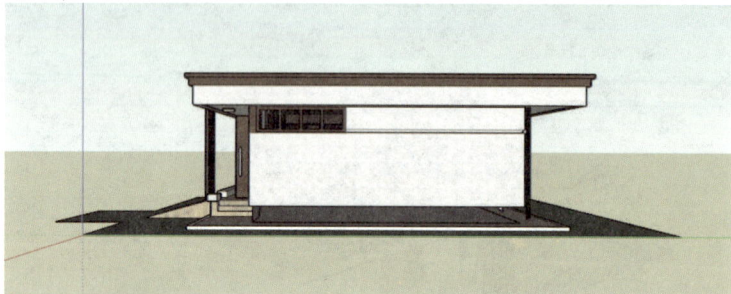

图3-1-9

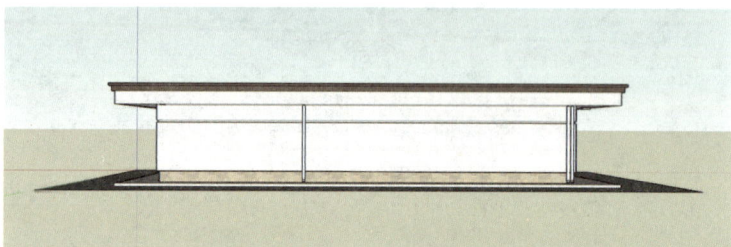

图3-1-10

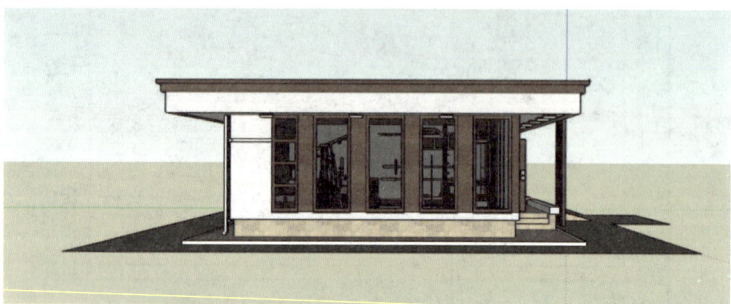

图3-1-11

需要注意的是，在SketchUp中，默认的相机视图为"透视显示"模式，默认的坐标轴绿轴正方向（实线方向）为正北方，绿轴负方向（虚线方向）为正南方。

操作实践2：旋转视图

在绘图过程中通过旋转视图，可以捕捉不同的平面位置，仍以"健身房"模型为实例进行操作。

（1）在左侧的"大工具集"工具栏中单击"环绕观察"按钮，或者按住鼠标滚轮键，鼠标变成如图3-1-12所示的状态。

（2）按住鼠标滚动的同时向左拖动鼠标，将模型的右侧旋转到当前的视角，如图3-1-13所示，可以观察模型的相应部分并进行相应的操作。

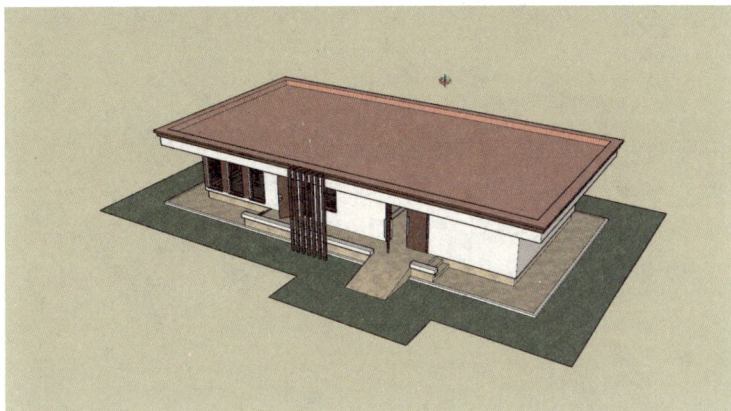

图3-1-12

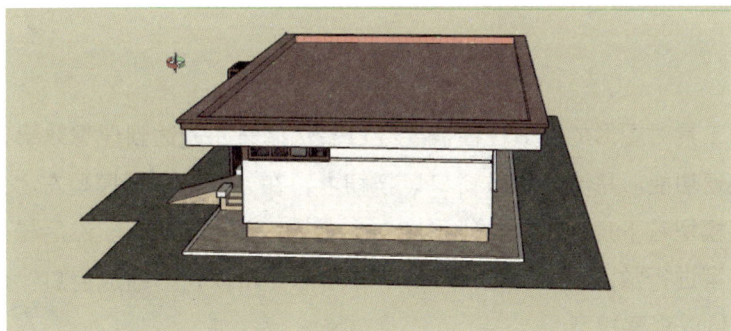

图3-1-13

操作技巧

在操作过程中，使用鼠标滚轮键双击绘图区的某处，该处将被作为绘图区中心，进行视图位置的调整。

操作实践3：缩放和平移视图

与AutoCAD、Photoshop等软件类似，SketchUp提供了"缩放"和"平移"工具，以方便观察和绘图，下面主要针对这两个工具进行详细讲解，仍以"健身房"模型为例。

（1）在操作中由于缩放程度较大导致视图中显示的范围过大，以致不能看清楚模型，如图3-1-14所示。这时，可以单击左侧工具栏中的"缩放"按钮，鼠标变成🔍，点按鼠标左键向上拖动鼠标，即可通过鼠标对图形进行放大显示；点按鼠标左键向下拖动鼠标，则图形缩小显示。

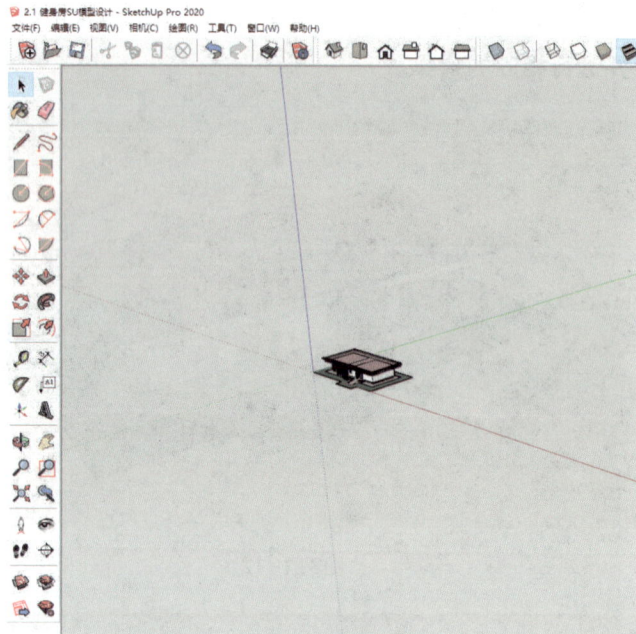

图3-1-14

（2）"缩放"工具对图形的缩放往往需要经过多次调整才能达到理想效果，这时使用"缩放窗口"命令更能展现其快速功能。单击"缩放窗口"按钮，在"健身房"模型左上侧位置单击鼠标左键，继续向"健身房"模型右下角拖出一个矩形窗口，如图3-1-15所示。然后松开鼠标，则图形将按照矩形框的范围对模型进行放大显示，如图3-1-16所示。所以，"缩放窗口"命令可以根据想要观察的范围进行准确定位以观察模型。

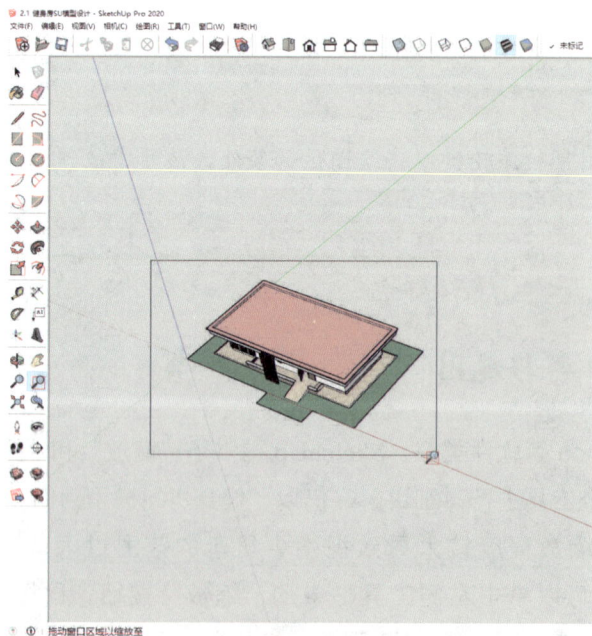

图3-1-15

图3-1-16

（3）相对于"缩放窗口"命令，"充满视窗" ✖ 功能更加快捷。单击"充满视窗"按钮（快捷键：Shift+Z），可一次性将图形最大化布满整个视窗，如图3-1-17所示。

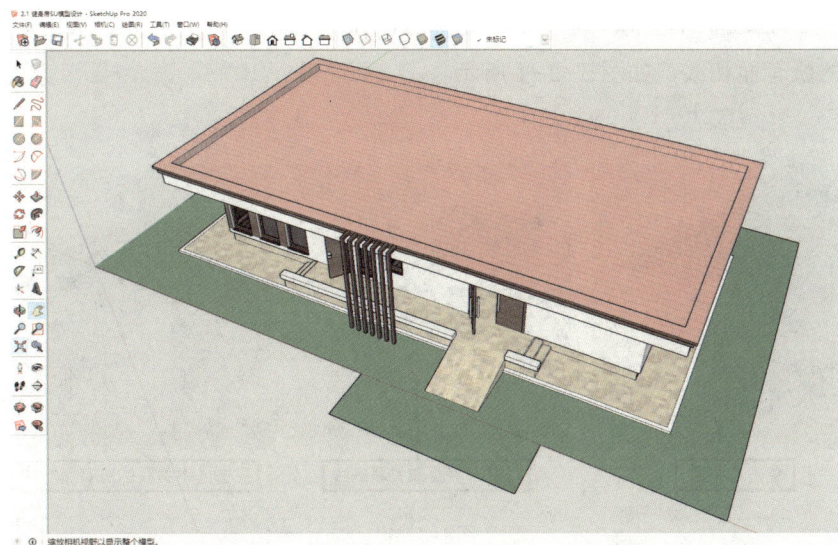

图3-1-17

（4）使用"平移"工具，可以移动画布。单击"平移"按钮（快捷键：Shift+滚轮键），鼠标会变成抓手，按住鼠标左键移动可以平移视图，操作效果和AutoCAD、Photoshop等软件类似，都是不改变对象的大小，而是改变对象距离屏幕的远近。

操作技巧

在操作过程中，滚动鼠标滚轮键也可以进行窗口缩放，向前滚动是放大视图，向后滚动是缩小视图，光标所在的位置是缩放的中心点。

3.2　对象的选择

"选择"工具 ↖ 是一个比较常用的工具，可以用来选择图形对象，并给其他工具命令指定操作实体，使用"选择"工具选取物体的方法有 4 种：点选、窗选、框选以及使用右键扩展关联选择。

操作实践 4：选择指定的对象

在 SketchUp Pro 2020 中，对模型的操作比较灵活，可以对线、面、体等进行灵活的选择。下面以"座凳 .skp"模型为例讲解选择对象的方法。打开案例文件"座凳 .skp"。

（1）选择面。

使用鼠标左键单击座凳石材表面，则该面被选中，呈现蓝色点状填充状态；若在该面上双击，将同时选中这个面和构成此面的边线，选中的边线呈蓝色亮显状态；若在该面上连续单击 3 次，则将选中与这个面相连的所有面和线，如图 3-2-1 所示。

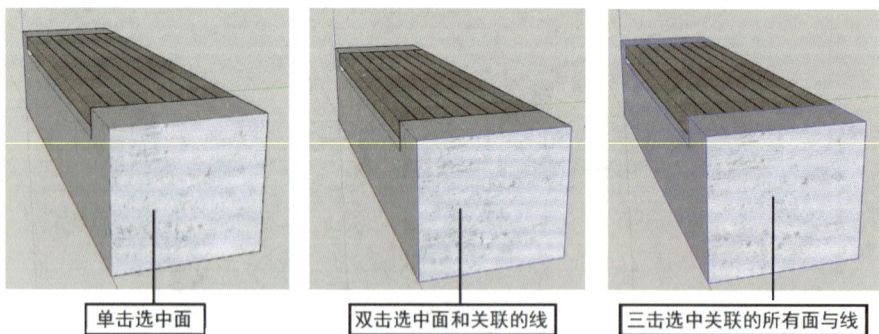

单击选中面　　　双击选中面和关联的线　　　三击选中关联的所有面与线

图3-2-1

（2）选择边。

操作方法和上面一样，单击可选择相应的边线，双击该边线可选择与其关联的面，三击可选择与该边线关联的所有图形，如图 3-2-2 所示。

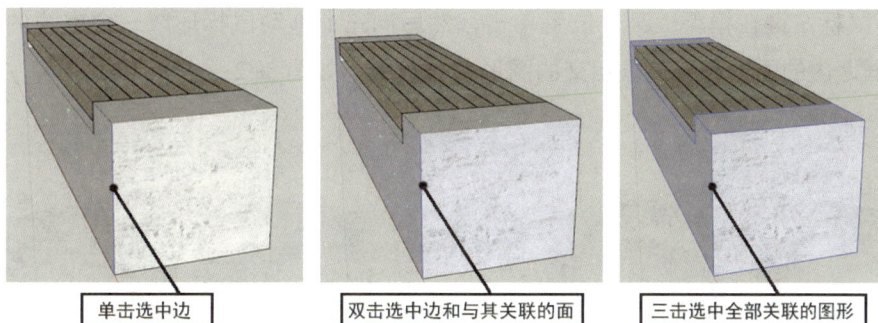

单击选中边　　双击选中边和与其关联的面　　三击选中全部关联的图形

图3-2-2

操作技巧

类似于 AutoCAD 中的图块，在 SketchUp 中，也有一些便于整体运用的模型，被称为"组"或"组件"，这类模型对象被视为单独的一个整体，单击、双击甚至三击，选中的都会是整体，与其他图形不关联。

窗选对象的方式为从左往右拖动鼠标，拖动出矩形窗口以后，只有完全包含在矩形窗口内的图形对象才能被选中，选框是实线。

框选的方式为从右往左拖动鼠标，拖动出矩形选框后，选框内和选框接触到的所有实体都会被选中，选框呈虚线显示。

操作实践5：窗选与框选对象

下面以案例文件"景观座凳.skp"图形为例来具体讲解这两种选择方法，其操作步骤如下。

（1）打开案例文件"景观座凳.skp"，使用鼠标左键在相应位置单击，然后向右下拖动鼠标形成一个实线矩形窗口，松开鼠标，被完整圈定在矩形窗口内的图形就会被选中，如图3-2-3所示。

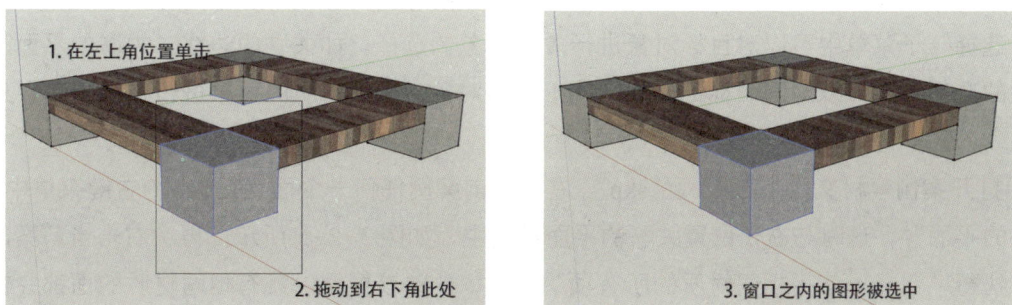

1. 在左上角位置单击　　2. 拖动到右下角此处　　3. 窗口之内的图形被选中

图3-2-3

（2）使用鼠标左键在模型上某一位置单击，然后向左上拖动鼠标形成一个虚线的矩形选框，松开鼠标，则选框之内的图形和与选框相交的图形都被选中，如图3-2-4所示。

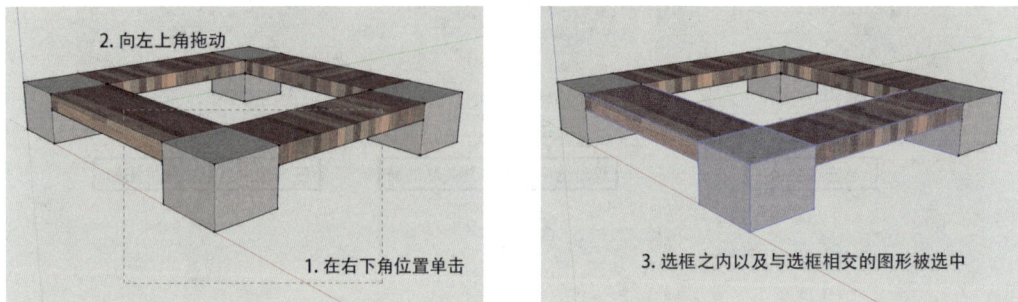

图3-2-4

选择对象的几种方式

在实践操作中，操作对象的选择往往视具体情况而多有变化。使用"选择"工具结合键盘上的快捷键可以实现多种选择方式。

• 加选：激活"选择"工具后，按住Ctrl键可以进行加选，此时鼠标的形状变为▸₊。

• 减选：激活"选择"工具后，同时按住Ctrl+Shift键可以进行减选，此时鼠标的形状变为▸。

• 加减交替选择：激活"选择"工具后，按住Shift键可以交替选择物体的加减，此时鼠标的形状变为▸±。

• 全选：如果要选择模型中的所有可见物体，除了执行"编辑—全选"菜单命令外，还可以使用Ctrl+A组合键。

• 取消选择：如果要取消当前的所有选择，可以在绘图区的任意空白区域单击鼠标，也可以执行"编辑—全部不选"菜单命令，或者使用Ctrl+T组合键。

操作实践6：扩展关联选择

激活"选择"工具后，在某个模型对象上单击鼠标右键（简称右击），会弹出一个菜单，在这个菜单的"选择"子菜单中可以对目标对象进行关联对象的选择，如关联的边线、关联的平面及关联的所有对象的选择，还可以对同一标记（即图层）上的对象、相同材质的对象进行扩展选择，其操作演示如下。

（1）打开案例素材文件"景观小品.skp"，右击当前案例任何一个面，在弹出的右键菜单中选择"选择—连接的平面"，这时与右击位置关联的平面被选中，如图3-2-5所示；再次右击当前案例的任何一个面，执行"选择—使用相同材质的所有项"命令，这时该模型中具有相同材质的面都会被选中，如图3-2-6所示。

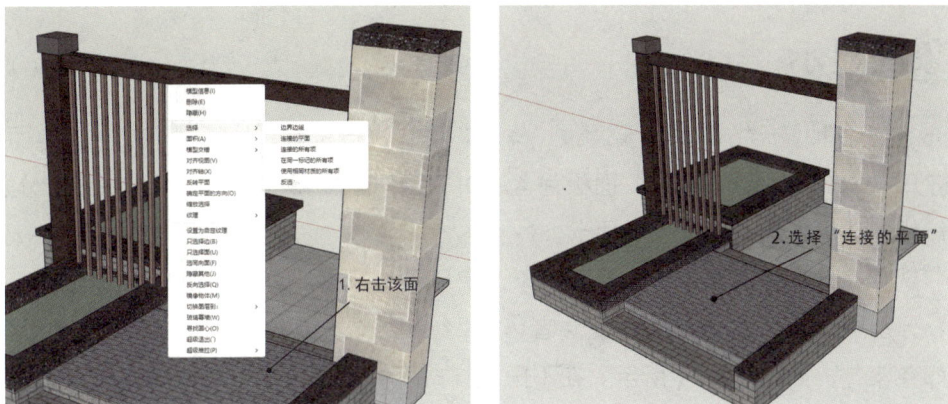

图3-2-5

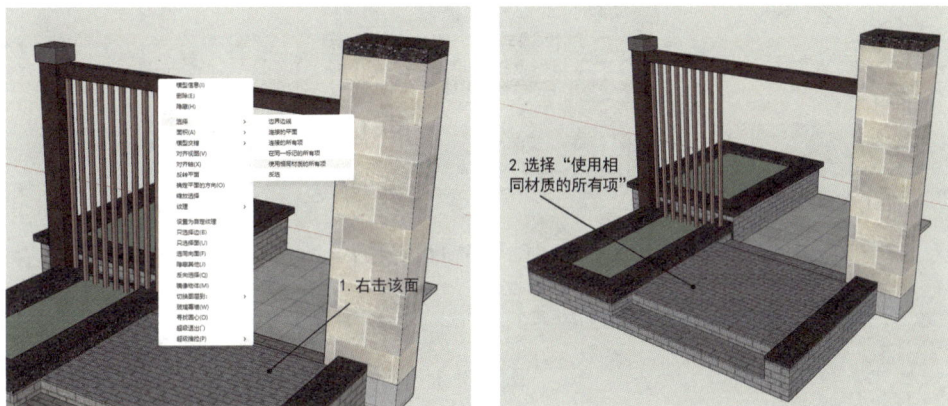

图3-2-6

（2）当关联平面被选中后，可以执行对面的操作选项，如贴图、复制、移动。在左侧"大工具集"中单击"材质"按钮，打开"材质"面板，选择"砖、覆层和壁板"材质，鼠标变成🎨，然后在选中的图形上单击，可以为面添加一种新的材质，如图 3-2-7 所示。

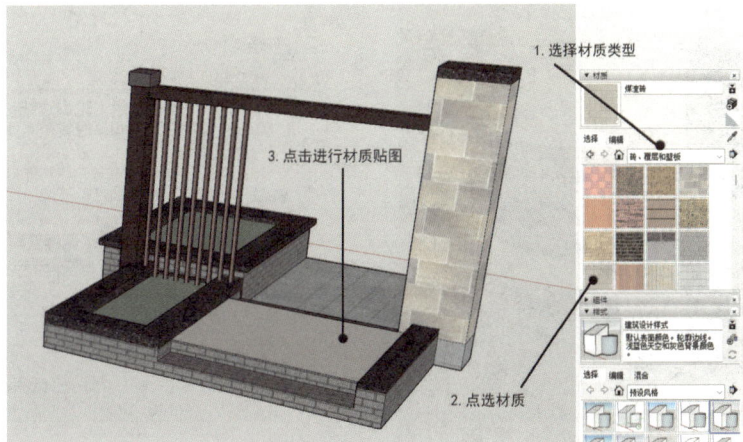

图3-2-7

3.3　对象的显示

SketchUp 包含多种显示方式，主要通过"样式"面板进行设置，执行"窗口—默认面板—样式"菜单命令，打开"样式"面板。"样式"面板包含了对模型对象显示样式的三个选项卡，分别是"选择"选项卡、"编辑"选项卡和"混合"选项卡。

其中，"选择"选项卡主要用于给模型对象选定显示的风格。可以看到 SketchUp Pro 2020 自带 7 个风格目录，分别是"Style Builder 竞赛获奖者""手绘边线""混合风格""照片建模""直线""预设风格""颜色集"，如图 3-3-1 所示。在不同的样式下有多个选择，可以通过改变背景、天空、边线及表面，达到不同的显示效果。

图3-3-1

操作实践 7：调整对象的风格显示

下面以案例文件"电视背景墙 .skp"为例讲解不同风格的操作和显示效果。

（1）打开案例素材文件"电视背景墙 .skp"，如图 3-3-2 所示。

（2）在"样式"下拉列表中，选择"Style Builder 竞赛获奖者"样式，如图 3-3-3 所示。

图3-3-2

图3-3-3

（3）在"Style Builder 竞赛获奖者"样式列表中，切换不同的风格对比，效果如图 3-3-4 所示。

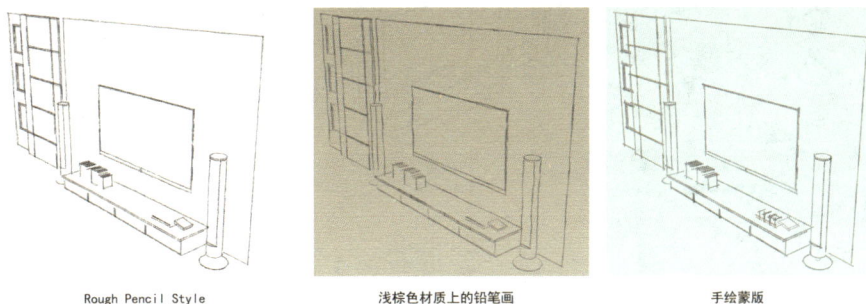

Rough Pencil Style　　　　浅棕色材质上的铅笔画　　　　手绘蒙版

图3-3-4

（4）在"样式"下拉列表中，切换选择"手绘边线"样式，如图 3-3-5 所示。

（5）在"手绘边线"样式中，选择不同的风格对比，效果如图 3-3-6 所示。

（6）切换到"混合风格"样式下，不同风格对比如图 3-3-7 所示。

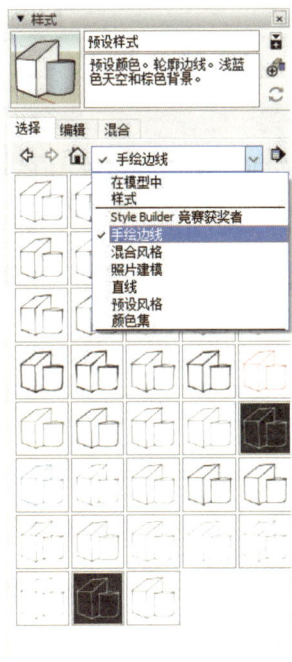

图3-3-5

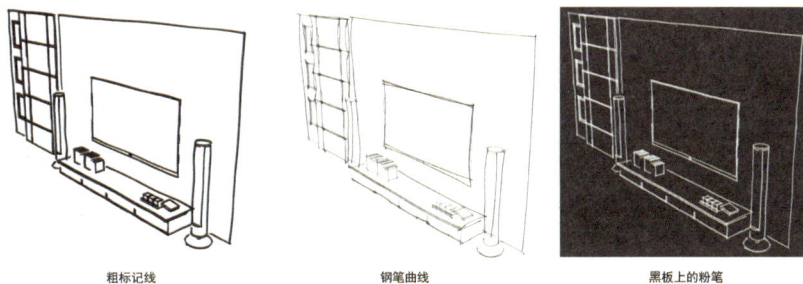

粗标记线　　　　钢笔曲线　　　　黑板上的粉笔

图3-3-6

PSO分层样式　　　　水彩纸和铅笔　　　　蓝图

图3-3-7

（7）在"直线"样式列表下，各个风格使模型边线呈现出粗细不同的显示效果。切换到"直线"风格下，不同像素规格的直线样式图形效果对比，如图 3-3-8 所示。

（8）"预设风格"样式是设计师制图中最常用的风格，一般默认情况下均使用"预设风格"进行制图。不同风格下的对比图形效果如图 3-3-9 所示。

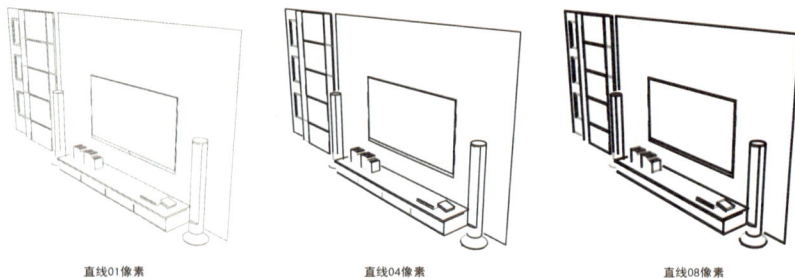

直线01像素   直线04像素   直线08像素

图3-3-8

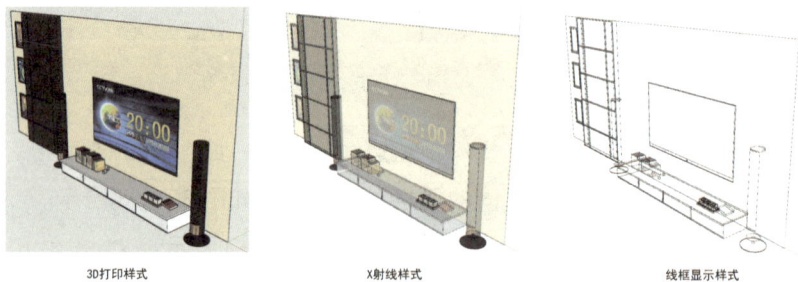

3D打印样式   X射线样式   线框显示样式

图3-3-9

操作实践8：设置对象的边线显示样式

"样式"面板的"编辑"选项卡主要用于给特定样式下的模型做进一步的细节设置。它包含了5个不同的设置面板，分别为"边线设置""平面设置""背景设置""水印设置"和"建模设置"。

"编辑"选项卡最左侧的"边线设置"面板 ，用于控制几何体边线的显示、隐藏、粗细及颜色等，如图3-3-10所示。

下面以案例文件"双人景观椅.skp"为例，讲解不同显示边线的设置效果，其操作步骤如下。

（1）打开本案例的素材文件"双人景观椅.skp"，如图3-3-11所示。

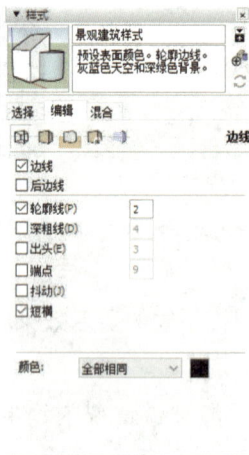

图3-3-10

图3-3-11

（2）执行"窗口—默认面板—样式"菜单命令，打开"样式"面板，点击"编辑"选项卡，切换到"边线设置"面板。

（3）开启"边线"选项（默认情况下是开启的），会显示物体的边线，关闭则隐藏边线，如图3-3-12所示。

（4）开启"后边线"选项（默认情况下使用时"边线"必须同时开启），模型会以虚线的形式显示出物体背部被遮挡的边线，关闭则隐藏，如图3-3-13所示。

（5）"轮廓线"选项用于加强视图中模型的轮廓线，突出三维物体的空间轮廓，通过改变数值可以调节轮廓线的粗细，如图3-3-14所示。

图3-3-12

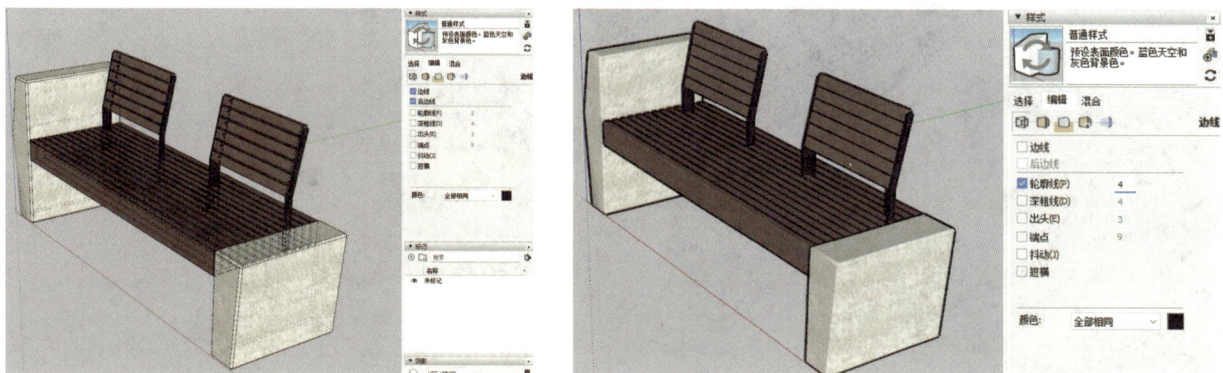

图3-3-13　　　　　　　　　　　　　　　　图3-3-14

（6）"深粗线"选项用于强调场景中的物体前景线要强于背景线，类似于画素描线条的强弱差别。离相机越近的深粗线越强，越远的越弱。可以在数值框中设置深粗线的粗细，如图3-3-15所示。

（7）在"出头"选项下，模型结构线的端点向外延长，呈现出手绘草图的效果。延长线是为了强化视觉上的设计感，不会影响边线端点的参考捕捉。可以在数值框中设置边线出头的长度，数值越大，延伸越长，如图3-3-16所示。

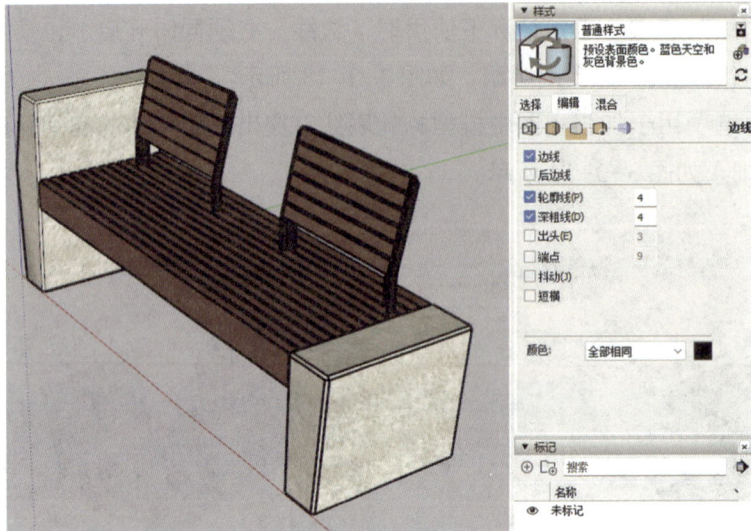

图3-3-15

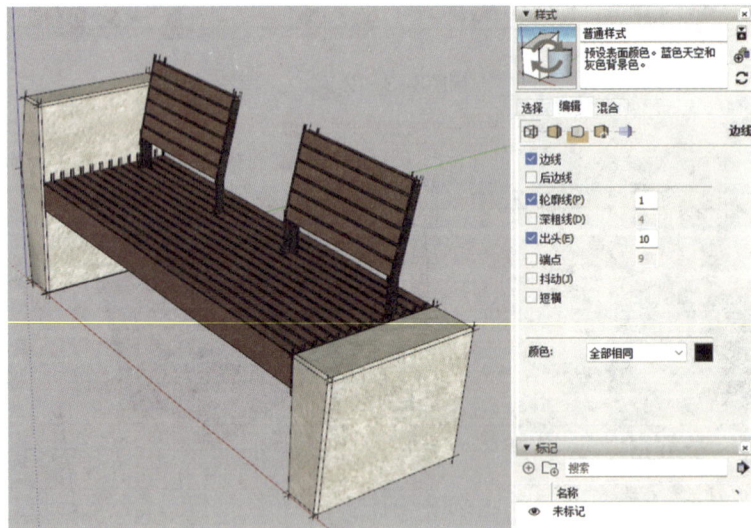

图3-3-16

（8）"端点"选项用于使边线在结尾处加粗，模拟手绘效果图的显示效果，如果有"出头"设置，可以在"出头"的结尾处加粗显示。可以在数值框中设置端点线长度，数值越大，端点延伸越长，如图3-3-17所示。

（9）"抖动"选项可以模拟手绘草稿线抖动的效果，渲染出的线条位置会有所偏移，边线的轻重显示会有变化，但不会影响参考捕捉，如图3-3-18所示。

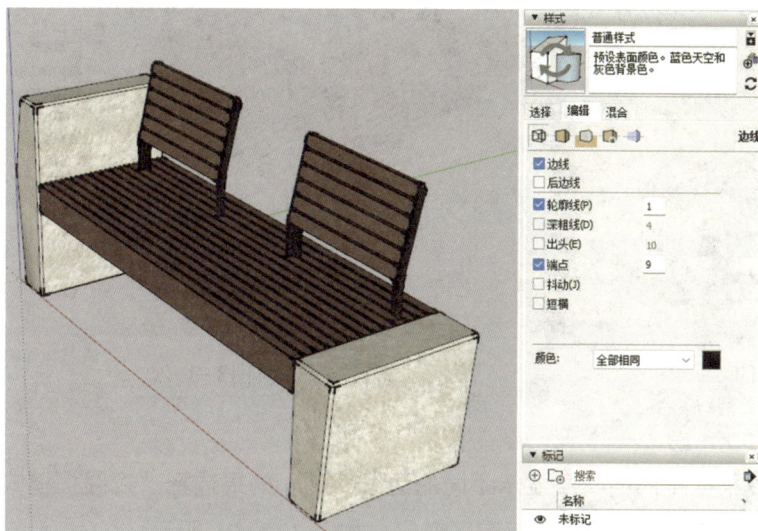

图3-3-17

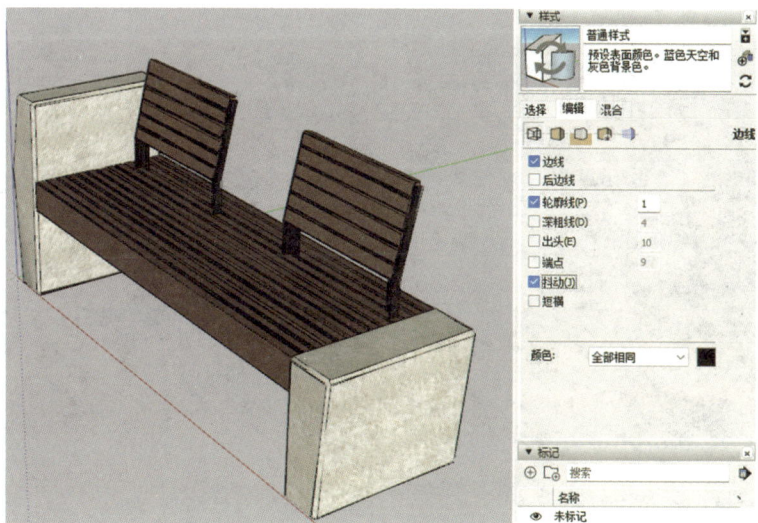

图3-3-18

（10）"颜色"选项可以控制模型边线的颜色，包含了3种颜色显示方式：全部相同、按材质、按轴线，如图3-3-19所示。

① 全部相同：使边线的显示颜色一致。默认颜色为黑色，单击右侧的颜色块可以为边线设置其他颜色，如图3-3-20所示。

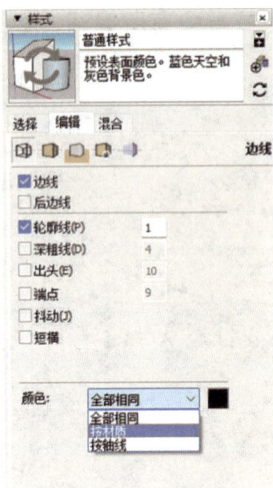

图3-3-19

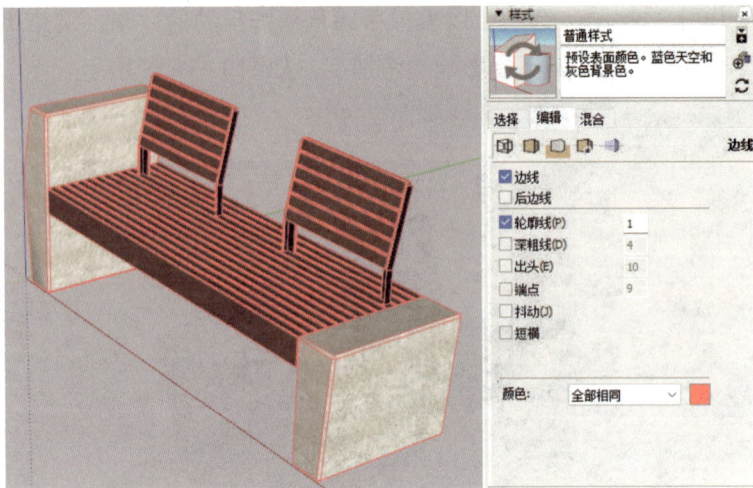

图3-3-20

② 按材质。可以根据不同的材质显示不同的边线颜色。如果选择"以线框模式显示",就能很明显地看出物体的边线是根据材质的不同而有所变化,如图3-3-21所示。

③ 按轴线。模型的结构线根据边线对齐的轴线而显示与轴线相同的颜色,如图3-3-22所示。

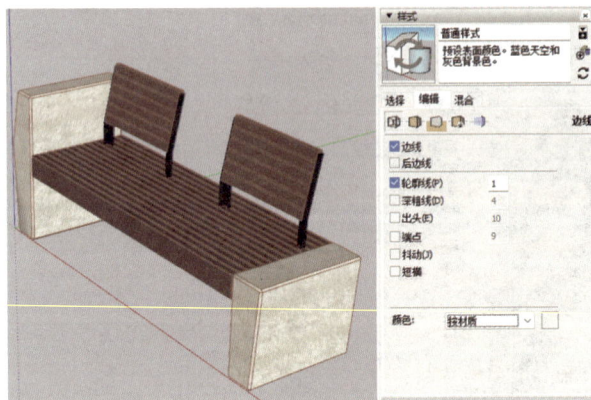

图3-3-21

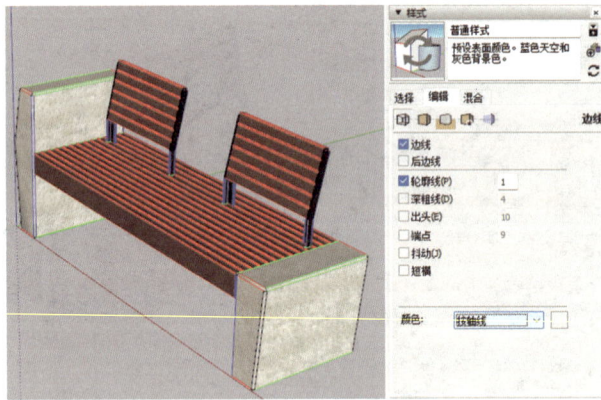

图3-3-22

操作技巧

场景中的黑色边线无法显示时,可能是在"样式"面板中将边线的颜色设置成了"按材质"显示,只需改回"全部相同"即可。

操作实践9：设置对象的平面显示样式

"编辑"选项卡下"平面设置"面板中包含了6种表面显示模式，分别是"以线框模式显示"、"以隐藏线模式显示"、"以阴影模式显示"、"使用纹理显示阴影"、"使用相同的选项显示有着色显示的内容"和"以X光透视模式模式显示"，如图3-3-23所示。另外，在该面板中列出了正面颜色和背面颜色的设置（SketchUp模型使用的是双面材质），系统默认正面颜色为白色，背面为灰色，可以通过单击"正面颜色"或"背面颜色"对应的颜色块来修改模型正反面的默认颜色。

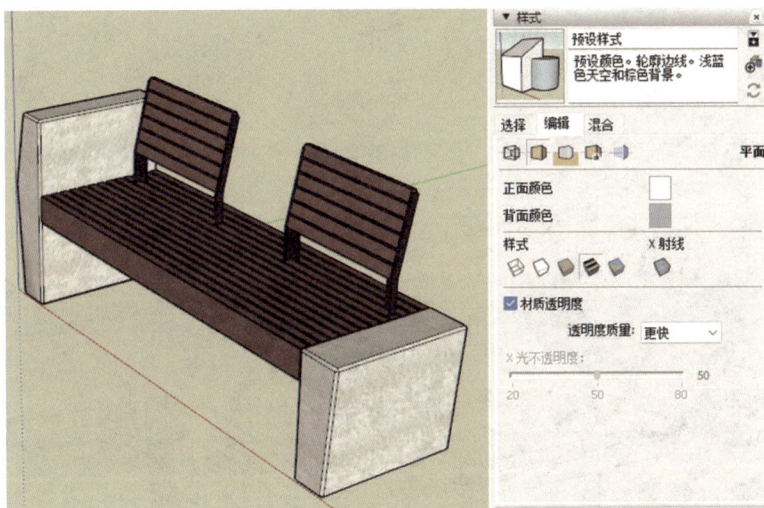

图3-3-23

操作技巧

用户不仅可以通过"平面设置"面板来设置对象的表面显示风格，还可以通过样式工具栏来执行与其对应的命令。

下面以案例文件"健身房.skp"为例讲解不同显示平面的设置效果，其操作步骤如下。

（1）打开素材文件"健身房.skp"，打开"样式"面板，显示"编辑—平面设置"选项板。

（2）单击"以线框模式显示"按钮或样式工具栏的"线框显示"模式，则模型以简单的线条显示构成此模型的结构线，没有面，如图3-3-24所示。

（3）单击"以隐藏线模式显示"按钮或样式工具栏的"消隐"模式，图形隐藏内部不可见的边线和平面，并在绘图区平面上显示背景色的颜色。这种模式常用于输出图像进行后期处理，如图3-3-25所示。

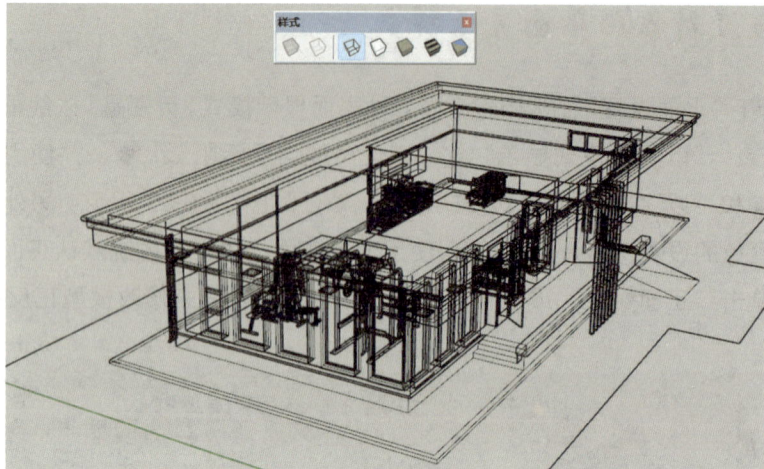

图3-3-24

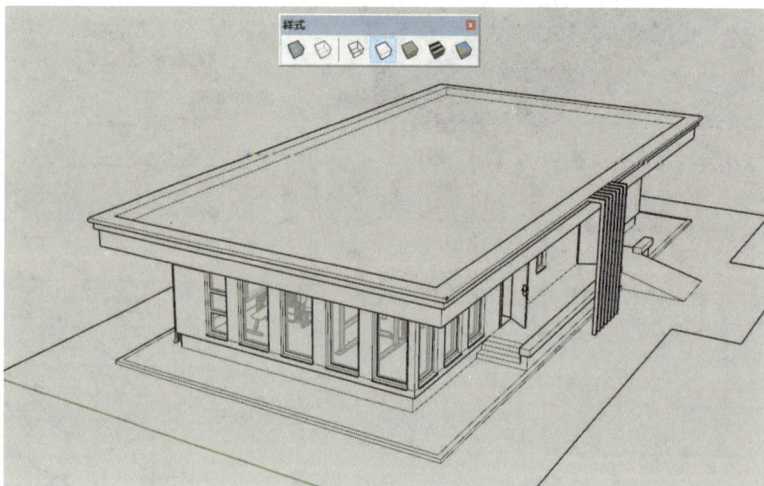

图3-3-25

操作技巧

　　当图形以线框模式显示时，"推／拉"功能不可使用。因为线框模式下没有面，所以不可对图形的面进行推拉。

　　（4）单击"以阴影模式显示"按钮或样式工具栏的"阴影"模式，将会显示所有应用到面的材质，以及根据光源应用的颜色，如图3-3-26所示。

　　（5）单击"使用纹理显示阴影"按钮或样式工具栏的"材质贴图"模式，所有应用到面的材质贴图都将被显示出来，如图3-3-27所示。

图3-3-26

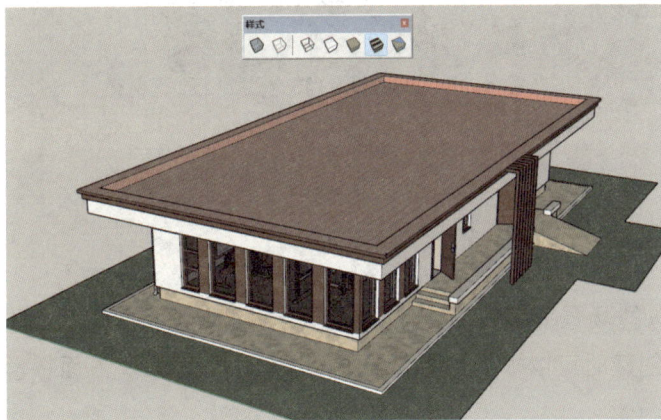

图3-3-27

（6）单击"使用相同的选项显示有着色显示的内容"按钮或样式工具栏的"单色显示"模式，在该模式下，模型根据默认的正面白色、背面灰色进行显示，材质以及模型内部不可见的边线与面都将处于消隐状态，此模式能分辨模型的正反面，如图 3-3-28 所示。

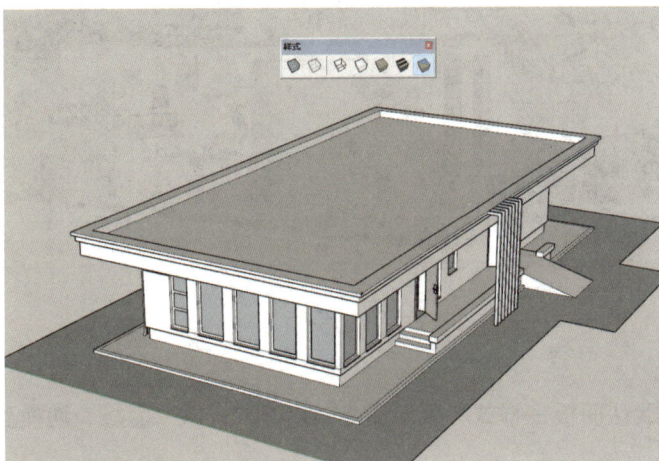

图3-3-28

（7）单击"以 X 透光模式模式显示"按钮，X 光模式可以和其他模式联合使用，将所有的面都显示成透明，这样就可以透过模型观察和编辑所有的边线，如图 3-3-29 所示。

图3-3-29

操作实践 10：调整场景的背景颜色

SketchUp 系统默认的场景背景颜色为灰白色（预设风格的建设设计样式），设计师在使用 SketchUp 进行模型场景创建时可以根据绘图需要更改场景中的背景。下面将学习场景背景颜色的更改方法，其操作步骤如下。

（1）打开案例素材文件"党建公园 .skp"，如图 3-3-30 所示。

图3-3-30

（2）执行"窗口—默认面板—样式"菜单命令，打开"样式"面板，切换到"编辑"选项卡的"背景设置"面板中。

（3）勾选启用"天空"选项，然后单击颜色按钮，弹出"选择颜色"对话框，单击色轮上"蓝色"区域，再拖动滑块到浅蓝色处，调整右侧的滑块以确定浅蓝色的明暗，最后单击"好"按钮，如图 3-3-31 所示。

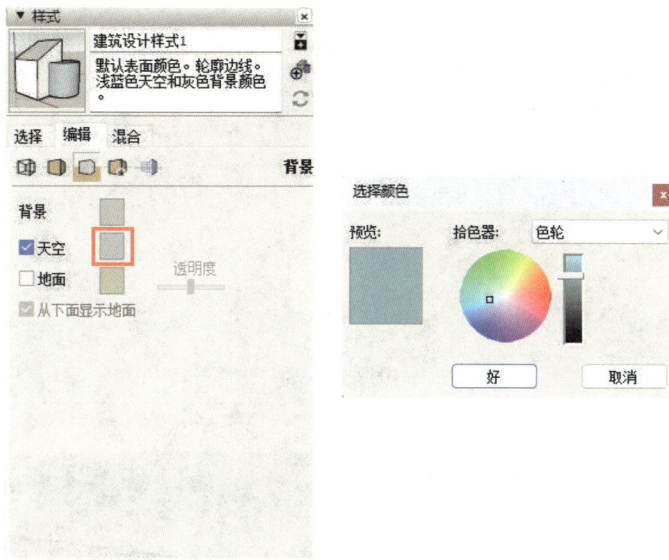

图3-3-31

（4）这样就为该公园场景设置了浅蓝色的天空效果，如图 3-3-32 所示。

图3-3-32

（5）按照同样的方法，勾选启用"地面"选项，然后单击颜色按钮，弹出"选择颜色"对话框，单击色轮上的"绿色"区域，再拖动滑块到相应位置，然后单击"好"按钮，如图 3-3-33 所示。

（6）通过前面的操作，即为该公园设置了绿色地面，如图 3-3-34 所示。

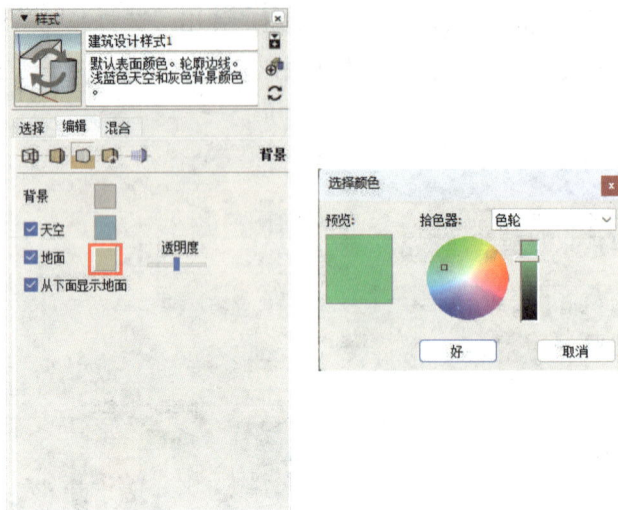

图3-3-33

图3-3-34

操作技巧

背景设置功能详解

·背景:单击该项右侧的色块,可以打开"选择颜色"对话框,在对话框中可以改变场景中的背景颜色,但前提是要取消对"天空"和"地面"选项的勾选,如图3-3-35所示。

·天空:勾选该选项后,场景中将显示渐变的天空效果,用户可以单击该项右侧的色块调整天空的颜色,选择的颜色将自动应用渐变。

·地面:勾选该选项后,在背景处从地平线开始向下显示指定颜色渐变的地面效果,此时背景色会自动被天空和地面的颜色所覆盖。

·"透明度"滑块:该滑块用于显示不同透明等级的渐变地面效果,让用户可以看到地平面以下的几何体,如图3-3-36所示。

图3-3-35

图3-3-36

· 从下面显示地面：勾选该选项后，当照相机从地平面下方往上看时，可以看到渐变的地面效果，如图3-3-37所示。

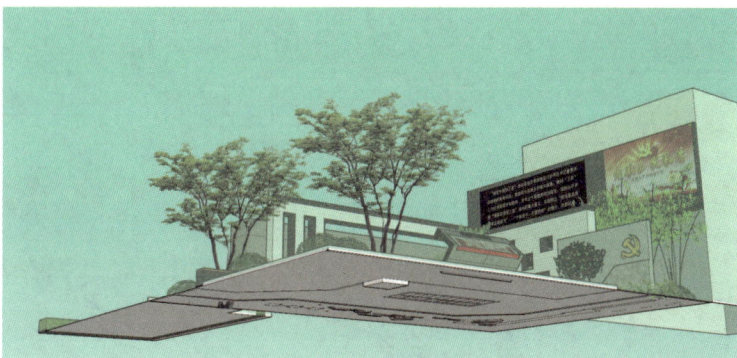

图3-3-37

本章小结

本章主要介绍了 SketchUp 模型创建与编辑中视图的控制类型与操作方法、对象的选择方法、对象的显示风格和效果控制等内容。本章的学习内容对于后期高效、快捷地制图具有先导作用。学完本章后，读者应重点掌握以下内容。

◆标准视图的 7 种类型：顶视图（俯视图）、底视图、前视图、后视图、左视图、右视图、等轴视图。

◆相机视图的 3 种类型：平行投影、透视显示和两点透视图。

◆视图的常用操作工具：环绕观察、平移、充满视窗等。

◆选择对象常用的 4 种方式：点选、窗选、框选、使用鼠标右键扩展关联选择。

◆选择对象的 5 种快捷操作方式：加选、减选、加减交替选择、全选、取消选择。

◆对象的显示风格主要通过"样式"面板进行控制，"选择"选项卡可以设置不同的环境风格，"编辑"选项卡可以对边线显示进行设置。

◆ SketchUp 默认双面材质，正面为白，背面为灰。默认的材质颜色和天空颜色可以在"编辑"选项卡中进行调整。

4 图形的绘制工具

在SketchUp中所有模型的建立都是先用绘图工具绘制平面二维图形，然后使用编辑工具将二维图形拉伸或放样成三维模型。因此，需要先掌握绘图工具栏的每个绘图工具，包括直线、手绘线、矩形、旋转矩形、圆、多边形、圆弧、扇形、坐标轴等工具。

学习目标

了解绘图工具的应用方法；

理解绘图工具的分类及作用；

掌握各种绘图工具的快捷命令及操作技巧。

4.1 "直线"工具与"手绘线"工具

4.1.1 "直线"工具

在SketchUp中，线是最小的建模单位，线与线在同一个平面上组合成面，面与面在三维空间中构建成体。任何一个模型体都可以用简单的线命令来完成。线工具可以完成任意直线、指定长度直线和指定端点的直线，还可以绘制、分割和修复面。

4.1.1.1 绘制任意长度直线

在绘图工具栏 ╱▦▥▮◉◐╱╱◁╱ 上，单击"直线"工具按钮 ╱，或执行"绘图—直线—直线"命令，或直接在键盘上按快捷键L，此时鼠标箭头会变成一支铅笔，就可以开始绘制直线了。具体绘制方法如下。

在屏幕中确定起点的位置单击鼠标左键，沿一定方向拖动鼠标，单击鼠标左键结束绘制。如果要继续绘制直线，则上一条线段的终点就是下一条线的起点，可形成首尾相连的线。

操作技巧

当绘制的线与某个坐标轴平行时，会出现文字提示，如图4-1-1所示。SketchUp是三维绘图空间，一般而言，在三维空间的轴向中，红色及绿色轴代表的是二维平面空间，蓝色是高度轴。所以在绘制二维图形时，还是需要以红色及绿色轴作为横平竖直的参考。

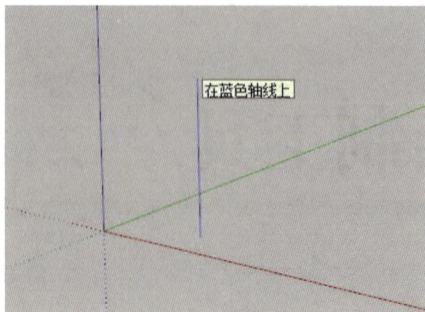

图4-1-1

4.1.1.2 绘制指定长度直线

绘制指定长度的直线有以下两种方法。

（1）输入长度。

在绘制直线的执行过程中，拖动鼠标时，屏幕右下方的数值输入框会不停地动态显示线段的长度值。SketchUp可以做到精确控制模型尺寸，就是在命令执行过程中可以在数值输入框对数值进行确定。具体绘制方法为：在屏幕需要确定起点的地方单击鼠标左键，沿一定方向拖动鼠标，不用将鼠标移动到数值输入框，直接在键盘输入数值，按回车键确认即可绘制一条长度为1800 mm的直线，如图4-1-2所示。

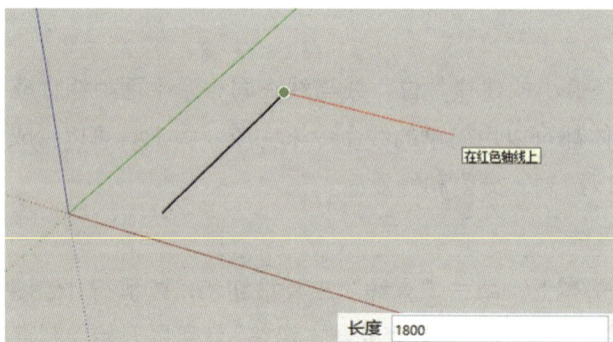

图4-1-2

（2）输入空间坐标。

坐标值的输入分为绝对坐标与相对坐标。绝对坐标是对于整个空间来讲的，每一个点都有确定的位置。这个位置由"[X，Y，Z]"格式的一组数值确定，规划设计中的测量坐标即属于绝对坐标。例如输入："[50，100，200]"，如图4-1-3所示。

相对坐标是指绘图过程中相对于前一点的坐标，这个位置由"<X，Y，Z>"格式的一组数值确定。室内设计中一般使用相对坐标值，如输入："<300，200，100>"，如图4-1-4所示。

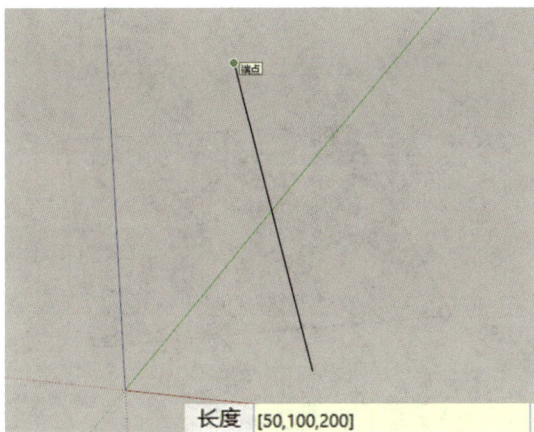

图4-1-3

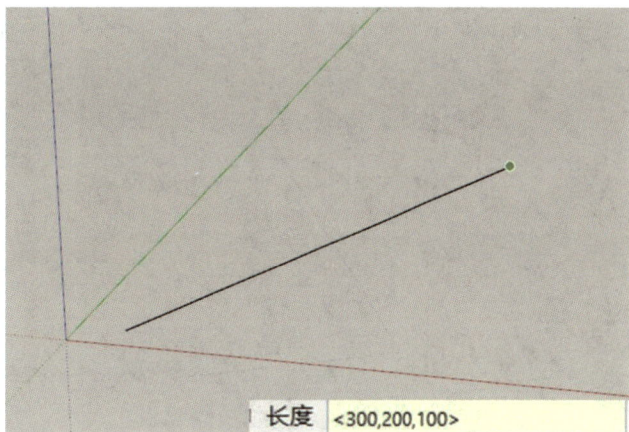

图4-1-4

4.1.1.3 捕捉点绘制线

直线的起点可以任意，也可以将捕捉的点作为起点和端点。在 SketchUp 中有较为精确的捕捉，并在屏幕中有文字提示。

执行"窗口—模型信息"命令，打开"模型信息"窗口，系统默认勾选"启用长度捕捉"和"启用角度捕捉"选项，如图 4-1-5 所示。

SketchUp 中启动捕捉包括：端点捕捉、中点捕捉、交叉点捕捉、平行从点捕捉、在面上和在线上捕捉。当绘图过程中接近这些点时会有文字提示，单击鼠标左键就确定了线的端点，如图 4-1-6、图 4-1-7 所示。

4.1.1.4 绘制成面

SketchUp 中线的功能非常强大，首尾相连的线在同一平面上封闭，就会自动生成一个面，如图 4-1-8 所示。面和线都可以分别被选取，但当其中一条线被删除时，相应的这个面就不存在了。

图4-1-5

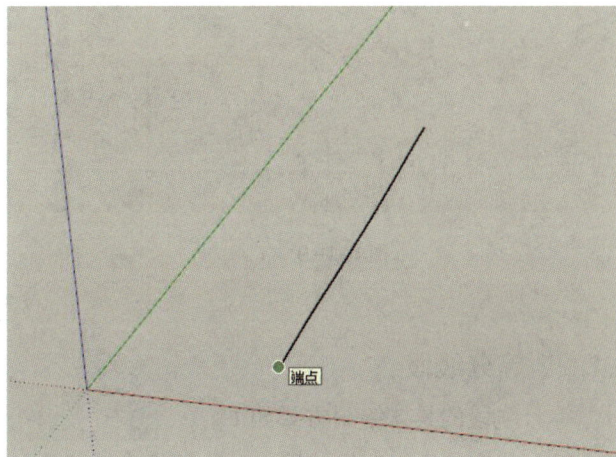

图4-1-6

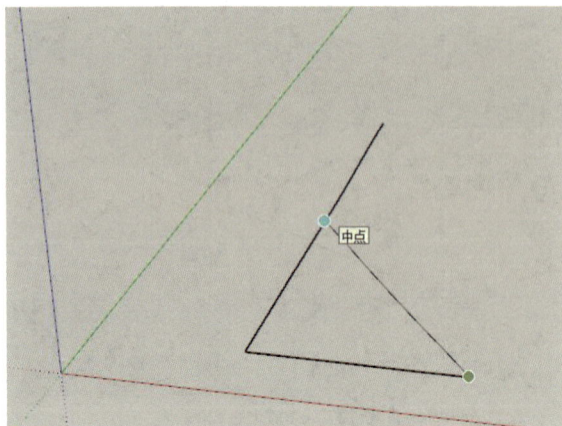

图4-1-7

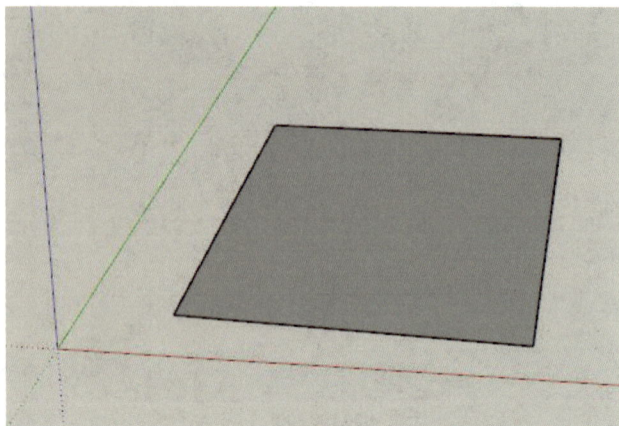

图4-1-8

4.1.1.5 线分割线段

SketchUp 中默认两点之间是一条线段，所以只要有两个端点就可以形成一条直线。如图 4-1-9 所示，在已有一条直线 A 的基础上画一条与之相交的线 B，则直线 A 有了三个端点，分为了两段直线，原有直线 A 就形成了 A 与 C 两条直线，当选取时可以非常清晰地表现出来。

4.1.1.6 线分割面

在面的一条边上画一条与之相交的线，则边线被分成了两条线段。使用"选择"工具框选，会发现面也被分割成了两个面。依此类推，用线可以将面分割成若干面，如图 4-1-10 所示。

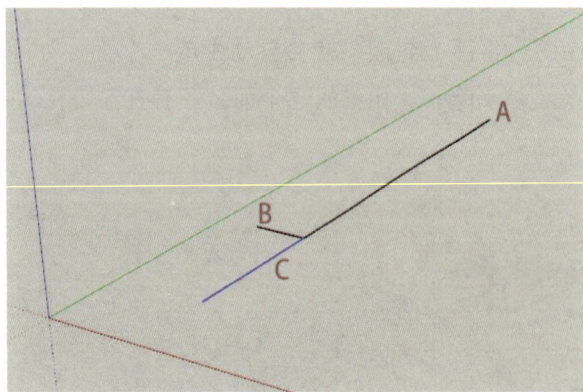

图4-1-9

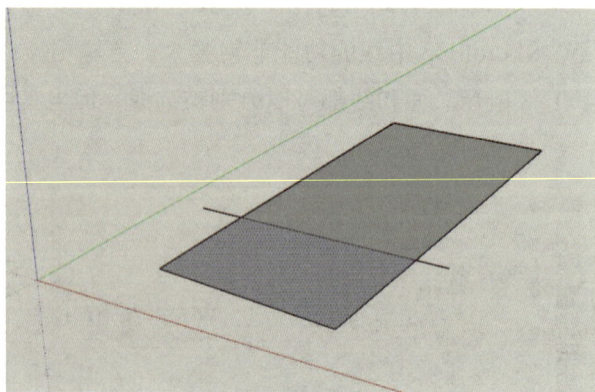

图4-1-10

4.1.1.7 等分线段

等分线段的具体绘制方式如下。

绘制线完成后，选择线段。单击鼠标右键弹出快捷菜单，执行"拆分"命令，如图 4-1-11 所示，线上面会出现多个红色的点。随着鼠标的左右移动红色的点会有疏密的变化，并且在相应的文字提示中会分成几段，每段长度的数值相同，效果如图4-1-12所示。在数值输入框（即图4-1-12中的"段"输入框）直接输入等分的段数，按回车键即可完成对线段的定数等分。

　　线段的表面此时不会发生任何变化，只有重新选取这条线才会发现已均分成了几段独立的线。

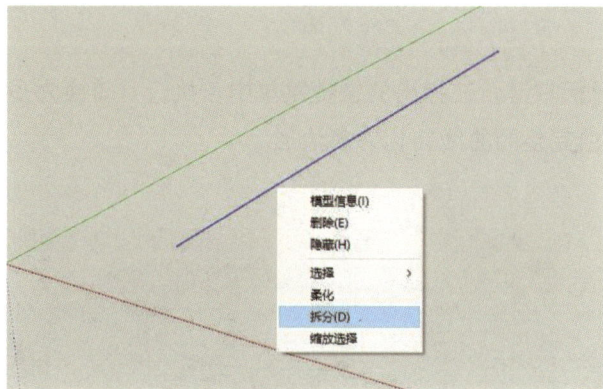

图4-1-11

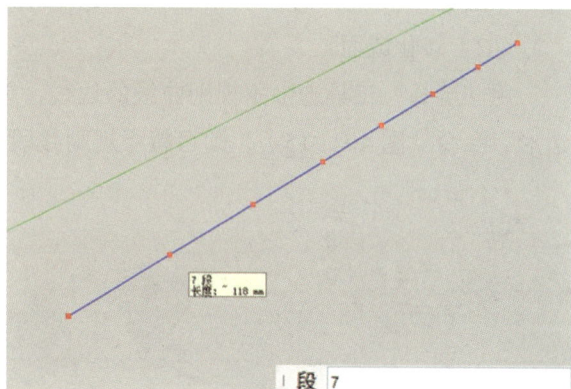

图4-1-12

4.1.2 "手绘线"工具

　　不规则线工具主要用于绘制模型当中的异形轮廓，如在规划景观设计中描画的弯曲等高线，以及不规则的立体造型都有非常大的作用。

4.1.2.1 绘制二维曲线

　　在绘图工具栏上，单击"手绘线"工具按钮，或执行"绘图—直线—手绘线"命令，鼠标箭头变成一支带曲线的铅笔后，即可开始绘制不规则线。具体绘制方法如下。

　　在屏幕需要确定起点的地方按住鼠标左键，在屏幕上以不规则的路线拖动鼠标，直到绘制完成，松开鼠标即可。如要再绘制第二条不规则线，需重新定点。

　　在一个平面上的线相交叉，会自动识别成面，显示为面，如图4-1-13所示。

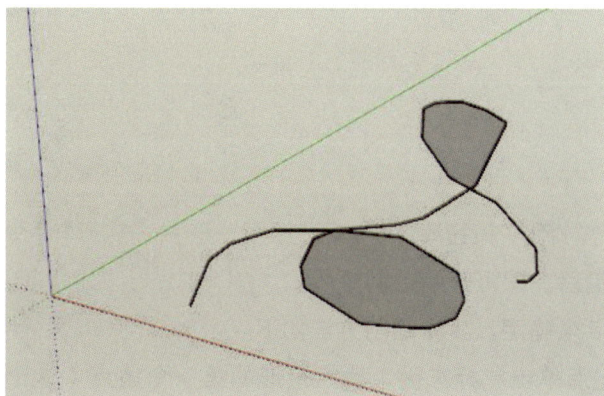

图4-1-13

4.1.2.2 转化

（1）转化成边线。

用"选择"工具选中不规则曲线的边线，单击鼠标右键，在弹出的快捷菜单中，执行"分解曲线"命令（图4-1-14），即可将不规则线段轮廓由完整的曲线分解为一段段边线。

（2）转化成面。

用"选择"工具选中不规则曲线的边线，单击鼠标右键，在弹出的快捷菜单中，执行"转换为多边形"命令（图4-1-15），即可将不规则线段轮廓由完整的曲线转化为多边形。

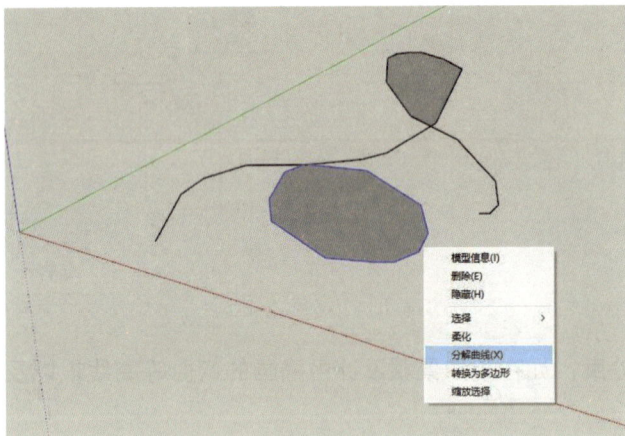

图4-1-14

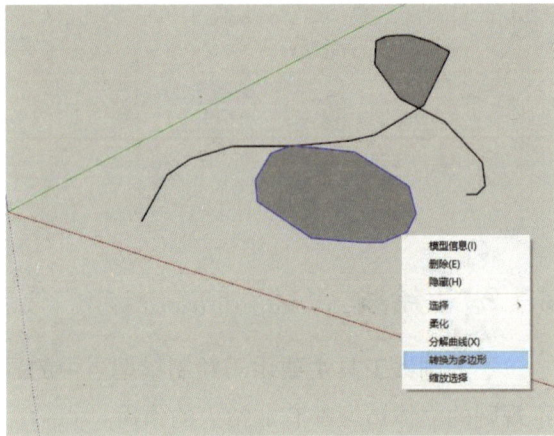

图4-1-15

4.2 "矩形"工具与"旋转矩形"工具

在 SketchUp 中，可以绘制矩形、圆形、多边形等多种面。

4.2.1 "矩形"工具

4.2.1.1 任意矩形

在绘图工具栏上，单击"矩形"按钮▨，或执行"绘图—形状—矩形"命令，或在键盘上按快捷键R，鼠标箭头变成带矩形的铅笔后，即可开始绘制矩形。

矩形大小通过两个角点来确定，具体绘制方法如下。

（1）在屏幕中矩形起点单击鼠标左键，确定矩形的第一个角点（这个起点可以是任意点，也可以捕捉原有图形上的某个点）。

（2）沿一定方向移动鼠标，会发现数值输入框的一组数值在实时地发生变化，这一组数值实际就是矩形另一个角点的相对坐标数值。这时可以捕捉屏幕某点来确定矩形的大小，按下鼠标左键确认第二个角点的位置，完成矩形的绘制。

4.2.1.2 定值矩形

在设计中几乎所有图形都需要有确定的数值。在矩形的绘制中，第一个角点确定后，可以通过直接在数值输入框输入第二个角点的相对坐标来完成矩形的绘制。

例如，需要定一个边长是 800 mm × 300 mm 的矩形，具体绘制方法为：执行绘制矩形命令，确定第一个角点后，输入"800，300"（相对横坐标，即矩形的长在前；相对纵坐标，即矩形的宽在后，中间用逗号隔开），如图 4-2-1 所示，按回车键确认。

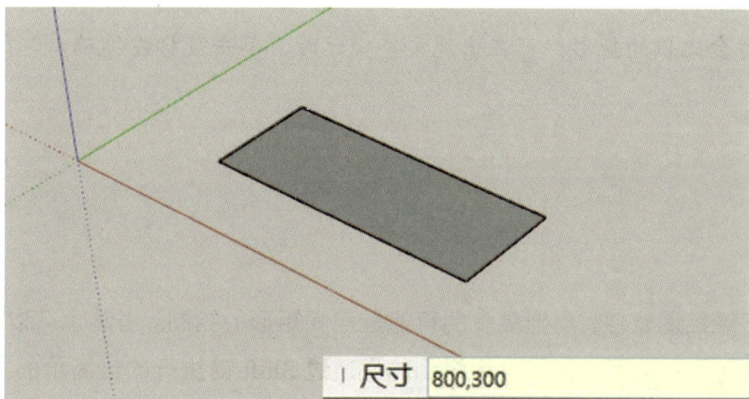

图4-2-1

4.2.1.3 黄金比例矩形

矩形在家具设计、室内设计、建筑设计中经常反复出现，在讲求设计韵律和美观的前提下，矩形的形状大小也非常重要。

黄金率是将已知线段作两部分的分割，要使小的部分和大的部分之比，等于大的部分和全体之比，这个比率就叫黄金率，通过公式计算得出约为 0.618，即黄金率值。短边与长边之比值为黄金率的矩形，称为黄金分割矩形，这样的矩形符合数理内在关系，在设计运用中非常耐看。

操作技巧

SketchUp 有很强的文字提示功能，绘制矩形时，特殊比例的矩形也会出现文字提示。SketchUp 会通过自动运算得出黄金分割矩形的另一个角点位置，并在屏幕上出现文字提示"黄金分割"，对设计工作帮助非常大，效果如图4-2-2所示。

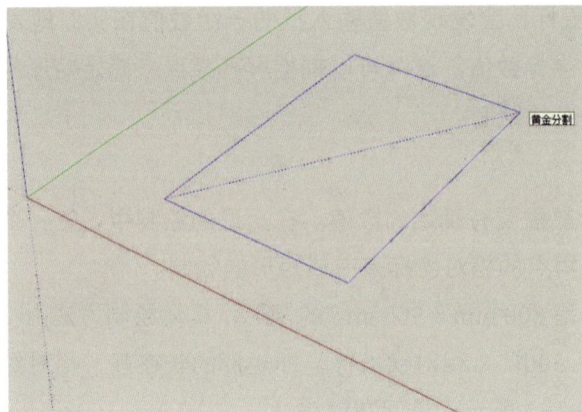

图4-2-2

如需要绘制黄金比例的矩形，可在出现文字提示时，单击鼠标左键确认，即可完成黄金比例矩形的绘制。

4.2.1.4 空间矩形

SketchUp 作为三维绘图软件，用到更多的可能是空间矩形的绘制。当然也可以在平面上画好矩形，再根据一定角度旋转到不同空间，但是这里讲到的是通过 Shift 键执行的最简单的方法。

调用"矩形"工具，开始绘制矩形。先捕捉确定矩形的第一个角点，然后再通过捕捉找到矩形在平面的两个点（不需单击鼠标），如图 4-2-3 所示。将鼠标向上移动，就会看到矩形在立面上出现了形状。此时必须按住 Shift 键不放，这样才能锁定鼠标移动轨迹，拉到指定高度（也可数值控制）。最后单击鼠标左键结束，效果如图 4-2-4 所示。

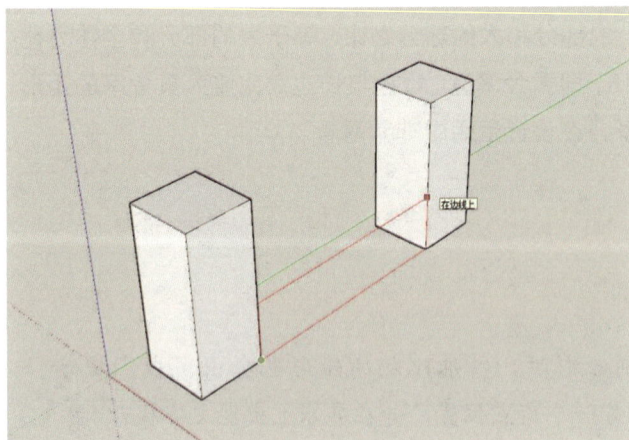

图4-2-3

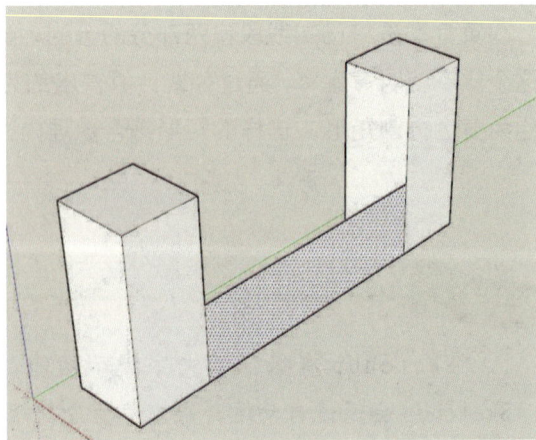

图4-2-4

矩形的第二个角不在平面上，而在立面，这需要用鼠标将另一个角点移到平面对应位置上。

4.2.2 "旋转矩形"工具

在 SketchUp 中，绘制旋转矩形与绘制矩形工具相比，可以通过三个角点绘制一个矩形平面，绘制水平方向或垂直方向的矩形。

4.2.2.1 任意旋转矩形

在绘图工具栏上，单击"旋转矩形"按钮 ；鼠标箭头变成带量角器后，即可开始绘制矩形了。具体绘制方法如下。

在屏幕中矩形起点单击鼠标左键，确定矩形的第一个角点，移动鼠标点击确定矩形的长度。移动鼠标，单击鼠标左键，确定旋转角度。移动鼠标，单击鼠标左键，确定矩形另一条边的长度。

4.2.2.2 绘制精确旋转矩形

如果需要绘制一个边长是 800 mm × 300 mm，旋转角度为 45° 的矩形，具体绘制方法如下。

（1）执行"绘图—旋转矩形"命令后，在屏幕中的矩形起点单击鼠标左键，确定矩形的第一个角点。

（2）在数值输入框输入"800"，确定矩形的长度，如图 4-2-5 所示。

（3）输入"300，45"这样一组数据（矩形的宽在前，矩形的旋转角度在后，中间用逗号隔开），即可完成绘制，如图 4-2-6 所示。

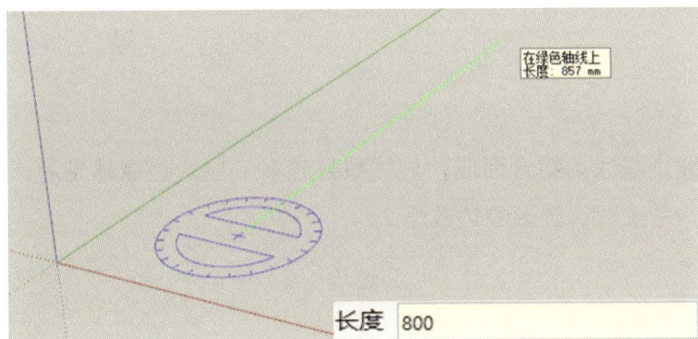

图4-2-5

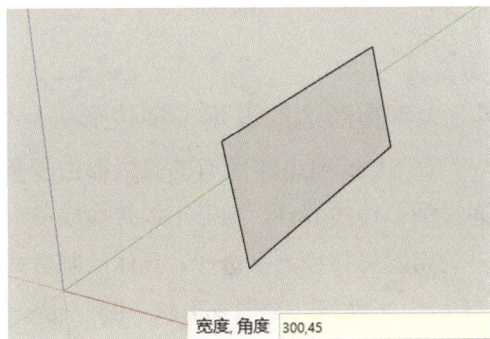

图4-2-6

4.3　"圆"工具与"多边形"工具

4.3.1 "圆"工具

在 SketchUp 中，可以使用绘图工具完成圆形的绘制。另外，通过设定显示边数，圆形可以转换为多边形，删除面还可以形成圆线。

4.3.1.1 任意圆形

任意圆可以在屏幕中通过捕捉来确定圆的相关数值。

单击绘图工具栏上的"圆"工具按钮⊙，或执行"绘图—形状—圆"命令，或在键盘上按快捷键C，鼠标箭头变成带圆形的铅笔形状后，即可开始绘制圆形。具体的绘制方法如下。

确定圆心位置，可以是屏幕上任意一点，也可在具体图形上捕捉，如图4-3-1所示。拖动鼠标，确定圆的半径大小，单击鼠标左键完成绘制。

4.3.1.2 定值圆形

具有精确半径的圆形，叫作定值圆形。具体绘制方法为：使用前面绘制任意圆形的方法，确定圆心位置，然后直接键盘输入半径数值（数值输入框立即有显示），按回车键确定即可，如图4-3-2所示。

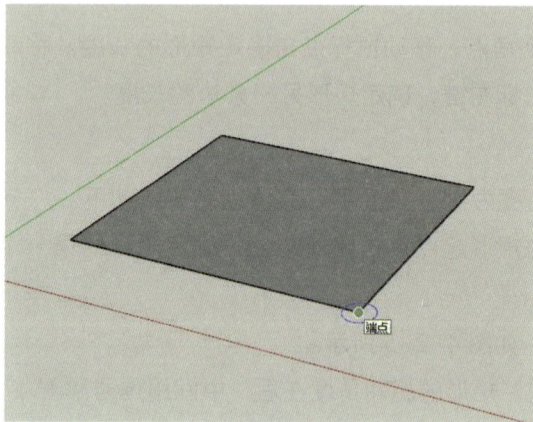

图4-3-1

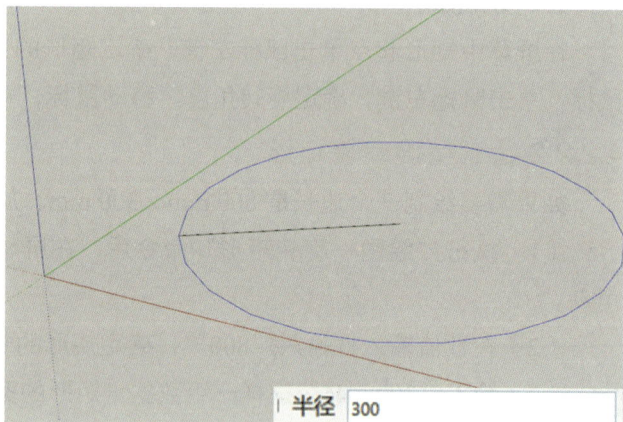

图4-3-2

4.3.1.3 圆形边的设定（多边形）

在SketchUp中所有的弧线都由多条边线（线段）组合而成，边线数目越多，显示边缘越光滑，通过调节边线数目，圆形可以转换成多边形。系统默认圆形的边数是24。

将圆形转换为多边形，具体绘制方式如下。

（1）执行"绘图—形状—圆"命令，先不确定圆心。

（2）数值输入框有显示"24"，这是系统默认。如需修改边数，可直接输入想要的数值。例如想绘制五边形，可直接在键盘输入"5"，按回车键确认（每一次使用键盘在数值输入框输入数值都需要按回车键确认），如图4-3-3所示。

（3）然后确定圆心、半径，单击鼠标左键完成多边形的绘制，如图4-3-4所示。

4.3.1.4 圆线和多边形线

在SketchUp中，任何一个面都由面本身以及边线组成，删除面本身，得到的是圆线或多边形线。

因为在SketchUp中不能直接绘制圆线和多边形线，所以需先用绘图工具中的"圆"工具绘制面，再将面选中并删除，可得到圆形线和多边形线。具体绘制方式如下。

（1）绘制圆形或根据圆设定的边数来绘制多边形，形成面。

（2）选取面，在面上单击鼠标右键弹出快捷菜单后执行"删除"命令，删除面，留下圆形线和多边形线，如图4-3-5所示。

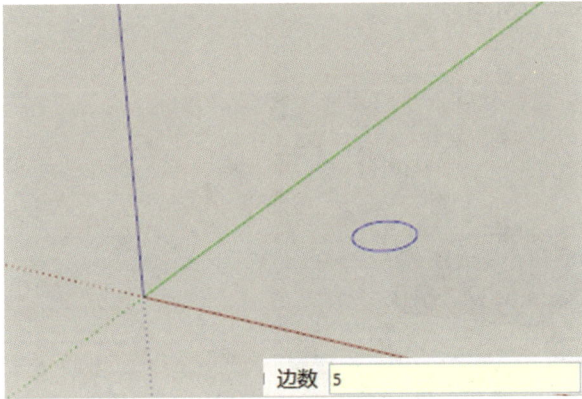
图4-3-3

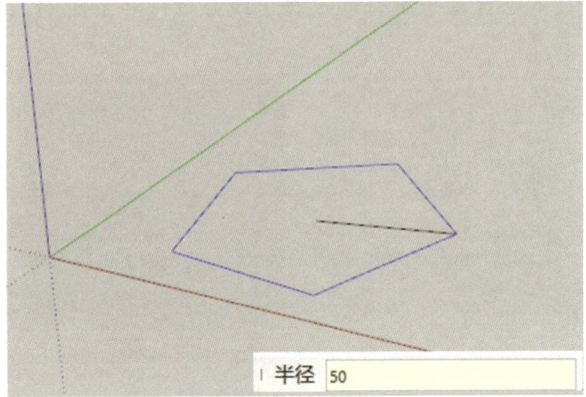
图4-3-4

图4-3-5

4.3.2 "多边形"工具

在 SketchUp 的绘图工具中有专门绘制多边形的工具。这个多边形的操作，与使用"圆"工具绘制多边形相比有不同之处。具体绘制方式如下。

单击绘图工具栏上的"多边形"按钮，或执行"绘图—形状—多边形"命令，鼠标箭头变成带多边形的铅笔后，即可开始绘制多边形。在数值输入框直接输入多边形边数，在屏幕中定下多边形中心（也可以通过捕捉），然后在数值输入框直接输入半径数值，最后单击鼠标左键确定。

运用"多边形"工具绘制的多边形与"圆"工具绘制的多边形从表面上来看没有任何区别，如图4-3-6所示。如果执行"推／拉"命令，将平面图拉伸成三维物体，就会发现区别：使用"圆"工具绘制的多边形会自动平滑边线，因此并不是真正的多边形；而使用"多边形"工具绘制的多边形不会自动平滑，而是将边线显示得非常清晰，如图4-3-7所示。

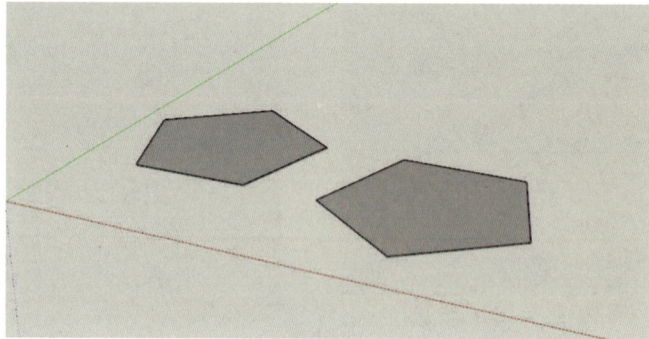

图4-3-6

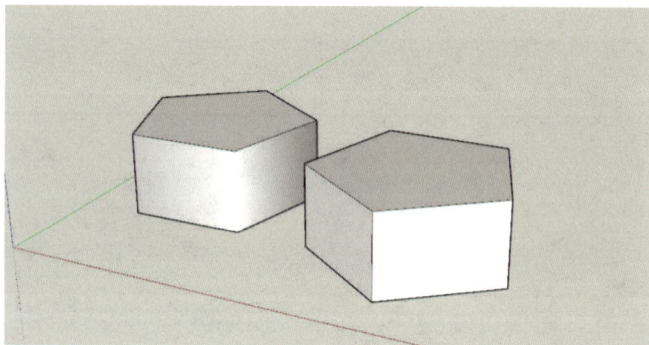

图4-3-7

4.4 "圆弧"工具与"扇形"工具

4.4.1 "圆弧"工具

在 SketchUp 中，线分为直线、弧线、不规则线。下面就介绍各种弧线的绘制方法。

4.4.1.1 任意弧线

单击绘图工具栏的"两点圆弧"按钮◯，或执行"绘图—圆弧—两点圆弧"命令，或输入快捷键 A，鼠标箭头变成一支带三个圆点的铅笔后，即可开始绘制弧线。具体绘制方式如下。

在屏幕中绘制一条直线（也可以在数值输入框直接输入弦长数值，按回车键确认），在圆弧相应的方向移动鼠标，如有具体尺寸，在数值输入框直接输入弧高数值，按回车键完成绘制，如图4-4-1所示。

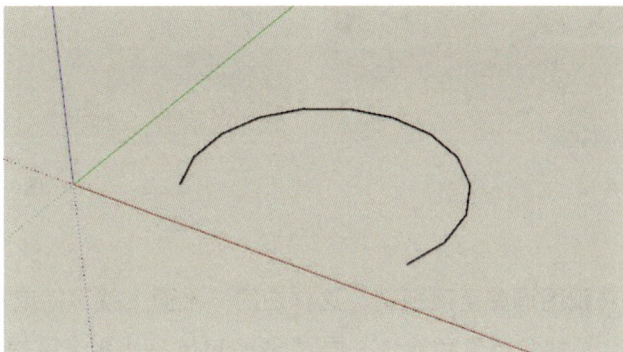

图4-4-1

4.4.1.2 绘制精确弧线

"数值输入框"首先显示的是圆弧的弦长，然后是圆弧的弧高，可以输入数值来指定弦长和弧高，圆弧的半径和片段数的输入需要专门的输入格式。具体绘制方式如下。

（1）指定弦长。点取圆弧的起点后，就可以输入一个数值来确定圆弧的弦长。必须在点击确定之前指定弦长。

（2）指定弧高。确定弦长以后，还可以再为圆弧指定精确的弧高或半径。只要数值输入框显示"弧高"，就可以指定弧高尺寸。负值的弧高尺寸表示圆弧往反向凸出。

（3）指定半径。要指定半径，必须在输入的半径数值后面加上字母"r"（如150r），然后按回车键确认。可以在绘制圆弧的过程中或画好以后输入半径。

4.4.1.3 半圆

半圆是弧线中数值比较特殊的弧。具体绘制方式如下。

执行"两点圆弧"命令，直接输入圆的直径，确定直线的长度，然后输入半径数值，也可以在移动鼠标过程中注意观察屏幕，当鼠标箭头旁边出现文字提示"半圆"时，单击鼠标左键结束命令，如图4-4-2所示。

4.4.1.4 弧线的平滑

在SketchUp中，所有弧线、半圆以及圆形，都是由直线构成的，这点与AutoCAD非常相似。一般来讲系统都有默认的片段数，不需要改动，但如果弧线的显示片段数太小，圆弧会显示成多边形。在弧线命令中可以设置正常的显示。具体绘制方式如下。

执行"圆弧"命令，在数值输入框输入数值时，按"片段数S"的格式直接输入片段数，按回车键确认。此时屏幕弧线以相应的片段数显示，效果如图4-4-3所示。

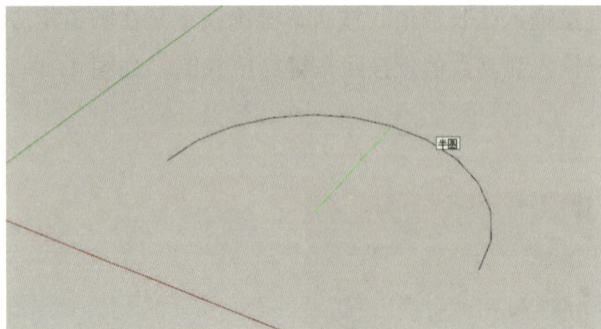

图4-4-2

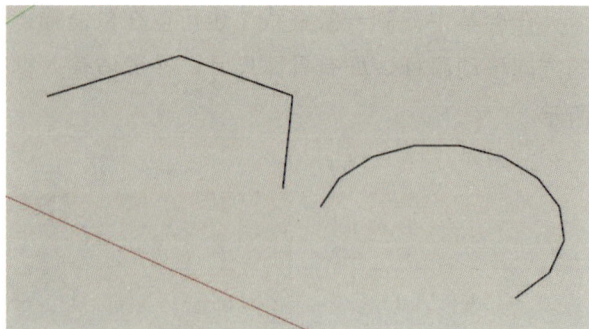

图4-4-3

4.4.1.5 连续相切弧线

　　绘制连续弧线时，需将视图调整至顶视图，这样在同一平面上就可完成复杂的弧线造型。新建的弧线如果与原有线段相切，弧线会以青色表示，同时 SketchUp 会出现文字提示，如图 4-4-4 所示。

　　绘制首尾相连的线，就形成一个封闭面。执行"推 / 拉"命令就可以绘制复杂的立体模型，效果如图 4-4-5 所示。

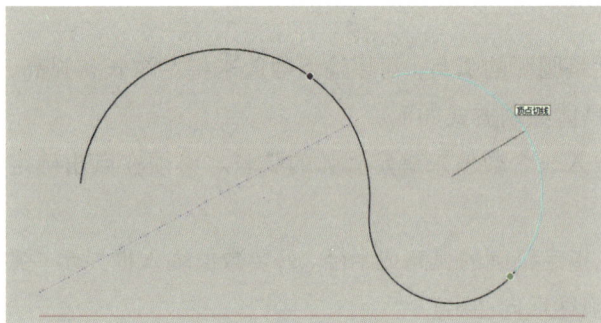

图4-4-4

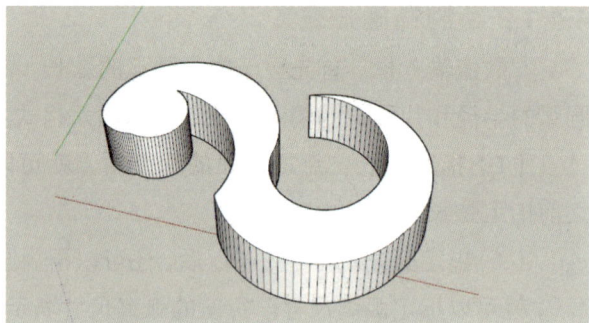

图4-4-5

4.4.2 "扇形"工具

　　"扇形"工具其实就是"圆弧"工具的增强版，就是将"圆弧"工具画出的圆弧与两条半径连起来形成的一个封闭图形。它是由一个面、两条线段和一段圆弧组成的，如图 4-4-6 所示。

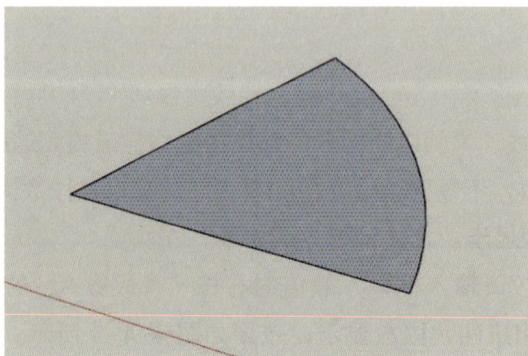

图4-4-6

4.5　坐标轴

SketchUp 作为三维绘图软件，系统默认以三维坐标轴来指示方向。启动 SketchUp，会发现坐标轴有三种色彩：红色的 X 轴、绿色的 Y 轴、蓝色的 Z 轴。传统习惯上，X、Y 轴构成平面，Z 轴代表高度；实线为坐标轴正方向，虚线为坐标轴负方向。

坐标轴不仅可以根据需要控制显示与否，还能根据场景要求重新定义坐标轴。

4.5.1 坐标显示

坐标轴作为绘图的参考，系统默认为显示状态，但出图或截屏时，可以将坐标系隐藏。执行"视图—坐标轴"命令，勾选可以显示坐标轴，取消勾选则隐藏坐标轴，如图 4-5-1 所示。

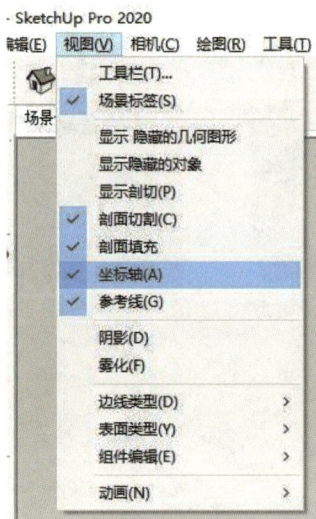

图4-5-1

隐藏坐标轴后，虽然坐标不显示了，但系统仍然是三维坐标轴辅助绘图。

4.5.2 更改坐标

系统默认坐标轴在原点，但如果需要将坐标轴的原点及轴向进行改变的话，可以执行以下操作。

（1）单击建筑施工工具栏的"轴"按钮 ✳，此时鼠标箭头变为缩微的坐标轴。

（2）单击鼠标左键，在屏幕中确认新的坐标原点位置。

（3）将鼠标移动到新轴方向，出现一条虚线，以表示与以前的轴向水平，单击鼠标左键确认方向（一共要确认三次，以确认好 X、Y、Z 轴的朝向），如图 4-5-2 所示。

4.5.3 对齐轴

对齐轴可以使坐标轴与物体表面对齐。只需在需要对齐的表面上单击鼠标右键，然后在弹出的快捷菜单中执行"对齐轴"命令即可。例如，对模型的斜面执行"对齐轴"命令，此时在表面上创建物体，物体的默认坐标轴将与斜面相平行，如图4-5-3所示。

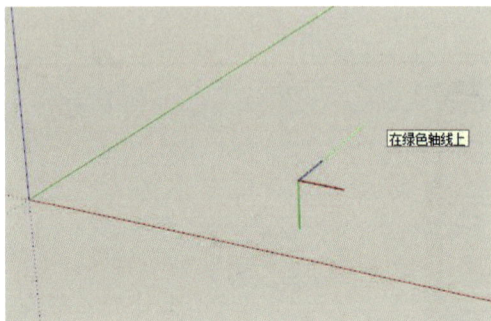

图4-5-2

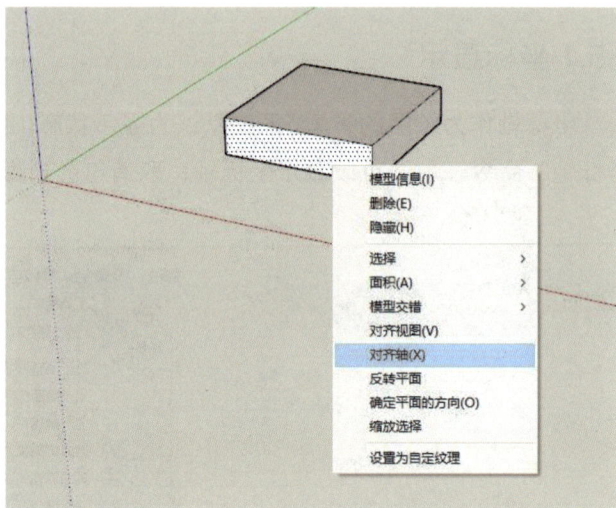

图4-5-3

4.6 模型交错

在SketchUp中，面需要推拉和放样成体，而复杂物体有可能因为物体与物体的交错而形成错误的面。因此，在处理复杂模型时，需利用快捷菜单中的"模型交错"命令，从物体中剪切出复杂的形体关系。

4.6.1 选择相交

相交的模型在没有确认出边线的情况下，面产生了关联，无法将其相交部分明确显示。这时需要选择单个物体使用"模型交错"命令，在模型相交处确认出边线和面，方便对体的操作命令。具体绘制方式如下。

（1）绘制两个不同的形体交叉放置，如图4-6-1所示。

（2）选中长方体，单击鼠标右键弹出快捷菜单，执行"模型交错"命令打开子菜单，执行"只对选择对象交错"命令，如图4-6-2所示。

（3）使用鼠标右键的快捷菜单删除圆柱，挖出形体，如图4-6-3所示。

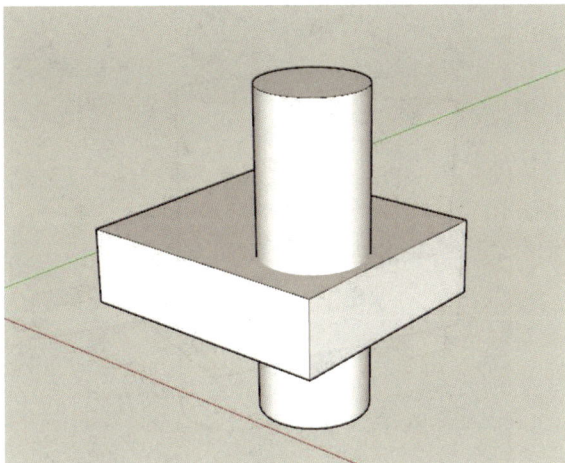

图4-6-1

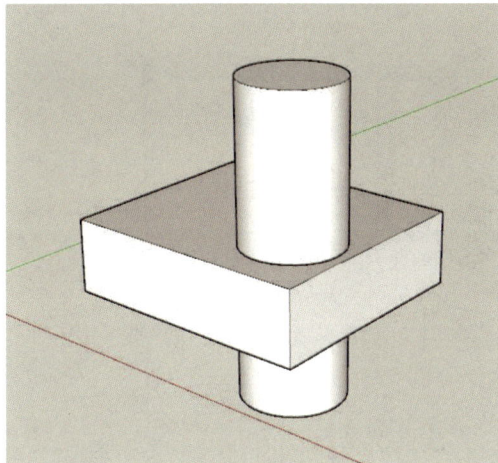

图4-6-2

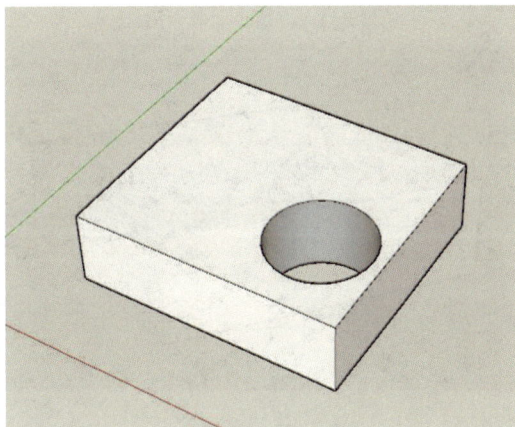

图4-6-3

4.6.2 关联相交

在一个场景中有可能有几个相交的形体，这时如果需要将交叉边线都表现出来，则需要执行"关联相交"命令。具体绘制方式如下。

（1）选取所有需表现边线的相交形体，如图 4-6-4 所示。

（2）单击鼠标右键弹出快捷菜单，执行"模型交错—模型交错"命令，即可将整个所选形体的交叉线表示出来，如图 4-6-5 所示。

（3）删除多余边线，有时会需要补充图形中的线以形成相应的面，最后效果如图 4-6-6 所示。

执行"模型交错"命令可以得到复杂结构的形体，也可以运用物体与面的交错，删除多余线面后得到物体的截面。

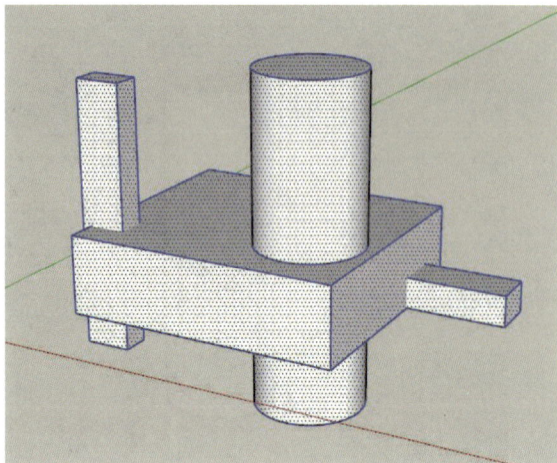
图4-6-4

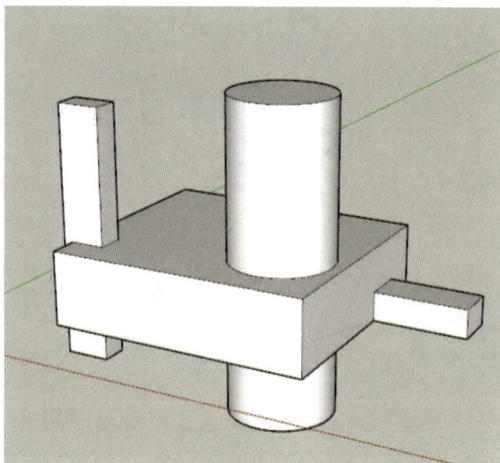
图4-6-5

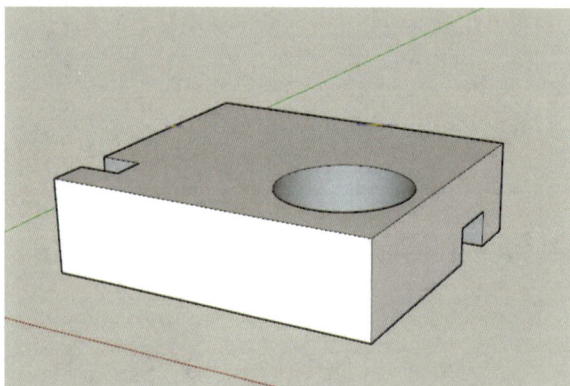
图4-6-6

本章小结

◆ "直线"工具的快捷键是 L，可以用来绘制单段直线、多段连接线和闭合的形体，也可以用来分割表面或修复被删除的表面。

◆ "手绘线"工具，可以绘制不规则的共面连续线段或简单的徒手草图线，常用于绘制等高线或有机体。

◆ "矩形"工具的快捷键是 R，可以用来绘制定值矩形及任意方向的矩形，也可以绘制黄金比例矩形及空间内的矩形。

◆ "旋转矩形"工具可以绘制任意方向、任意角度的矩形。

◆ "圆"工具的快捷键是 C，可以用来绘制任意圆形及定值圆形。

◆ "多边形"工具可以绘制 3 条边以上的正多边形，绘制方法与绘制圆形的方法相同。

◆ "圆弧"工具的快捷键是 A，可以用来绘制精确弧线及调整弧线的平滑程度，也可以绘制半圆和连续相切的弧线。

◆ "轴"工具可以重设坐标位置，以便精确绘图。

◆模型交错命令可在物体交错的地方形成相交线，以创建复杂的几何平面。

5 常用编辑与辅助工具

　　虽然 SketchUp 软件提供了强大的绘图工具，如直线、圆、矩形、多边形等，但如果要绘制较为复杂的图形对象，还需要掌握相应的图形编辑工具，如对象的选择、移动、复制、缩放等。

　　通过前面章节的学习，对常用的绘图工具已经有了基本的了解，本章将详细介绍"擦除"工具、编辑工具、"文字"和"尺寸"工具以及"截面"工具等。

学习目标

了解并掌握"擦除""移动""旋转""缩放""推 / 拉"和"偏移"工具的使用技巧；

熟悉"路径跟随"工具、"卷尺"和"量角器"工具的操作方法；

了解"尺寸"工具、"文字"及"三维文字"工具的使用和编辑方法；

掌握"截面"工具的特性及基本操作方法。

5.1 "擦除"工具

　　使用"擦除"工具✐（快捷键 E）可以将指定的图形删除。主要功能有删除物体、隐藏边线、柔化边线和取消柔化边线。

5.1.1 删除物体

　　选择俯视图，激活"矩形"工具（快捷键 R），绘制一个 1000 mm×800 mm 的矩形，接着激活"直线"工具（快捷键 L），绘制两条对角线，如图 5-1-1 所示。

图5-1-1

"擦除"工具可以删除点也可以删除线。激活"擦除"工具后,单击想要删除的几何体即可将其删除。若按住鼠标左键不放,在需要删除的物体上进行拖曳,此时,被选中的物体会呈现出高亮显示的状态,松开鼠标左键即可将其全部删除。

需要注意的是, "擦除"工具不能对面直接起作用。只需删除与面相连的任意一条边线,面也就随之删除了。所以,在作图过程中,需要删除一个面上的多条线段时,可以使用"擦除"工具删除而不用担心会把面误删。

如果偶然选中了不想删除的物体,可以在松开鼠标左键之前按 Esc 键,取消这次删除操作。

另外,如需删除大量图形或多个模型时,更快的方法是使用"选择"工具 ⬥ 进行选择,然后按 Delete 键一次性删除。

5.1.2 隐藏边线

激活"矩形"工具 ▦ ,绘制一个 1000 mm × 600 mm 的矩形;激活"推 / 拉"工具 ◈ ,将绘制好的矩形沿着蓝色轴线方向拉伸出 300 mm 的高度。激活"擦除"工具,按住 Shift 键,然后在边线上单击,即可将其隐藏,但不会删除,如图 5-1-2 所示。

图5-1-2

如果想要取消隐藏边线,可以执行"编辑—撤销隐藏—全部"菜单命令,隐藏的边线就会显示出来;也可以点击视图菜单,勾选"显示隐藏的几何图形",被隐藏的边线会以虚线状态显示;在隐藏的边线上单击鼠标右键,点击"撤销隐藏",隐藏的边线就会显示出来。

5.1.3 柔化边线

在使用"擦除"工具的同时,按住 Ctrl 键,然后单击相应边线即可柔化边线,但不会删除。

如果想要取消柔化后的边线,点击视图菜单,勾选显示隐藏的几何图形,被柔化的边线会以虚线状态显示出来,这时候激活"擦除"工具,同时按 Shift+Ctrl 组合键在柔化的边线上单击,就可以取消柔化效果。也可以在柔化的边线上单击鼠标右键,选择"取消柔化",即可取消柔化效果。

5.2　编辑工具

5.2.1 "移动"工具

　　使用"移动"工具（快捷键 M）可以移动、拉伸和复制物体，执行该命令后，当移动鼠标到物体的点、边线和表面时，这些对象就会被激活。如果在这些对象上单击鼠标左键，然后移动鼠标，对象的位置就会发生改变，再次单击鼠标左键完成移动。如图 5-2-1 所示为长方体点、线、面的移动。

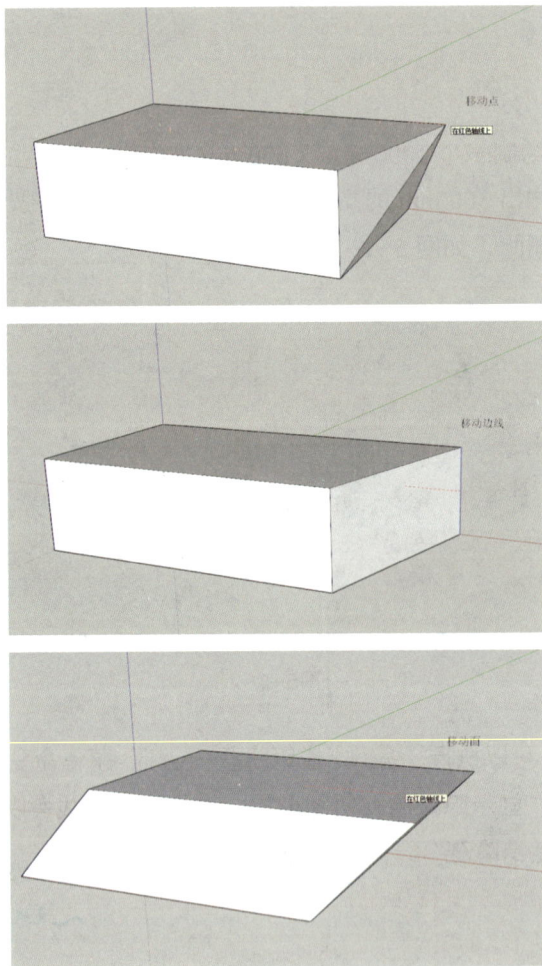

图5-2-1

操作技巧

　　在使用"移动"工具的同时，按住 Alt 键，可以强制拉伸线或面，生成不规则多边形或几何体。

5.2.1.1 移动物体

选择需要移动的物体，激活"移动"工具，指定移动的基点，接着移动鼠标指定目标点，即可完成物体的移动。

在移动物体的过程中，随着鼠标的移动会出现一条参考线：当参考线的颜色变为红色时，说明物体是在红轴上或者沿着红轴的方向进行移动；当参考线的颜色变为绿色时，说明物体是在绿轴上或者沿着绿轴的方向进行移动；当参考线的颜色变为蓝色时，说明物体是在蓝轴上或者沿着蓝轴的方向进行移动。

数值输入框中的数值会动态地显示移动的距离，可以输入移动的值或三维坐标值进行精确移动。

操作技巧

在移动操作之前或移动的过程中，可以按住 Shift 键锁定参考轴，这样就可以避免参考捕捉受到其他物体的干扰。也可以按住方向键的左键←，锁定绿轴的方向；按住方向键的右键→，锁定红轴的方向；按住方向键的上键↑，锁定蓝轴的方向。完成移动后，再次单击方向键，即可解锁。

5.2.1.2 复制物体

选择物体，激活"移动"工具，在开始移动之前或在移动的过程中，按住 Ctrl 键，这时鼠标会多一个加号 +，在移动的物体上，单击鼠标左键，确定移动起点，拖动鼠标指定目标点，单击鼠标左键，即可完成移动并复制物体。

完成一个对象的复制后，如果在数值输入框中输入"4x"或"x4"（x 不分大小写），按 Enter 键结束，表示以前面复制物体的间距等距复制出 4 个物体（数量包含前面复制出的一个，间距 x4），如图 5-2-2 所示。

完成一个对象的复制后，如果在数值输入框中输入"3/"或"/3"（数字在前在后皆可），按 Enter 键结束，则表示在复制的间距内等分复制 3 个物体（间距 3），如图 5-2-3 所示。

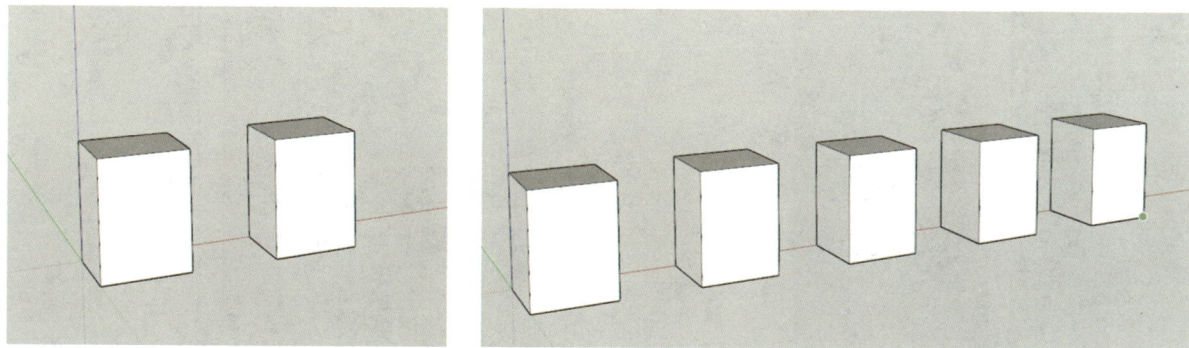

图5-2-2

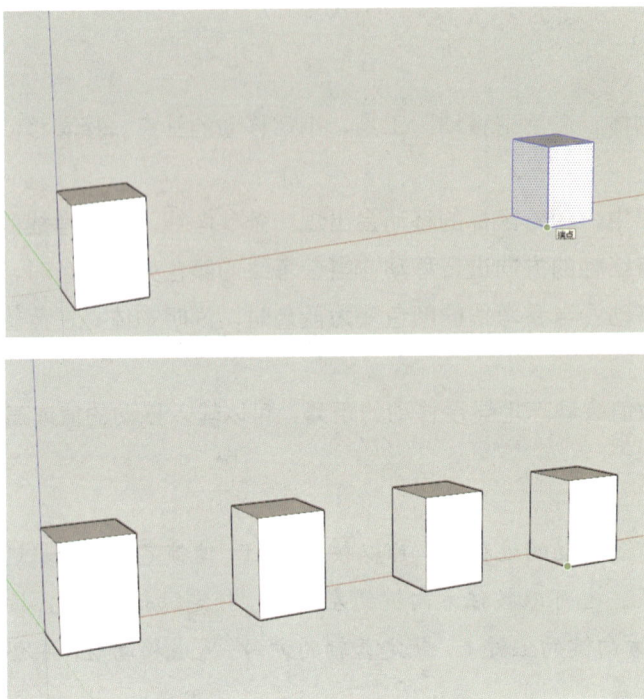

图5-2-3

操作实践 1：制作长椅模型

前面学习了使用"移动"工具移动和复制物体，下面结合案例进行详细讲解。

（1）打开 SketchUp 软件，单击"前视图"选项，将相机位置切换为"平行投影"；执行"矩形"命令，绘制一个 50 mm×750 mm 的矩形，如图 5-2-4 所示。

（2）用空格键选中矩形，执行"移动"命令，结合 Ctrl 键，将矩形沿着红轴的方向向右以 500 mm 的距离复制出一份，如图 5-2-5 所示。

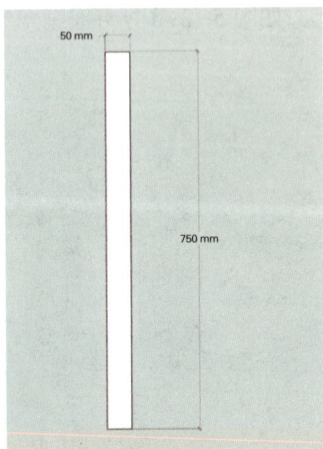

图5-2-4

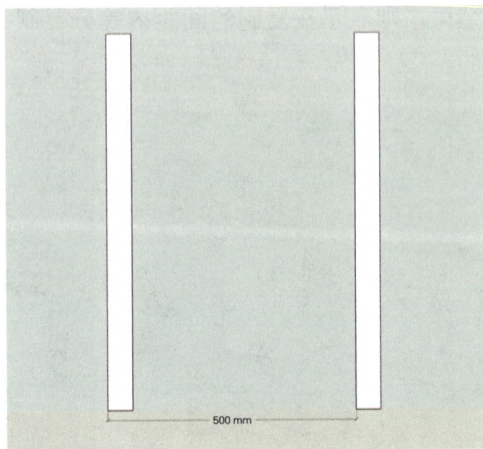

图5-2-5

（3）用空格键选中所复制矩形的上面边线，再次执行"移动"命令，将边线沿着蓝轴的方向向上移动 450 mm，如图 5-2-6 所示。

（4）执行"矩形"命令，从第一个矩形右上角端点处出发，绘制一个 450 mm×50 mm 的矩形，如图 5-2-7 所示。

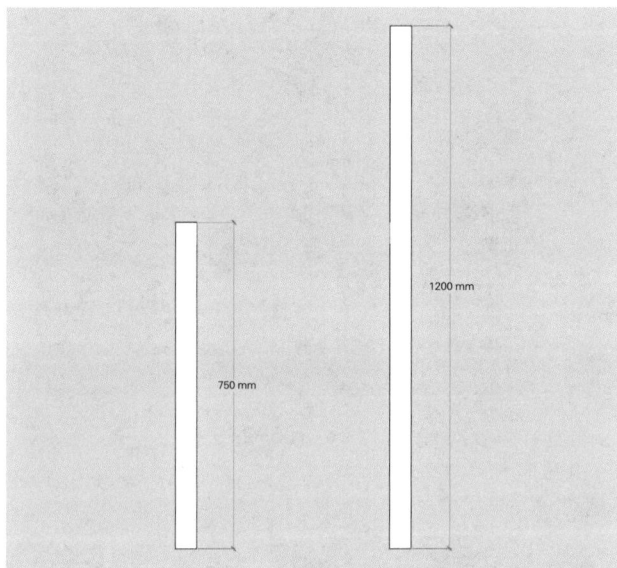

图5-2-6

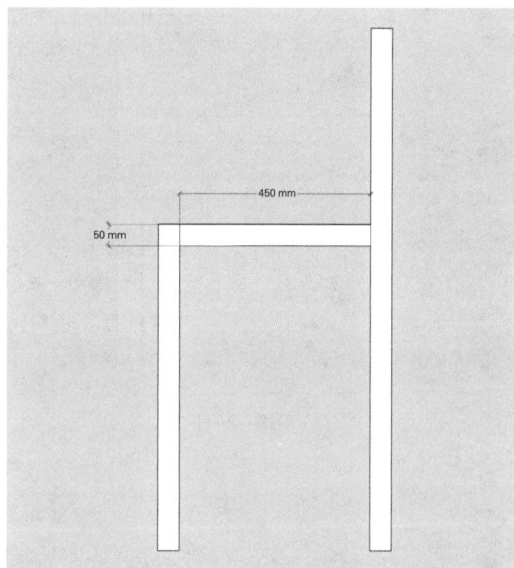

图5-2-7

（5）按下空格键切换至"选择"工具，用鼠标左键在刚刚绘制的矩形表面双击，选中矩形表面及边线，执行"移动"命令，结合 Ctrl 键，将矩形沿着蓝轴的方向向下以 250 mm 的距离复制出一份，如图 5-2-8 所示。

（6）将视图切换为"等轴视图"，相机改为"透视显示"，执行"推/拉"命令，将所绘制长椅侧面沿着绿轴方向推拉出 50 mm 的厚度（在此过程中如果出现烂面的情况，可以画线补面，或者推拉时结合 Ctrl 键复制平面），如图 5-2-9 所示。

（7）将视图切换到"左视图"，用空格键选中长椅立面，执行"移动"命令，结合 Ctrl 键，将长椅立面沿着绿轴的方向向右复制并移动 1800 mm，如图 5-2-10 所示。

（8）按空格键切换至"选择"工具，执行"矩形"命令，在长椅立面内侧绘制一个 50 mm×50 mm 的正方形，执行"推/拉"命令，将所绘制的正方形拉伸出 1750 mm 的长度，连接两个立面，执行"直线"命令，补齐连接处的边线，如图 5-2-11 所示。

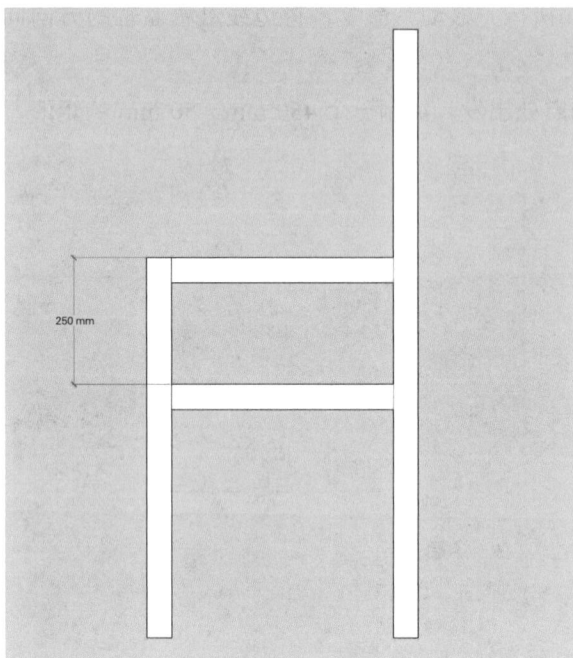

图5-2-8

图5-2-9

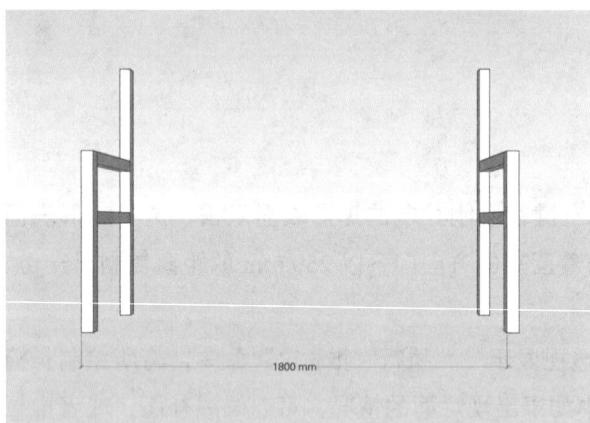

图5-2-10

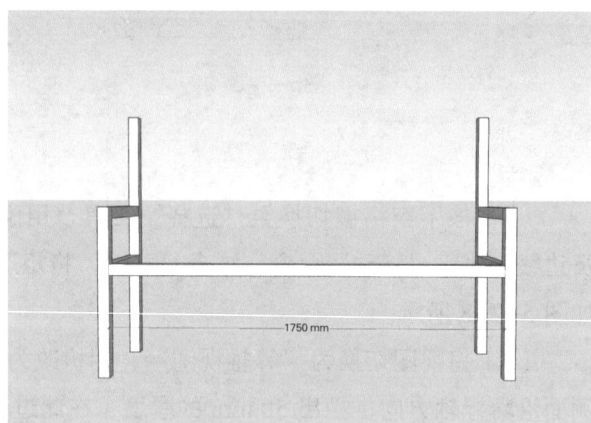

图5-2-11

（9）按下空格键切换至"选择"工具，选中刚刚所绘制的长方体表面及其边线，执行"移动"命令，结合 Ctrl 键，将长方体沿着红轴的方向复制并移动 500 mm，如图 5-2-12 所示。

（10）再次按下 Ctrl 键，将长方体沿着蓝轴的方向复制并移动 700 mm，至此长椅的框架结构就做出来了，如图 5-2-13 所示。

（11）按下空格键切换至"选择"工具，选中长椅立面下侧的长方体表面及其边线，如图 5-2-14 所示。执行"移动"命令，结合 Ctrl 键，将长方体沿着绿轴的方向复制并移动 100 mm；接着在数值输入框中输入 17x（或 x17），按下 Enter 键完成长椅坐面的制作，如图 5-2-15 所示。

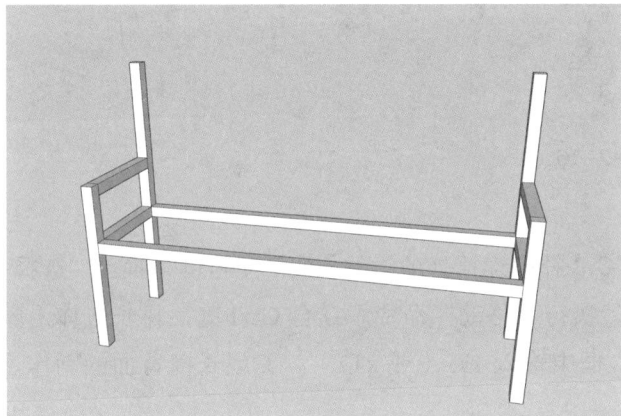

图5-2-12

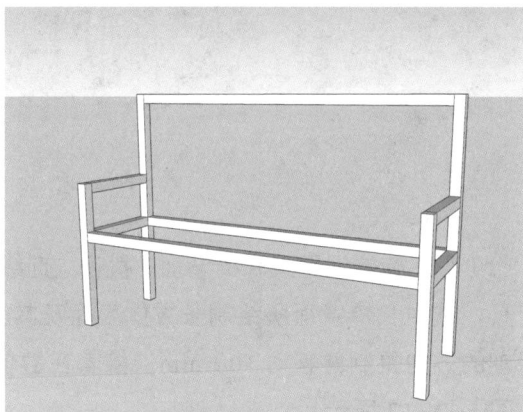

图5-2-13

图5-2-14

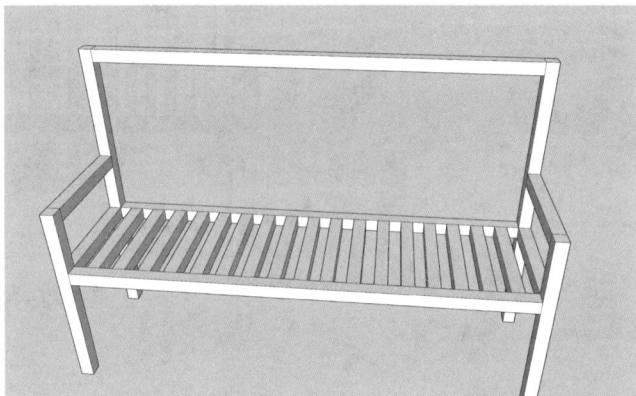

图5-2-15

（12）执行"矩形"命令，在坐面第一个长方体端点处绘制一个 50 mm×50 mm 的正方形，执行"推/拉"命令，将所绘制的正方形推拉出 650 mm 的高度，如图 5-2-16 所示。

图5-2-16

（13）旋转视图至长椅背面，执行"直线"命令，补齐连接处的边线。按下空格键切换至"选择"工具，选中长椅背面所绘制长方体表面及其边线，执行"移动"命令，结合 Ctrl 键，将长方体沿着绿轴的方向复制并移动 100 mm；接着在数值输入框中输入 17x（或 x17），完成长椅背面的制作，如图 5-2-17 所示。

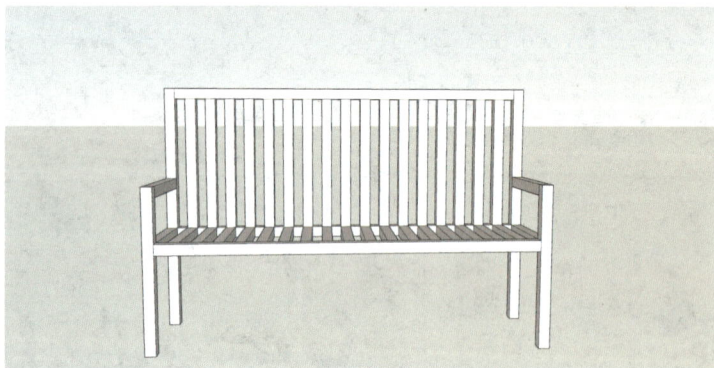

图5-2-17

（14）执行"材质"命令，为长椅模型填充材质，完成长椅的制作，如图 5-2-18 所示。

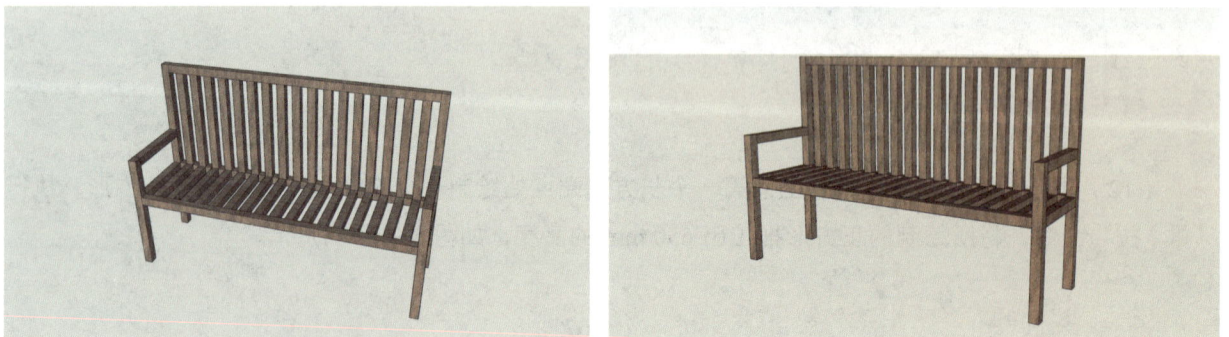

图5-2-18

5.2.2 "旋转"工具

使用"旋转"工具 ⟳（快捷键 Q）可以在同一旋转平面上旋转物体的元素，也可以旋转单个或多个物体。配合功能键，还能完成旋转复制功能。

选择物体，激活"旋转"工具后鼠标就变成了量角器形状 ◌。调整鼠标，确定旋转的平面，捕捉到这个端点。单击鼠标左键，确定旋转轴心点。拖动鼠标，再次单击鼠标左键，确定起始线的位置，移动鼠标，物体会随着鼠标的移动发生旋转，如图 5-2-19 所示。

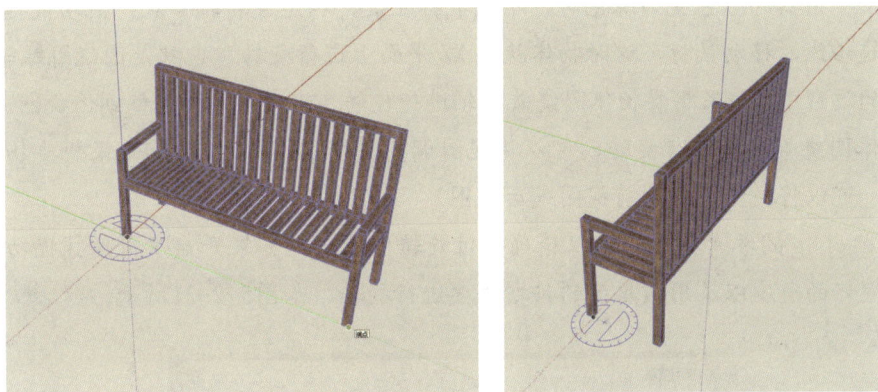

图5-2-19

在物体旋转的过程中，可以根据数值输入框中角度的变化来确定物体旋转的角度，也可以根据量角器上的刻度值，来捕捉旋转角度，还可以直接输入数值，来确定旋转角度。如在数值输入框中输入"45"，点击 Enter 键，长椅就在 XY 平面上旋转了 45°，如图 5-2-20 所示。

图5-2-20

操作技巧

在旋转命令的执行过程中，可以使用鼠标滚轮键旋转视图，以调整旋转平面。选择的平面不同，场景中量角器的颜色也不相同。

当场景中量角器的颜色为蓝色时，单击鼠标左键，确定旋转轴心点，拖动鼠标，单击鼠标左键，确定起始线，移动鼠标，这时物体就在XY平面上进行旋转，也就是围绕着蓝轴进行旋转。

当场景中量角器的颜色为红色时，单击鼠标左键，确定旋转轴心点，拖动鼠标，单击鼠标左键，确定起始线，移动鼠标，这时物体就在YZ平面上进行旋转，也就是围绕着红轴进行旋转。

当场景中量角器的颜色变为绿色时，单击鼠标左键，确定旋转轴心点，拖动鼠标，单击鼠标左键，确定起始线，移动鼠标，这时物体就在XZ平面上进行旋转，也就是围绕着绿轴进行旋转。

在作图的过程中，如果想要物体围绕着蓝轴进行旋转，可以将视图调整到俯视图或等轴视图；如果想要物体围绕着红轴进行旋转，可以将视图调整到左视图或右视图；如果想要物体围绕着绿轴进行旋转，可以将视图调整到前视图或后视图。

利用SketchUp的参考提示，可以精确定位旋转中心点。如果开启了角度捕捉功能，则很容易捕捉到设置好的角度以及用该角度的倍增角度进行旋转，如图5-2-21所示。

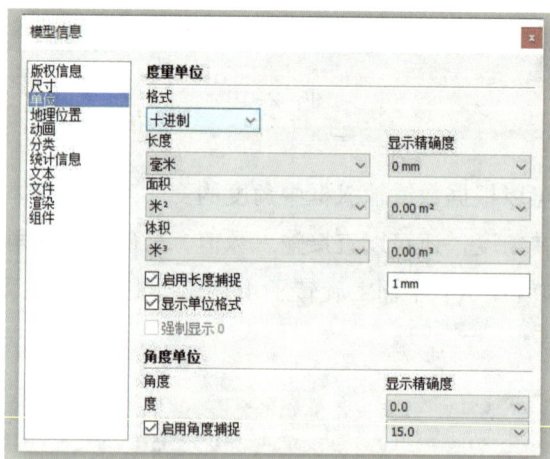

图5-2-21

使用"旋转"工具结合Ctrl键，可以旋转并复制物体。

旋转复制和移动复制的操作方法类似。在物体旋转之前，或旋转的过程中按下Ctrl键，鼠标会多一个加号。单击鼠标左键，确定旋转轴心点；拖动鼠标，单击鼠标左键，确定起始线；移动鼠标，场景当中就复制出一个物体。完成一个物体的旋转复制后，直接输入"x6"或"6x"，按下Enter键，就以第一个旋转复制的角度为参照，环形阵列复制出6份，如图5-2-22所示。

若在完成一个长椅的旋转复制后，输入"/3"或"3/"，则在旋转的角度内进行了3等份复制，如图5-2-23所示。

图5-2-22

图5-2-23

操作实践 2：制作百叶窗

（1）打开 SketchUp 软件，点击"前视图"选项 ⌂，将视图切换到前视图；激活"矩形"工具，绘制一个 25 mm×20 mm 的矩形，如图 5-2-24 所示。

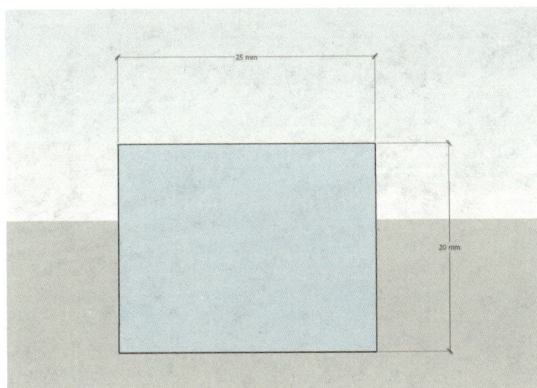

图5-2-24

（2）激活"推／拉"工具，捕捉到这个面，将矩形沿着绿轴的方向推拉出 1200 mm。

（3）按住鼠标滚轮键，旋转视图，按下空格键，激活"选择"工具，在长方体的下表面上双击鼠标左键，选中表面及边线。执行"移动"命令，结合 Ctrl 键，单击边线端点，沿着蓝色轴线方向，向下移动 25 mm 复制出一份，如图 5-2-25 所示。

（4）执行"旋转"命令，将复制出的下表面沿着绿轴的方向旋转 45°，如图 5-2-26 所示。

（5）点击长方形端点，执行"移动"命令，结合 Ctrl 键，沿着蓝轴方向以 25 mm 的距离往下复制一份，如图 5-2-27 所示。

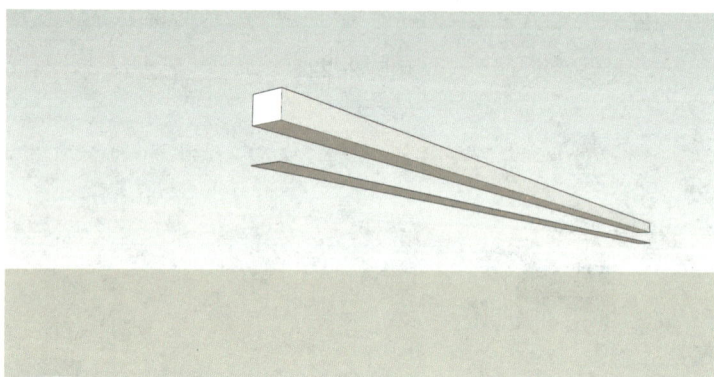

图5-2-25

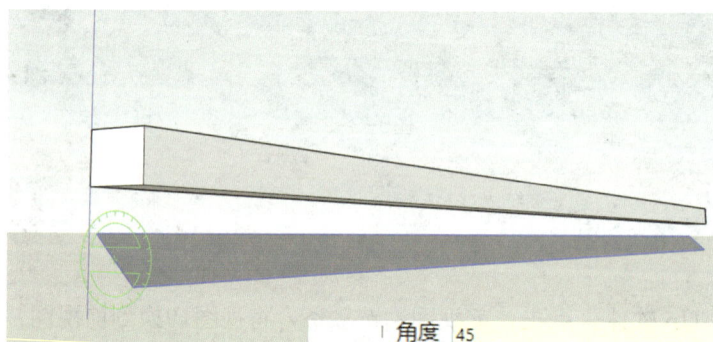

角度 45

图5-2-26

图5-2-27

（6）在数值输入框中输入"38x"，点击 Enter 键完成等距阵列，如图 5-2-28 所示。

（7）当物体呈现出这种蓝灰色状态时，说明它是以反面的状态显示。框选这些百叶帘（如果多选了其他的，结合 Shift 键，可减选多选的面），单击鼠标右键，选择"反转平面"，如图 5-2-29 所示。

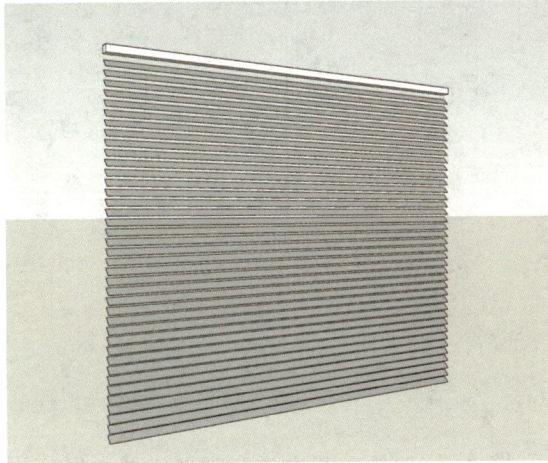

图5-2-28

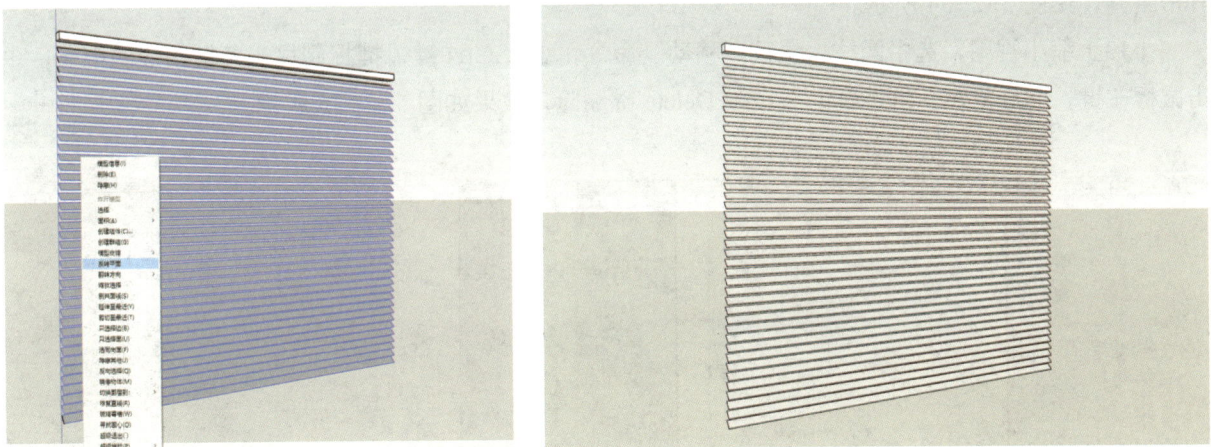

图5-2-29

（8）旋转视图到俯视图上，激活"卷尺"工具，在长方体一侧的边线上单击鼠标左键，绘制一条距边线 100 mm 的辅助线，输入"100"，点击 Enter 键完成，如图 5-2-30 所示。

（9）在另一侧绘制相同辅助线，如图 5-2-31 所示。

（10）激活"圆"命令，自动捕捉到辅助线在长方体表面的中点，绘制一个半径为 2 mm 的圆形，如图 5-2-32 所示。

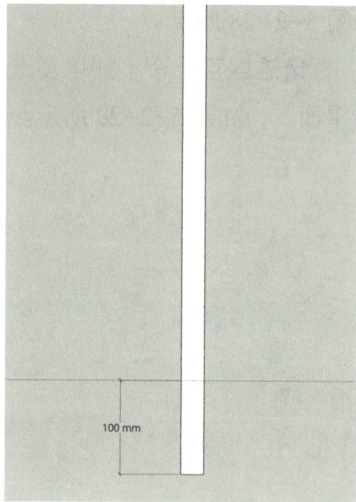

图5-2-30

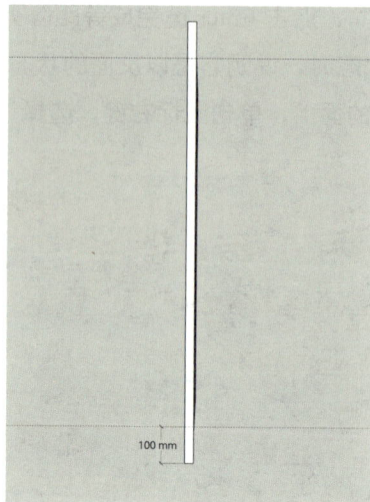

图5-2-31

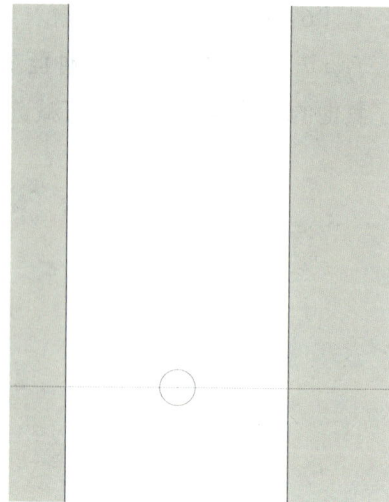

图5-2-32

（11）按下空格键切换至"选择"工具，双击这个圆形，单击鼠标右键，选择"创建群组"，将这个圆创建成一个群组，如图 5-2-33 所示。

（12）在这个圆上双击鼠标左键，进入群组内，激活"推／拉"工具，把这个圆向下推拉至与百叶帘平齐，如图 5-2-34 所示。

（13）缩小视图，选中圆柱，执行"移动"命令，结合 Ctrl 键，捕捉到另一条辅助线的中点，单击鼠标左键，完成复制。框选辅助线，按 Delete 键删除，效果如图 5-2-35 所示。

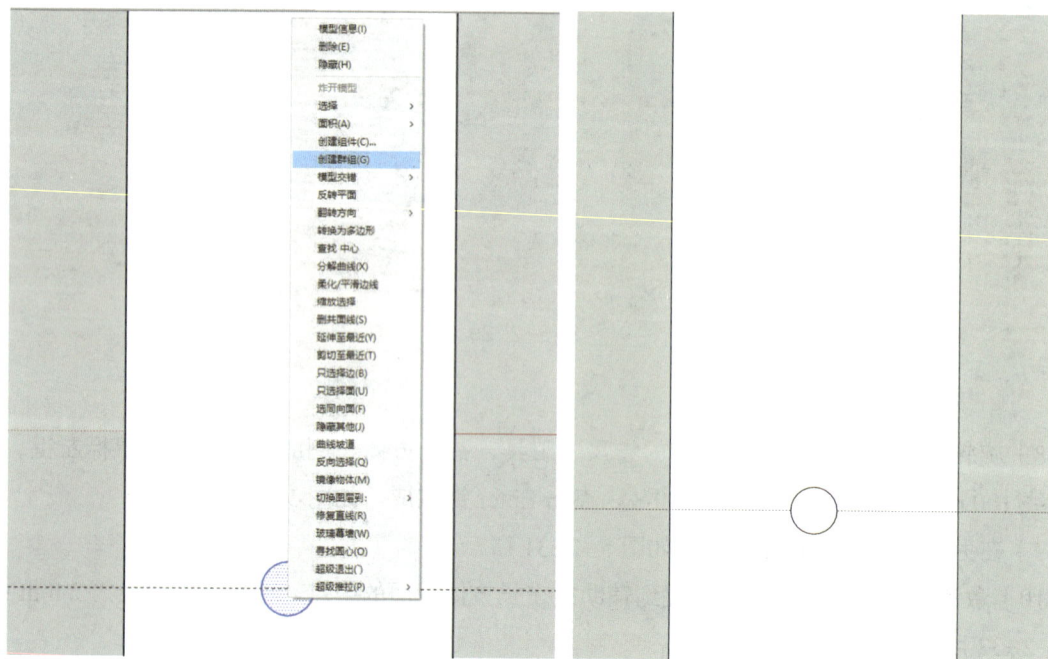

图5-2-33

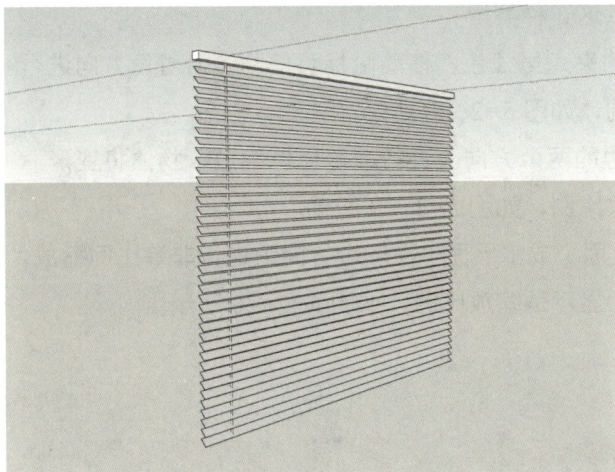

图5-2-34

图5-2-35

（14）执行"材质"命令，结合室内设计风格，为模型添加合适的材质及颜色，完成模型的最终创建，如图 5-2-36 所示。

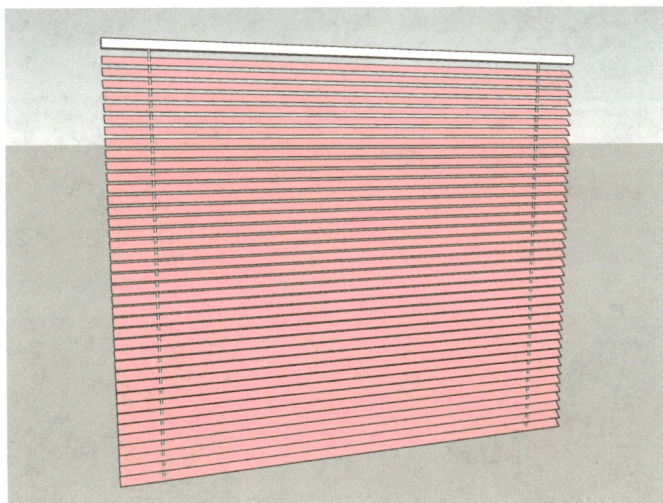

图5-2-36

5.2.3 "缩放"工具

使用"缩放"工具 ![icon]（快捷键 S）可以对选中的物体进行缩放和拉伸等操作。

5.2.3.1 通过控制点缩放

选中物体后，执行"缩放"命令，此时物体的外围会出现缩放栅格，选择这些栅格点即可对物体进行缩放，如图 5-2-37 所示。

缩放控制点分为对角夹点、边线夹点和表面加点这 3 种类型。

对角夹点：在对角夹点上单击鼠标左键，选中的夹点呈红色，移动鼠标可使物体沿对角方向进行等比例缩放。缩放时数值输入框中显示的是缩放比例，如图 5-2-38 所示。

边线夹点：移动边线夹点，可以同时在物体对边的两个方向上进行非等比例缩放，物体将变形。缩放时数值输入框中显示的是两个用逗号隔开的缩放比例，如图 5-2-39 所示。

表面夹点：移动表面夹点，可以使物体沿着垂直面（或水平面）在一个方向上进行非等比例缩放，可以改变物体的长、宽、高。缩放时数值输入框中的显示是缩放比例，如图 5-2-40 所示。

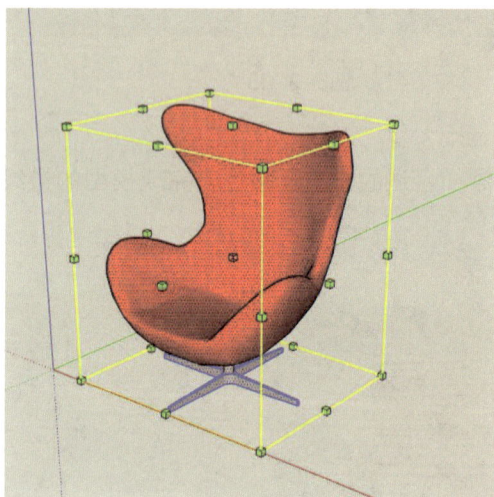

图5-2-37

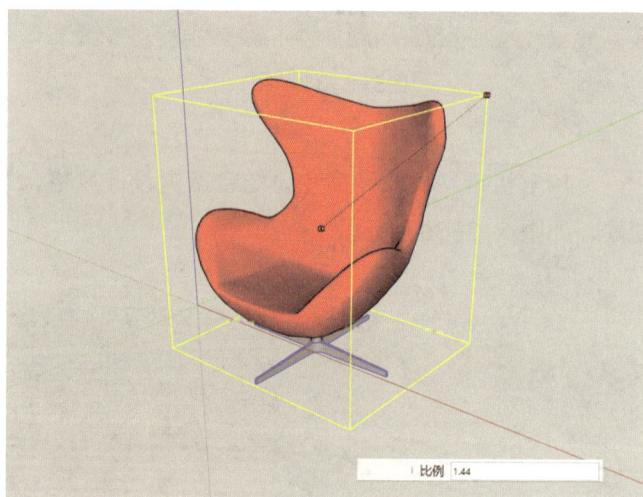

图5-2-38

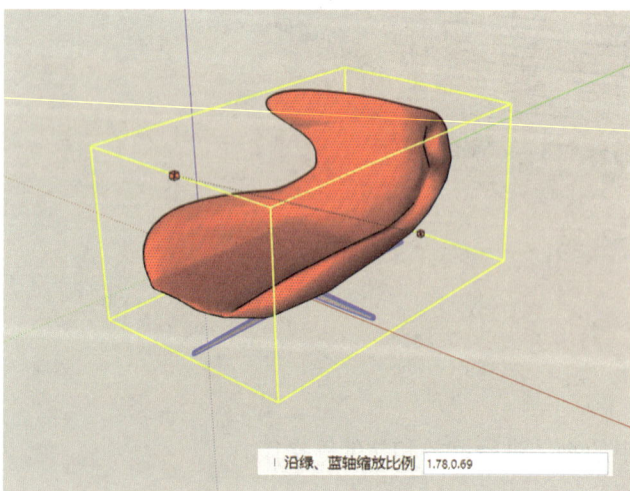

图5-2-39

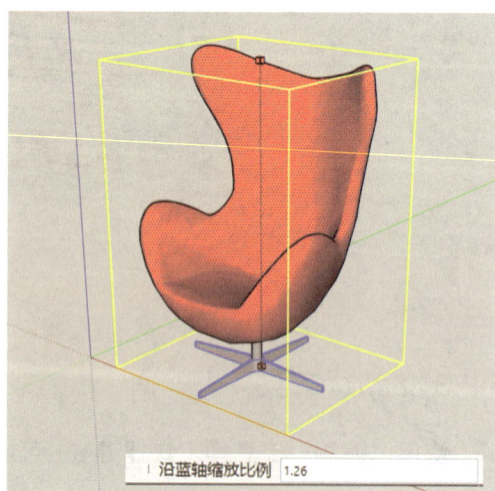

图5-2-40

5.2.3.2 通过数值输入框精确缩放

在对物体进行缩放时，数值输入框中会显示缩放比例，也可以在完成缩放后，输入一个数值。数值的输入方式有以下 3 种。

缩放比例：直接输入数字，不带单位。例如，输入"3"，点击 Enter 键完成，物体就放大了 3 倍；输入"0.5"，点击 Enter 键完成，物体就缩小了一半。输入的数值大于 1 是放大，小于 1 是缩小。

尺寸长度：输入一个数值＋单位。例如，输入"3 m"，点击 Enter 键完成，物体缩放到了 3 m 的长度。

多重缩放比例：缩放命令可以将物体进行一维、二维和三维多重维度的缩放。一维缩放时，只需要一个数值；二维缩放需要两个数值（如红轴和蓝轴方向的缩放），数值用逗号隔开；等比三维缩放，只需要输入一个数值，但非等比例的三维缩放需要三个数值（红、绿、蓝轴三个方向的缩放），每个数值之间分别用逗号隔开。

操作技巧

每次缩放之前，建议先选中物体，再激活"缩放"命令。如果先激活"缩放"命令，那么"缩放"工具只能在单个点、线、面或者组上进行缩放操作。

5.2.3.3 配合功能键缩放

结合 Ctrl 键可以对物体进行中心缩放。激活"缩放"命令后，按住 Ctrl 键，此时物体从中心向外缩放；松开 Ctrl 键，物体将沿着夹点拖动的方向进行缩放，如图 5-2-41 所示。

按住 Shift 键可以在等比缩放和非等比缩放之间进行切换。

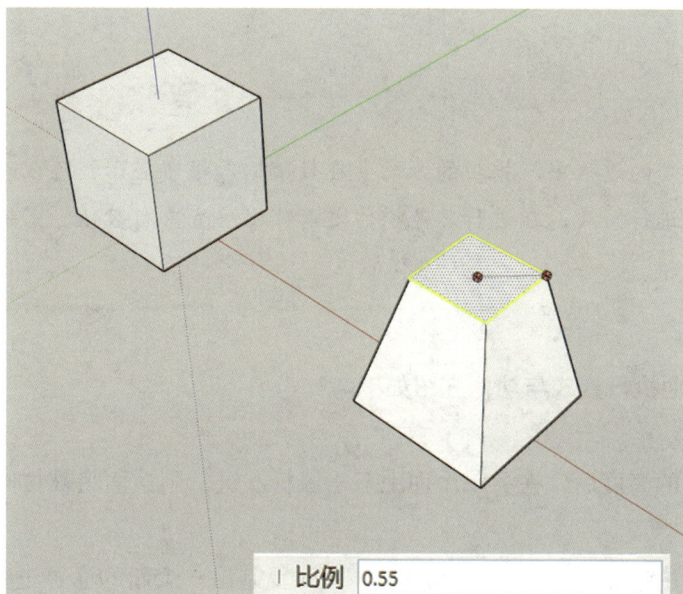

比例 | 0.55

图5-2-41

5.2.3.4 镜像缩放物体

使用"缩放"工具还可以镜像缩放物体，只需要往反方向拖曳缩放夹点即可（也可以输入负值完成镜像缩放，如"−0.5"，点击 Enter 键确定，表示在反方向缩小 50%）。

如果想要镜像后的图形大小不变，只需移动一个夹点，输入"−1"，点击 Enter 键确定即可。

5.2.4 "推/拉"工具

使用"推/拉"工具 ♦（快捷键 P）可将图形的表面，以自身的垂直方向进行拉伸，拉伸出想要的高度。

执行"推/拉"命令，将鼠标移至物体表面时，单击鼠标左键拾取表面，随着鼠标的移动将物体拉伸到一定高度后，单击鼠标左键完成操作。可以根据数值输入框中数字的变化来确定物体拉伸的高度，也可以直接输入一个精准的数值，进行高度的拉伸，如图 5-2-42 所示。

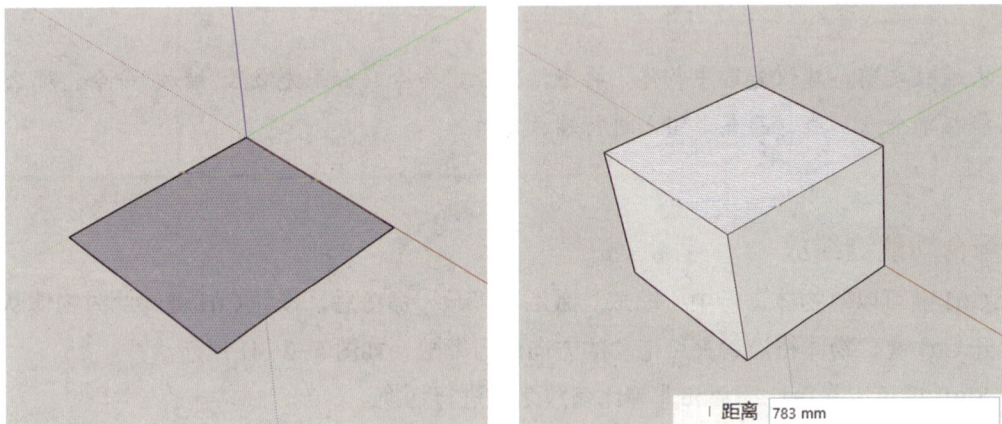

| 距离 783 mm

图5-2-42

操作技巧

在执行"推/拉"命令的过程中，推拉的距离会在数值输入框中显示。可以在推拉过程中或者推拉后输入精确的数值进行修改，在进行其他操作之前可以一直更新数值。若输入的是负值，则表示往当前的反方向拉伸。

"推/拉"命令的其他执行方式与功能介绍如下。

（1）重复推拉操作。

将一个面推拉到一定的高度后，在另一个面上双击鼠标左键，则该面将被拉伸至同样的高度。

（2）复制并推拉。

使用"推/拉"工具并结合 Ctrl 键，可以在拉伸面时复制出一个新的面并进行提拉（鼠标上会多出一个"+"），如图 5-2-43 所示。

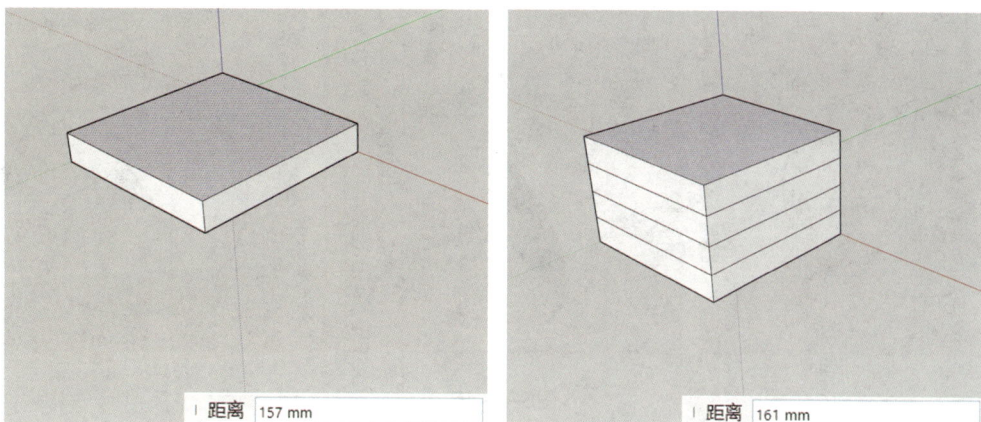

图5-2-43

5.2.5 "路径跟随"工具

"路径跟随"工具 🐌 可以将截面沿已知路径放样，从而创建复杂的几何体。放样的形式有以下两种。

5.2.5.1 手动放样

首先绘制路径和截面，然后使用"路径跟随"工具单击截面，沿着路径移动鼠标，此时边线呈红色显示，在移动鼠标到达放样端点时，单击鼠标左键完成放样，如图5-2-44所示。

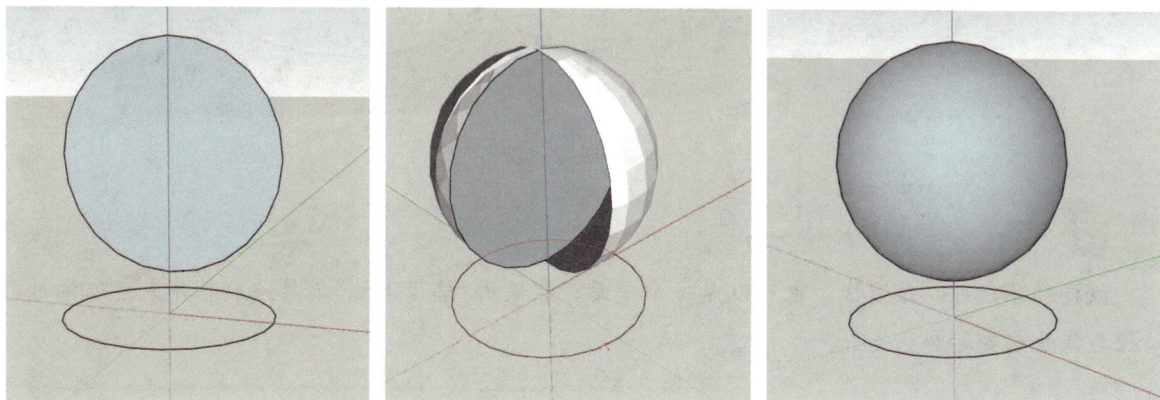

图5-2-44

操作技巧

在鼠标沿路径移动放样的过程中，可以根据需要在合适的位置单击，完成相应距离的放样，如图5-2-45所示。

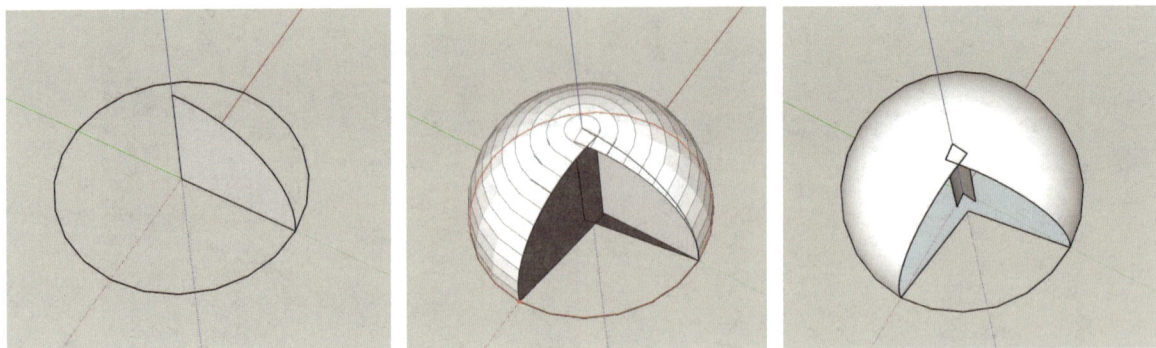

图5-2-45

5.2.5.2 自动放样

先选择路径，再使用"路径跟随"工具单击截面自动放样，如图 5-2-46 所示。

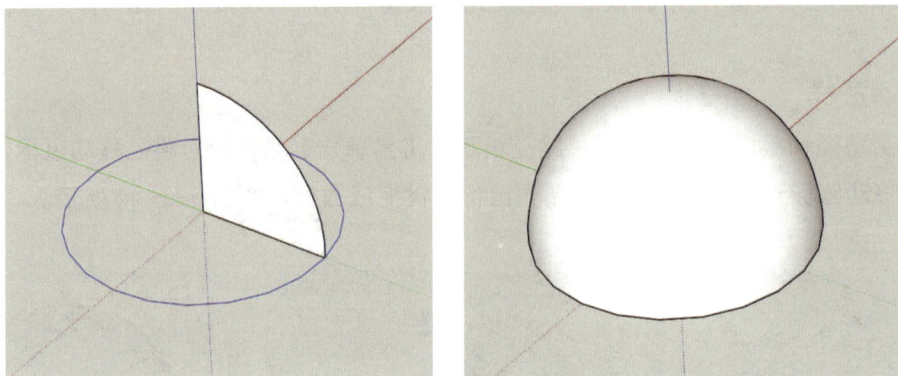

图5-2-46

操作技巧

放样的路径可以是边线，也可以是一个平面，在使用"路径跟随"工具绘制球体或半球体时，路径与截面需要是垂直关系。

操作实践 3：制作花瓶模型

（1）打开 SketchUp 软件，点击"前视图"选项 ⌂，将视图切换到前视图；激活"矩形"工具（R），以坐标原点为起点绘制一个 150 mm × 250 mm 的矩形作为截面，如图 5-2-47 所示。

（2）激活"圆"工具（C），以坐标原点为圆心绘制一个半径为 75 mm 的圆作为路径，垂直于矩形，如图 5-2-48 所示。

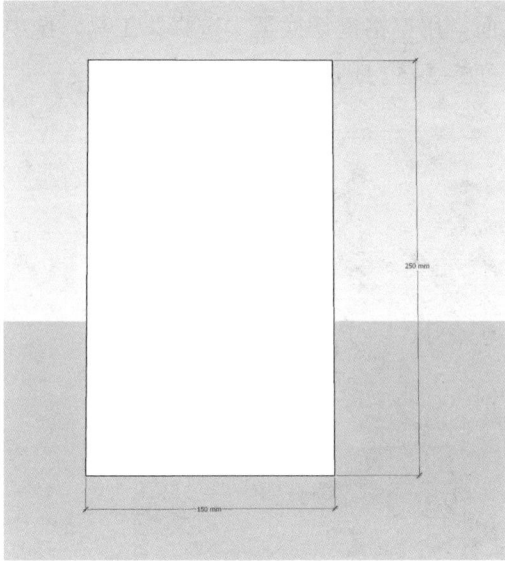

图5-2-47

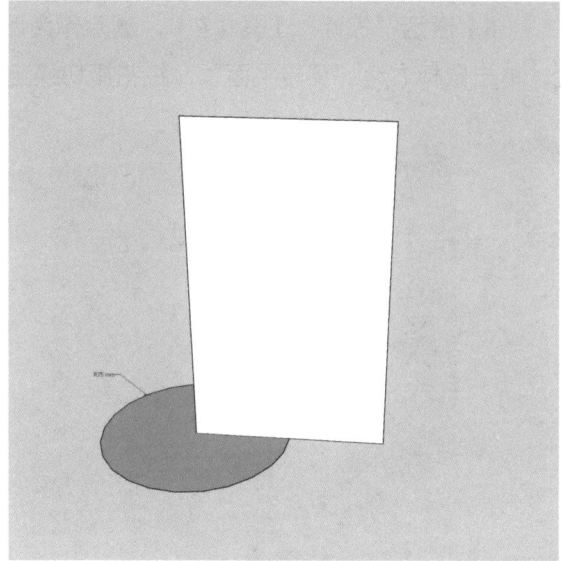

图5-2-48

（3）激活"圆弧"工具（A），在矩形上绘制花瓶的截面轮廓，如图 5-2-49 所示。

（4）激活"擦除"工具（E），删除多余的面和线，如图 5-2-50 所示。

图5-2-49

图5-2-50

（5）用空格键切换至"选择"工具，选中圆平面作为路径，然后激活"路径跟随"工具，单击花瓶截面进行自动放样，如图5-2-51所示。

（6）激活"擦除"工具（E），删除作为路径的圆平面；用空格键切换至"选择"工具，选中花瓶，单击鼠标右键"反转平面"，将花瓶切换至正面，如图5-2-52所示。

图5-2-51

图5-2-52

（7）激活"擦除"工具（E），结合Ctrl键将表面多余边线柔化；激活"直线"工具（L），补充花瓶底面，如图5-2-53所示。

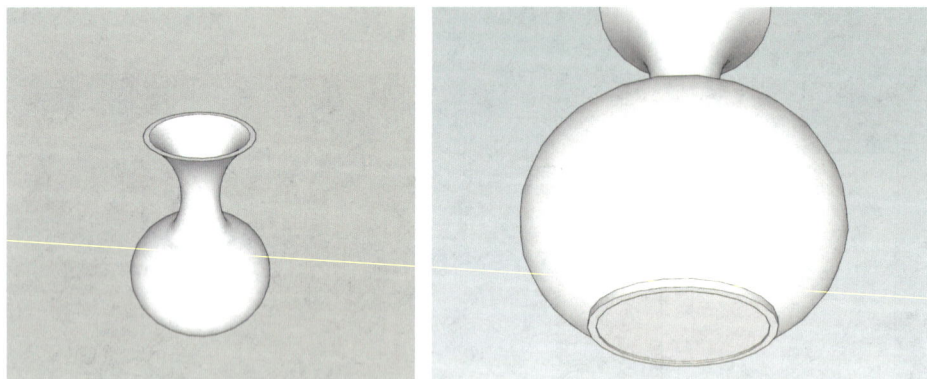

图5-2-53

5.2.6 "偏移"工具

使用"偏移"工具 可以对表面或一组共面的线进行偏移复制，可将对象偏移复制到内侧或外侧，偏移后会产生新的表面。"偏移"工具的快捷键是F。

激活"偏移"工具后，鼠标放在要偏移的边线上，自动拾取边线，向内向外偏移皆可，偏移到合适的距离后单击鼠标左键完成操作；或者在数值输入框中输入数值，按Enter键完成精准偏移操作。

　　线的偏移方法和面的偏移方法大致相同，唯一需要注意的是，选择线的时候必须选择两条以上相连的线，并且所有的线必须处于同一平面上，如图5-2-54所示。

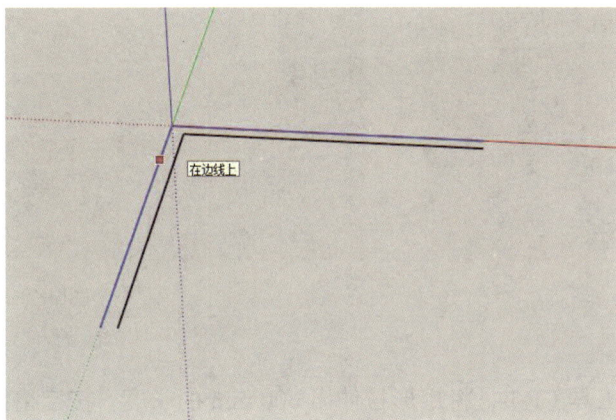

图5-2-54

操作实践4：制作跌水景观

　　（1）打开SketchUp软件，点击"前视图"选项 ⌂；激活"矩形"工具（R），以坐标原点为起点绘制一个1500 mm×700 mm的矩形，如图5-2-55所示。

　　（2）激活"推 / 拉"工具（P），将矩形拉伸出80 mm的厚度，如图5-2-56所示。

　　（3）激活"卷尺"工具（T），在距离矩形表面边线底部80 mm的距离绘制一条辅助线；激活"直线"工具（L），绘制轮廓线，如图5-2-57所示。

图5-2-55

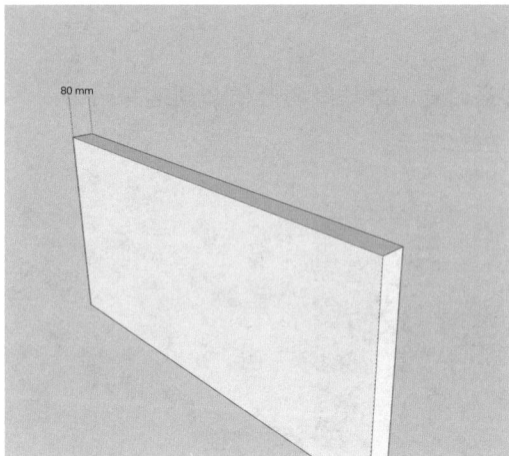

图5-2-56

图5-2-57

（4）激活"推／拉"工具（P），将矩形拉伸出600 mm的长度；按空格键切换至"选择"工具，选中辅助线，按Delete键将其删除，如图5-2-58所示。

（5）激活"卷尺"工具（T），在矩形表面绘制两条辅助线；激活"矩形"工具（R），在两条辅助线中间绘制一个700 mm×220 mm的矩形；激活"直线"工具（L），在矩形水平面上也绘制相应的轮廓线，如图5-2-59所示。

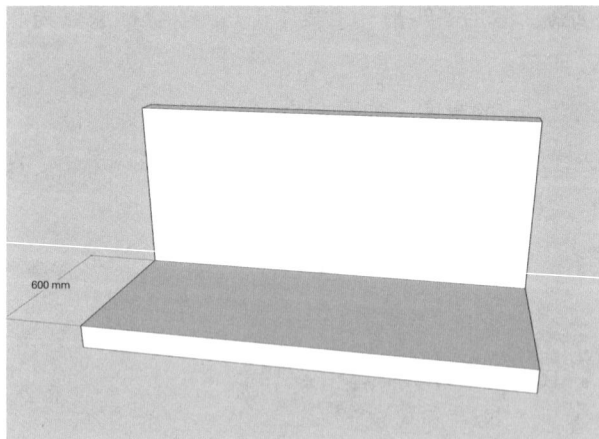

图5-2-58

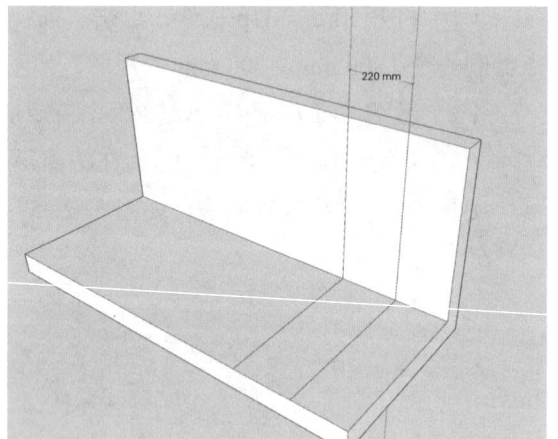

图5-2-59

（6）激活"推／拉"工具（P），将矩形向内推进20 mm，如图5-2-60所示。

（7）激活"偏移"工具（F），向内偏移150 mm，如图5-2-61所示。

（8）激活"推／拉"工具（P），将矩形向下拉伸10 mm的高度，如图5-2-62所示。

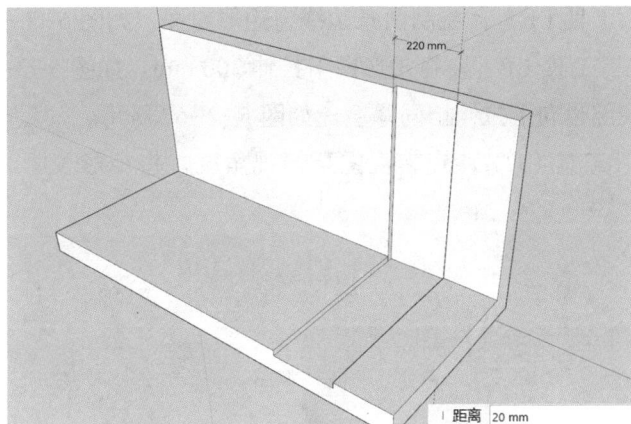

图5-2-60

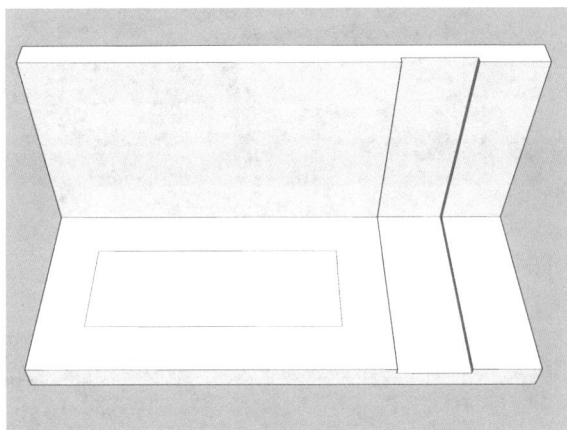

图5-2-61

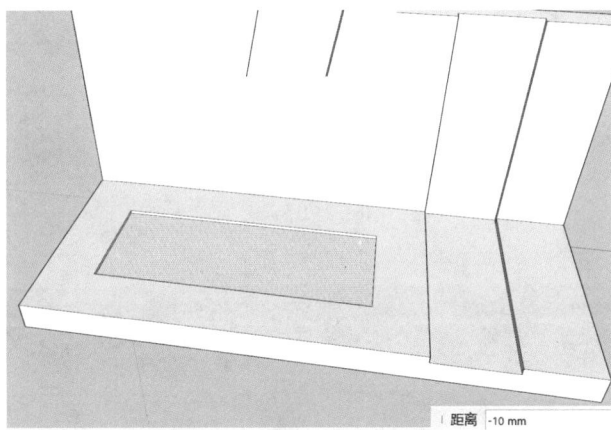

图5-2-62

（9）旋转视图至矩形底部，激活"卷尺"工具（T），绘制一条距矩形边线700 mm的辅助线；激活"直线"工具（L），沿着辅助线绘制轮廓线，将矩形底部一分为二，如图5-2-63所示。

（10）按空格键切换至"选择"工具，结合Shift键选中矩形外侧两条边线，激活"偏移"工具（F），将选中的两条边线向外偏移300 mm的距离，如图5-2-64所示。

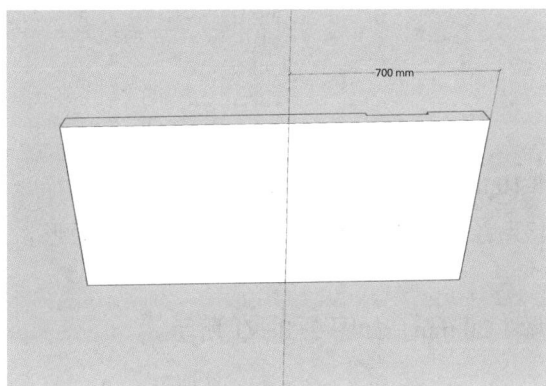

图5-2-63

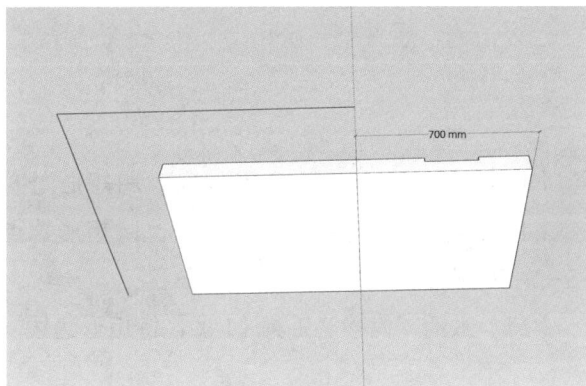

图5-2-64

（11）激活"直线"工具（L），绘制两条边线将矩形封面，如图 5-2-65 所示。

（12）激活"推／拉"工具（P），将矩形向下拉伸 300 mm，如图 5-2-66 所示。

（13）将右侧模型底部也向下拉伸相同厚度，如图 5-2-67 所示。

（14）激活"偏移"工具（F），旋转视图至俯视角度，将矩形表面边线向内偏移 20 mm，如图 5-2-68 所示。

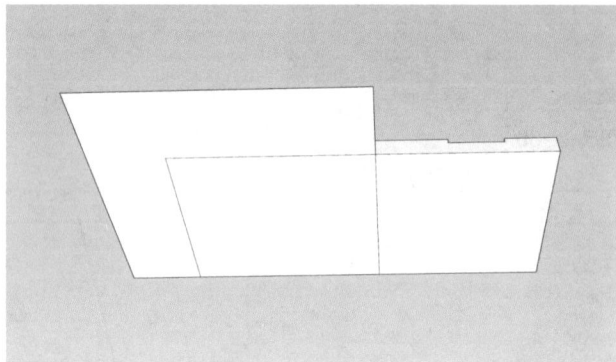

图5-2-65

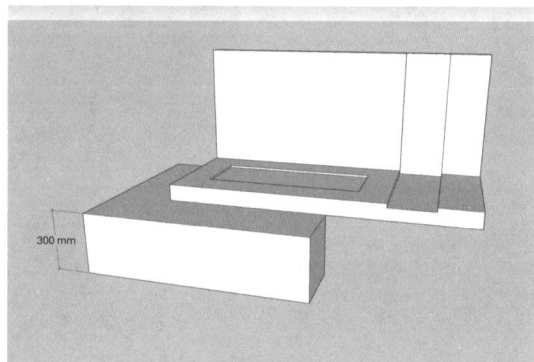

图5-2-66

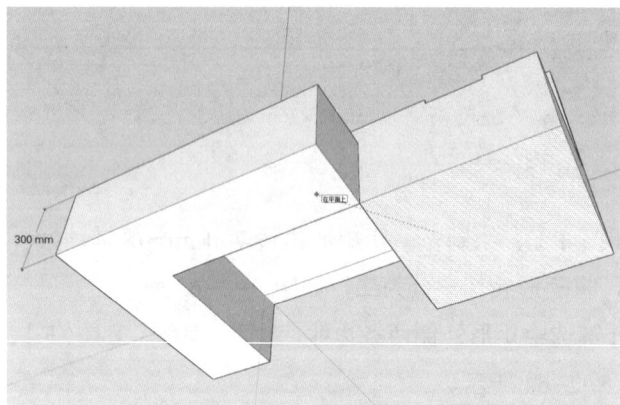

图5-2-67

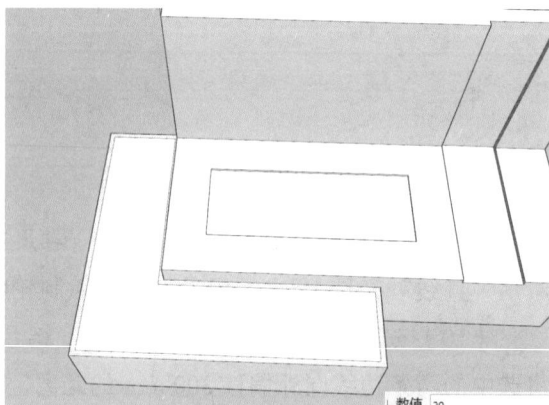

图5-2-68

（15）激活"推／拉"工具（P），将矩形向下拉伸 10 mm，如图 5-2-69 所示。

（16）激活"矩形"工具（R），以矩形端点为起点绘制一个 1100 mm×550 mm 的矩形，如图 5-2-70 所示。

（17）激活"偏移"工具（F），将矩形边线向内偏移 20 mm，如图 5-2-71 所示。

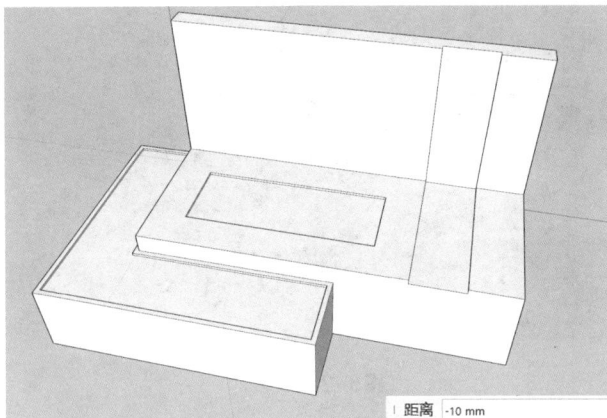

图5-2-69

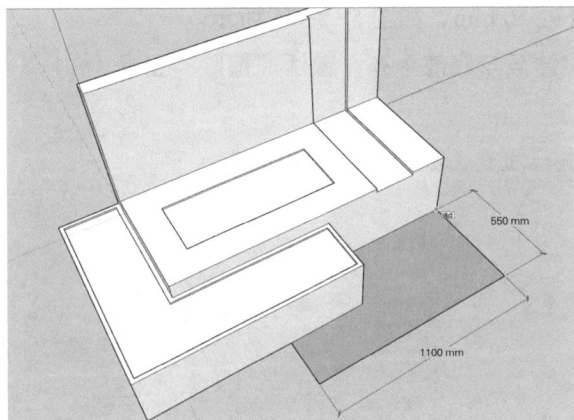

图5-2-70

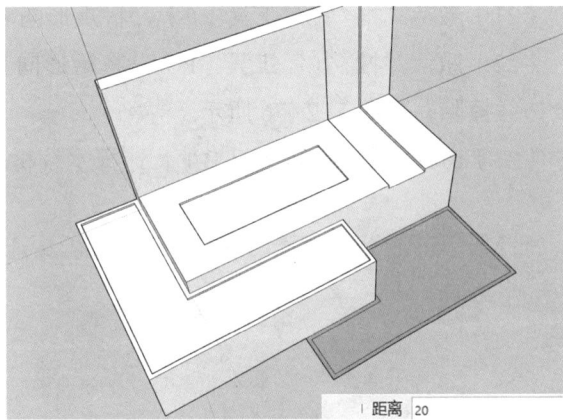

图5-2-71

（18）按空格键切换至"选择"工具，选中矩形单击鼠标右键选择"反转平面"，将矩形反转到正面；激活"推/拉"工具（P），将矩形外框向上拉伸150 mm，将矩形内部拉伸出50 mm的高度，如图5-2-72所示。

（19）激活"直线"工具（L），沿着蓝轴的方向绘制两条线，如图5-2-73所示。

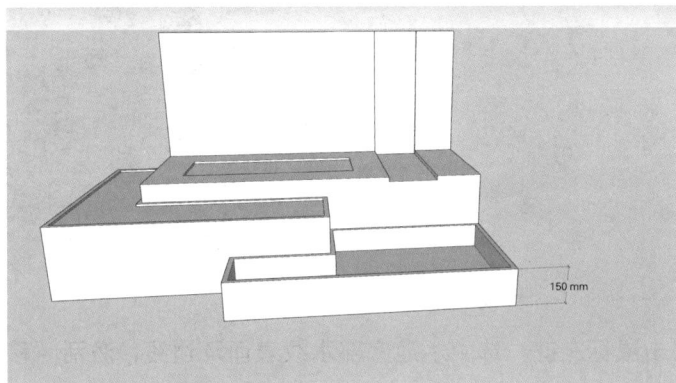

图5-2-72

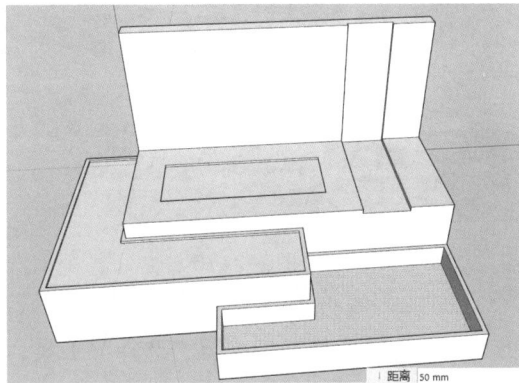

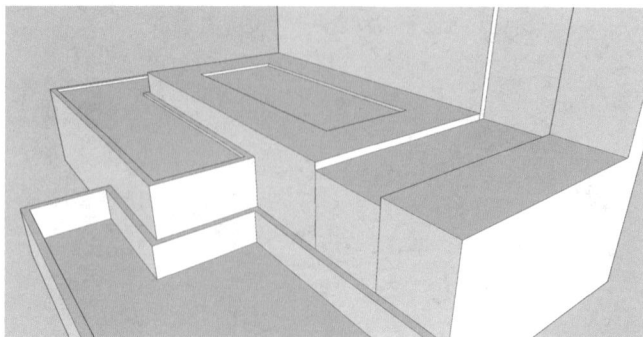

图5-2-73

（20）激活"直线"工具（L），沿着绿轴的方向绘制两条线，如图5-2-74所示。

（21）激活"推/拉"工具（P），将矩形向内推进10 mm，如图5-2-75所示。

（22）激活"推/拉"工具（P），将矩形向下拉伸至与底部平齐；激活"擦除"工具（E），将多余边线擦除，如图5-2-76所示。

（23）激活"材质"工具（B），选择水纹材质进行填充，如图5-2-77所示。

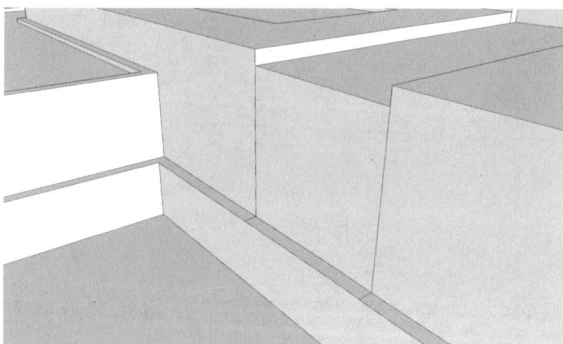

图5-2-74

图5-2-75

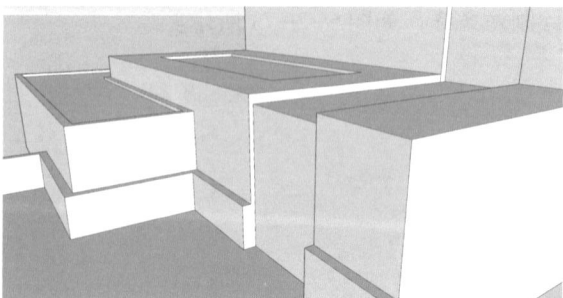

图5-2-76

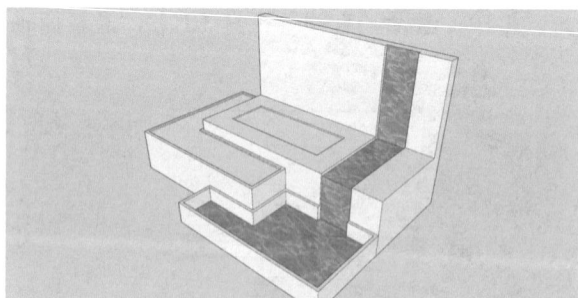

图5-2-77

（24）按空格键切换至"选择"工具，双击鼠标左键，选中水池底部水纹表面及边线，激活"移动"工具（M），结合Ctrl键，将水池底部以20 mm的距离向上复制一份；激活"材质"工具（B），选择另一水纹材质进行填充，并降低其透明度，如图 5-2-78 所示。

（25）激活"材质"工具（B），选择地被植物材质填充两个矩形，如图 5-2-79 所示。

（26）为模型其他部分填充材质并添加植物组件，最终效果如图 5-2-80 所示。

图5-2-78

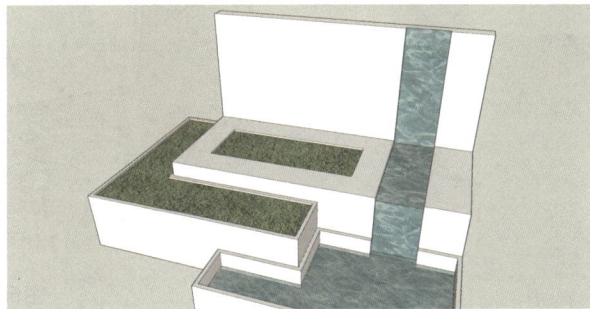

图5-2-79

图5-2-80

5.3 测量与标注工具

5.3.1 "卷尺"工具

使用"卷尺"工具 🖉 可以执行一系列与尺寸相关的操作，包括测量两点间的距离、缩放整个模型以及绘制辅助线。其快捷键是 T。

5.3.1.1 测量两点间的距离

激活"卷尺"工具（T），拾取一点作为测量的起点，此时拖动鼠标，会出现一条类似参考线的测量线，其颜色会随着平行坐标轴的变化而变化。数值输入框中会实时显示测量线的长度，再次单击拾取测量的终点后，测量的距离会显示在数值输入框中，如图 5-3-1 所示。

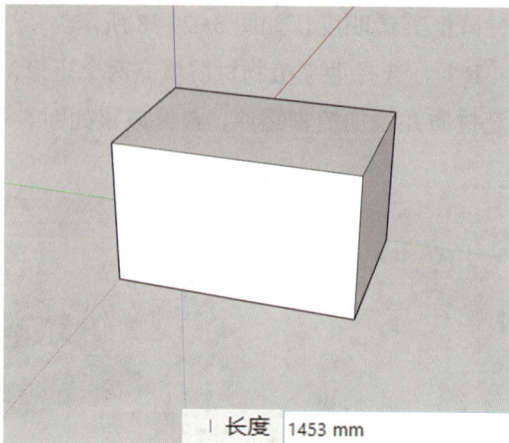

图5-3-1

5.3.1.2 全局缩放

使用"卷尺"工具可以对场景内所有模型进行全局缩放。

激活"卷尺"工具（T），选择一条作为缩放依据的线段，单击该线段的两个端点进行测量，此时数值输入框中会显示出这条线段的长度值（如200 mm），直接输入一个目标长度值（如600 mm），点击Enter键确定。在弹出的对话框提示"您要调整模型的大小吗？"，单击"是"，此时场景中的所有物体都将以该比例值进行缩放，如图5-3-2所示。

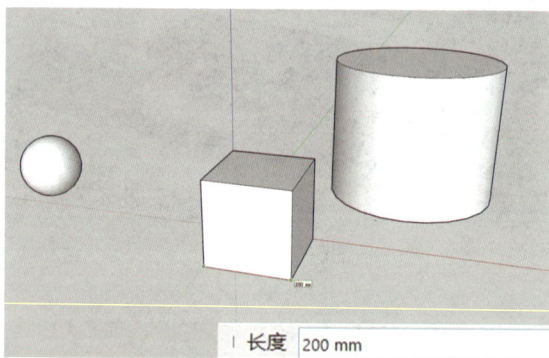

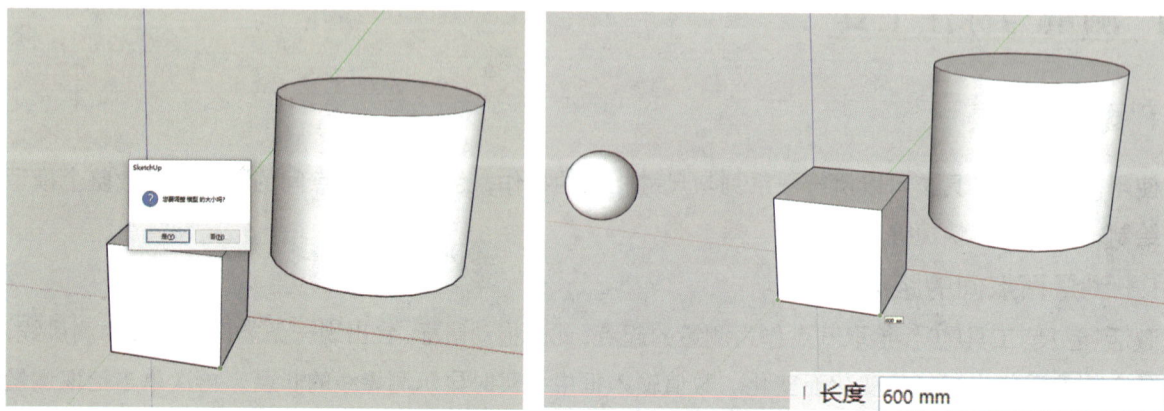

图5-3-2

全局缩放适用于整个模型场景，如果只想对场景中的一个物体进行缩放，需要先将该物体建立群组或组件，然后再使用上述方法进行缩放，这样即可确保场景中其他模型保持不变。

5.3.1.3 绘制辅助线

使用"卷尺"工具可以绘制出精确距离的辅助线，而且辅助线是无限延长的。

激活"卷尺"工具，接着在边线上单击选取一点作为参考点，此时在光标上会出现一条辅助线随着光标移动。同时，鼠标上会显示辅助线与参考点之间的距离，单击鼠标左键或者输入数值，即可绘制出一条辅助线。

使用"卷尺"工具时，结合Ctrl键进行操作，可以只测量而不产生线。

激活"卷尺"工具后，直接在某条线段上双击鼠标左键，即可绘制出一条与该线段重合且无限延长的辅助线。

使用"卷尺"工具可绘制平行的辅助线；使用"量角器"工具可绘制带有角度的辅助线。

辅助线太多影响视线时，可执行"编辑—删除参考线"菜单命令，删除所有辅助线，如图5-3-3所示。

辅助线的颜色可以在"样式"面板设置，在"编辑"选项下选择"建模设置"面板，单击"参考线"后面的色块进行调整，如图5-3-4所示。

图5-3-3

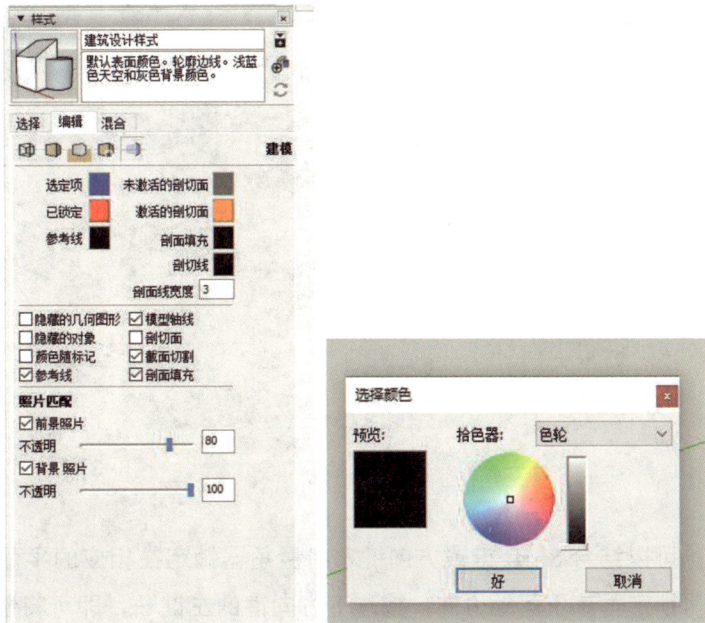

图5-3-4

5.3.2 "量角器"工具

"量角器"工具 ⬙ 可以测量角度和绘制辅助线,其主要功能如下。

5.3.2.1 测量角度

激活"量角器"工具后,在视图中会出现一个圆形的量角器,鼠标光标指向的位置就是量角器的中心位置。

在场景中移动光标时,量角器会根据坐标轴(视图变化)和几何体而改变自身定位方向,出现不同颜色的量角器。当量角器颜色为蓝色时,说明此时对齐"XY 轴"(红绿轴)平面,垂直于蓝轴方向;当量角器的颜色为绿色时,说明此时对齐"XZ 轴"(红蓝轴)平面,垂直于绿轴方向;当量角器的颜色为红色时,说明此时对齐"YZ 轴"(绿蓝轴)平面,垂直于红轴方向,如图 5-3-5 所示。

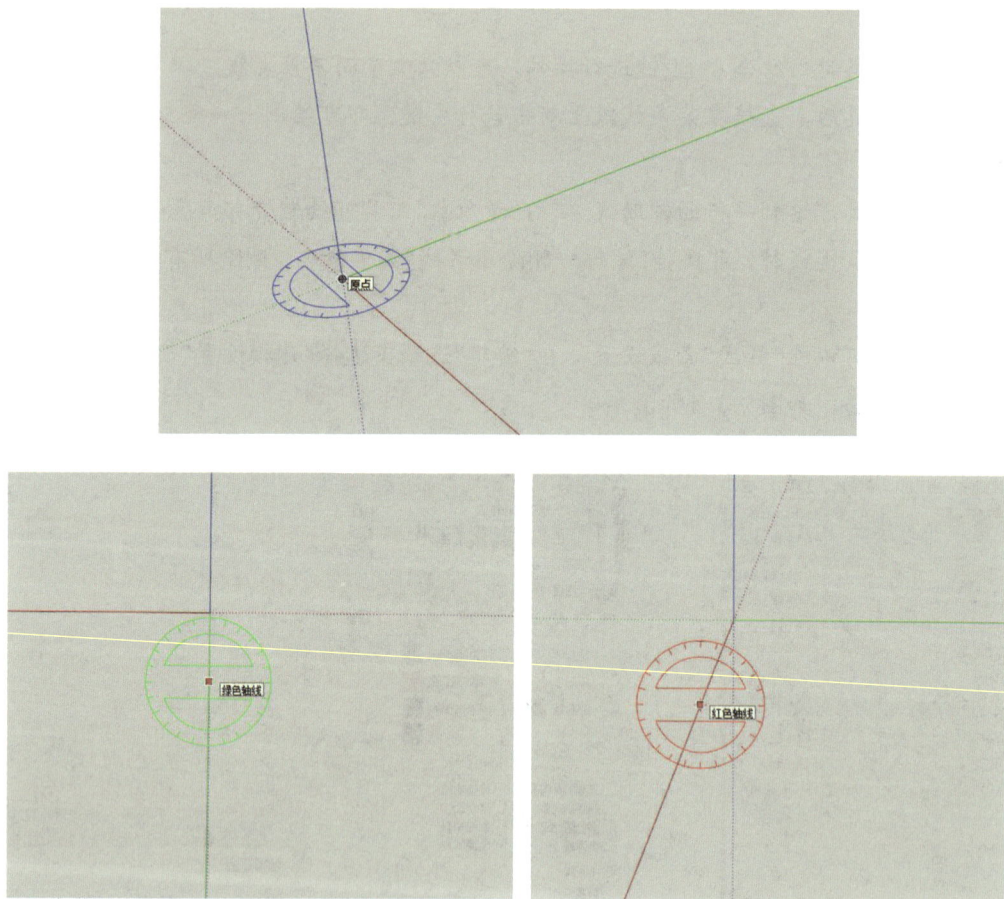

图5-3-5

可以结合 Shift 键或方向键,将量角器锁定在相应的平面上。按一下方向键的上键↑,即可将量角器锁定垂直于蓝轴方向;按一下方向键的左键←,即可将量角器锁定垂直于绿轴方向;按一下方向键的右键→,即可将量角器锁定垂直于红轴方向。

在测量角度时，将量角器的中心设在角的顶点上，然后将量角器的基线对齐到测量的起始边线上，接着再拖动鼠标旋转量角器，捕捉要测量角度的第二条边，此时光标上会出现一条绕量角器旋转的辅助线，测量的角度值也会显示在数值输入框中，如图 5-3-6 所示。

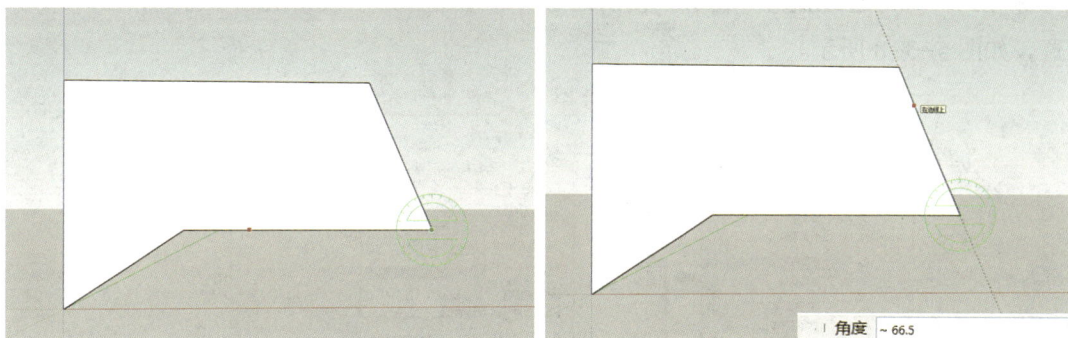

图5-3-6

5.3.2.2 创建角度辅助线

激活"量角器"工具，捕捉并单击辅助线将经过的角顶点，接着在已有的线段或边线上单击，移动光标，光标上出现新的辅助线，在需要的位置单击则创建辅助线，并在数值输入框中动态显示该数值，如图 5-3-7 所示。

图5-3-7

操作技巧

角度可以直接在数值输入框中输入，输入的数值可以是角度，如"15"即表示15°；也可以是角度的斜率，如"1：5"。若输入负值，表示将往当前鼠标指定方向的反方向创建辅助线；在进行其他操作之前可以持续输入数值修改角度。

5.3.3 "尺寸"工具

"尺寸"工具 可以对模型进行尺寸标注。在 SketchUp 中适合标注的点包括端点、中点、边线上的点、交点以及圆或圆弧的圆心。在进行标注时，有时需要旋转模型便于标注放在表达的平面上。

尺寸标注的样式可通过执行"窗口—模型信息"命令，打开"模型信息"窗口，在"尺寸"面板进行设置，如图 5-3-8 所示。

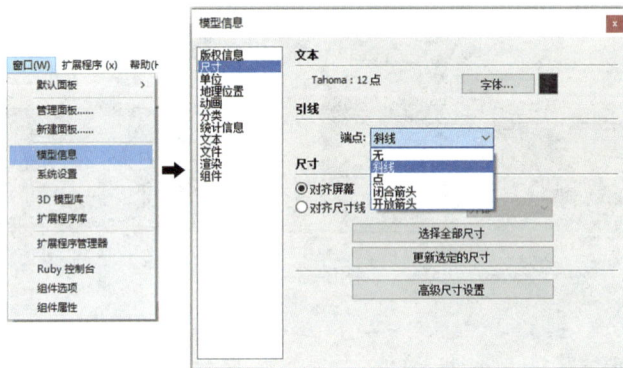

图5-3-8

在引线的端点栏，提供了多种标注端点的样式以供选择。根据建筑制图相关规定，长度标准端点样式为"斜线"，而"直径"和"半径"标准端点样式为"闭合箭头"，各种样式对比如图 5-3-9 所示。

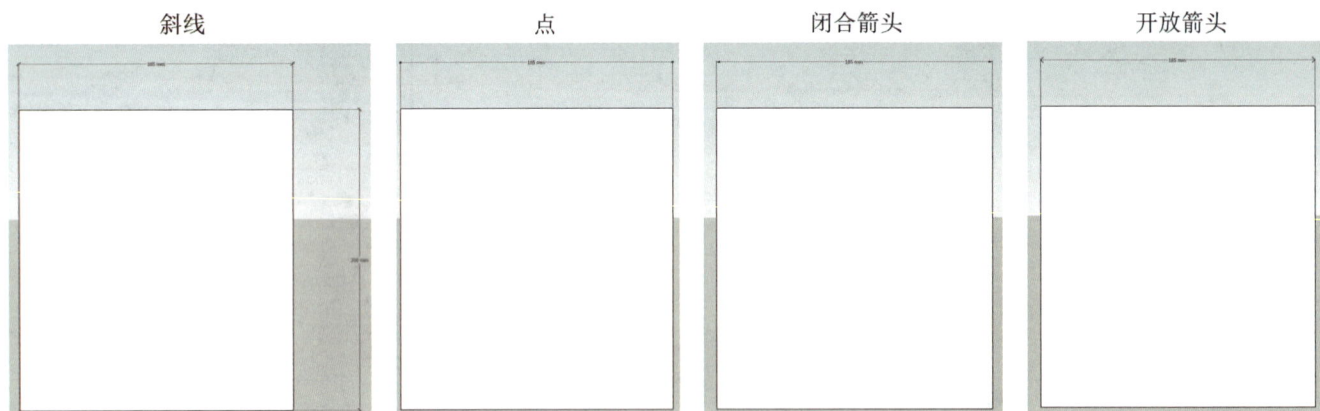

图5-3-9

5.3.3.1 标注线段

激活"尺寸"工具，然后依次单击线段的两个端点，接着移动鼠标拖动一定距离，再单击确定标注放置的位置，如图 5-3-10 所示。

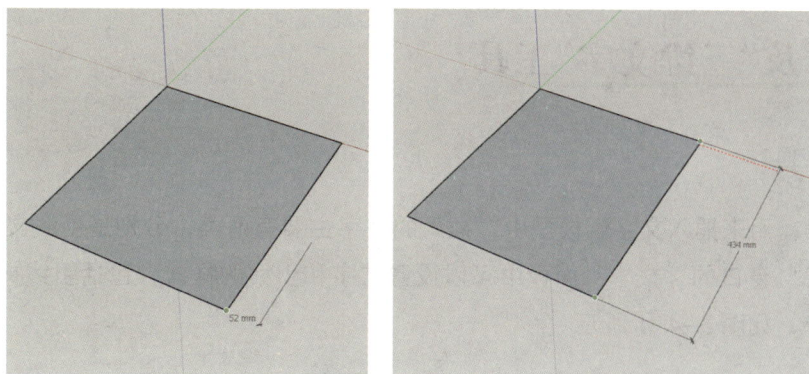

图5-3-10

5.3.3.2 标注直径

激活"尺寸"工具，然后单击要标注的圆，移动鼠标拖动标注，再单击确定标注放置的位置，如图 5-3-11 所示。

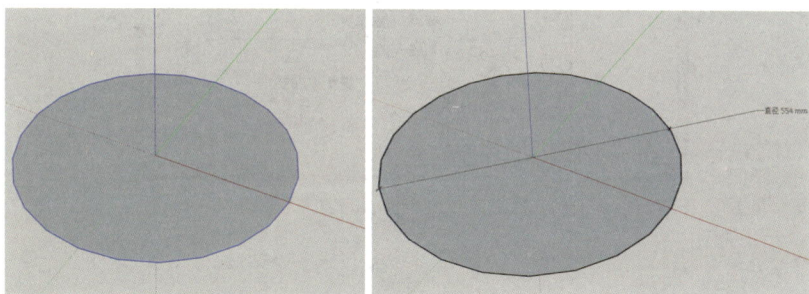

图5-3-11

操作技巧

在半径标注的右键菜单中执行"类型—半径"命令，可以将直径标注转换为半径标注，如图 5-3-12所示。同理，执行"类型—直径"命令，可以将半径标注转换为直径标注。

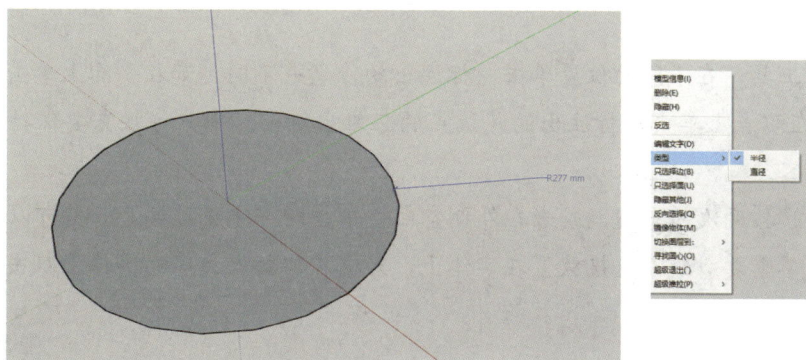

图5-3-12

5.4 "文字"及"三维文字"工具

5.4.1 "文字"工具

"文字"工具 用来插入文字到模型中，插入的文字主要有两类，分别是引线文字和屏幕文字。

在"模型信息"窗口的"文本"面板中可以设置文字和引线的样式，包括引线文字、引线端点、字体类型和颜色等，如图5-4-1所示。

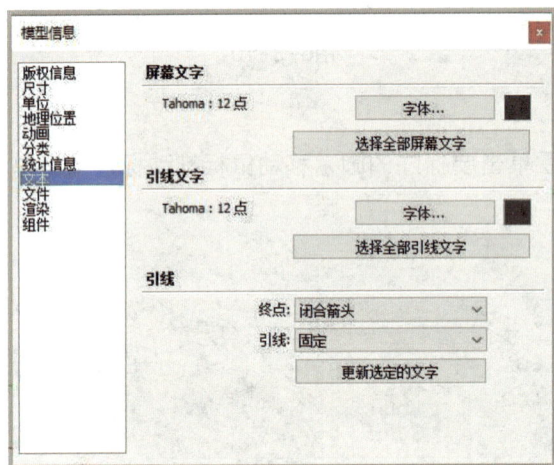

图5-4-1

（1）引线文字。

激活"文字"工具，然后在实体（表面、边线、端点、组件、群组等）上单击，指定引线的位置，接着用鼠标拖曳出引线，在合适的位置单击确定文本框的位置，最后在文本框中输入文字即可。

操作技巧

使用"文字"工具，在不同的位置单击，标注出的信息也不同。如在平面上单击，标注出的默认文本为面积；在端点上单击，标注出的是该点的三维坐标值。用户可按需要保持该默认值或者输入新的文本内容。

输入文字后，按两次回车键，或者在外侧空白处单击即可完成。按Esc键可以取消操作。

文字也可以不需要引线而直接放置在实体上，只需在要插入文字的实体上双击即可，引线将自动隐藏，如图5-4-2所示。

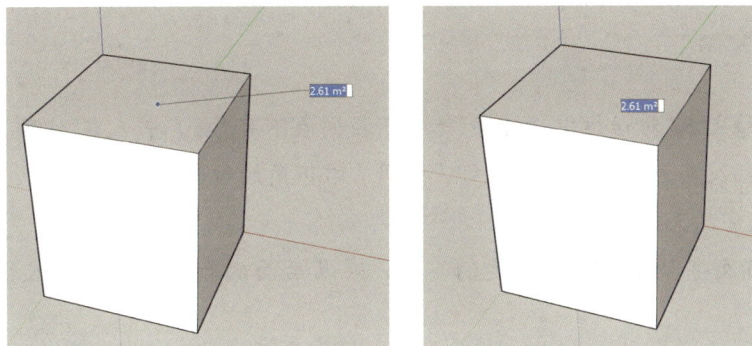

图5-4-2

（2）屏幕文字。

激活"文字"工具，在屏幕的空白处单击，接着在弹出的文本框中输入注释文字，最后在外侧单击完成输入。

屏幕文字在屏幕上的位置是固定的，不受视图改变的影响。另外，在已经编辑好的文字上双击即可重新编辑文字，也可以单击文字在右键菜单中执行"编辑文字"命令进行编辑。

5.4.2 "三维文字"工具

"三维文字"工具🔧广泛应用于广告、Logo、雕塑文字设计等方面。

激活"三维文字"工具，在弹出的"放置三维文本"对话框中输入相应的文字内容，设置好文字的样式，然后单击"放置"按钮，将文字放至合适的位置时单击，生成的文字自动成组，如图5-4-3所示。

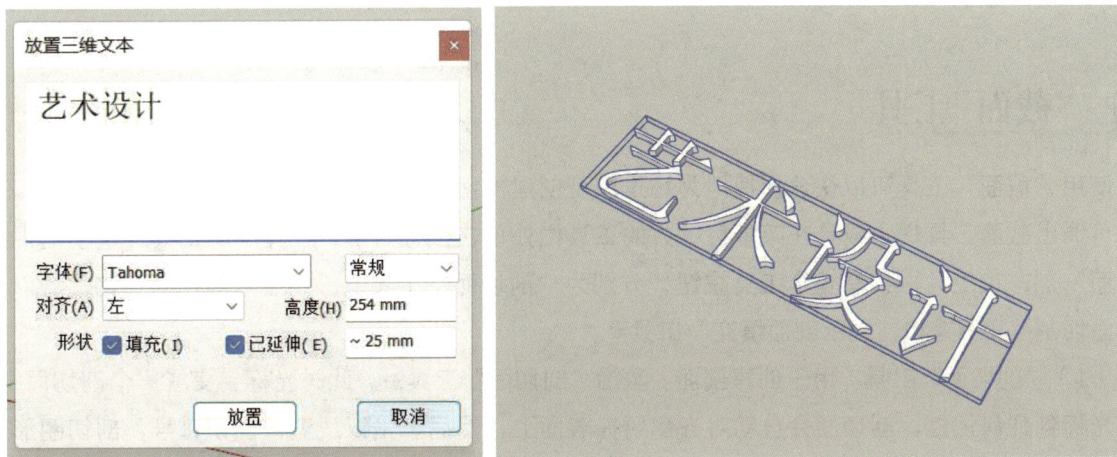

图5-4-3

·在"放置三维文本"对话框中,"对齐"选项下拉列表下有"左／中／右"选项,用于确定插入点的位置,表示该插入点是在文字的左下角／中间／右下角的位置。

·"高度"指文字的大小。

·"已延伸"指文字被挤出带有厚度的实体,在其后面的数值输入框输入数据可控制挤出的厚度。

·"填充"选项能使文字生成为面对像;如果不勾选"填充"选项,生成的文字只有轮廓线,线是挤不出厚度的,其后面的"已延伸"选项也不可用,如图5-4-4所示。

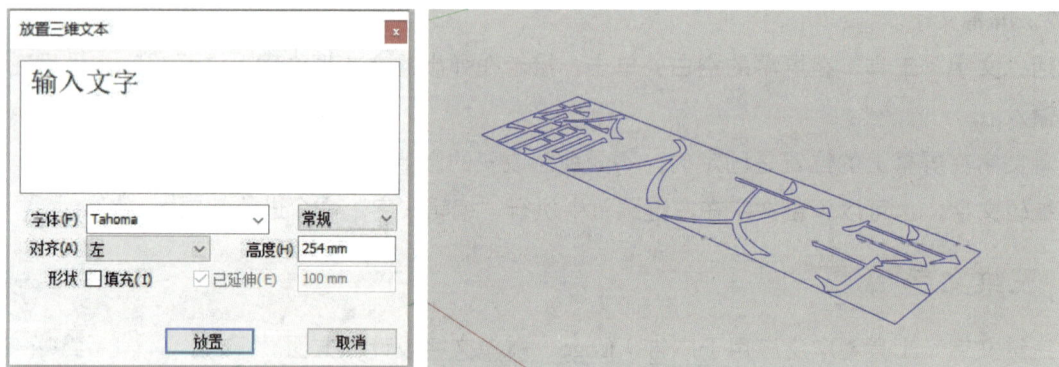

图5-4-4

5.5 "截面"工具

使用"截面"工具可以快速便捷地为场景模型创建剖面效果。执行"视图—工具栏—截面"菜单命令可调出截面工具栏（或是在菜单栏下方的工具栏处单击鼠标右键,在弹出的工具栏选项框中选择"截面"）,该工具栏共有4个工具按钮,分别为"剖切面"工具 ⊕、"显示剖切面"工具 ◈、"显示剖面切割"工具 ◈和"显示剖面填充"工具 ◈。

（1）"剖切面"工具:用于创建剖面。激活"剖切面"工具 ⊕,此时光标会变成一个剖切面符号,移动光标到几何体上,剖切面会自动对齐到所在表面上,然后单击以放置该剖切符号,剖切图形效果如图 5-5-1 所示。

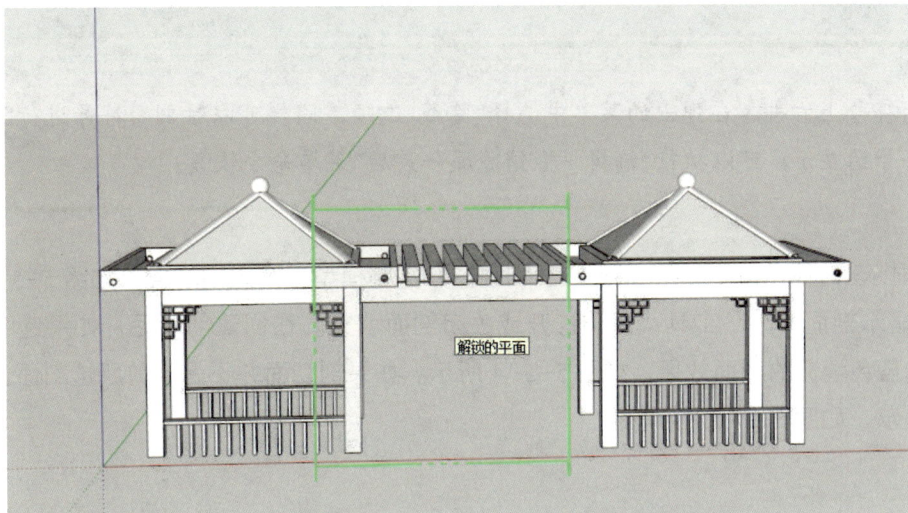

图5-5-1

　　在创建对齐的剖切面时，按住Shift键(或方向键)可以锁定在当前选择的平面上，绘制与该平面平行的剖切面。

　　（2）"显示剖切面"工具：用于快速显示和隐藏所有的剖切面符号，如图5-5-2所示。

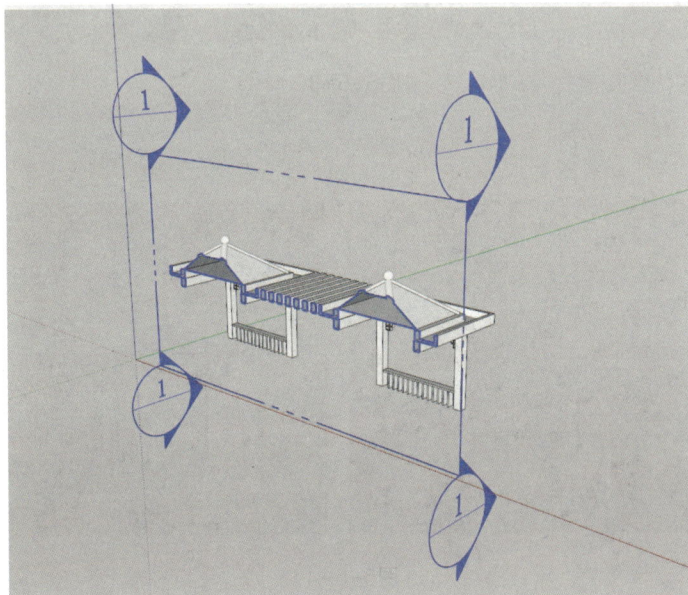

图5-5-2

操作技巧

在剖面符号上右击，在弹出的菜单中选择"隐藏"选项，同样可以对剖面符号进行隐藏。若要恢复剖面符号的显示，可以执行"编辑—撤销隐藏—最后"菜单命令恢复。

（3）"显示剖面切割"工具：用于在剖切视图和完整模型视图之间切换，如图5-5-3所示。

（4）"显示剖面填充"工具：用于打开或关闭剖面填充。在创建剖面后，如果选中该工具，剖面内部将显示蓝色填充的剖面效果，如图5-5-4所示。如果剖切面并不是当前所选剖面，那么填充效果将以黑色显示，如图5-5-5所示。

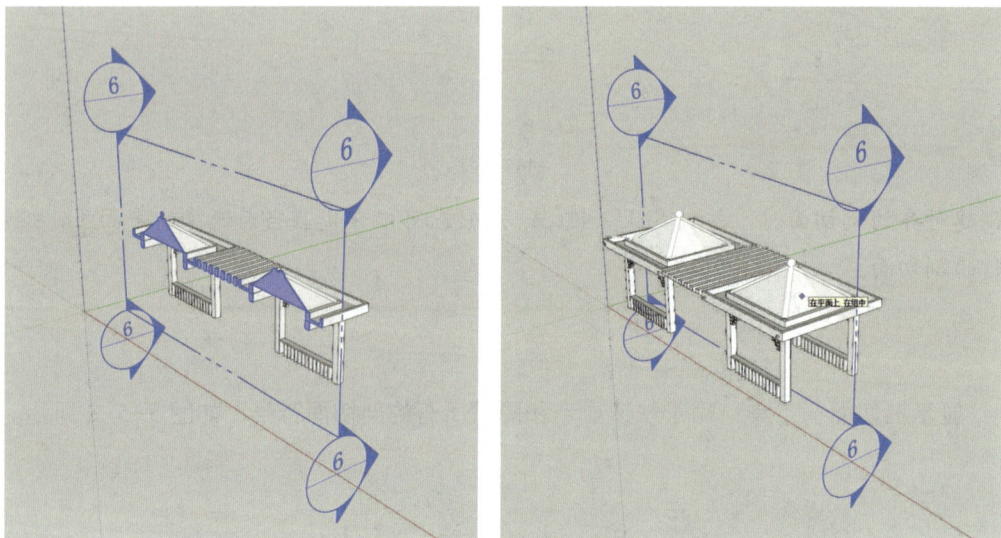

图5-5-3

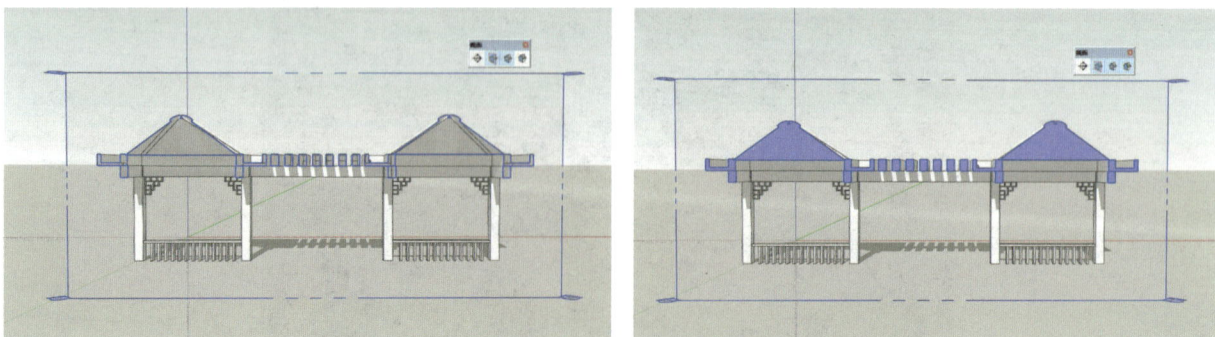

图5-5-4

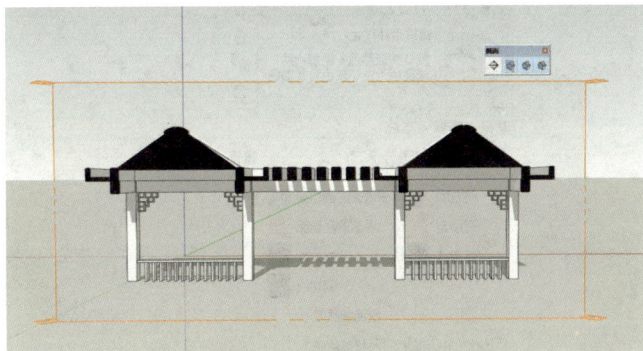

图5-5-5

5.5.1 活动剖面

在同一个模型中存在多个剖面时，默认以最后创建的剖面为活动剖面，其他剖面会自动淡化。

在 SketchUp 中只能有一个剖面处于当前激活状态，而且新添加的剖切面自动成为当前激活剖面，其剖面符号有颜色显示（默认为橙色），淡化掉的剖切面变灰，而且切割面消失，如图 5-5-6 所示。

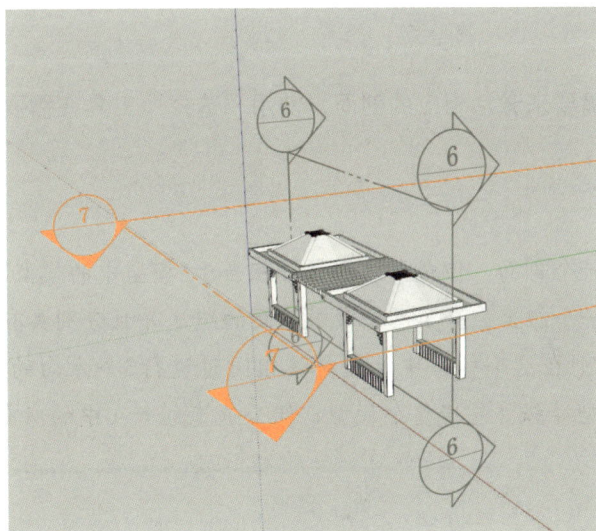

图5-5-6

操作技巧

默认的激活剖面颜色为橙色，未激活剖面颜色为灰色，切割边的颜色为黑色。用户可以在"样式"面板中的"编辑—建模设置"面板中调整颜色，如图5-5-7所示。

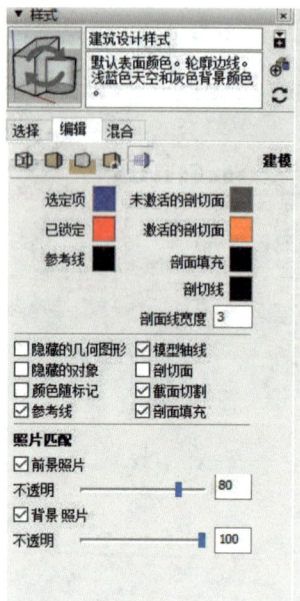

图5-5-7

用户也可以根据绘图需要来激活相应的剖面，使用"选择"工具在需要的剖面上双击即可。

操作技巧

　　虽然一次只能激活一个剖面，但是群组和组件相当于"模型中的模型"，在它们的内部还可以有各自的激活剖面。如一个组里嵌套了两个带剖切面的组，并且分别具有不同的剖切方向，再加上这个组的一个剖面，则在这个模型中就能对该组同时进行3个方向的剖切，也就是说，剖切面能作用于它所在的模型等级（包括整个模型、组合嵌套组等）中的所有几何体。

5.5.2 移动和旋转剖面

　　与编辑其他实体一样，使用"移动"工具（M）和"旋转"工具（Q）可以对剖面进行移动和旋转操作，以得到不同的剖切效果，如图5-5-8所示。

　　在移动和旋转剖切面时，首先使用"选择"工具选择剖切符号，然后指定相应点进行移动和旋转操作。

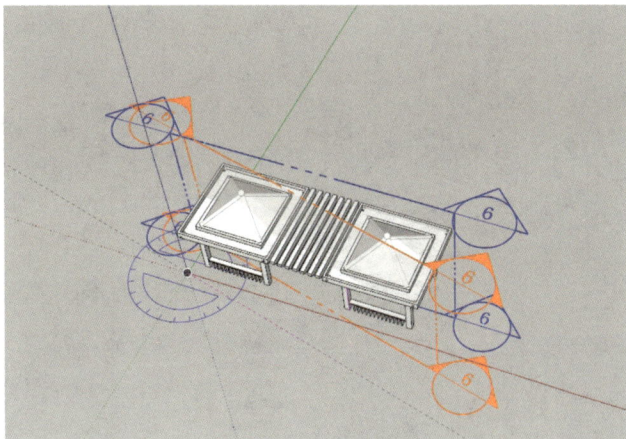

图5-5-8

5.5.3 翻转剖切方向

在剖切面上单击鼠标右键，在弹出的菜单中执行"翻转"命令，可以翻转剖切的方向，如图 5-5-9 所示。

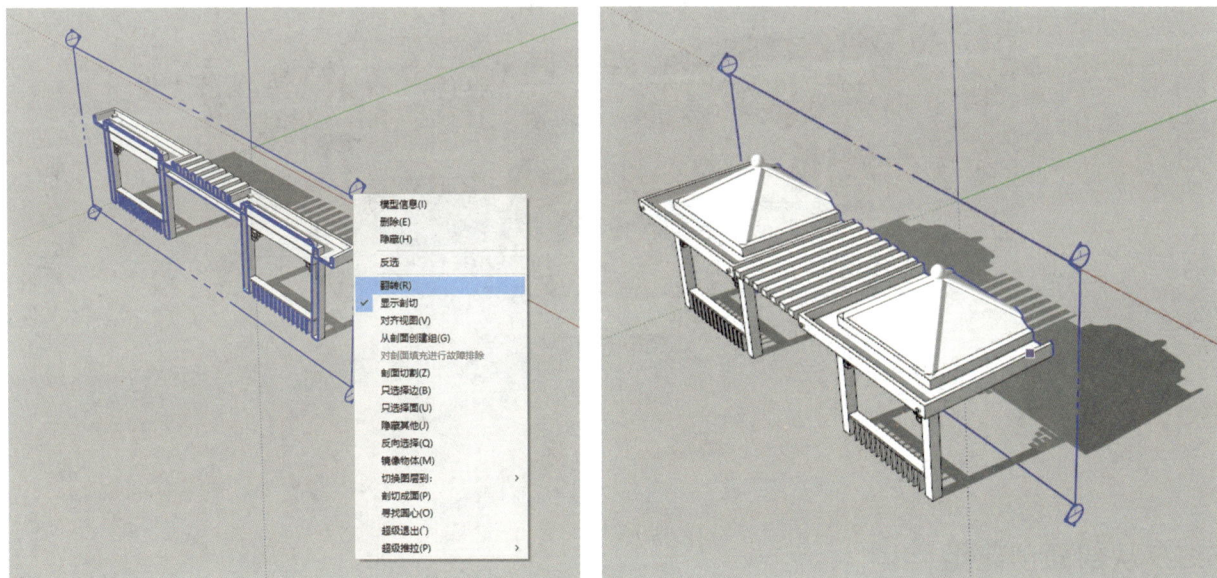

图5-5-9

5.5.4 将剖面对齐到视图

在剖切面上单击鼠标右键，在弹出的菜单中执行"对齐视图"命令，此时剖面对齐到屏幕，显示为一点透视的剖面或正视平面剖面，如图 5-5-10 所示。

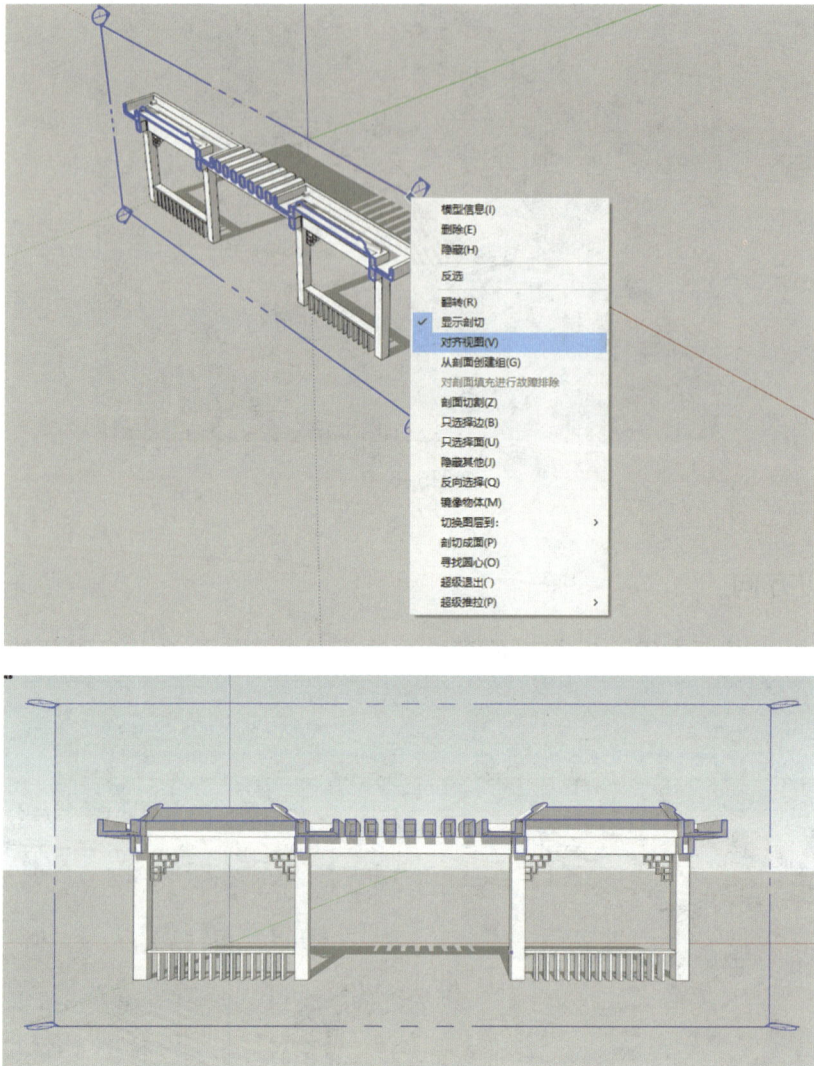

图5-5-10

5.5.5 从剖面创建组

在剖面上单击鼠标右键，在弹出的菜单中执行"从剖面创建组"命令，在剖面与模型的表面相交位置会产生新的边线，并封装在一个组中。从剖切口创建的组可以被移动，也可以被炸开，如图5-5-11所示。

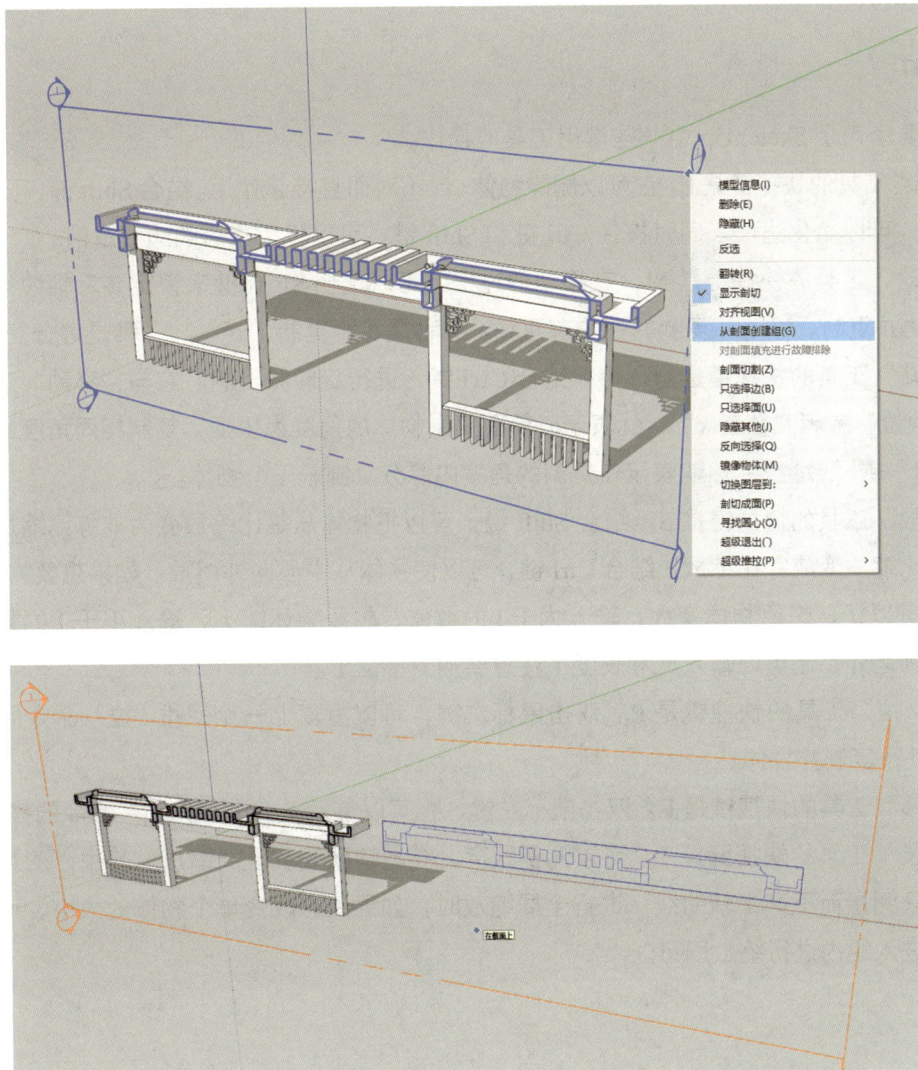

模型信息(I)
删除(E)
隐藏(H)

反选

翻转(R)
✓ 显示剖切
对齐视图(V)
从剖面剖建组(G)
对剖面填充进行故障排除
剖面切割(Z)
只选择边(B)
只选择面(U)
隐藏其他(J)
反向选择(Q)
镜像物体(M)
切换图层到:
剖切成面(P)
寻找圆心(O)
超级退出(()
超级推拉(P)

图5-5-11

5.5.6 剖面的删除

　　在剖面上单击鼠标右键，在弹出的菜单中执行"删除"命令，即可将模型中的相应剖面删除。同样也可以直接选择剖面，按 Delete 键一次性删除。

本章小结

本章主要学习了 SketchUp 中一些常用工具的操作。

◆ "擦除"工具的快捷键是 E，它可以删除物体，但不对面直接起作用。结合 Shift 键，可以隐藏边线；结合 Ctrl 键，可以柔化边线。同时按住 Ctrl 键和 Shift 键，可以将柔化后的边线取消。

◆ "移动"工具的快捷键是 M，在移动的过程中可以结合 Shift 键来锁定参考轴线；也可以结合 Ctrl 键，移动并复制。移动并复制的方法有两种，一种是等距复制（xn），一种是等分复制（/n）。

◆ "旋转"工具的快捷键是 Q，可以结合 Ctrl 键，进行旋转并复制。它与"移动"工具一样，可以输入 "x 数量"或者"数量 x"，就表示以前面复制物体的角度为依据，复制相同角度的若干物体。输入 "/ 数量"或"数量 /"，就表示在复制的角度内等分复制若干个物体。

◆ "缩放"工具的快捷键是 S。结合 Shift 键，可以把物体从等比缩放变为非等比缩放，也可以使物体从非等比缩放变成等比缩放。结合 Ctrl 键，可以使物体从中心向外缩放。如果想要物体镜像的话，输入负值就可以了，想要物体变大，输入大于 1 的数值，想要物体缩小，输入小于 1 的数值。同样，除了输入比例之外，还可以输入尺寸长度（注意要加上单位）。

◆ "推 / 拉"工具的快捷键是 P。双击鼠标左键，可以重复上一个"推 / 拉"命令的操作。结合 Ctrl 键可以进行复制并拉伸。

◆ "偏移"工具的快捷键是 F，双击鼠标左键，也可以重复上一个"偏移"命令的操作。

◆ "卷尺"工具的快捷键是 T，可以测量距离、绘制辅助线及全局缩放。其中，测量距离时结合 Ctrl 键可以只测量而不产生辅助线；进行全局缩放时，如果只想改变单个物体的大小，可以将该物体编辑成组，进入组内进行缩放即可。

6 高级工具应用

在 SketchUp 中引用了标记来管理物体的不同对象，特别是在创建大型场景和室内建模时，可以选择性地显示一些标记，使得模型的编辑更加顺畅，提高作图效率。但是从 SketchUp 设计师的职业需求考虑，则不必依赖标记。SketchUp 提供了更加方便的群组和组件管理功能，这种分类和现实生活中的物体分类十分相似。用户之间还可以通过群组或组件进行资源共享。

在初步确定设计方案后，可以从不同角度进行存储。通过场景标签的选择，可以方便地进行多个场景视图的切换，对方案进行多角度对比。另外，通过场景的设置可以导出图片，或者制作展示动画，为实现"动态设计"提供条件。

本章主要讲解了标记的运用及管理、群组和组件的创建与编辑、场景的设置及动画的制作等有关内容。通过本章的学习，用户可掌握标记、群组与组件、场景与动画的功能及管理。

学习目标

掌握标记、群组及组件的创建、编辑和使用技巧；

了解场景及场景管理器的操作方法；

掌握动画、批量页面图像的演示与导出技巧。

6.1 标记的应用

标记的主要作用是将场景中的物体进行分类显示或隐藏，以方便管理和提高作图效率。在以前的 SketchUp 版本中"标记"被翻译为"图层"，在 SketchUp Pro 2020 版中译为"标记"。

6.1.1 标记工具栏的调出

执行"视图—工具栏"菜单命令，在弹出的"工具栏"窗口中勾选"标记"即可（或者在绘图窗口工具栏处单击鼠标右键，在下拉列表中勾选"标记"，如图 6-1-1 所示），调出的"标记"工具栏如图 6-1-2 所示，其主要功能介绍如下。

单击 <u>✓ 未标记 ▼</u> 展开"标记"下拉列表，其中列出了模型所有的标记，通过单击选择相应的标记即可，如图 6-1-3 所示。

在绘图区右侧执行"默认面板—标记"命令，即可打开"标记"面板，如图 6-1-4 所示。

图6-1-1

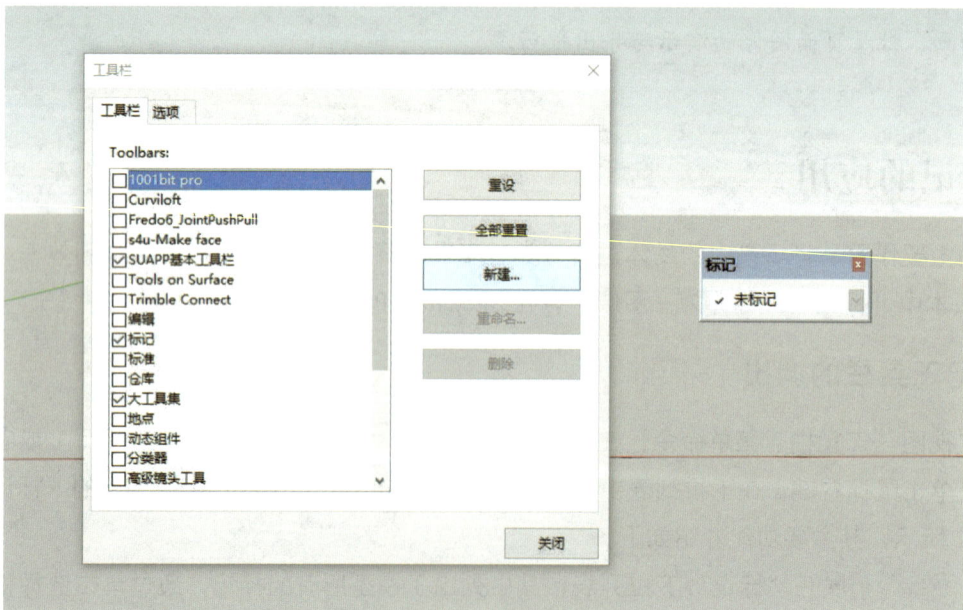

图6-1-2

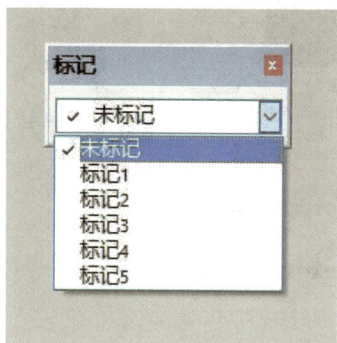

图6-1-3

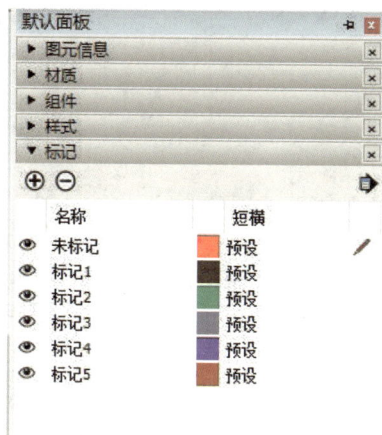

图6-1-4

6.1.2 "标记"面板

"标记"面板的主要功能如下。

（1）"添加标记"按钮 ⊕：单击该按钮可以新建一个名为"标记1"的标记，用户可以在"标记1"字样上双击鼠标左键，对新建的标记重命名，完成输入后按 Enter 键确认即可，如图 6-1-5 所示。

图6-1-5

新建图层时，系统会为每一个新建的标记设置一种不同于其他标记的颜色，如想要修改标记的颜色，在标记后的颜色上单击，然后在弹出的窗口中选择想要修改的颜色即可，如图 6-1-6 所示。

（2）"删除标记"按钮 ⊖：单击该按钮可以将选中的标记删除，如果要删除的标记中包含了物体，会弹出一个对话框询问处理方式，如图 6-1-7 所示。

（3）"名称"标签：在"名称"标签下列出了所有标记的名称，标记颜色后面有一个铅笔图标，表示是当前标记。用户若要修改当前标记，在标记上铅笔图标的所在位置单击鼠标左键即可，如图 6-1-8 所示。

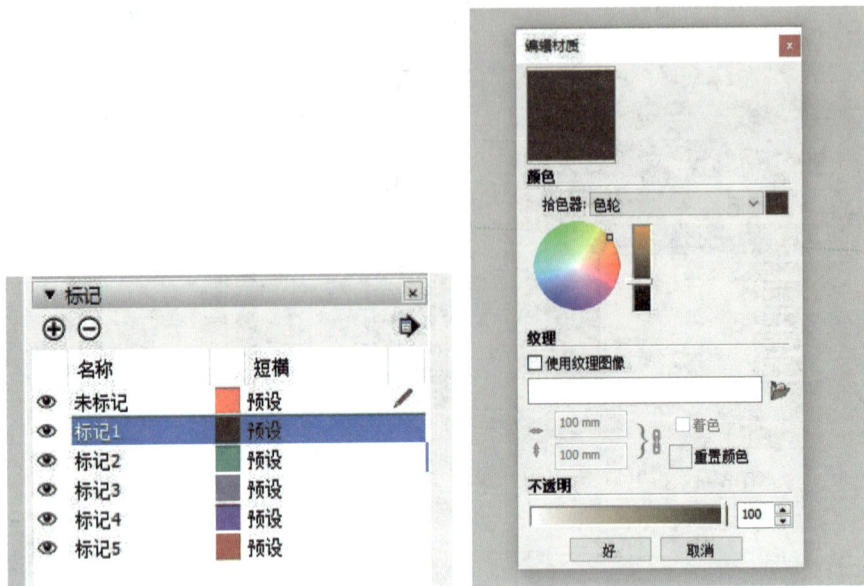

图6-1-6

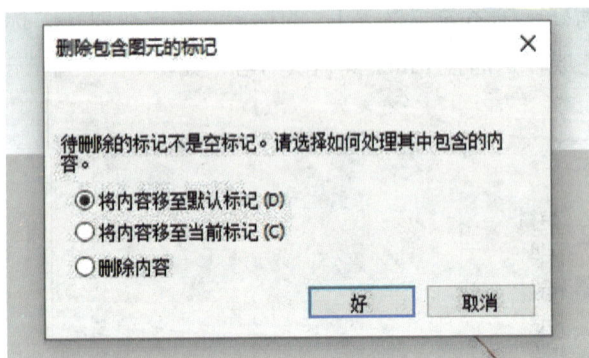

图6-1-7

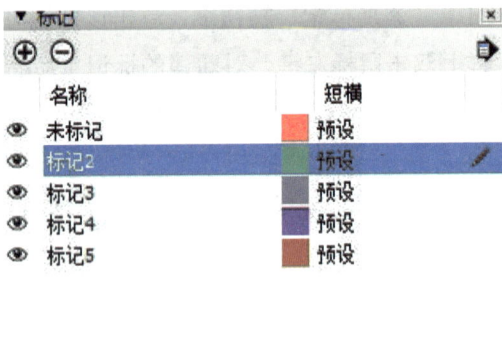

图6-1-8

标记名称前的小眼睛图标👁，用于显示或者隐藏标记，打开眼睛即表示显示标记，关闭眼睛◯即表示隐藏标记。当前标记无法被隐藏，如果将已隐藏的标记设为当前标记，则该标记会自动变为显示。

（4）"颜色"标签：该标签下列出了每个标记的颜色，单击颜色色块可以为图层指定新的颜色。

（5）"详细信息"按钮➡：单击该按钮将打开扩展菜单，如图6-1-9所示。

① 全选：该选项可以选中模型中的所有标记。

② 清除：该选项可以清除所有未使用的标记，即没有内容的标记。

③ 颜色随标记：单击该选项，标记的颜色会赋予所标记的物体，以便用户快速查看该物体。但标记的颜色不会影响物体材质的显示。

全选

清除

颜色随标记

图6-1-9

操作技巧

当选中某标记上的物体时,"标记"工具栏中会显示出当前选择的标记,如图6-1-10所示。

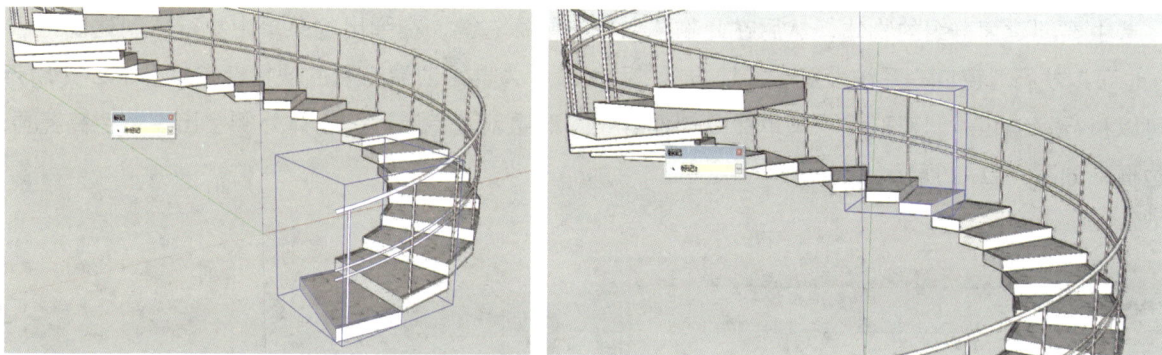

图6-1-10

6.1.3 标记属性

选中模型中某个物体后,单击鼠标右键,在右键关联菜单中执行"模型信息"命令可以打开"图元信息"窗口,在该窗口中可以查看选中物体的图元信息,通过"标记"下拉列表可改变物体所在的标记,如图 6-1-11 所示。

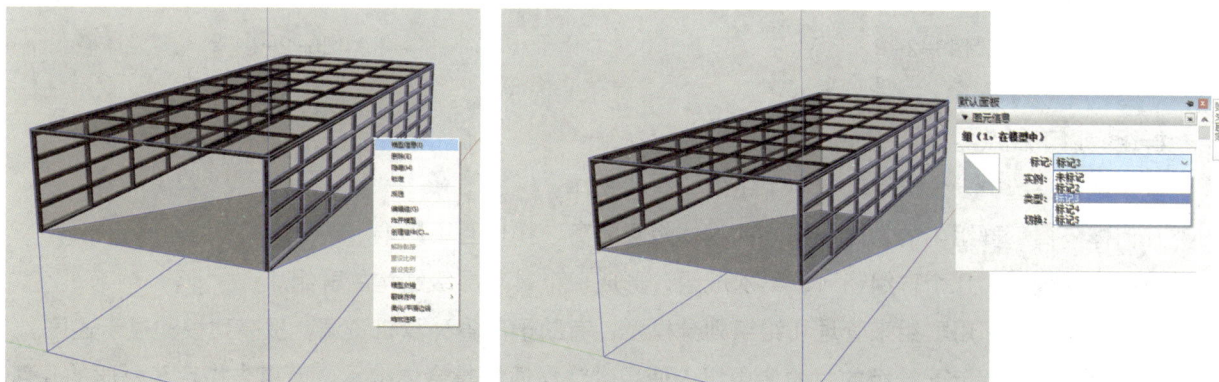

图6-1-11

操作技巧

"图元信息"窗口中的信息会随着鼠标指定物体的变化而变化。

6.2 群组与组件的应用

6.2.1 群组的创建与编辑

群组简称组，是一些点、线、面或者实体的结合，与组件的区别在于没有组件库和关联复制的特性。但是群组可以作为临时性的组件来管理，并且不占用组件库，也不会使文件变大，所以使用起来很方便。

6.2.1.1 创建群组

选中要创建为群组的物体，然后在此物体上单击鼠标右键，在弹出的菜单中执行"创建群组"命令；也可以执行"窗口—系统设置—快捷方式"菜单命令为群组创建专属的快捷键，如图 6-2-1 所示；还可以执行"编辑—创建群组"菜单命令创建群组。群组创建完成后，物体外侧会出现蓝色高亮显示的边框，如图 6-2-2 所示。

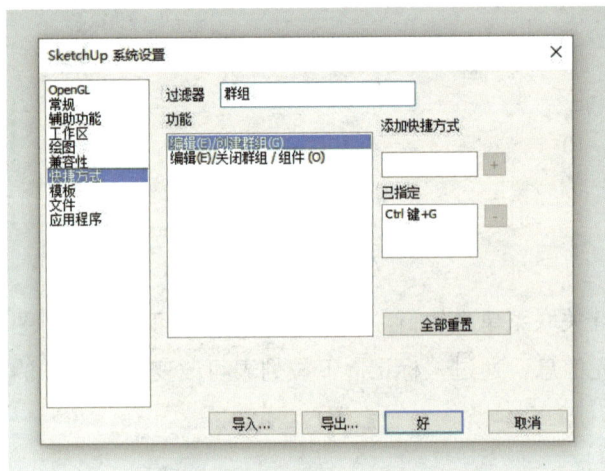

图6-2-1

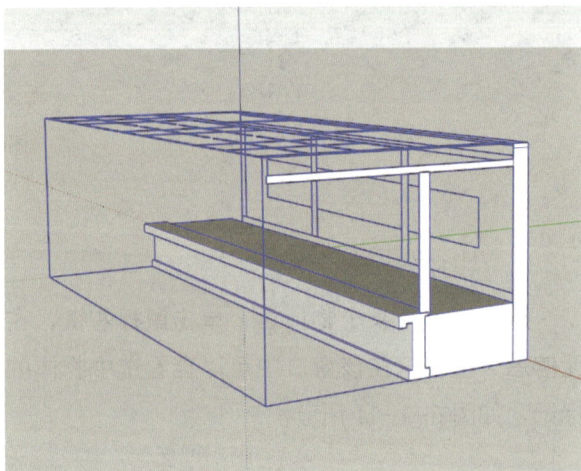

图6-2-2

群组有以下优点。

快速选择：选中一个群组就选中了组内所有的物体。

几何体隔离：群组内的物体和组外的物体相互隔离，操作互不影响。

协助组织模型：几个群组还可以再次成组，形成一个具有层级结构的群组。

提高建模速度：用群组来管理和组织划分模型，有助于节省计算机资源，提高建模和显示速度。

快速赋予材质：分配给组的材质会由组内使用默认材质的集合体继承，而事先指定了材质的几何体不会受影响，这样可以大大提高赋予材质的效率。当群组被炸开后，此特性就无法应用了。

6.2.1.2 编辑群组

对已创建的群组可以进行分解、编辑以及右键关联菜单的相关参数编辑。

（1）炸开群组。

创建的群组可以被炸开（分解），炸开后群组将恢复到成组之前的状态，同时组内的几何体会和外部相连的几何体结合，且嵌套在组内的群组会变成独立的组。

炸开群组的方法：在需要炸开的群组上单击鼠标右键，接着在弹出的右键关联菜单中执行"炸开模型"命令，如图 6-2-3 所示。

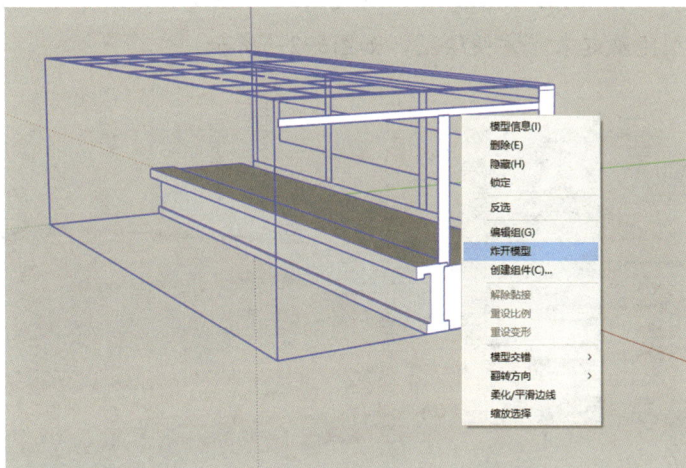

图6-2-3

（2）编辑群组。

当需要编辑群组内部的几何体时，就需要进入群组内部进行操作。在群组上双击鼠标左键或者在组的右键关联菜单中执行"编辑组"命令，即可进入组内进行编辑。

进入组的编辑状态后，群组的外框会以虚线显示，其他外部物体以灰色显示（表示不可编辑），如图 6-2-4 所示。在进行编辑时，可以使用外部几何体进行参考捕捉，但是组内编辑不会影响组外几何体。

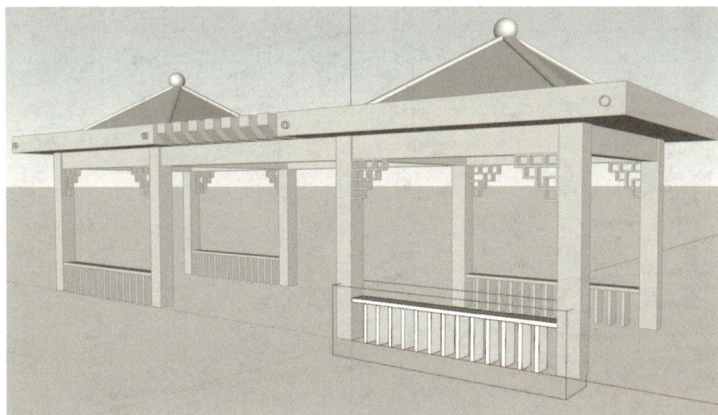

图6-2-4

完成群组的编辑后，在组外单击鼠标左键或者按 Esc 键即可退出群组的编辑状态，用户还可以执行"编辑—关闭群组/组件"菜单命令退出群组的编辑。

操作技巧

进入组的编辑状态后，默认情况下组外的物体被淡化，可以通过"组件"面板来控制外部物体的显示操作。

执行"窗口—模型信息"菜单命令，在弹出的"模型信息"窗口中找到"组件"面板，"淡化模型的其余部分"选项滑块默认在"浅色"位置，可拖动滑块来调整组外模型的明暗显示，还可以勾选"隐藏"选项，将组外模型隐藏起来，方便绘图，如图6-2-5所示。

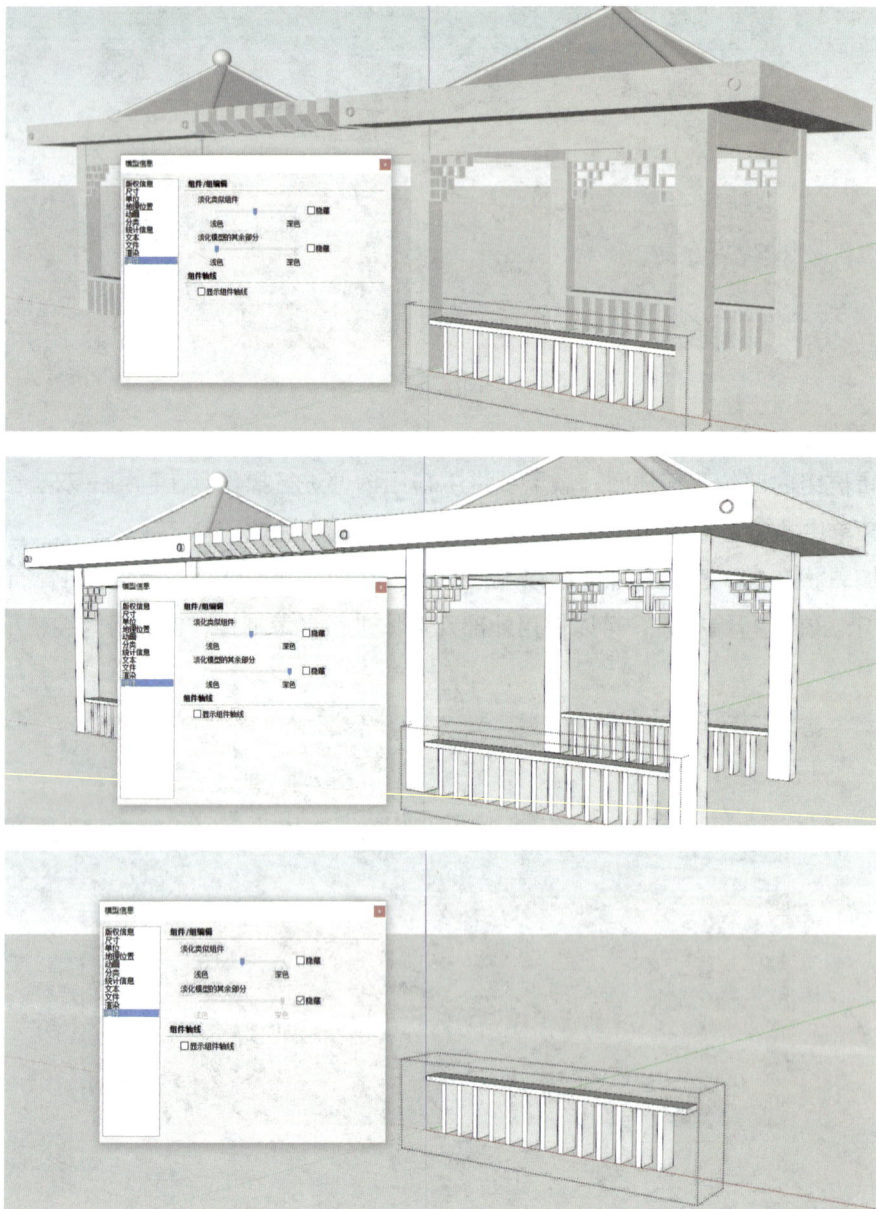

图6-2-5

（3）群组的右键关联菜单。

在创建的组上单击鼠标右键，将弹出一个快捷菜单，主要有以下几个功能，如图6-2-6所示。

① 模型信息：单击该选项将弹出"图元信息"窗口，可以浏览和修改组的属性参数，包括材质、名称、体积、隐藏、已锁定、阴影设置等信息，如图6-2-7所示。

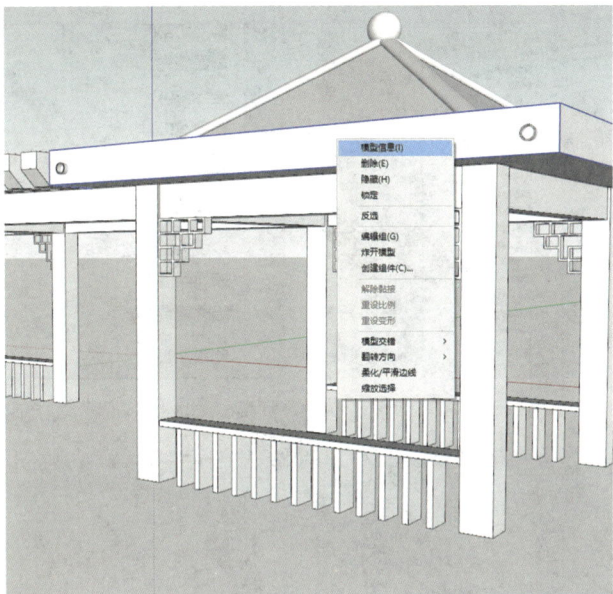

图6-2-6

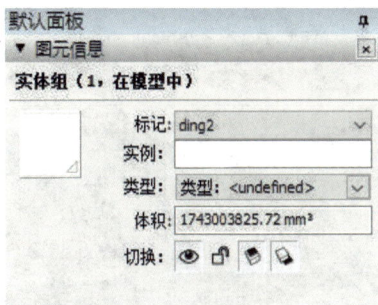

图6-2-7

操作技巧

在"图元信息"面板中，相应选项介绍如下。

已锁定：选中该选项后，群组将被锁定，组的边框将以红色高亮显示。

不接收阴影：选中该选项后，周围其他物体投射的阴影将不会在该物体上显示。

不投射阴影：选中该选项后，即使模型打开了阴影，该组也不产生阴影。

② 隐藏：用于隐藏当前选中的群组。群组被隐藏后，若执行"视图—显示隐藏的对象"命令，可将所有隐藏的物体以网格显示并可选择，如图6-2-8所示。

③ 锁定：用于锁定群组，使其不能被编辑，避免操作失误，被锁定的群组边框显示为红色。执行该命令锁定群组之后，这里将变为"解锁"命令。

④ 创建组件：用于将群组转化为组件。

⑤ 解除黏接：如果一个群组是在表面上拉伸创建的，那么该表面在移动过程中会出现群组吸附在这个面上的情况，这时就需要执行"解除黏接"命令，使群组或者组件能够自由活动。

⑥ 重设比例：用于取消对群组的所有缩放操作，恢复原始比例和尺寸大小。

⑦ 重设变形：用于恢复对群组的倾斜变形操作。

⑧ 翻转方向：用于将群组沿轴线进行镜像，在该命令的子菜单中选择镜像的轴线即可。

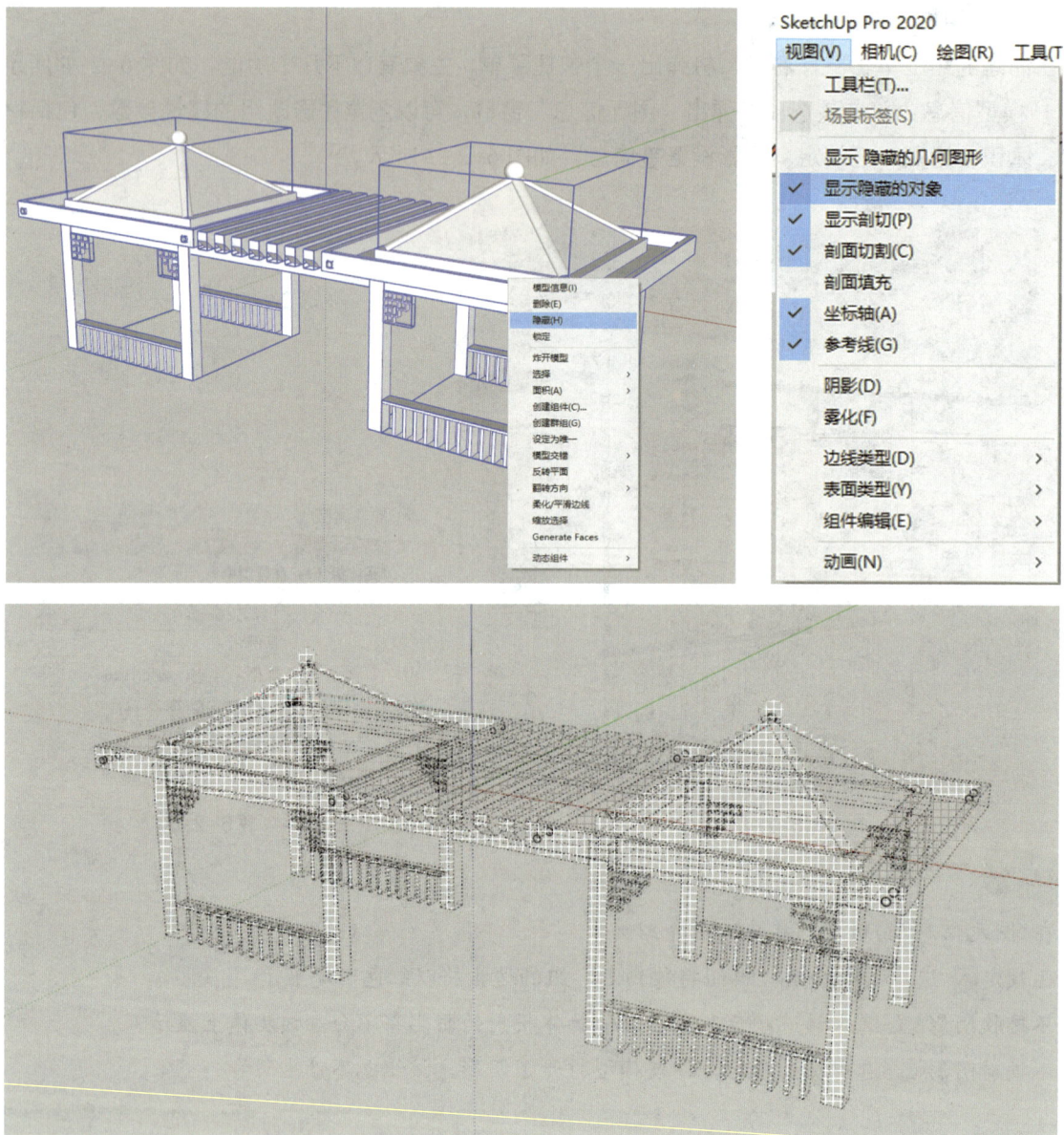

图6-2-8

6.2.1.3 为群组赋予材质

在 SketchUp 中，一个几何体在创建的时候就具有了默认材质，默认的材质在"材质"面板中显示为"灰或白"。

创建群组后，可以对群组填充材质，此时组内的默认材质会被更新，而事先指定的材质不受影响，如图 6-2-9 所示。

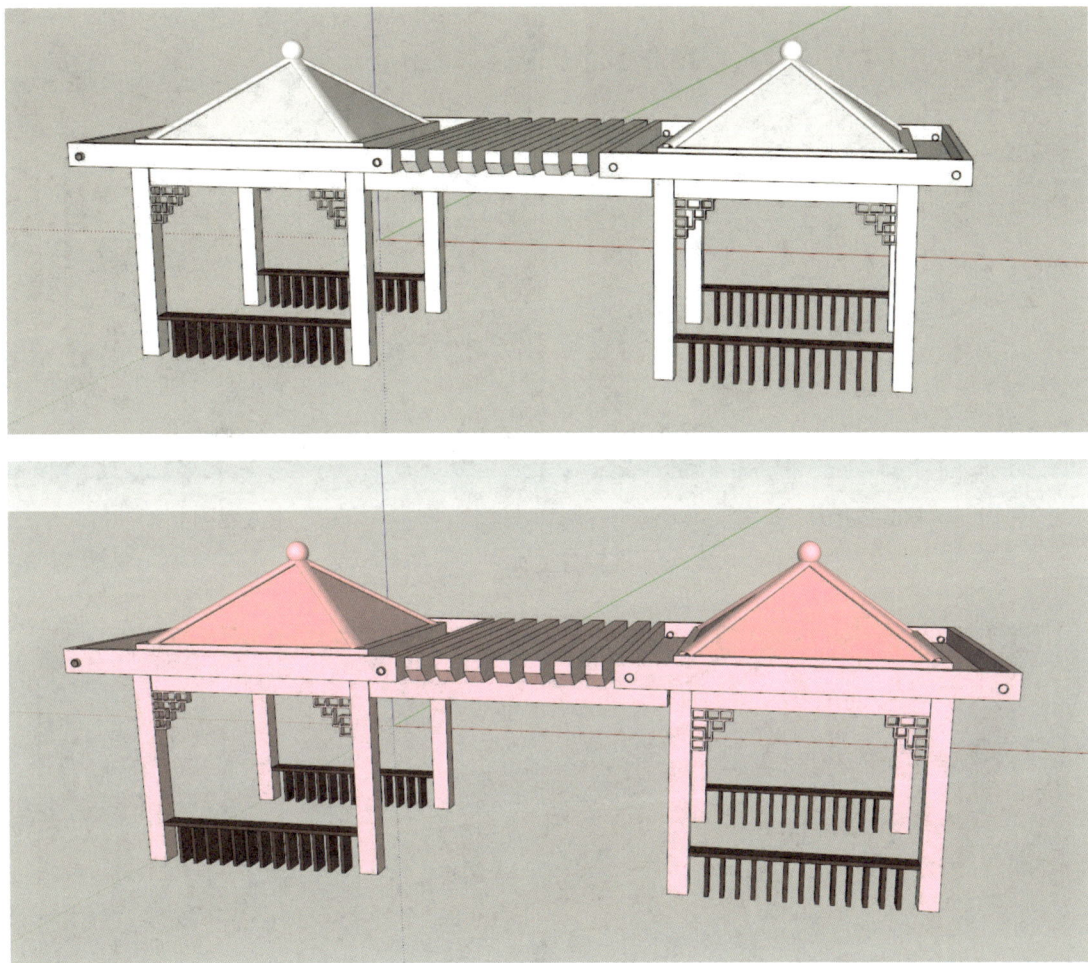

图6-2-9

操作实践 1：制作景观亭

（1）打开 SketchUp 软件，点击"等轴视图"选项，激活"矩形"工具（R），以坐标原点为起点绘制一个 250 mm×250 mm 的正方形，如图 6-2-10 所示。

（2）激活"推 / 拉"工具（P），将正方形拉伸出 2600 mm 的高度；激活"移动"工具（M），结合 Ctrl 键，将矩形沿红轴的方向在 3000 mm 外复制一个，如图 6-2-11 所示。

（3）平移视图，在前视图上绘制一个 2750 mm×50 mm 的矩形；激活"推 / 拉"工具（P），将矩形拉伸出 250 mm 的宽度，如图 6-2-12 所示。

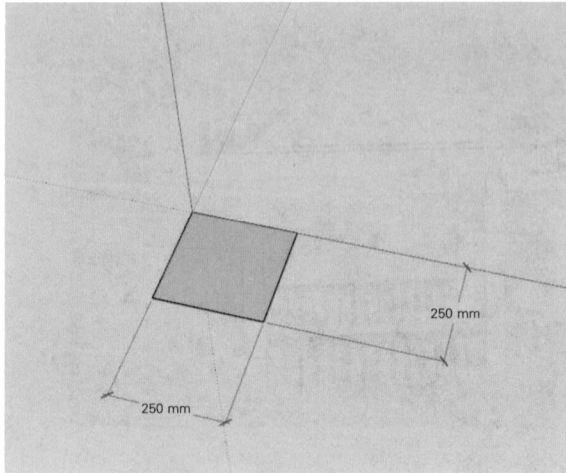

图6-2-10

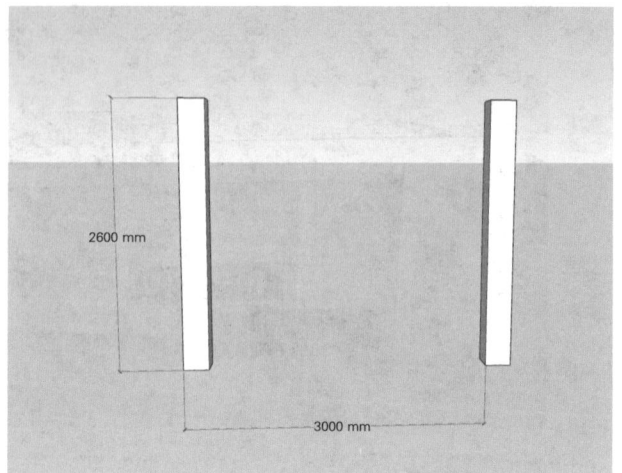

图6-2-11

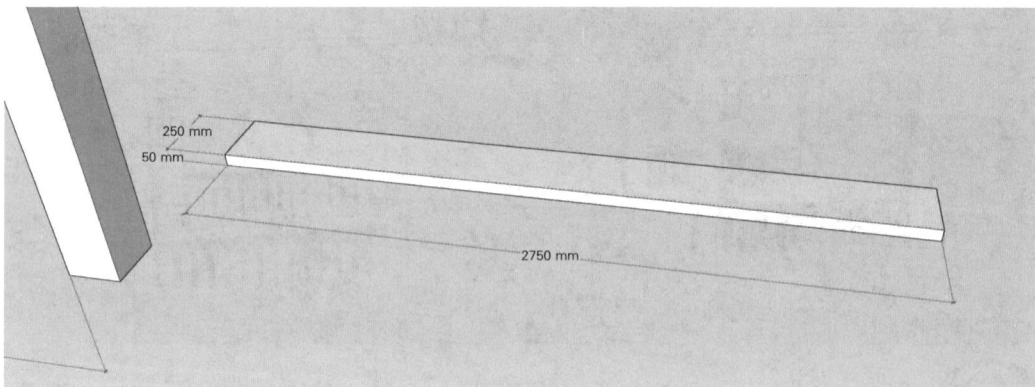

图6-2-12

（4）旋转视图至矩形下方，激活"卷尺"工具（T），在矩形两端各绘制一条距边线200 mm的辅助线，如图6-2-13所示。

（5）激活"矩形"工具（R），以辅助线与矩形边线交叉点为起点绘制一个50 mm×250 mm的矩形，如图6-2-14所示；按下空格键切换至"选择"工具，选中矩形及边线，单击鼠标右键执行"创建群组"命令。双击进入群组内部，激活"推/拉"工具（P），将矩形向下拉伸出500 mm的高度，然后按Esc键退出组内编辑，如图6-2-15所示。

图6-2-13

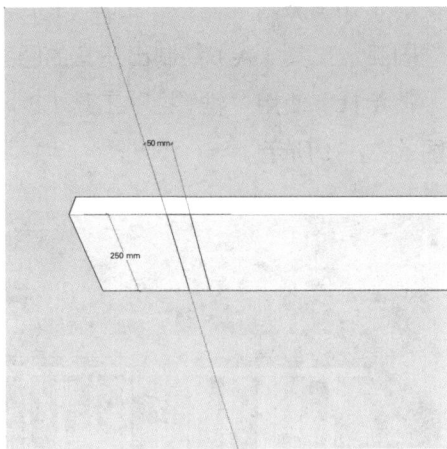

图6-2-14

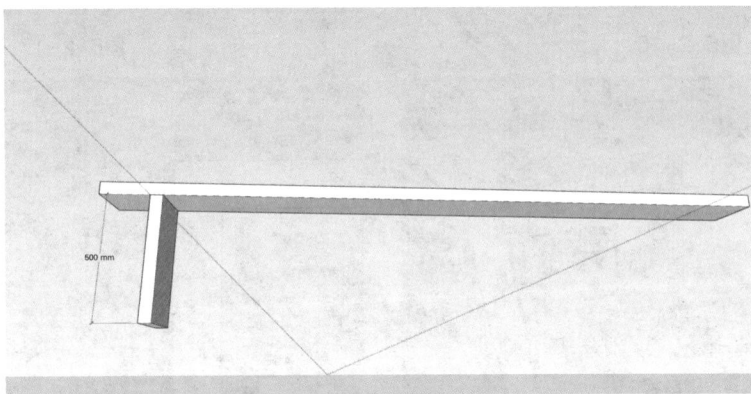

图6-2-15

（6）选中矩形群组，激活"移动"工具（M），结合 Ctrl 键，将矩形群组在坐面另一端的辅助线与边线相交处复制一个，然后在数值输入框中输入"12/"（或"/12"）；按空格键切换至"选择"工具，选中两条辅助线，按 Delete 键将其删除，如图 6-2-16 所示。

（7）激活"卷尺"工具（T），在其中一个柱子底部边线上单击鼠标左键，向上绘制一条距离地面 550 mm 的辅助线；按下空格键切换至"选择"工具，选中旁边的坐凳，激活"移动"工具（M），以坐凳坐面端点为基点，将坐凳移至两根柱子之间；坐凳端点与柱子边线和辅助线的相交点对齐，如图 6-2-17 所示。

（8）激活"矩形"工具（R），在柱子顶端绘制一个 250 mm×250 mm 的正方形，并沿红轴方向用"推 / 拉"工具（P）拉伸 2750 mm，将两根柱子连接起来；激活"直线"工具（L），将所绘制横梁一段的边线补齐，如图 6-2-18 所示。

（9）平移视图，在前视图上绘制一个 500 mm×500 mm 的正方形，如图 6-2-19 所示。

（10）激活"偏移"工具（F），将正方形边线向内偏移 20 mm，然后使用"直线"工具（L）、"圆弧"工具（A）绘制出适宜的图案纹样，如图 6-2-20 所示。

（11）使用"推/拉"工具（P），将绘制好的纹样拉伸出 200 mm 的厚度，并将其编辑成组，如图 6-2-21 所示。

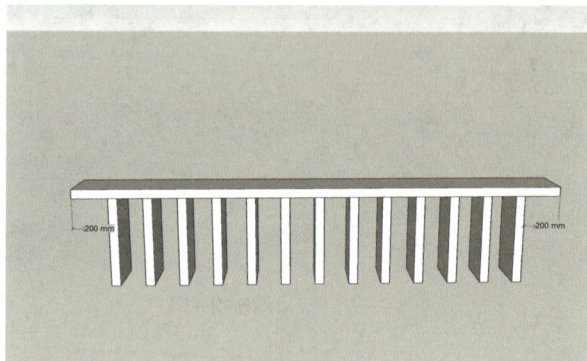

图6-2-16

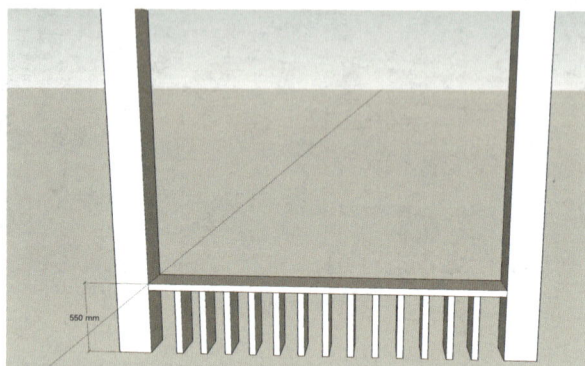

图6-2-17

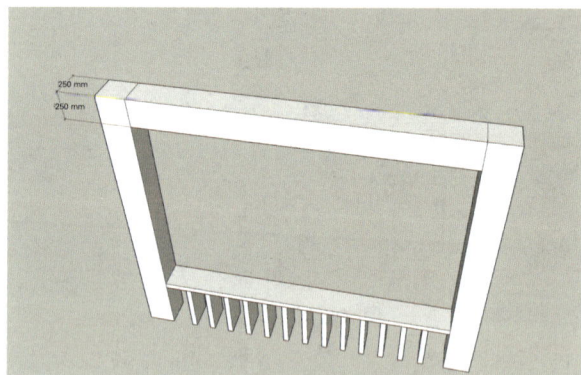

图6-2-18

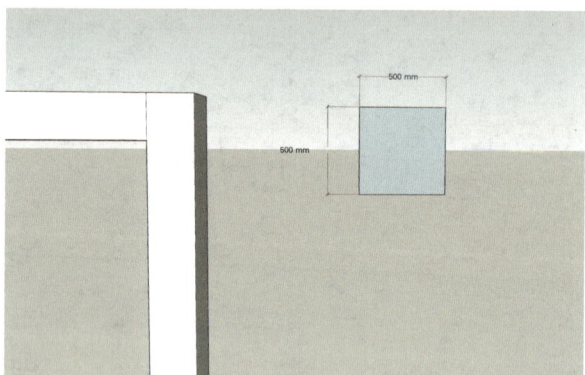

图6-2-19

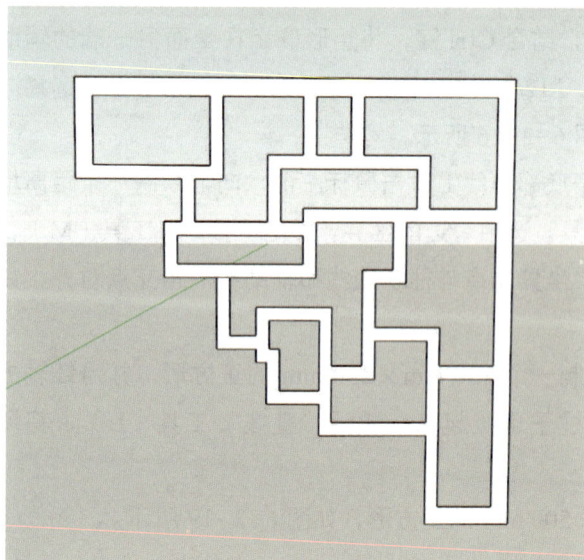

图6-2-20

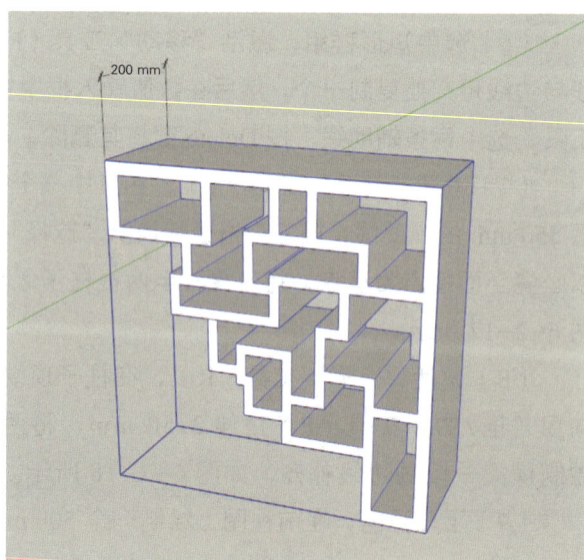

图6-2-21

（12）使用"移动"工具（M）并结合 Ctrl 键，将绘制好的装饰构件放置在木构件左右两边，如图 6-2-22 所示。

（13）使用"移动"工具（M）并结合 Ctrl 键，将制作好的模型沿绿轴的方向复制并移动 3000 mm，如图 6-2-23 所示。

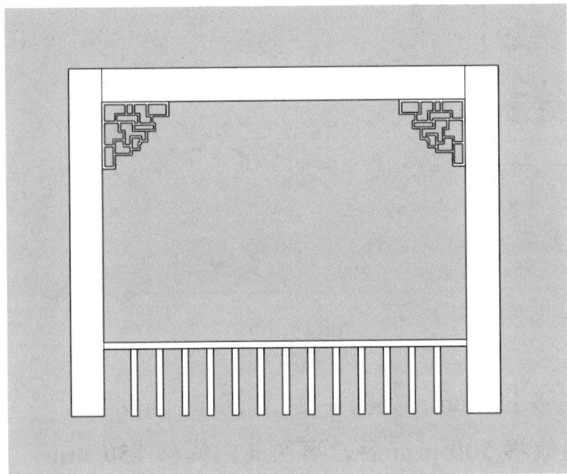

图6-2-22

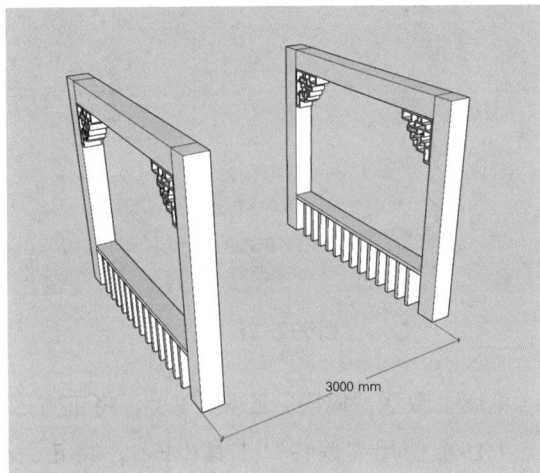

图6-2-23

（14）使用"选择"工具（空格键），选中柱子上方的横梁，激活"移动"工具（M）并结合 Ctrl 键进行复制，如图 6-2-24 所示。

（15）激活"旋转"工具（Q），将复制出的长方体围绕蓝轴旋转 90°，如图 6-2-25 所示。

（16）使用"移动"工具（M）并结合 Ctrl 键，将长方体放置在木构件左右两侧，如图 6-2-26 所示。

（17）将视图调整到俯视图，激活"矩形"工具（R），绘制一个 4500 mm×4500 mm 的正方形，如图 6-2-27 所示。

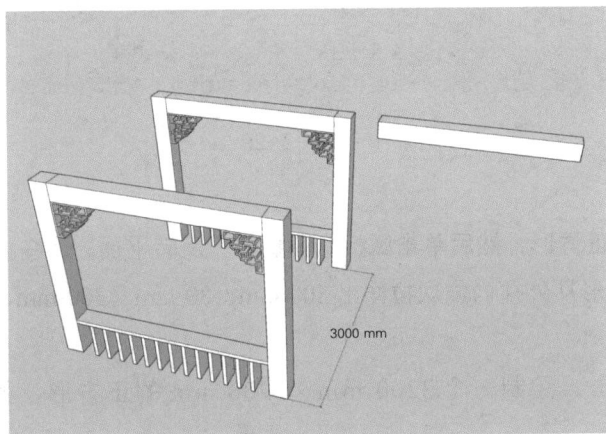

图6-2-24

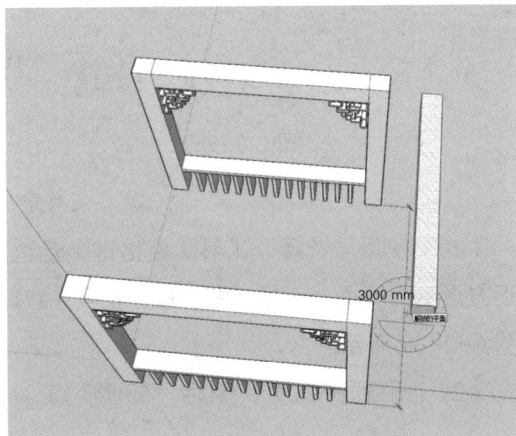

图6-2-25

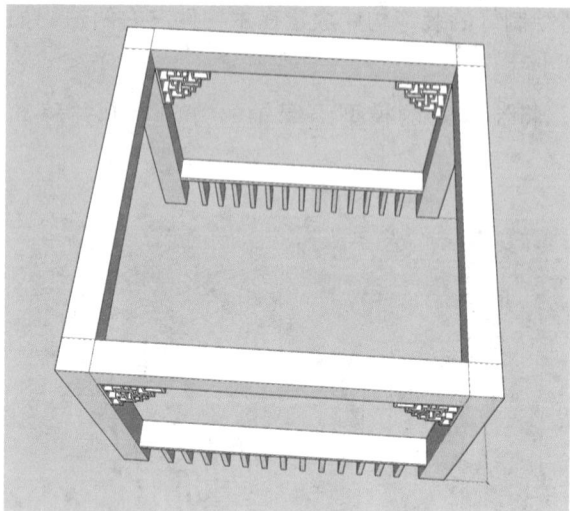

图6-2-26

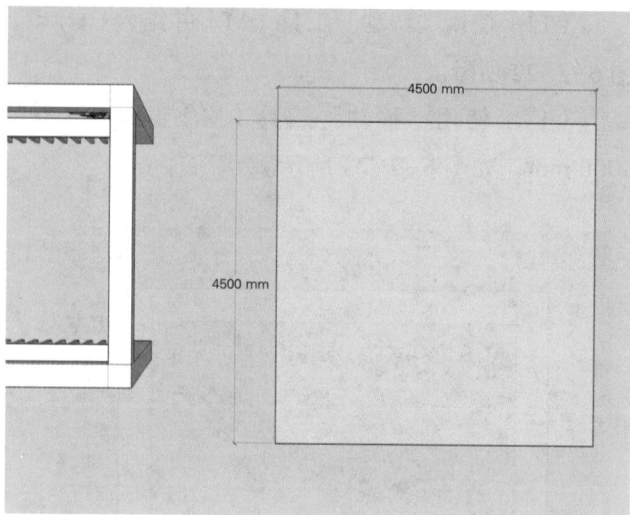

图6-2-27

（18）激活"偏移"工具（F），将正方形往内偏移150 mm，如图6-2-28所示。

（19）使用"偏移"工具（F），将正方形向内偏移500 mm后，再次向内偏移150 mm，如图6-2-29所示。

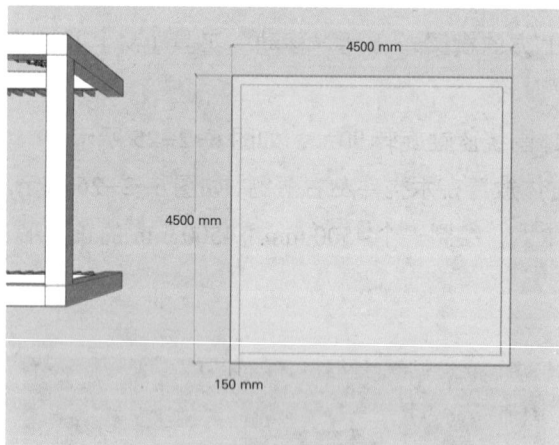

图6-2-28

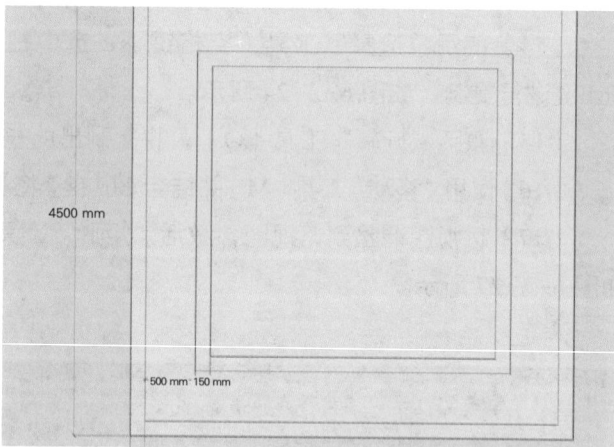

图6-2-29

（20）使用"选择"工具（空格键）全选整个正方形，然后单击鼠标右键执行"反转平面"命令，将正方形变为正面。激活"推/拉"工具（P）将矩形从外往内依次拉伸出300 mm、80 mm、300 mm，如图6-2-30所示。

（21）回到俯视图，激活"矩形"工具（R），绘制一个3200 mm×3200 mm的正方形，如图6-2-31所示。

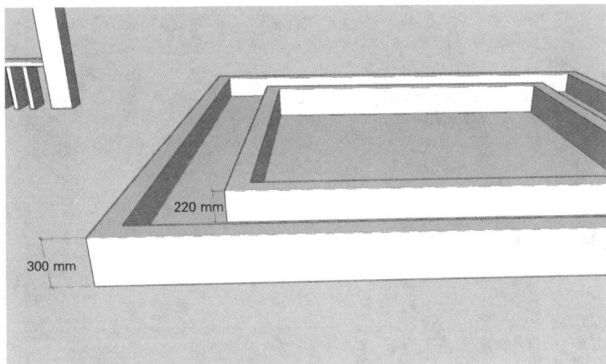

图6-2-30

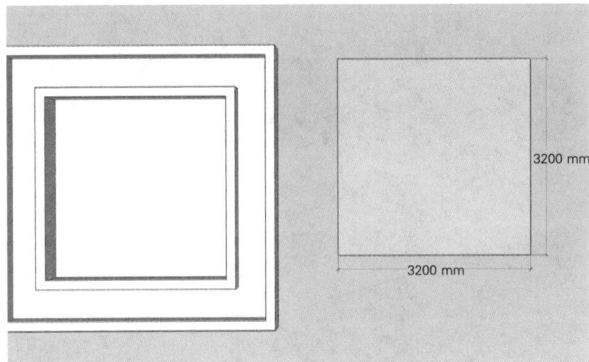

图6-2-31

（22）激活"直线"工具（L），绘制一条对角线，在对角线的中点位置沿蓝轴方向向上绘制一条 500 mm 的线，如图 6-2-32 所示。

（23）将正方形四角端点和线段顶部连起来，如图 6-2-33 所示。

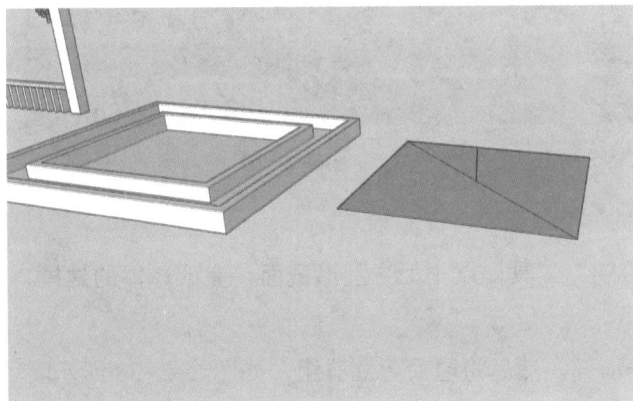

图6-2-32

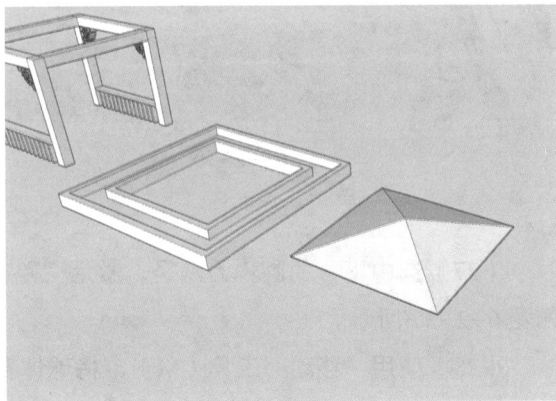

图6-2-33

（24）激活"圆"工具（C），然后在几何体四角处垂直于蓝轴方向绘制一个半径为 20 mm 的圆，如图 6-2-34 所示。

（25）选中四条坡面上的线作为路径，激活"路径跟随"工具后，点击圆形截面，如图 6-2-35 所示。

（26）激活"圆"工具（C），绘制一个半径为 80 mm 的圆形，接着使用"移动"工具（M）并结合 Ctrl 键，沿着蓝轴的方向复制一个圆形。激活"旋转"工具（Q），将复制出的圆围绕绿轴或红轴旋转 90°，如图 6-2-36 所示。

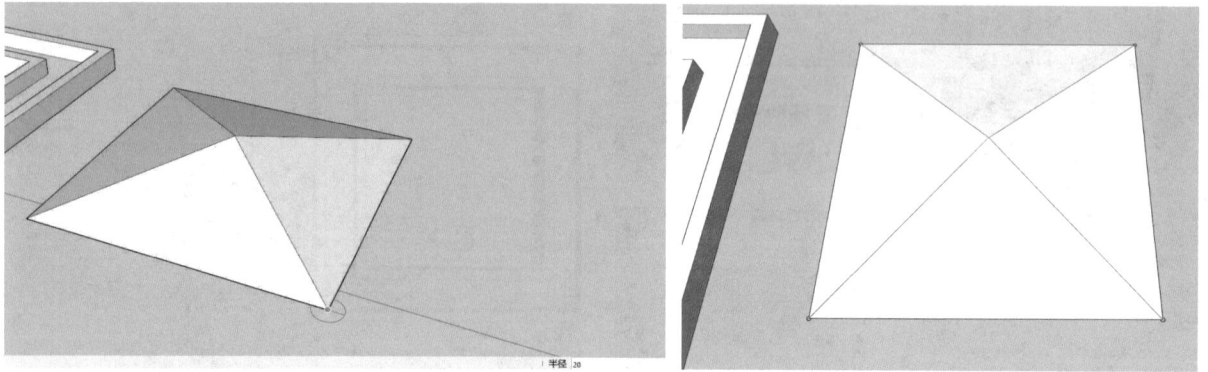

图6-2-34

图6-2-35

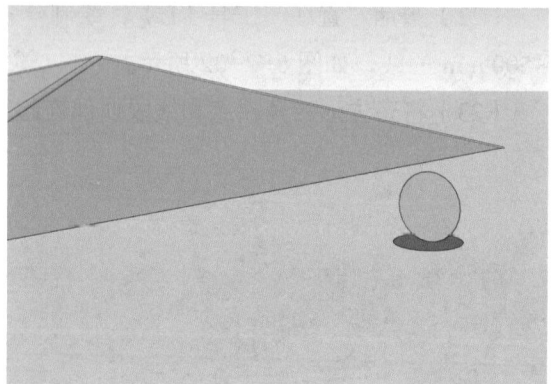

图6-2-36

（27）选中下方的圆作为路径，激活"路径跟随"工具，点击上方圆形截面，完成球体的建模，如图 6-2-37 所示。

（28）使用"移动"工具（M），将球体置于顶部，然后将屋顶建立群组，如图 6-2-38 所示。

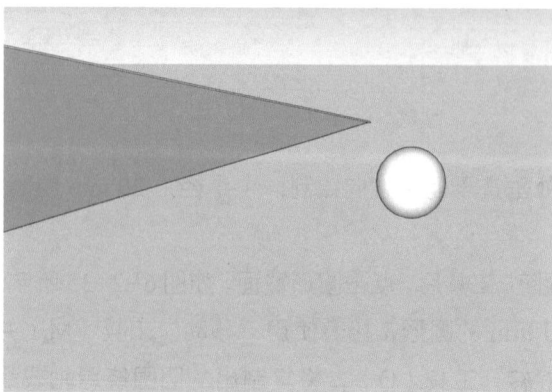

图6-2-37

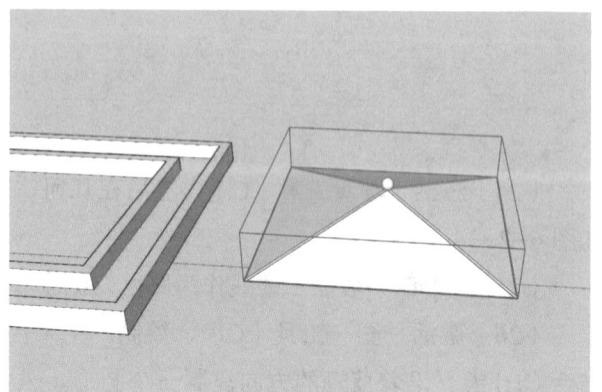

图6-2-38

（29）使用"移动"工具（M），将制作好的顶部放置在正方体上，并建立群组，如图6-2-39所示。

（30）使用"移动"工具（M），将制作好的亭子顶部放置在柱子框架上，结合"卷尺"工具（T），运用辅助线，将亭子顶部居中放置，至此，景观亭模型制作完成，如图6-2-40所示。

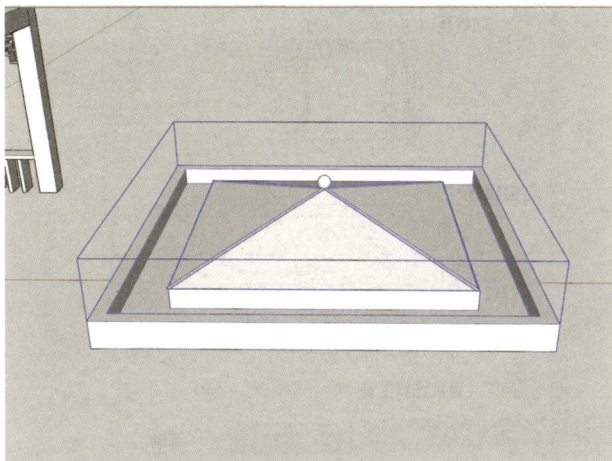

图6-2-39

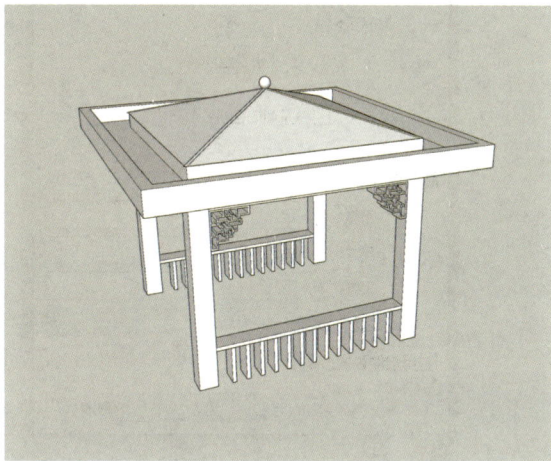

图6-2-40

6.2.2 组件的创建与编辑

组件就是将一个或多个几何体的集合定义为一个单位，使之可以像一个物体那样进行操作。组件可以是简单的一条线，也可以是整个模型。尺寸和范围也没有限制。

群组与组件有一个相同的特性，就是将模型中的一组元素制作成一个整体，便于编辑和管理。群组的主要作用有两个，一是选择集，对于一些复杂的模型，选择起来会比较麻烦，计算机荷载也比较繁重，需要隐藏一部分物体，以加快操作速度，这时群组的优势就显现了，可以通过群组快速选到需要修改的物体而不必逐一选取；二是保护罩，当在群组内编辑时，完全不必担心对群组以外的实体产生误操作。

组件拥有群组的一切功能，而且能够实现关联修改，是一种更强大的"群组"。一个组件通过复制得到若干关联组件后，编辑其中一个组件时，其余关联组件也会一起进行改变；而对群组进行复制后，如果编辑其中一个组，其他复制的组不会发生改变。

6.2.2.1 创建组件

选择要定义为组件的物体，然后在右键菜单中执行"创建组件"命令（还可以执行"编辑—创建组件"命令，或者在工具栏单击"制作组件"工具按钮 ），随后弹出"创建组件"对话框，进行相应的设置后，单击"创建"按钮，即可将选择物体创建为组件，如图6-2-41所示。

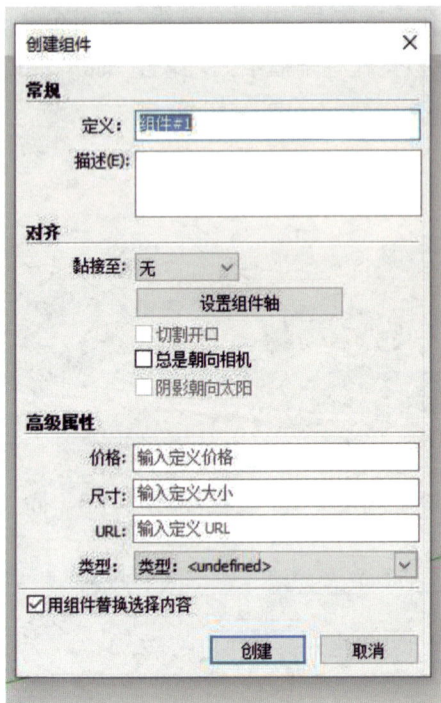

图6-2-41

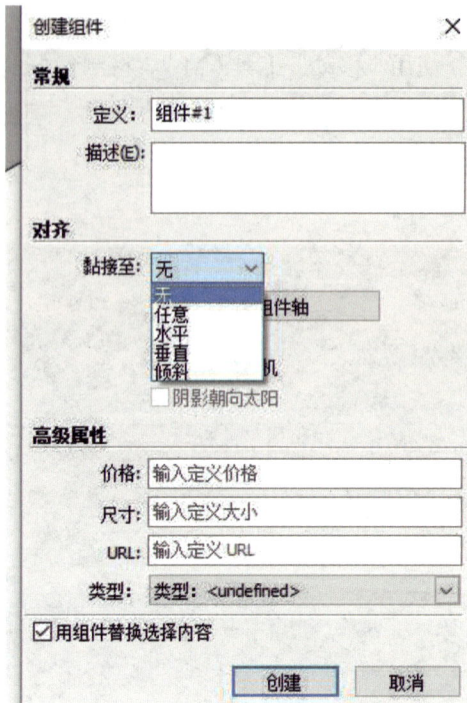

图6-2-42

"创建组件"对话框中,各功能介绍如下。

(1)"定义"和"描述":在这两个文本框中可以为组件命令以及对组件的重要信息进行注释。

(2)"黏接至":该选项用来指定组件插入时所有对齐的面,可以在下拉列表中选择"无""任意""水平""垂直"或"倾斜",如图6-2-42所示。

若以"任意"方式创建组件,可以在任意(水平、垂直、倾斜)平面上插入组件,如图6-2-43所示;若以"水平"方式创建组件,只能够在水平的平面上插入组件;若以"垂直"方式创建组件,只能够在垂直的平面上插入组件;若以"倾斜"方式创建组件,只能够在倾斜的平面上插入组件;选择"无"的方式,则可启用"总是朝向相机"和"阴影朝向太阳"选项,表明物体(和阴影)始终对齐视图,此功能常用于二维组件的创建。

(3)"设置组件轴":单击该按钮可以在组件内部设置坐标轴,坐标轴原点确定组件插入的基点。如果结合切割开口使用,点击设置组件轴后,要先在模型上单击确定组件轴的坐标原点,然后单击左键确定红轴的方向,最后再次单击鼠标左键确定绿轴的方向。

(4)"切割开口":该选项用于在创建的物体上开洞,如门、窗。选中此选项后,组件将与表面相交的位置剪切开口。该选项一定要结合组件轴使用,需重新设置组件轴以确保正确的插入基点,如图6-2-44所示。

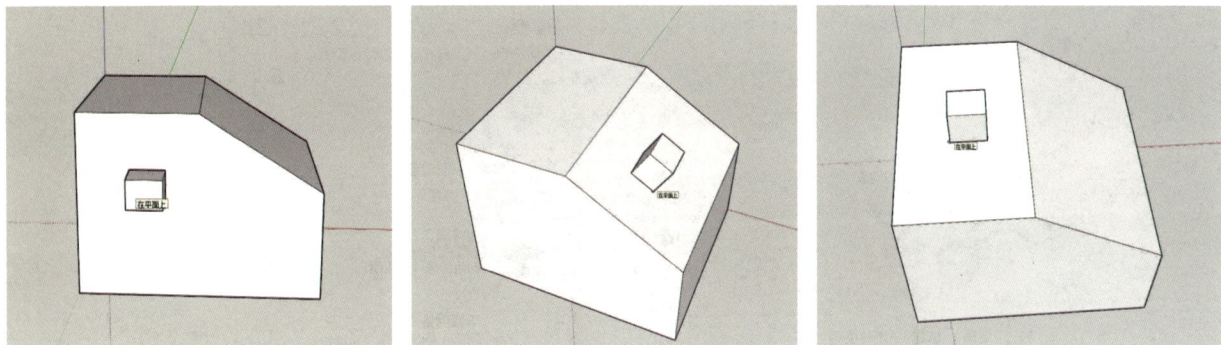

图6-2-43

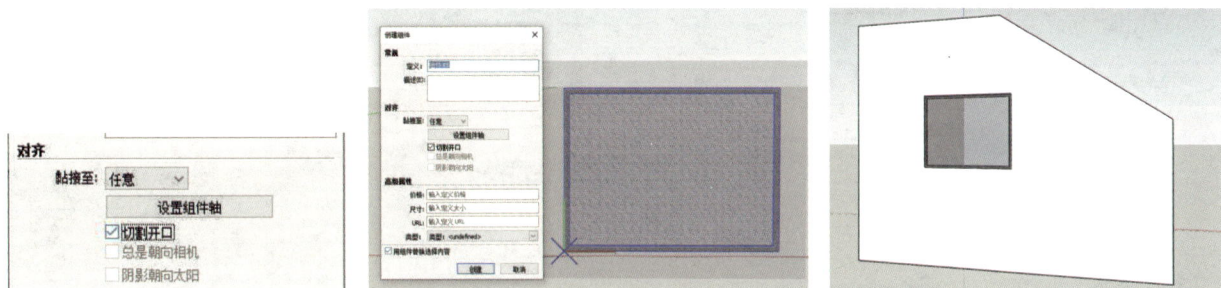

图6-2-44

（5）"总是朝向相机"：该选项可以使组件始终对齐视图，并且不受视图变更的影响。如果定义的组件为二维配景，则需要勾选此选项，这样可以用一些二维物体来代替三维物体。

（6）"阴影朝向太阳"：该选项只有在"总是朝向相机"选项开启后才能生效，可以保证物体的阴影随着视图的变动而改变。

（7）"用组件替换选择内容"：勾选此项可以将制作组件的源物体转换为组件。如果没有选择此选项，原来的几何体将没有任何变化，但是在组件库中可以发现制作的组件已经被添加进去，仅仅是模型中的物体没有变化而已。

6.2.2.2 插入组件

通过"组件"面板可以插入创建的组件，也可以插入一些系统预设的组件。

在绘图窗口右侧执行"默认面板—组件"命令，会弹出"组件"面板，"选择"选项卡下提供了一些SketchUp自带的组件库，单击即可展开和使用这些库内组件，如图6-2-45所示。

单击"在模型中"按钮 🏠，即可列出该模型中创建的所有组件。若要使用某个组件，直接在该组件上单击，SketchUp会自动激活"移动"工具，使用鼠标捕捉到相应点单击即可插入。

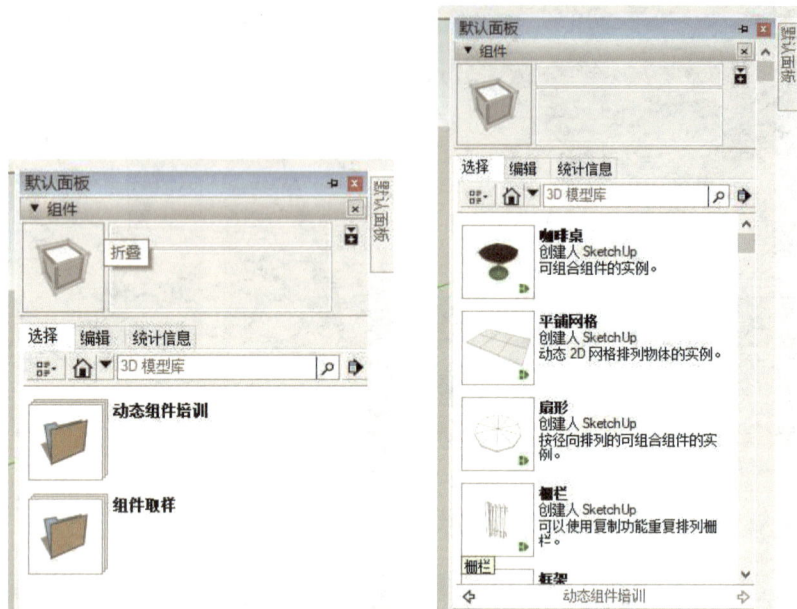

图6-2-45

在插入组件的过程中，鼠标的位置即组件的插入点。组件将其内部坐标原点作为默认的插入点，要改变默认的插入点，需要在组件插入之前(或在创建组件时)，更改其内部坐标系。

如何显示组件的坐标系？可执行"窗口—模型信息"菜单命令打开"模型信息"窗口，在"组件"面板中勾选"显示组件轴线"选项即可，如图6-2-46所示。

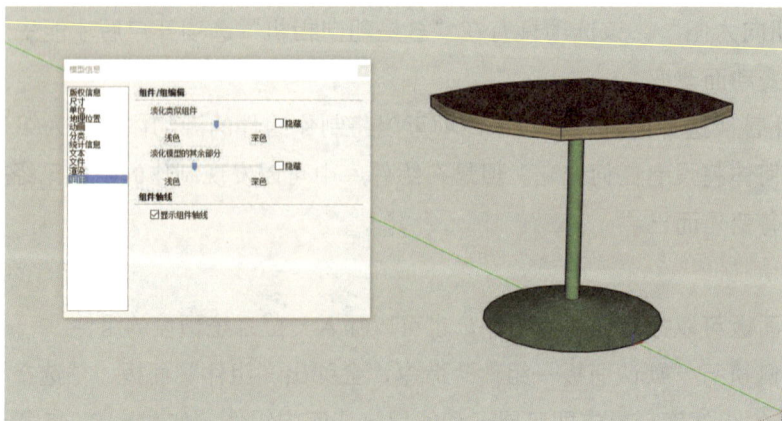

图6-2-46

操作实践 2：制作二维人物组件

（1）运行 SketchUp Pro 2020，执行"文件—导入"菜单命令，导入原始图片，数值输入框中宽度值为 1200，将视图旋转至俯视图，如图 6-2-47 所示。

（2）将样式改为"透视显示"，运用"圆弧"工具将人物描绘出来，将人物的不同部位赋予不同的材质颜色，如图 6-2-48 所示。注意，衣服褶皱、头发、手指等细节要等面封好后再添加。

图6-2-47

图6-2-48

（3）用"选择"工具选中图片，按 Delete 键将其删除。然后激活"旋转"工具（Q），全选整个人物，将人物沿着红轴旋转 90°，如图 6-2-49 所示。

图6-2-49

（4）按 Ctrl+A 组合键全选图形，然后单击鼠标右键执行"创建组件"命令（或使用快捷键 G），如图 6-2-50 所示。

图6-2-50

（5）在"创建组件"对话框设置相应的组件名称和对组件的基本信息描述，在"黏接至"选项下选择"无"，勾选"总是朝向相机"和"阴影朝向太阳"选项。单击"设置组件轴"按钮，在人物脚底相应位置制定坐标轴原点及各方向，单击"创建"按钮，如图 6-2-51 所示。

（6）在阴影工具栏中单击"显示/隐藏阴影"按钮🖰，以显示组件的阴影，如图 6-2-52 所示。

图6-2-51

图6-2-52

（7）在绘图窗口右侧执行"默认面板—组件"命令，打开"组件"面板，单击"在模型中"按钮🏠，即可看到创建完成的组件，单击即可在模型中使用，如图 6-2-53 所示。

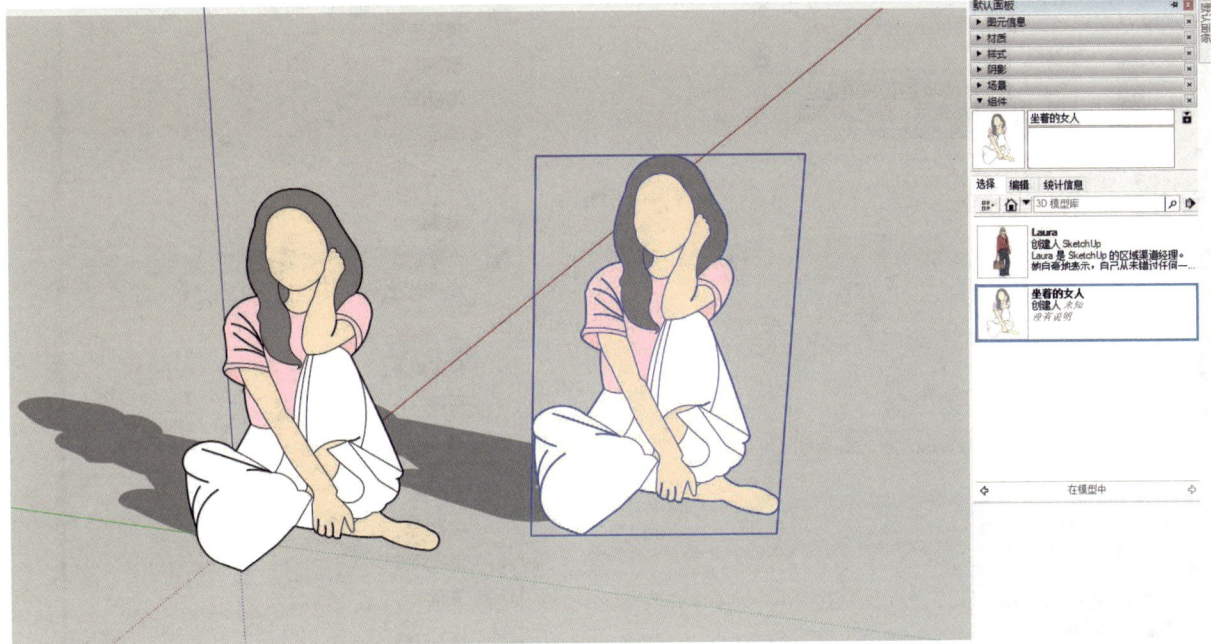

图6-2-53

6.2.2.3 编辑组件

要对组件进行编辑，最直接的方法是双击进入组件内部，与群组的编辑状态是一样的，下面介绍组件的编辑方法。

（1）使用"组件"面板。

"组件"面板常用于插入预设的组件，它提供了 SketchUp 组件库的目录列表。在"选择"选项卡下单击导航按钮▼，将弹出一个下拉菜单，用户可以通过"在模型中"和"组件"命令切换显示模型目录，还可以在联网情况下，搜索 SketchUp 官方网站提供的相关模型组件来使用。

操作技巧

在联网情况下，还可以直接在搜索框中 3D 模型库 ⌕ 输入搜索内容，然后单击搜索按钮，搜索一些由 SketchUp 爱好者上传的模型。

当选择了模型中的组件后，可以在"编辑"选项卡中进行组件的黏接、切割、阴影和朝向的位置等设置，如图 6-2-54 所示。

选中了模型中的组件后，切换到"统计信息"选项卡，可以查看该组件中所有几何体的数量，如图 6-2-55 所示。

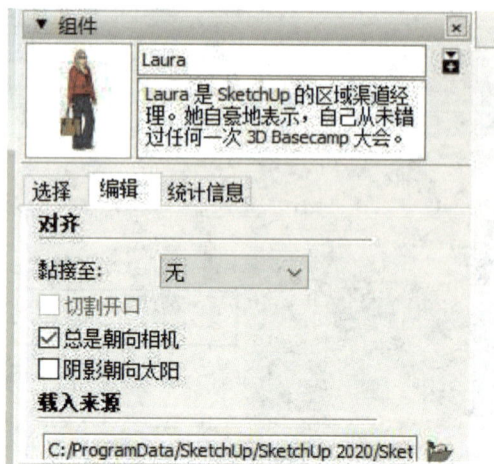

图6-2-54

图6-2-55

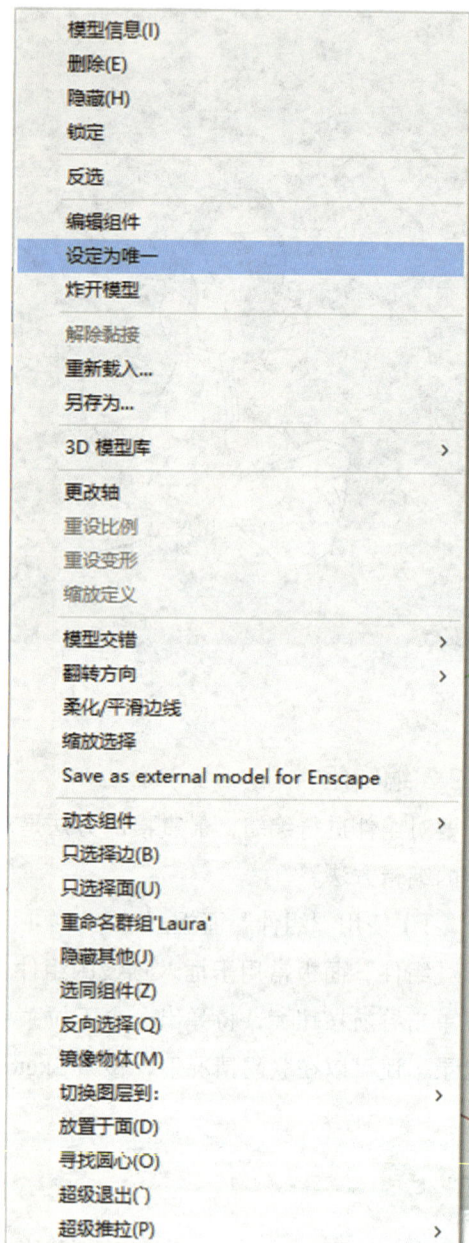

图6-2-56

（2）右键关联菜单。

由于组件的右键关联菜单与群组相似，下面只对一些常用的命令进行讲解。组件的右键关联菜单如图 6-2-56 所示。

① 设定为唯一：使用该命令后，用户对单独处理的组件进行编辑不会影响其他组件，并能重新生成一个新的组件。

② 炸开模型：用于炸开组件，炸开的组件不再与相同的组件相关联，包含在组件内的物体也会被分离，嵌套在组件中的组件则成为新的独立组件。

③ 重新载入：可将选中的组件替换为新的组件，并且模型中使用同一组件的所有组件都会被替换。

④ 另存为：可将选中的组件保存为外部组件，以便其他文件使用。

⑤ 更改轴：用于重新设置组件的坐标轴。

⑥ 重设比例 / 重设变形 / 缩放定义：对组件进行缩放后，组件会变形，此时执行"重设比例"或"重设变形"命令就可以恢复组件原形。

6.2.2.4 保存组件

在要保存的组件上单击鼠标右键（可以在组件库中的组件上右击，也可以在模型中的组件上右击），执行"另存为"命令，弹出"另存为"对话框，找到保存的路径，并输入保存的名称，然后单击"保存"按钮即可，如图 6-2-57 所示。任何 .skp 文件都可以添加成为组件以便应用在其他图形中。

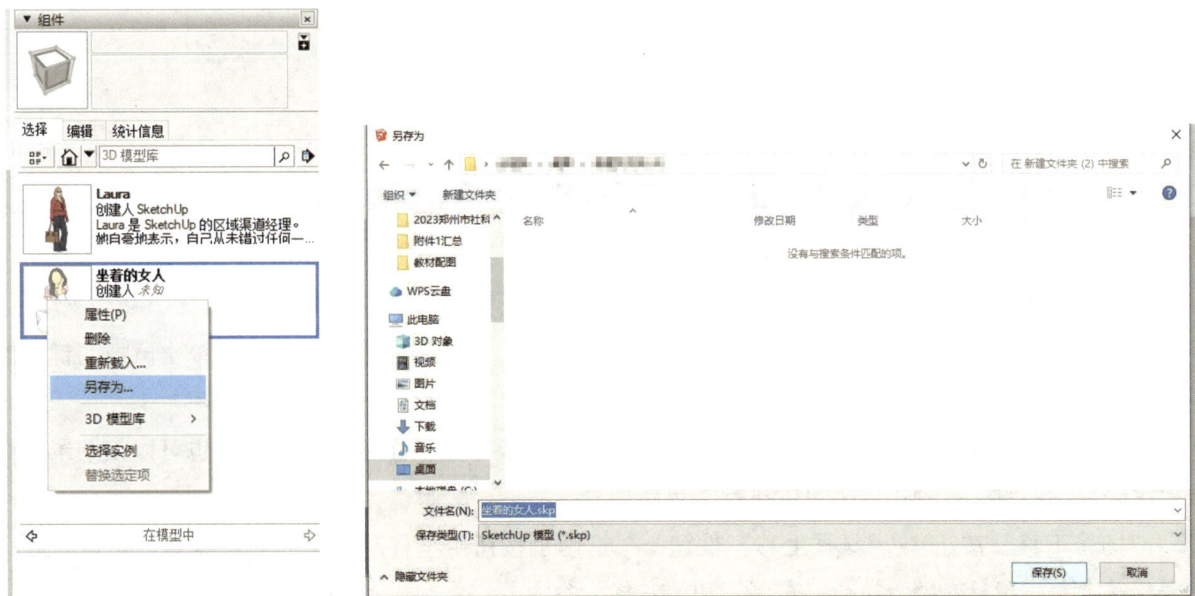

图6-2-57

6.3　场景与动画的制作

6.3.1 场景及场景管理器

场景主要用于保存视图和创建动画，场景页面可以存储显示设置、图层设置、阴影和视图等，通过绘图窗口上方的场景标签可以快速切换不同的场景。

在绘图窗口右侧执行"默认面板—场景"命令或执行"窗口—默认面板—场景"菜单命令，即可打开"场景"面板。通过"场景"面板可以添加和删除场景，也可以修改场景的相关属性，如图 6-3-1 所示。

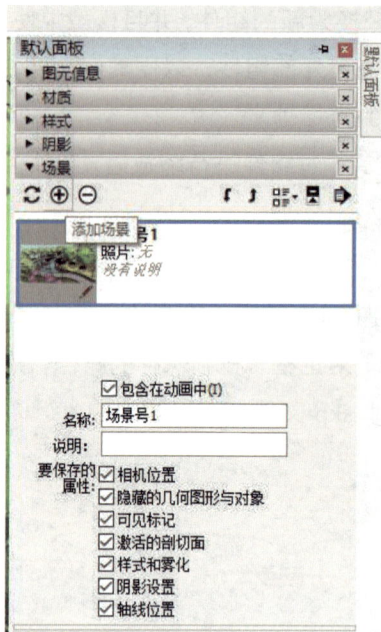

图6-3-1

场景面板中各按钮和选项的功能介绍如下。

"添加场景"按钮⊕：单击该按钮将在当前相机镜头设置下添加一个新的场景。

"删除场景"按钮⊖：单击该按钮将删除选择的场景。也可以在场景号标签上单击鼠标右键，然后在弹出的菜单中执行"删除场景"命令。

"更新场景"按钮↻：如果对场景进行了改变，则需要单击该按钮进行更新，也可以在场景号标签上单击鼠标右键，在弹出的菜单中执行"更新场景"命令。

"场景下移"按钮↲/"场景上移"按钮↳：这两个按钮用于移动场景的前后位置，可在对应场景号标签上单击鼠标右键，执行"左移"和"右移"命令。

用户单击绘图窗口左上方的场景号标签，可以快速切换所记录的视图窗口。鼠标右击场景号标签也能弹出场景管理命令，可以对场景进行更新、添加或删除等操作，如图6-3-2所示。

图6-3-2

"查看选项"按钮 ⊞：单击该按钮可以改变场景视图的显示方式，如图 6-3-3 所示。在缩略图右下角有一个铅笔 ✐ 的场景，表示为当前场景。在场景数量多且难以快速准确找到所需场景的情况下，这项功能就显得非常重要。

"显示 / 隐藏详细信息"按钮 ▣：每一个场景都包含了很多属性设置，如图 6-3-4 所示，单击该按钮即可显示或者隐藏这些属性。

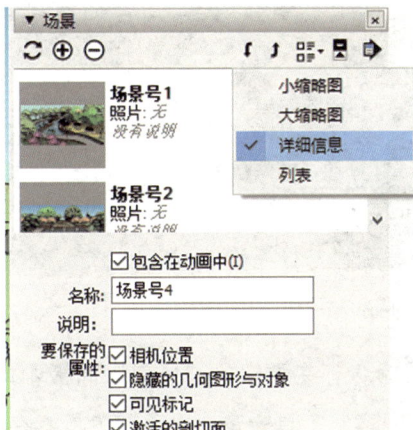

图6-3-3

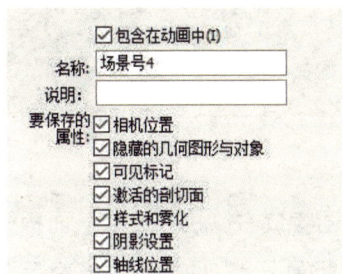

图6-3-4

包含在动画中：当动画被激活后，选中该选项场景会连续显示在动画中；没有勾选，则播放动画时会自动跳过该场景。

名称：可以更改场景的名称，也可以使用默认的场景名称。

说明：可以为场景添加简单的描述。

要保存的属性：包含了很多属性的选项，选中则记录相关属性的变化，不勾选则不记录。在不勾选的情况下，当前场景的这个属性会延续上一个场景的特征。例如，取消勾选"阴影设置"选项，那么从前一个场景切换到当前场景时，阴影将停留在前一个场景的阴影状态下，当前场景的阴影状态将被自动取消；如果需要恢复，就必须再次勾选"阴影设置"选项，并重新设置阴影，还需要再次刷新。

操作实践 3：为场景添加多个页面

首先打开场景文件，然后执行相应的命令为场景添加多个场景页面，其操作步骤如下。

（1）执行"文件—打开"菜单命令，打开案例文件"校园景观 .skp"，如图 6-3-5 所示。

图6-3-5

（2）在绘图窗口右侧执行"默认面板—场景"命令，在弹出的"场景"面板中单击"添加场景"按钮 ⊕ ，完成"场景号1"的添加，接着运用"环绕观察"工具 ❀ 及"平移"工具 ✍ 在校园景观的入口、主要景观节点等一些景观效果突出的地方分别添加相应的场景，如图6-3-6所示。

图6-3-6

6.3.2 动画的制作

SketchUp的动画主要通过场景页面来实现，在不同页面场景之间可以平滑地过渡雾化、阴影、背景和天空等效果。SketchUp的动画制作过程简单、成本低，被广泛用于概念性设计成果展示中。

6.3.2.1 幻灯片演示

设置好页面的场景可以用幻灯片的形式进行演示。首先设定一系列不同视角的页面，并尽量使得相邻页面之间的视角和视距不要相差太远，数量也不宜太多，只需选择能充分表达设计意图的代表性页面即可。然后执行"视图—动画—播放"命令，打开"动画"对话框，单击"播放"按钮 ▷ 播放 即可播放页面展示的动画，单击"停止"按钮 □ 停止(S) 即可暂停幻灯片播放，如图6-3-7所示。

图6-3-7

操作技巧

执行"视图—动画—设置"菜单命令，打开"模型信息"窗口中的"动画"面板，在此可以设置场景转换时间和场景延迟时间。为了使动画播放流畅，一般将"场景暂停"（延迟）时间设置为"0秒"，如图6-3-8所示。

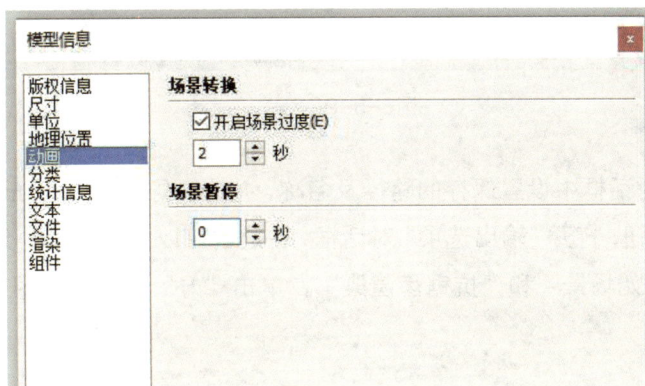

图6-3-8

6.3.2.2 导出MP4格式动画

对于简单的模型，采用幻灯片播放就能保持平滑动态显示，但处理复杂模型时，若要保持画面流畅就需要导出动画文件了。这是因为采用幻灯片播放时，每秒显示的帧数取决于计算机的即时运算能力，而导出视频文件，SketchUp需要使用额外的时间来渲染更多的帧，以保证画面的流畅播放。所以，导出视频文件需要更多的时间。

操作实践4：导出场景动画

下面以添加场景后的"校园景观"为例，为该场景导出动画。

（1）接着前文为"校园景观"添加场景的案例进行讲解，执行"文件—导出—动画"菜单命令，如图6-3-9所示。

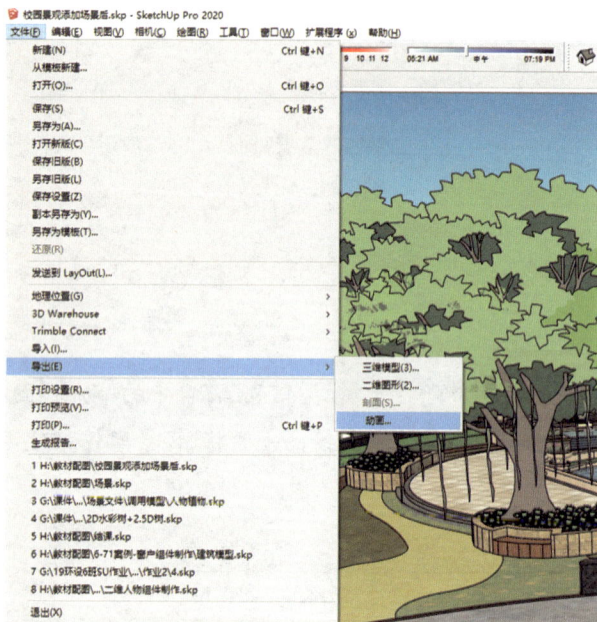

图6-3-9

（2）在系统弹出的对话框中设置保存的路径及名称，并选择导出格式为.mp4，如图6-3-10所示。

（3）单击"选项"按钮，打开"输出选项"对话框，在这里可以设置动画的分辨率及帧速率等选项。软件默认勾选"循环至开始场景"和"抗锯齿渲染"，单击"好"按钮，如图6-3-11所示。

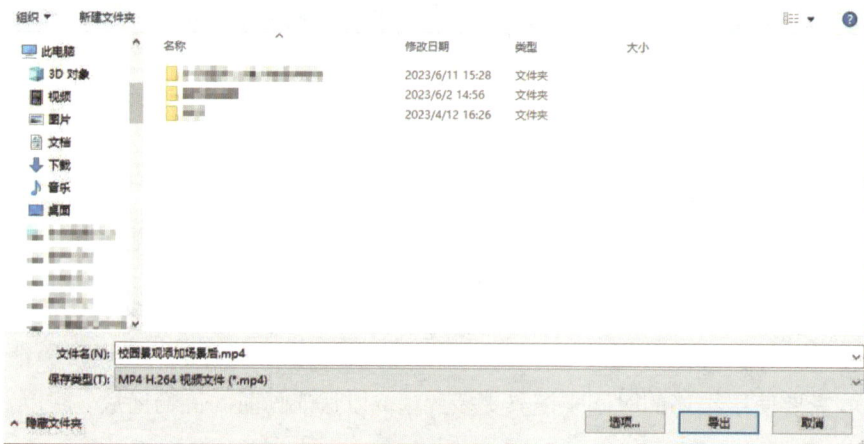

图6-3-10

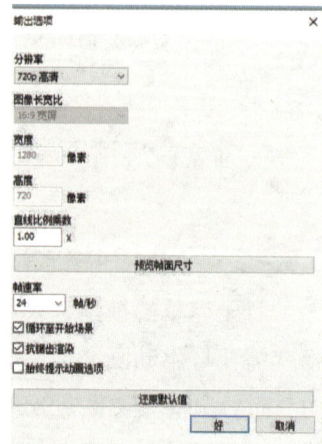

图6-3-11

（4）动画文件被导出时，窗口将显示导出进程对话框，如图6-3-12所示。

（5）导出动画后，即可在保存的路径文件夹中看到该视频文件，如图6-3-13所示。

图6-3-12

图6-3-13

动画"输出选项"面板中各按钮和选项的功能介绍如下。

分辨率：决定了动画图像细节的精细程度。分辨率越高，包含的像素越多，图像越清晰，导出的文件也就越大。根据作图需求，可自行选择1080p、720p、480p或自定义。

图像长宽比：在"分辨率"为自定义模式下，可根据需要修改画面尺寸的长宽比。

提示：电视机、大多数计算机屏幕和1950年之前电影的标准比例是4：3；现在宽银幕显示（包括数字电视、等离子电视等）的标准比例是16：9，电影原片的比例也有21：9。

宽度/高度：这两项的数值用于控制每帧画面的尺寸，以像素为单位。一般情况下，对视频而言，人脑在一定时间内对于信息量的处理能力是有限的，其运动连贯性比静态图像的细节更重要。所以，可以从模型中分别提取高分辨率的图像和较小帧画面尺寸的视频，既可以展示细节，又可以动态展示空间关系。

帧速率：帧速率是指每秒产生的帧画面数。帧速率与渲染时间以及视频文件大小成正比，数值越大，渲染所花费的时间以及输出后的视频文件就越大。帧速率设置为8~10帧/秒是画面连续的最低要求，12~15帧/秒既可以控制文件的大小，也可以保证流畅播放，24~30帧/秒的设置就相当于"全速"播放了。当然，用户还可以设置5帧/秒渲染一个粗糙的动画来预览效果，这样既能节约大量时间，又能发现一些潜在的问题，如高宽比不对、照相机穿墙。

循环至开始场景：勾选该选项可以从最后一个页面倒退到第一个页面，创建无限循环的动画。

抗锯齿渲染：勾选该选项后，SketchUp会对导出的图像做平滑处理。需要更多的导出时间，但是可以减少图像中的线条锯齿。

始终提示动画选项：在创建视频文件之前总是先显示这个选项对话框。

提示：导出mp4文件时，在"输出选项"对话框中取消勾选"循环至开始场景"选项就可以让动画停止在最后的位置。SketchUp 无法导出 mp4 文件时，建议在建模时材质使用英文名，文件也保存为一个英文名或者拼音，保存路径最好不要设置在中文名称的文件夹内（包括"桌面"），而是新建一个英文名称的文件夹，然后保存在某个盘的根目录下。

本章小结

本章讲解了 SketchUp 的高级工具运用，如标记、群组、组件、场景和动画。其中，用户可以根据标记的颜色来查看该标记中的物体。

◆在删除标记时，可以结合 Shift 键和 Ctrl 键进行选择并删除；也可以使用"详细信息"里的"清除"命令来快速清除场景中没有被使用过的空标记。

◆群组与组件的功能类似，把物体创建为群组后，还能继续将其创建为组件。组件包含群组所有的功能，是一种更为强大的"群组"，一是组件能够实现关联修改，复制一个组件得到若干组件后，编辑其中一个组件，关联组件也会一起发生改变。二是组件拥有组件库，删除场景中的组件后，在组件库中依然可以将其调用出来。三是可以在"详细信息"里打开或创建本地集合，将需要用到的组件库文件夹整个导入到该场景的组件库中，以便随时选用。

7　材质与贴图的应用

SketchUp软件的材质表现和贴图运用方便又快捷，可以应用于边线、表面、文字、剖面、组和组件中，并能实时显示预览效果。模型对象被赋予材质和贴图后，还可以非常方便地修改其名称、颜色、透明度、尺寸大小及位置等属性特征。SketchUp 模型通过材质和贴图可以给三维模型对象赋予逼真的效果，以满足设计师和用户的需要。

本章将从默认材质、材质面板、填充材质、贴图的运用、贴图坐标的调整等方面展开对材质与贴图的操作，帮助用户更准确灵活地表达模型。

学习目标

了解"材质"面板和贴图的作用；

理解"材质"面板和贴图的设置与操作方法；

掌握材质编辑和贴图的技巧。

7.1　默认材质

在 SketchUp 中创建几何体时，会赋予几何体默认的材质。默认材质是正反两面显示且颜色是不同的，这是因为 SketchUp 使用的是双面材质，双面材质的特性可以帮助用户更容易区分表面的正反朝向，以便将模型导入其他软件时调整面的方向。默认材质正反两面的颜色分别为"白色"和"灰色"，可以在"样式"面板的"编辑"选项板中进行设置，如图 7-1-1 所示。

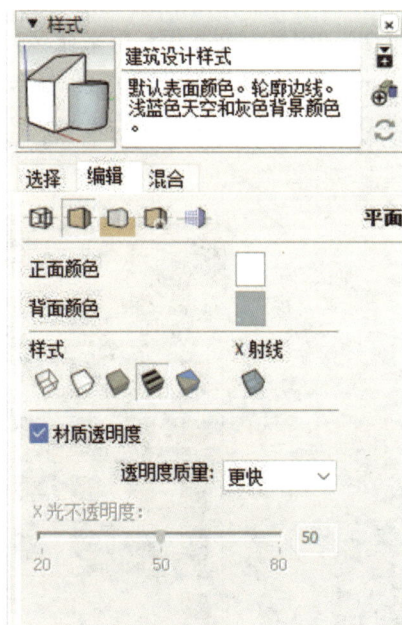

图7-1-1

153

7.2 材质面板

执行"窗口—默认面板—材质"菜单命令，或者单击"材质"工具按钮🎨（快捷键 B），打开"材质"面板，如图 7-2-1 所示。在"材质"面板中可以选择和管理材质，也可以浏览当前模型中使用的材质。

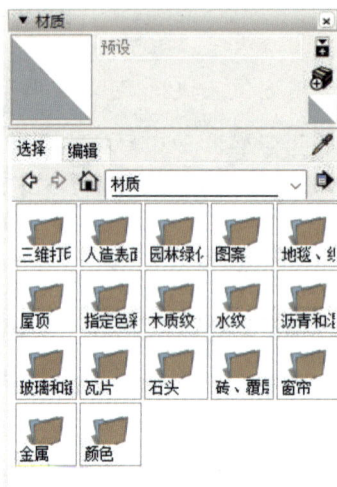

图7-2-1

下面对该面板中的选项进行逐一讲解。

（1）"点按开始使用这种颜料绘画"窗口◣：该窗口用于预览当前材质或激活"材质"工具。在"材质"下拉列表中选择或者提取一个材质后，该窗口中会显示这个材质，同时会自动激活"材质"工具。

（2）"名称"文本框：用来显示当前正在使用的材质的名称，同时也可以在此对材质进行重命名。

（3）"创建材质"按钮🎲：单击该按钮将弹出"创建材质"对话框，在该对话框中可以设置材质的名称、颜色及大小等属性信息，如图 7-2-2 所示。

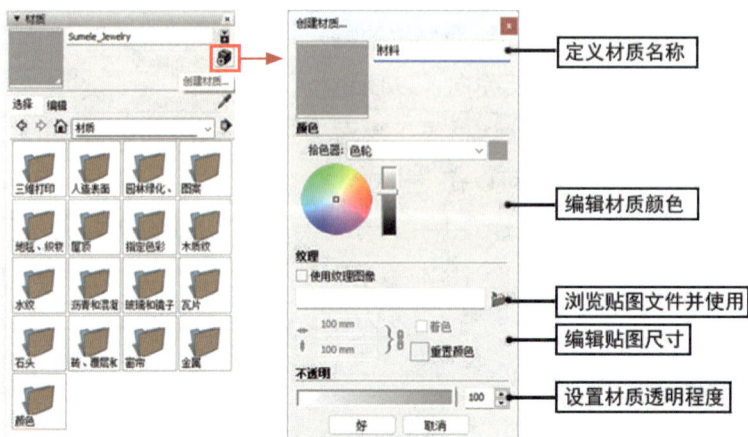

图7-2-2

7.2.1 "选择"选项卡

"选择"选项卡主要用来选择与确定场景中的材质。

（1）"前进"按钮 ⬦ /"后退"按钮 ⬦：在浏览材质库时，使用这两个按钮可以前进或者后退。

（2）"在模型中"按钮 🏠：单击该按钮可以快速返回"在模型中"材质列表，显示出当前场景中使用的所有材质。

（3）"样本颜料"按钮 ✎：单击激活该按钮，可以吸取场景中模型使用的材质并将其设置为当前材质，给其他对象进行直接贴图。

（4）"详细信息"按钮 ▶：单击该按钮将弹出一个扩展菜单，通过该菜单下的命令，可调整材质图标的显示大小，或定义材质库，如图7-2-3所示。

（5）列表框：包含了材质的两种存储位置，"在模型中"或"材质"选项；"材质"选项包含17个系统自带的材质库，用户可根据模型需要在下拉列表中进行选择，如图7-2-4所示。

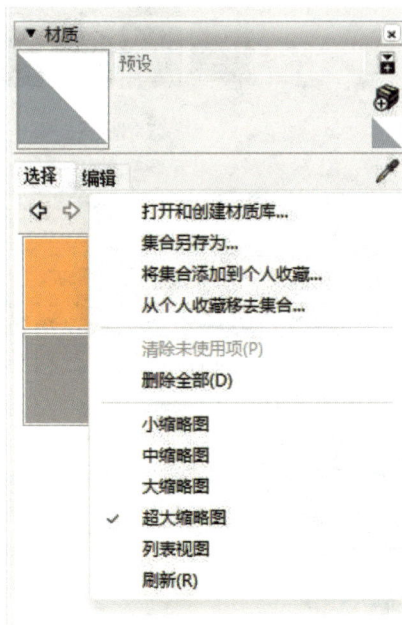

图7-2-3

图7-2-4

7.2.1.1 "在模型中"的材质

通常情况下，用户创建的模型在被赋予材质后，材质会被添加到"材质"面板的"在模型中"材质列表内，在对文件进行保存时，这个列表中的材质会和模型一起被保存。

"在模型中"材质列表内显示的是当前场景中使用的材质。被赋予模型的材质右下角带有一个小三角符号，没有小三角符号的材质表示曾经在模型中使用过，但是现在没有使用了。

操作技巧

在"在模型中"材质列表的某一材质上单击鼠标右键，会弹出一个快捷菜单，如图7-2-5所示，其主要选项介绍如下。

·删除：可将选择的材质从模型中删除，原来赋予该材质的物体被赋予默认材质。

·另存为：可将材质存储到其他材质库。

·输出纹理图像：可将贴图存储为图片格式。

·编辑纹理图像：如果在"系统设置"对话框的"应用程序"面板中设置过默认的图像编辑软件，那么在执行该命令时会自动打开设置的图像编辑软件来编辑该贴图图片。

·面积：执行该命令将准确地计算出模型中所有应用此材质的表面积之和。

·选择：用于选中模型中所有应用此材质的表面。

图7-2-5

7.2.1.2 材质库

在"材质"列表中选择某一类型的材质，如选择"园林绿化、地被层和植被"，在材质列表中就会显示预设的所有材质，使用鼠标单击选择某一材质之后，"点按开始使用这种颜料绘画"窗口就会显示这个材质，同时激活"材质"工具可进行贴图操作，如图7-2-6所示。

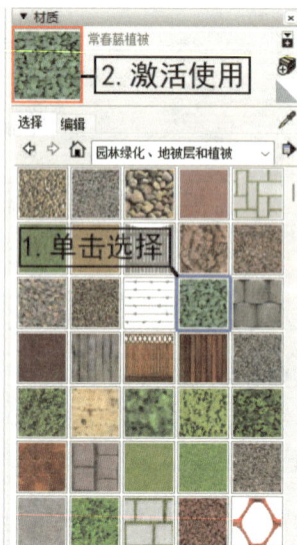

图7-2-6

7.2.2 "编辑"选项卡

当物体被赋予材质之后，进入"编辑"选项卡可以对材质的属性进行修改，主要包含颜色、纹理、大小和不透明度四项内容，如图 7-2-7 所示。需要注意的是，如果没有为物体赋予材质，那么物体使用的是默认材质，是无法改变透明度的，而且"编辑"选项卡下各选项呈灰色不可设置状态。

（1）"拾色器"：用户在该项的下拉列表中可以选择一种色系进行材质的颜色调整（图 7-2-8）。

① 色轮：从色盘上直接取色。用户可以使用鼠标在色盘内选择需要的颜色，选择的颜色会在"点按开始使用这种颜料绘画"窗口和模型中实时显示以供参考。色盘右侧的滑块可以调节色彩的明度，向上明度提高，向下明度降低，如图 7-2-9 所示。

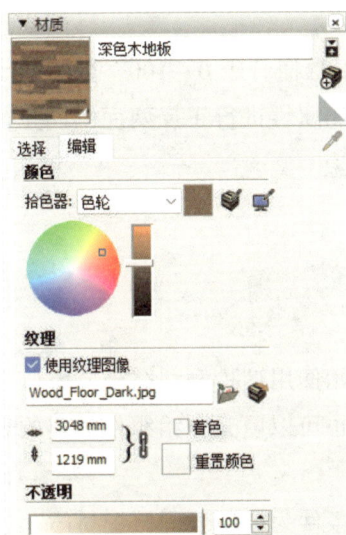

图7-2-7

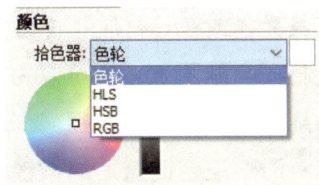

图7-2-8

图7-2-9

②HLS：分别代表色相、亮度和饱和度，这种颜色体系最善于调节灰度值。

③HSB：分别代表色相、饱和度和明度，这种颜色体系最适合调节非饱和颜色。

④RGB：分别代表红、绿、蓝3色，RGB颜色体系中的3个滑块是互相关联的，改变其中一个，其他两个滑块颜色也会改变。用户也可以在右侧的数值输入框中输入数值进行调节。

（2）"匹配模型中对象的颜色"按钮 ：单击该按钮将从模型中取样来改变材质的颜色。

（3）"匹配屏幕上的颜色"按钮 ：单击该按钮将从屏幕中取样来改变材质的颜色。

（4）"还原颜色更改"按钮 ：单击该按钮将恢复材质默认的颜色。

（5）"宽度和高度"文本框：在该文本框中输入数值可以修改贴图单元的大小。默认的材质高宽比是锁定的，单击"锁定/解除锁定图像高宽比"按钮 即可解锁，解锁后该图标变为 ，此时可以对材质的宽度数值或高度数值进行不关联的修改，自由度较高。

（6）不透明度：用于调整所选材质的透明程度，不透明度数值介于0~100，数值越小越透明。因为SketchUp使用的是双面材质，所以需要根据物体或对象的属性进行正反两面的调整，可以正反面都透明，或一个面透明，一个面不透明。

7.3 填充材质

使用"材质"工具 ，或在"材质"面板中单击"点按开始使用这种颜料绘画"窗口为模型中的实体赋予材质（包括材质与贴图），既可以为单个对象上色，也可以填充一组组件相连的表面，同时还可以覆盖模型中的某些材质。

使用"材质"工具时，配合键盘上的按键，可以根据不同条件为模型表面分配材质，达到快速作图的效果，提高工作效率。下面就材质工具的5种使用方式进行讲解。

（1）单个填充（无须配合任何按钮）：激活"材质"工具，在单个边线或表面上直接单击鼠标左键即可赋予材质。如果事先选中了多个物体或多个表面，则可以实现同时上色。

（2）邻接填充（结合Ctrl键）：激活"材质"工具的同时按住Ctrl键，可以同时填充与所选表面相邻并且使用相同材质的所有表面。在这种情况下，当捕捉到可以填充的表面时，图标右下方会横放3个小方块，变为 。如果事先选中了多个物体，那么邻接填充操作会被限制在所选范围之内。

（3）替换填充（结合Shift键）：激活"材质"工具的同时按住Shift键，图标右下角会直角排列3个小方块，变为 ，可以用当前材质替换所选表面的材质，模型中所有使用该材质的物体都会同时改变材质。

（4）邻接替换（结合Ctrl+Shift组合键）：激活"材质"工具的同时按住Ctrl+Shift组合键，可以同时实现"邻接填充"和"替换填充"的效果。在这种情况下，当捕捉到可以填充的表面时，图标右下角会竖直排列3个小方块，变为 ，单击即可替换所选表面的材质，但替换的对象将限制在所选表面有物理连接的几何体中。如果事先选择了多个物体，那么邻接替换操作会被限制在所选范围之内。

（5）提取材质（结合Alt键）：激活"材质"工具的同时按住Alt键，图标将变成吸管 ，此时单击模型中的物体，就能提取该物体表面的材质。提取的材质会被设置为当前材质，用户可以直接用来填充其他物体。

操作实践 1：为场景填充地面材质（以景观广场为例）

下面结合实例来讲解材质的赋予与调整方法，具体操作步骤如下。

（1）运行 SketchUp，打开素材文件"景观广场 .skp"，如图 7-3-1 所示。

（2）用鼠标滚轮键旋转视图到上侧，在右侧"材质"面板列表框下拉列表中选择"瓦片"，单击选择"白色正方形砖片"，为广场地面进行大面积填充，如图 7-3-2 所示。

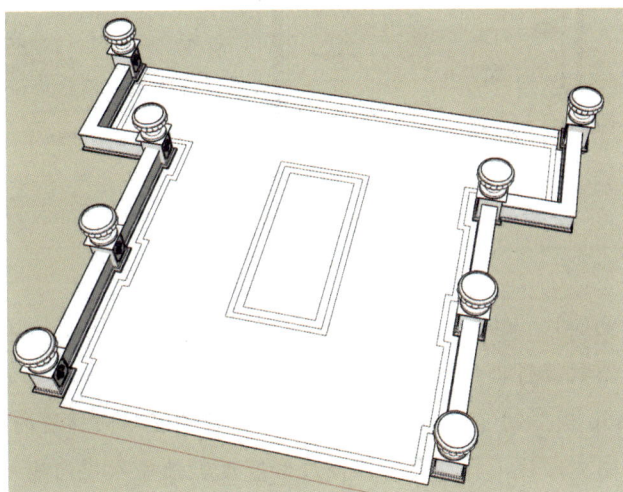

图7-3-1

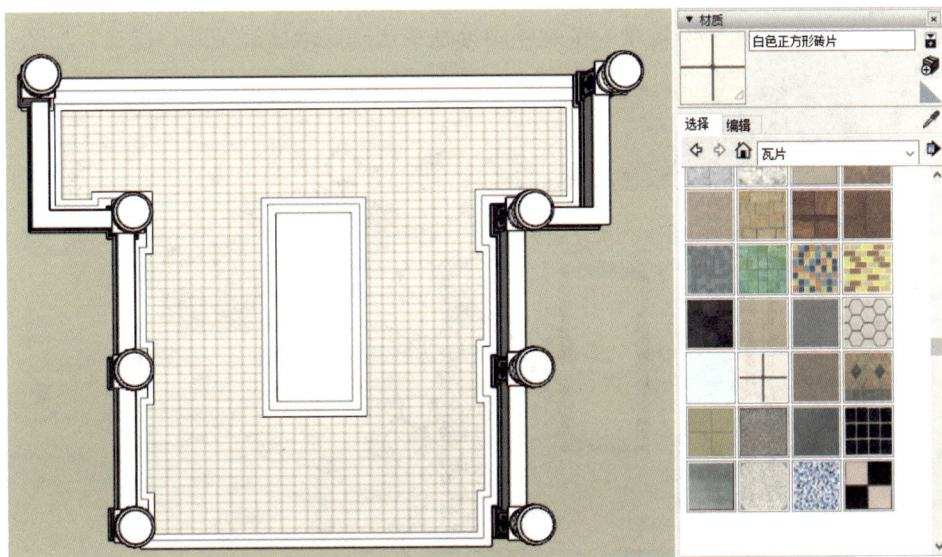

图7-3-2

（3）单击切换到"编辑"选项卡，在拾色器下拉列表中选择"HLS"，拖动"L"滑块向右移动，提升材质亮度；拖动"S"滑块向左移动，提升材质饱和度；然后单击"锁定/解除锁定图像高宽比"按钮，在"宽度"框中输入"400"，在"高度"框中输入"400"，更改纹理的大小，效果如图7-3-3所示。

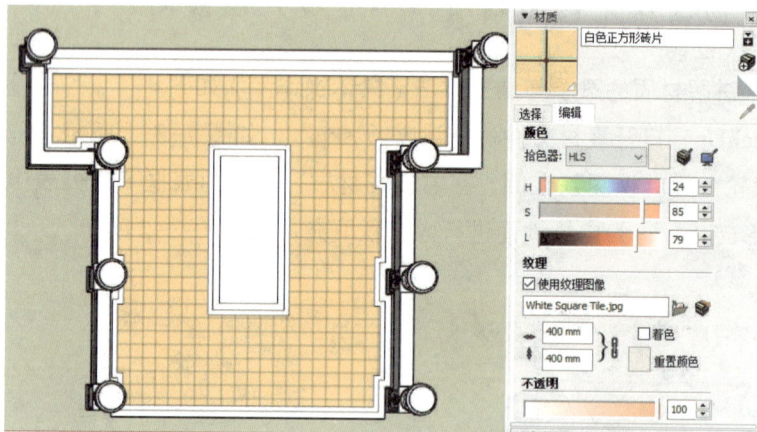

图7-3-3

操作技巧

在默认情况下，"高宽比"输入框为锁定状态，即高与宽存在着正比关系，如在宽度框内输入一个数值，高度框内的数值将自动随比例被改变，但生活中随模型场景的不同，材质的高宽比也不同，所以在SketchUp模型制作中就要根据不同的场景设置不同材质的高宽比。

解锁材质图像的高宽比后，就可自行在高度和宽度数值输入框内输入所需数值。

（4）单击切换到"选择"选项卡，在材质列表框中选择"石头"类型材质，在"材质"面板中选择"浅灰色花岗岩"材质，然后在模型场景中铺装外围分别单击确定地面铺装砖材样式，如图7-3-4所示。

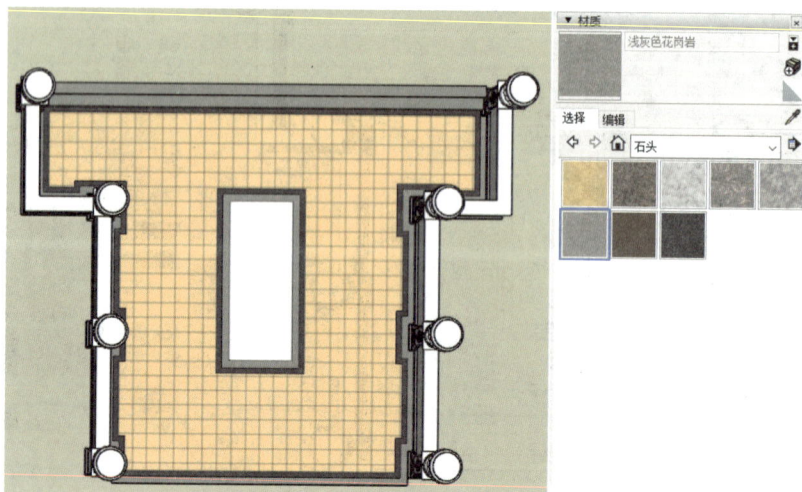

图7-3-4

（5）鼠标中键旋转视图到半俯视视角，在材质选项中选择"卡其色拉绒石材"材质，在模型场景中的花钵和矮隔断墙上单击，为其填充表面材质，如图 7-3-5 所示；根据画面效果，还可以为其进行材质颜色和大小的编辑。

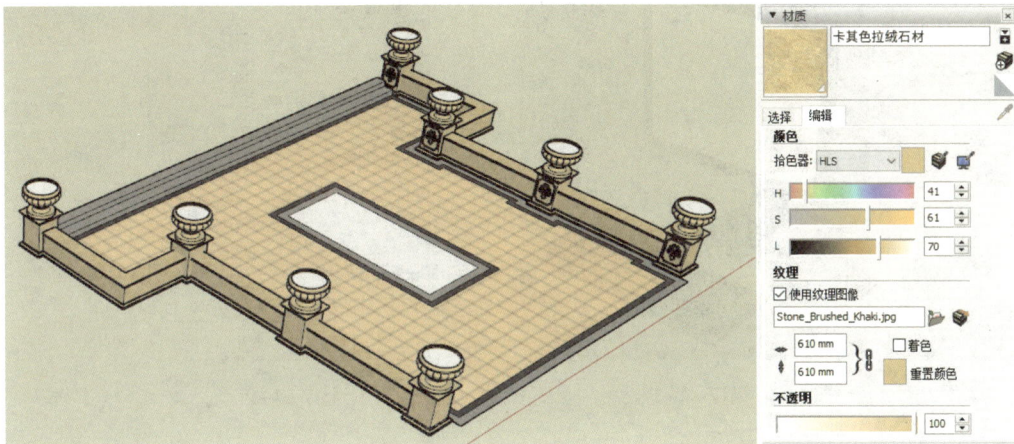

图7-3-5

7.4　贴图的运用

在"材质"面板中可以使用 SketchUp 自带的材质库，当然，这些材质库中只是一些常规的基本贴图，在实际工作中，设计师或用户可以自行添加材质，以供实际制图需要。

自己动手添加的材质一般需要用户自行收集，以图片形式存储于外部设备中。如果需要从外部获得贴图纹理，可以在"材质"面板的"编辑"选项卡中勾选"使用纹理图像"选项（或者单击"浏览"按钮），此时会弹出一个对话框用于选择贴图并导入 SketchUp。从外部获得的贴图应尽量控制大小，如有必要可以使用压缩的图像格式来压缩文件大小，如 JPG 或 PNG 格式的贴图。

操作实践 2：为电脑显示器添加贴图材质

下面以案例文件"电脑显示器"为例讲解添加外部材质贴图的方法，其操作步骤如下。

（1）运行 SketchUp，打开素材文件"电脑显示器 .skp"，如图 7-4-1 所示。

（2）在绘图区右侧"材质"面板中，单击"创建材质"按钮，弹出"创建材质"对话框，如图 7-4-2 所示。此时该窗口所有输入框均处于默认的待编辑状态。

（3）勾选"使用纹理图像"选项，弹出"选择图像"窗口，找到素材文件"景观 .jpg"，然后依次单击"打开"和"确定"按钮，如图 7-4-3 所示。

（4）此时材质面板的"选择"选项卡中，材质列表显示为"在模型中"，在"材质"选项中将看到新添加的贴图材质，在该材质上单击，鼠标变为，然后在显示器屏幕上单击，该显示器就被赋予了新的贴图材质，如图 7-4-4 所示。

图7-4-1

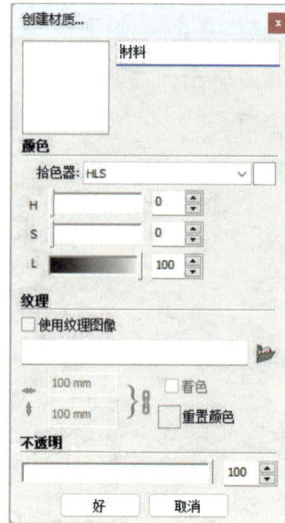

图7-4-2

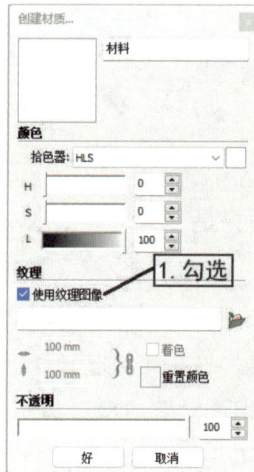

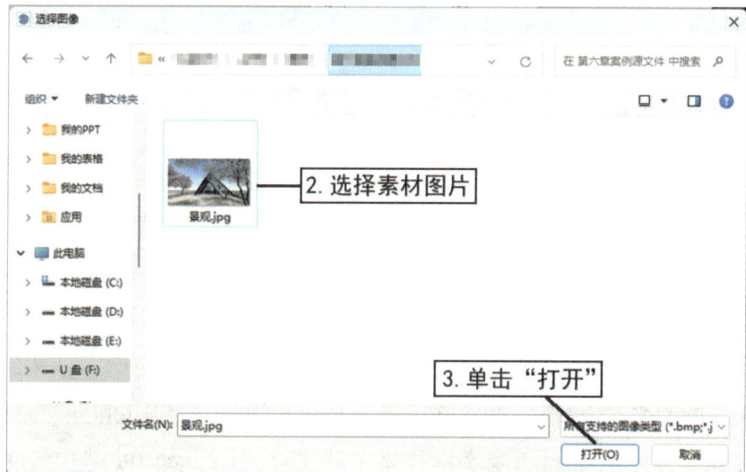

图7-4-3

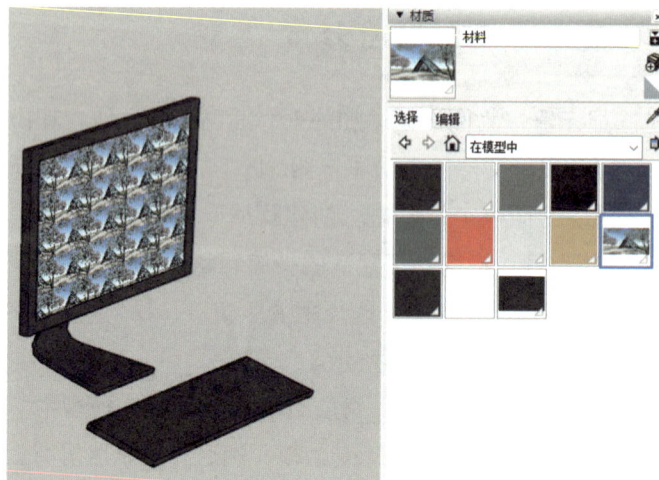

图7-4-4

7.5 贴图坐标的调整

　　SketchUp 的贴图是作为平铺对象应用的，不管表面是垂直、水平还是倾斜，贴图都附着在表面上，不受表面位置的影响。另外，贴图坐标能有效运用于平面，但是不能赋予曲面。如果要在曲面上显示材质，可以将材质分别赋予组成曲面的面。

　　SketchUp 贴图坐标有两种模式，分别为固定图钉模式和自由图钉模式。

7.5.1 固定图钉模式

　　在物体的贴图上单击鼠标右键，在弹出菜单中执行"纹理—位置"命令，此时贴图应用到的表面范围以透明方式显示，并且在鼠标右击处的贴图上会出现 4 个彩色图钉，每一个图钉都有固定的特有功能，鼠标移动到图钉上将会出现操作提示。

　　蓝色图钉：拖动图钉可调整纹理比例或修剪纹理，点按可抬起图钉，又名平行四边形变形图钉。

　　红色图钉：拖动图钉可以移动纹理，点按可抬起图钉，又名移动图钉。

　　绿色图钉：拖动图钉可调整纹理比例或旋转纹理，点按可抬起图钉，又名旋转缩放图钉。

　　黄色图钉：拖动图钉可以扭曲纹理，点按可抬起图钉，又名变形图钉。

　　下面以实例的方式来讲解这些固定图钉的使用方法。

操作实践 3：贴图的变形控制

　　下面以立方体模型为例进行材质贴图，并展示贴图形状调整的方法，操作步骤如下。

　　（1）运行 SketchUp，使用"矩形"工具（R）和"推拉"工具（P），绘制一个任意尺寸的长方体，如图 7-5-1 所示。

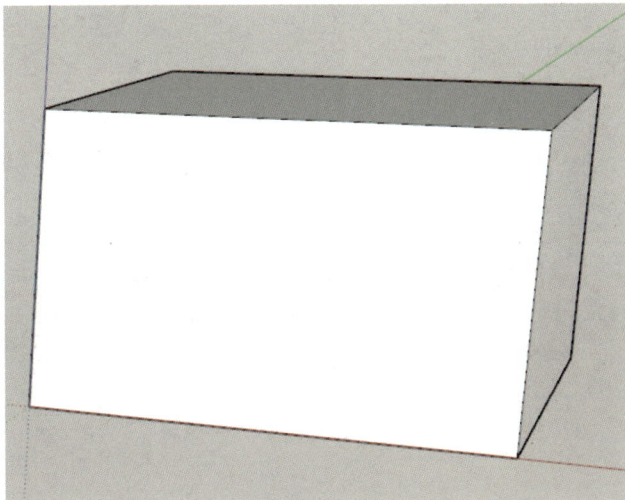

图7-5-1

　　（2）在绘图区右侧"材质"面板中选择"砖、覆层和壁板"材质，在材质选项中为立方体其中一个表面填充"蓝色砖块"材质，如图 7-5-2 所示。

　　（3）右击贴图，在弹出的菜单中执行"纹理—位置"命令，如图 7-5-3 所示。

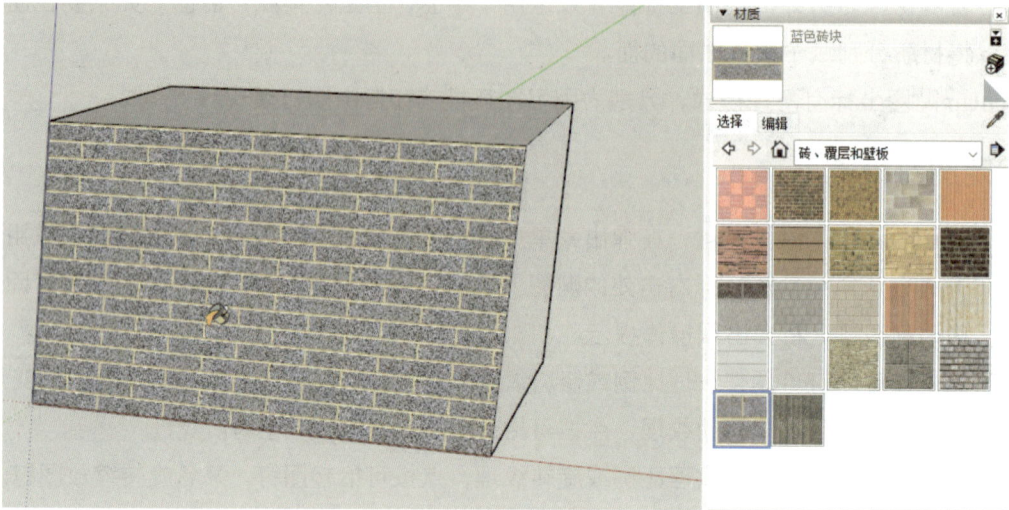

图7-5-2

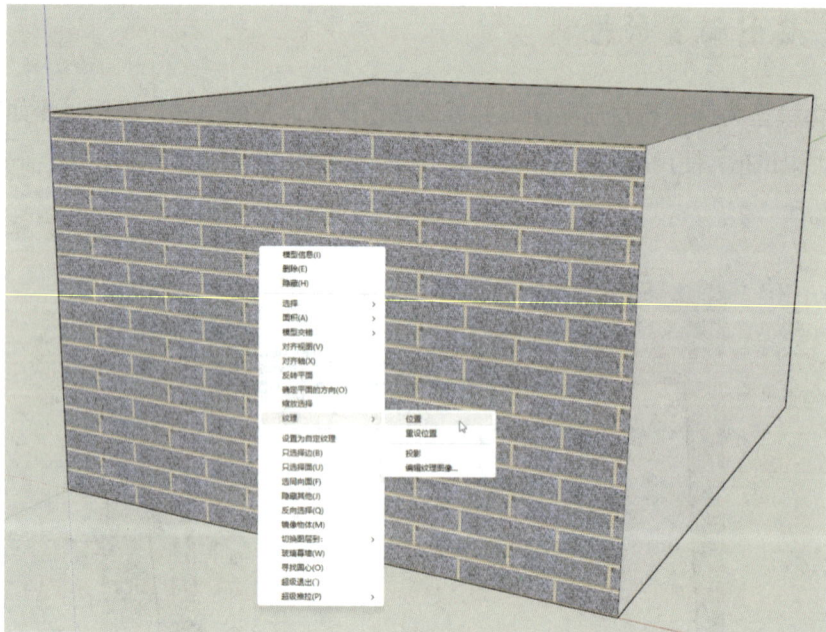

图7-5-3

（4）此时物体的贴图以半透明方式显示，并且在贴图上会出现4个彩色图钉，如图7-5-4所示。

（5）拖曳蓝色图钉可以对贴图进行平行四边形变形操作，在操作中，位于下方的红色和绿色两个图钉（移动图钉和旋转缩放图钉）位置固定，黄色图钉随蓝色图钉发生位移。调整后在贴图外侧单击退出贴图的编辑模式，如图7-5-5所示。

图7-5-4

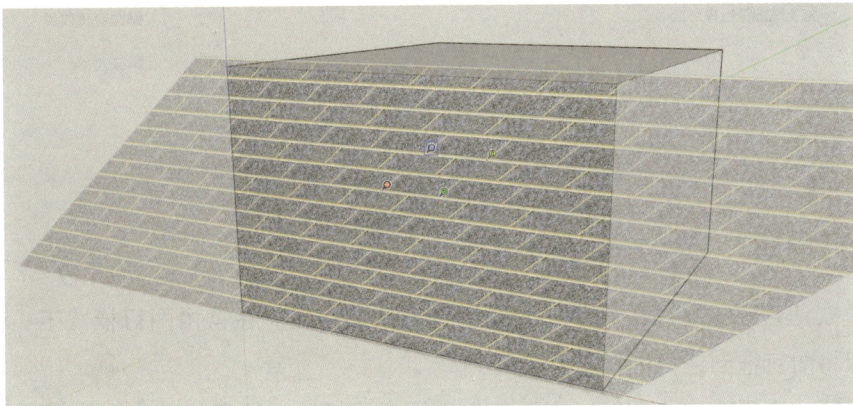

图7-5-5

（6）拖曳红色图钉可以移动贴图，模型位置不变，贴图产生相对位移。

（7）拖曳绿色图钉可以对贴图进行缩放和旋转操作。按下鼠标左键时贴图上会出现旋转的轮盘，移动鼠标时，从轮盘中心点将放射出两条虚线，分别对应缩放和旋转操作前后比例与角度的变化，如图7-5-6所示。

（8）拖曳黄色图钉可以对贴图进行梯形变形操作，也可以形成透视效果，如图7-5-7所示。

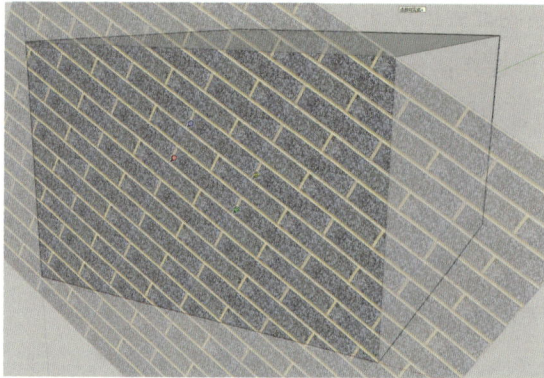

拖曳贴图进行旋转缩放

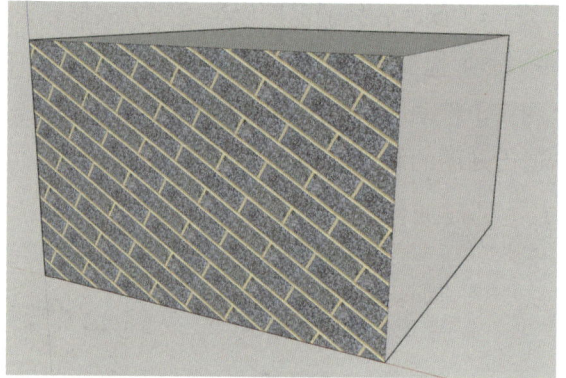

贴图变化效果

图7-5-6

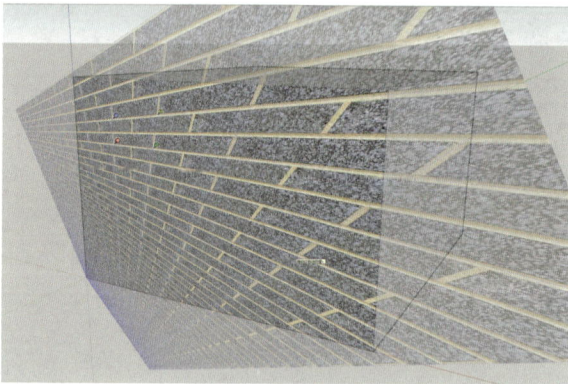

拖曳贴图进行梯形变形

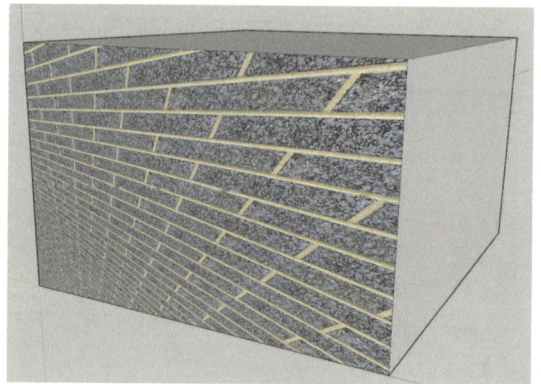

贴图变化效果

图7-5-7

7.5.2 自由图钉模式

　　自由图钉模式适合调整贴图的大小、对贴图进行扭曲应用。在自由图钉模式下，4个颜色的图钉互不限制，可以将图钉拖到任何位置。

　　进入图钉编辑状态后，右击图钉，取消勾选"固定图钉"，即可将固定图钉模式转换为自由图钉模式。此时4个彩色的图钉都会变成相同的银色图钉，用户可以通过拖曳图钉进行贴图的自由调整，如图7-5-8所示。

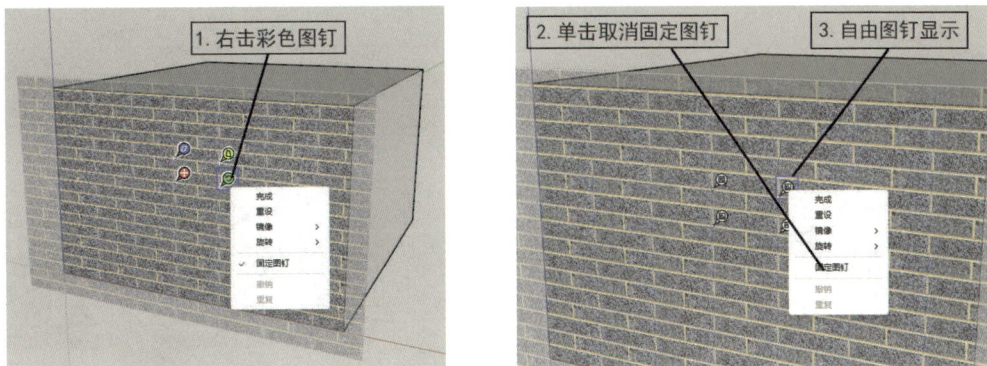

图7-5-8

操作实践 4：调整电脑显示器的贴图

在前文已经为电脑显示器屏幕添加了贴图材质，但贴图并不适合该屏幕的大小，需要对贴图进行调整，下面以本节讲述的自由图钉模式来调整贴图的大小和位置，其操作步骤如下。

（1）运行 SketchUp，打开素材文件"添加贴图后的显示器 .skp"。在贴图上右击，在弹出的菜单中执行"纹理—位置"命令，如图 7-5-9 所示。

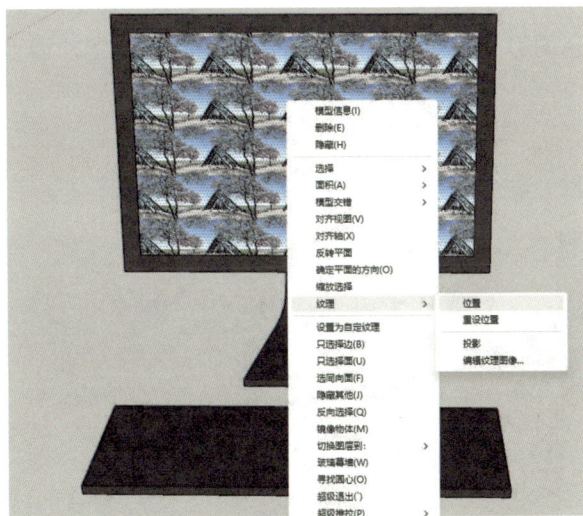

图7-5-9

（2）该贴图上出现了 4 个彩色图钉，右击贴图，在弹出的菜单中可以看见"固定图钉"选项被勾选，如图 7-5-10 所示，单击取消勾选。

（3）此时 4 个彩色图钉都会变成相同的银色图钉，4 个银色图钉的位置即为一幅完整图片的 4 个顶角点，如图 7-5-11 所示。

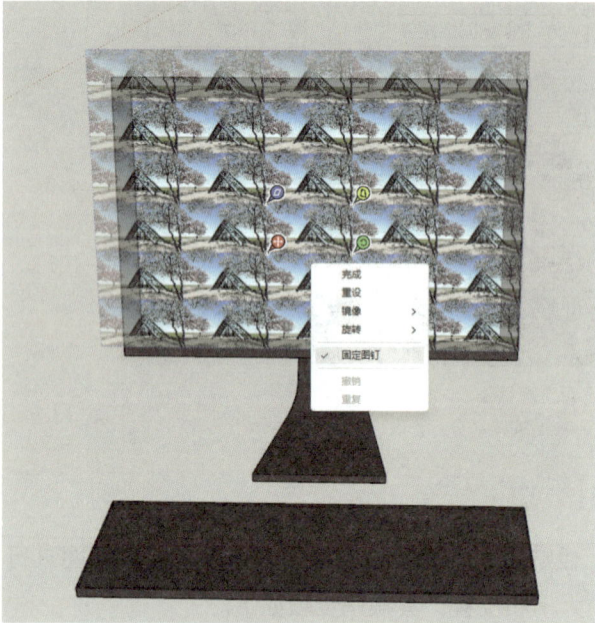

图7-5-10

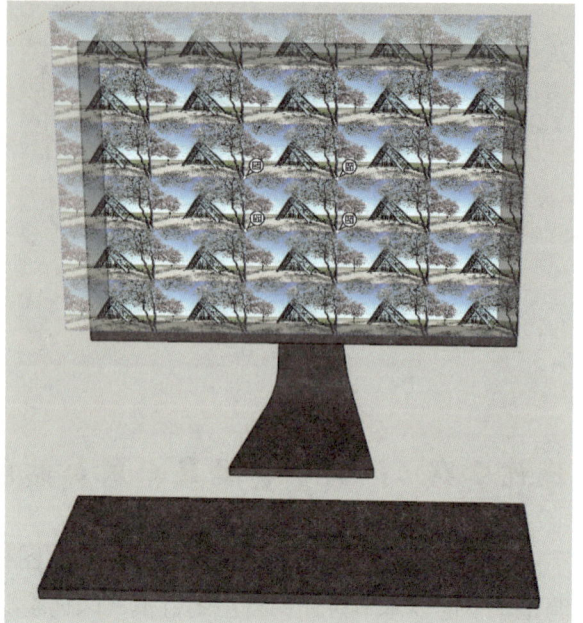

图7-5-11

（4）分别拖曳4个银色图钉到显示器的4个顶角点，将整个图片调节到与屏幕大小相吻合，如图7-5-12所示。

图7-5-12

　　和 AutoCAD 相似，在 SketchUp 模型制作中，也存在对象捕捉功能，如断点、中点、延长点、切点……不同的是，SketchUp 的捕捉是自动的，不需要单独设置。在拖动银色图钉与显示器的4个顶角点进行对齐时，可以使用对象捕捉的小技巧快速完成对齐操作，如图7-5-13所示。

图7-5-13

　　（5）按回车键完成贴图的修改（或在外侧空白处单击），效果如图 7-5-14 所示。

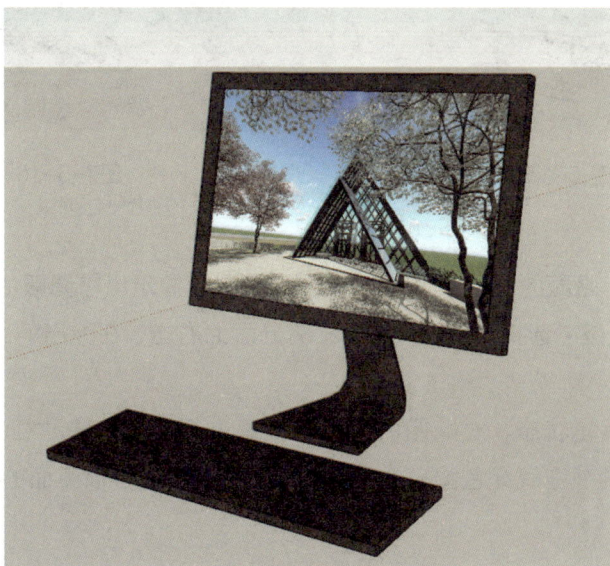

图7-5-14

操作实践 5：无缝贴图

在为圆柱体、弧形面赋予材质时，有时虽然材质能够完全包裹住物体，但是在连接时还是会出现错位的情况，这时就要利用物体的贴图坐标和查看隐藏物体来解决。

下面以"景观柱"模型为实例，讲解为其添加无缝贴图的方法。

（1）运行 SketchUp，打开素材文件"景观柱 .skp"，是一个半成品的景观柱模型，如图 7-5-15 所示。该模型主干部分材质已经完成贴图，需要对模型中默认的白色弧形表面进行贴图操作。

（2）打开绘图区右侧"材质"面板，参考前面添加贴图的方法，将本案例文件夹下的素材图片"浮雕 1.jpg"作为贴图纹理添加到场景中，并赋予景观柱弧形表面。此时放大视图观察，会发现贴图比较密集，显示不完整且存在错位情况，如图 7-5-16 所示。

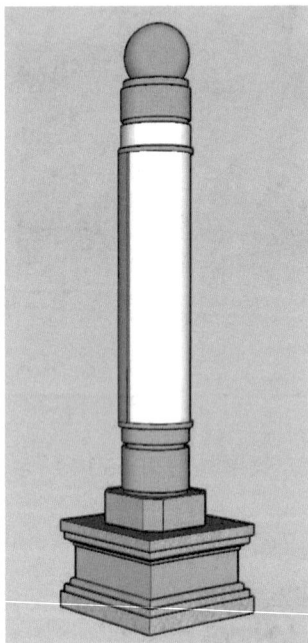

图7-5-15 图7-5-16

（3）执行"视图—显示隐藏的几何图形"菜单命令，模型会显示出被隐藏的法线，如图 7-5-17 所示。

（4）点按空格键切换成"选择"命令，在最左侧分面上右击，在弹出的菜单中执行"纹理—位置"命令，如图 7-5-18 所示。

（5）进入贴图坐标编辑状态，对贴图的大小及位置进行调整。移动红色图钉使其捕捉该分面与底面相交的端点，沿对齐轴线拖曳绿色图钉，使贴图等比放大至适合该弧面的高度，如图 7-5-19 所示。

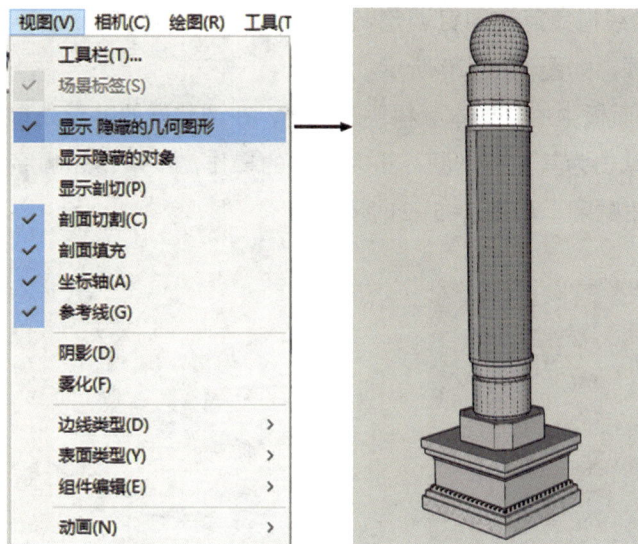

图7-5-17

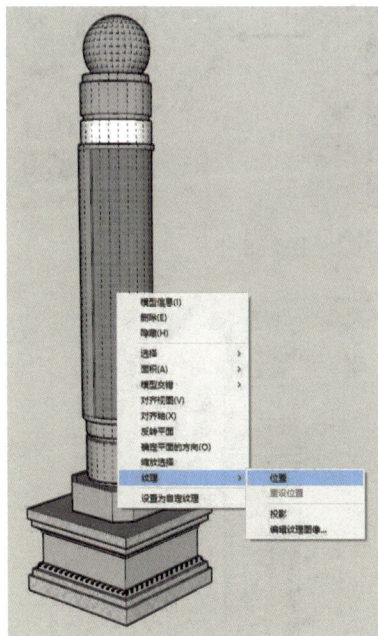

图7-5-18

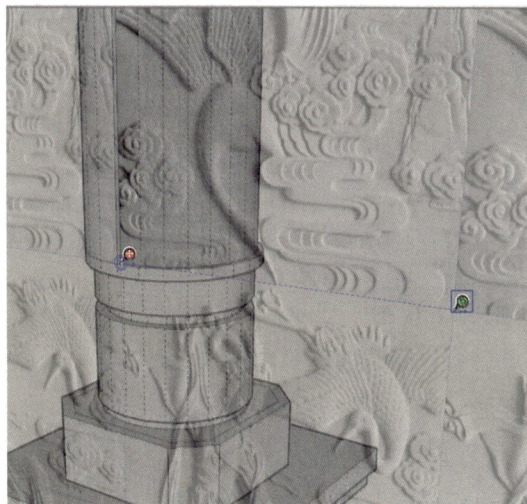

图7-5-19

操作技巧

移动一个图钉后，再移动另外一个图钉时，会出现一条对齐轴线，以便对其捕捉。

（6）继续沿对齐轴线拖曳蓝色图钉调整贴图位置，使其捕捉该分面与顶面相交的端点，调整好后右击选择"完成"选项，如图7-5-20所示。

（7）使用"材质"面板中的"样本颜料"工具 ✎ ，在调整好的贴图处单击，提取材质作为样本，然后在相邻的分隔面上单击为其进行贴图；重复刚才的操作，依照相邻顺序依次提取样本，单击其他分隔面，进行无错位材质贴图，如图7-5-21所示。

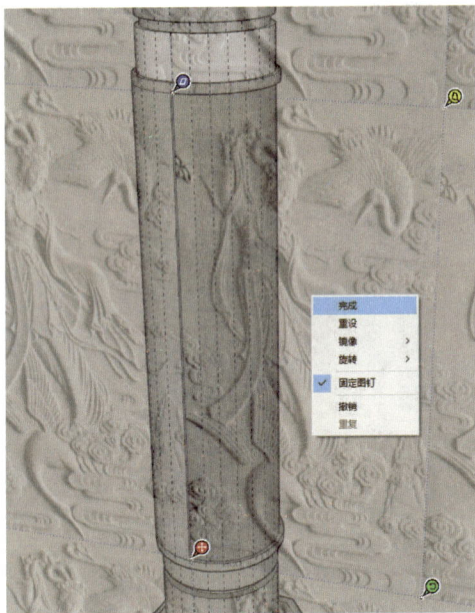

图7-5-20

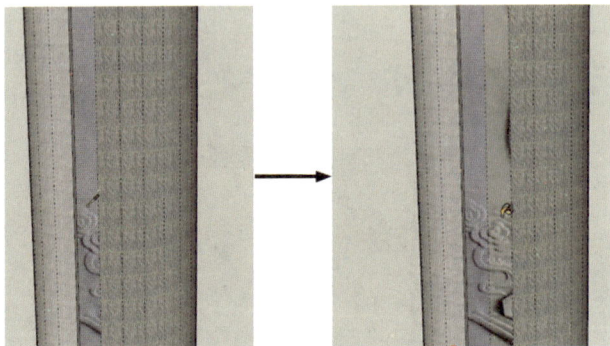

图7-5-21

（8）执行"视图—显示隐藏的几何图形"菜单命令，隐藏模型的内部法线，旋转视图全面观察贴图效果。

（9）依据前面贴图的方法，为模型中的其他面进行无缝贴图操作，最终效果如图7-5-22所示。

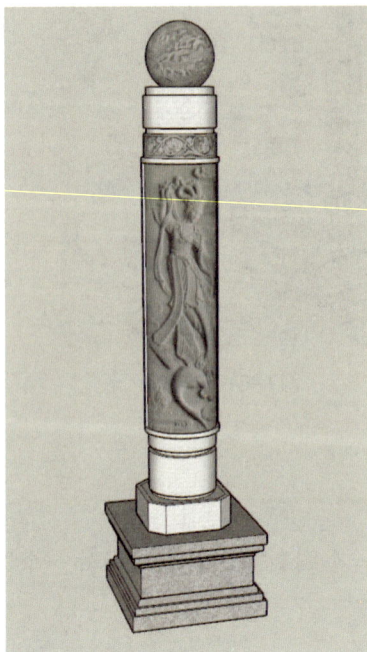

图7-5-22

操作技巧

使用"样本颜料"工具，不仅能提取材质，还能提取材质的大小和坐标。如果不使用"样本颜料"工具，而是直接从材质库中选择同样的材质贴图，往往会出现坐标轴对不上的情况，还要重新调整坐标和位置。所以建议在进行材质填充操作的时候多使用"样本颜料"工具。

本章小结

本章主要介绍了 SketchUp 中给模型进行材质创建和贴图运用的方法，学完本章后，读者应重点掌握以下内容。

◆ SketchUp 使用双面材质，默认材质正反两面的颜色分别为"白色"和"灰色"。

◆在"材质"面板中可以进行材质的选择与编辑以及贴图的创建。

◆"选择"选项卡中"在模型中"的材质通过右击可以进行同类材质的面积统计和选择。

◆"编辑"选项卡可以实现对材质和贴图的颜色、大小、透明度等设置。

◆填充材质的五种方式：单个填充、邻接填充、替换填充、邻接替换、提取材质。

◆贴图坐标的两种模式：固定图钉模式和自由图钉模式。

◆"样本颜料"工具可以从场景中吸取材质的大小、坐标等信息，并设置为当前材质。

8 SketchUp 插件

在制作一些复杂的模型时，使用 SketchUp 自带的工具会很烦琐，在这种情况下使用第三方插件能提高建模效率，甚至完成一些以前无法完成的工作，起到事半功倍的效果。与 3ds Max 等三维设计软件不同，SketchUp 软件的开发者对插件的态度是开放的，鼓励其自由发展，因此大部分 SketchUp 插件都是由个人开发的。每个使用者都可以根据自己的需要安装甚至开发适合自己的插件，这也给 SketchUp 带来了无尽的活力。本章将介绍几款常用插件的使用方法，具有很强的实用性，读者可以根据实际工作选择使用。

用户在安装插件时不要贪多，用多少安装多少即可，不用的插件装上后会影响运行速度。同时不要过于依赖插件，真正体现 SketchUp 建模水平的是对模型的组织、管理和控制能力以及对 SketchUp 本身建模特性的了解。

学习目标

掌握插件获取和安装的方法；

掌握 SUAPP 插件库的基本工具栏及使用方法；

掌握常用插件(如联合推拉工具、曲面自由编辑插件、曲线放样工具和1001建筑插件)的应用。

8.1 插件的获取与安装

8.1.1 插件的获取

SketchUp 插件也叫脚本(Script)，它是用 Ruby 语言编制的实用程序，通常后缀名为 .b。从 SketchUp 4.0 开始就开放了支持这种语言的接口。任何人只要掌握 Ruby 语言就可以开发插件，从而扩展 SketchUp 的功能，使得 SketchUp 应用更快捷方便。SketchUp Pro 2020 插件与以前版本不同，显示为扩展程序，可以通过互联网来获取。某些网站提供了大量插件，可通过这些网站来下载 SketchUp 相应的插件，其中较为常用的是 SUAPP 插件库。

8.1.2 插件库的安装

起初 SketchUp 的插件只是一个单一的"*b"文件，将它直接复制到 SketchUp 安装目录下的 Plungins 目录就可以。后来随着插件功能的逐渐提高，文件结构也越来越复杂。为了解决插件安装的麻烦，SketchUp Pro 2020 版本的插件安装不再是复制文件，而是采用安装的方法，下面就以常用的 SUAPP 插件库以及 1001 建筑插件的安装来进行详细介绍。

操作实践 1：SketchUp Pro 2020 的 SUAPP 插件库安装

SUAPP 中文建筑插件集包含 100 余项实用功能，大幅度拓展了 SketchUp 的快捷建模功能，方便的基本工具栏以及优化的右键菜单使操作更加顺畅。SUAPP 插件库有自己的安装程序文件，其安装方法如下。

（1）在资源管理器中，找到配套资源文件夹下的"SUAPPsetup"应用程序，如图 8-1-1 所示。

（2）双击运行该程序，在弹出的安装向导界面中，选择安装路径，并单击"安装"按钮，如图 8-1-2 所示。

（3）在弹出的界面中选择正确的 SketchUp 平台，再单击"启动 SUAPP"按钮，如图 8-1-3 所示，插件安装完成。

图8-1-1

图8-1-2

图8-1-3

（4）运行 SketchUp，界面中出现 SUAPP 基本工具栏，如图 8-1-4 所示。它是从 SUAPP 插件的增强菜单中提取出的 26 项常用而具代表性的功能，通过图标工具栏的方式显示出来，方便用户操作。

图8-1-4

提 示

（1）建议选择"自定义安装"来更改路径(最好安装在 C 盘以外的位置，一是防止 C 盘内容太多导致运行过慢;二是如果将来要清理 C 盘，安装包依旧存在，可再次使用)。

（2）路径必须全部都是英文，否则无法安装。可以将其改成"chajian"，如图8-1-5所示。此处"提示"同样适用于其他插件的安装。

（3）在插件安装过程中不要打开 SketchUp，否则会出现以下提示，如图8-1-6所示。

图8-1-5

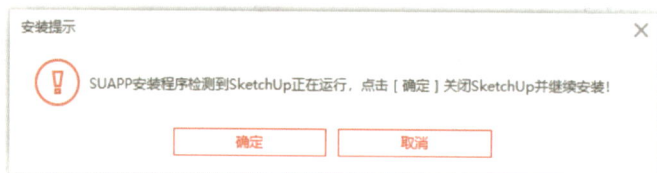

图8-1-6

操作技巧

（1）SUAPP 插件的增强菜单:SUAPP 插件的绝大部分核心功能都整理分类在"扩展程序"菜单中（10个大分类），如图8-1-7所示。

（2）右键扩展菜单:为了方便操作，SUAPP 插件在右键菜单中扩展了多个功能，如图8-1-8所示。

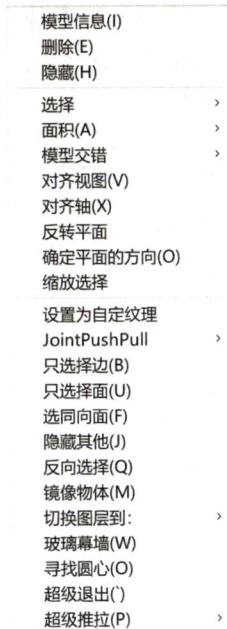

图8-1-7　　　　　　　　　　　　图8-1-8

操作实践2：SketchUp Pro 2020 的 1001 建筑插件安装

（1）单击 SketchUp 界面菜单栏中的窗口选项，选择"扩展程序管理器"，点击"安装扩展程序"，如图 8-1-9 所示。

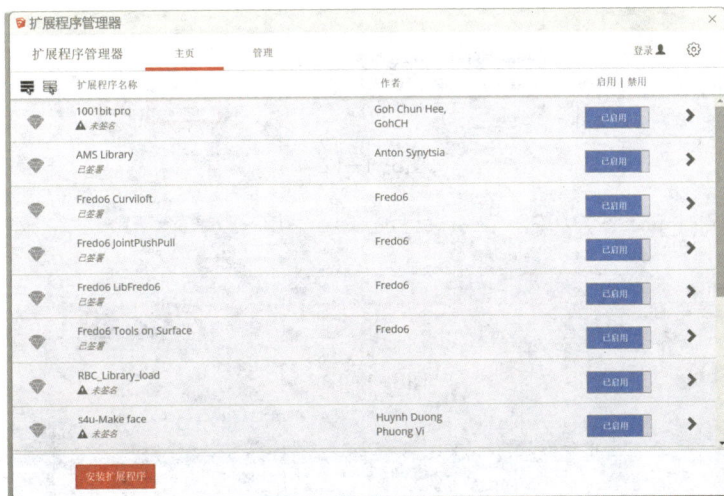

图8-1-9

（2）打开资源文件夹下的"草图大师（182款插件）-WIN系统版"文件，并选择"118 1001 Bit Pro…"，如图8-1-10、图8-1-11所示。

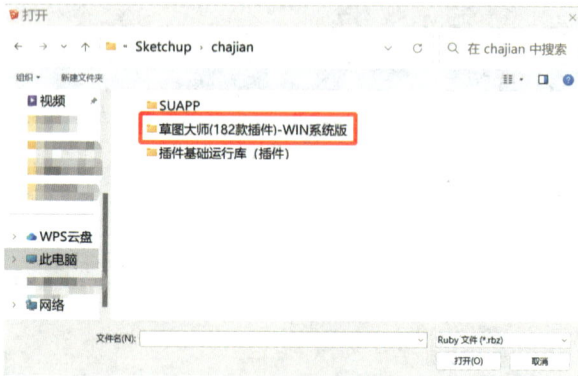

图8-1-10

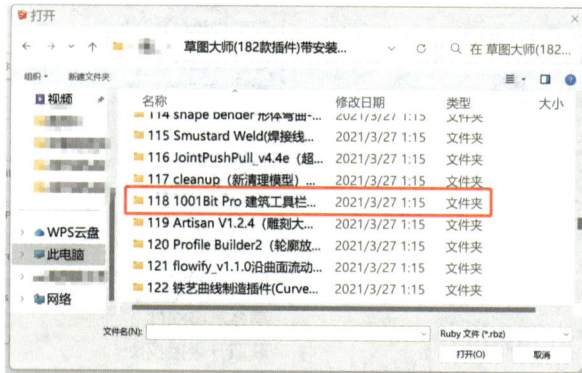

图8-1-11

（3）选择"1001 Bit Pro2.1建筑工具.rbz"文件，再点击"打开"选项，如图8-1-12示。

（4）此时在"扩展程序管理器"窗口中出现"1001 bit pro"一项，如图8-1-13所示，安装完成。SketchUp界面中出现该建筑插件的工具栏，如图8-1-14所示。

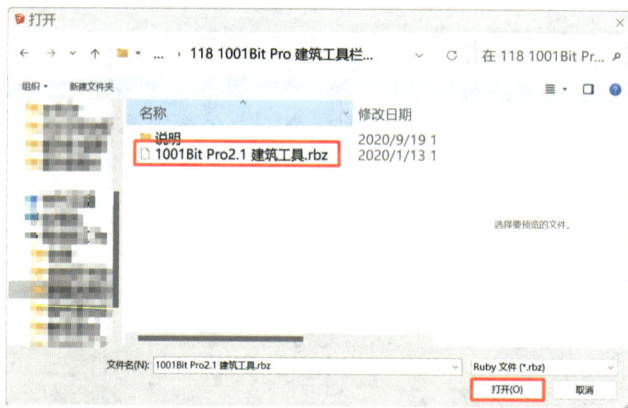

图8-1-12

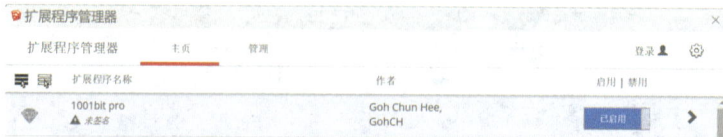

图8-1-13

图8-1-14

在安装联合推拉工具、曲面自由编辑插件、曲线放样工具等曲面和曲线编辑工具前，需安装"插件基础运行库（插件）"文件夹中的"ams_Lib.rbz_v3.6.0h""LibFredo6_v11.6a""RBC_Library_v7.7.308"和"TT_Lib_v2.12.0"4个rbz文件，如图8-1-15所示，否则曲面和曲线编辑工具在SketchUp界面中将无法显示和正常使用。安装方法与"1001建筑插件"相同。

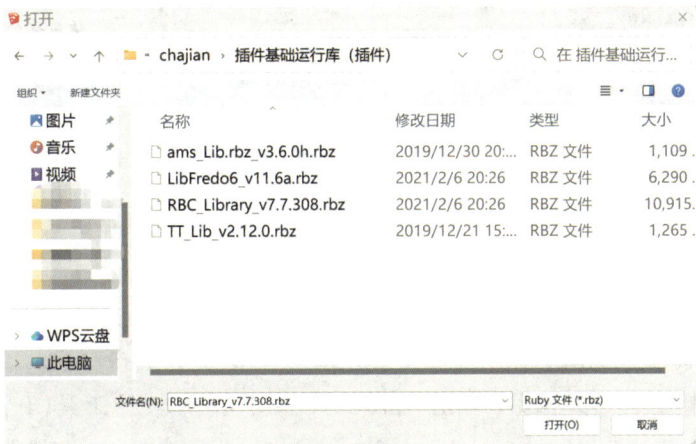

图8-1-15

8.2 SUAPP 插件的建筑工具

SUAPP 插件集方便的基本工具栏及优化的右键菜单使实际建模中的操作更加方便快捷，并且可以通过扩展栏的设置方便地进行启用和关闭。本节将以其中的楼梯等建筑工具实例，来介绍插件集的强大功能，讲解其在实际建模中的运用，希望读者能对该插件产生兴趣，并尝试摸索其他 SUAPP 插件命令的操作方法。

8.2.1 创建楼梯

下面针对 SUAPP 插件"建筑设施"工具中的楼梯功能进行详细讲解，其操作步骤如下。

（1）执行"扩展程序—建筑设施—双跑楼梯"菜单命令，如图 8-2-1 所示。

（2）在弹出的"参数设置"对话框，设置相应的参数，这里使用默认参数设置，如图 8-2-2 所示。

（3）操作后自动在图形区域创建一个带栏杆和扶手的双跑楼梯，并提示是否创建楼梯平台和该平面的位置，在下拉列表中选择"楼梯末端"，如图 8-2-3 所示。

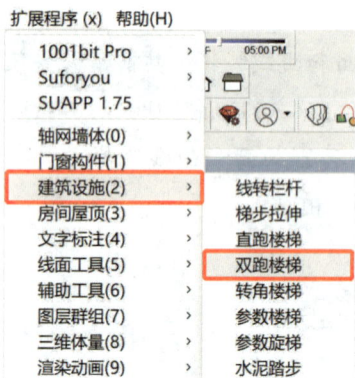

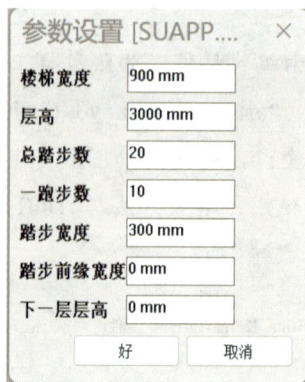

图8-2-1　　　　　　　　　　　　图8-2-2　　　　　　　　　　　　图8-2-3

（4）此时，在楼梯上端创建了一个休息平台，如图8-2-4所示。

（5）旋转视图到楼梯的起始位置，激活"圆"工具（C）、"推／拉"工具（P）和"移动"工具（M），在第一个踏步上绘制一个半径为20 mm的圆柱体，使其顶端在扶手的中部，然后将其编辑成组，如图8-2-5所示。

（6）激活"移动"工具（M），结合Ctrl键，将上一步的立柱进行相应的复制操作，并结合"推／拉"工具（P）调整立柱的高度，如图8-2-6所示。

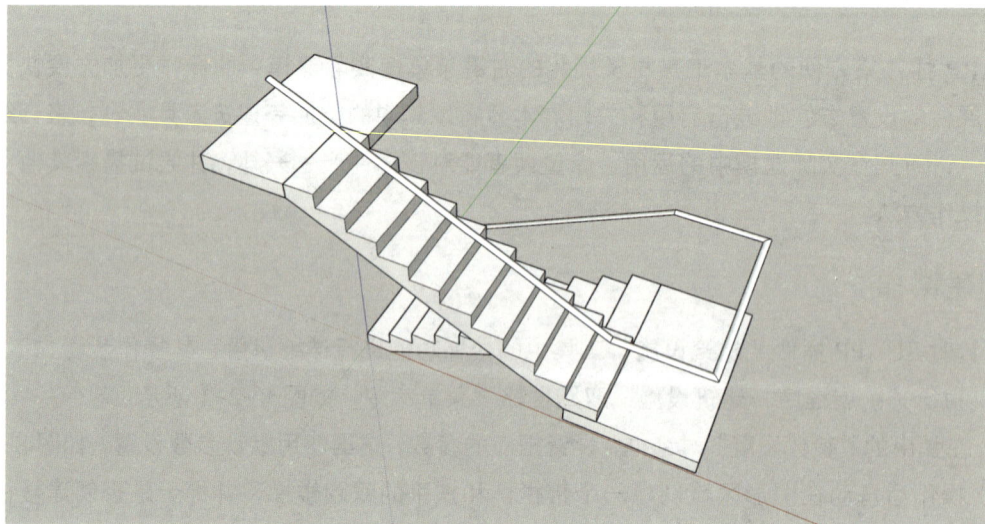

图8-2-4

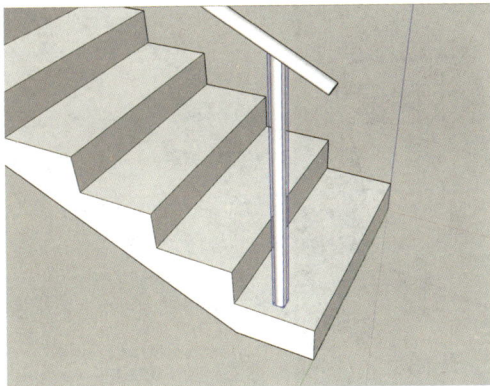

图8-2-5

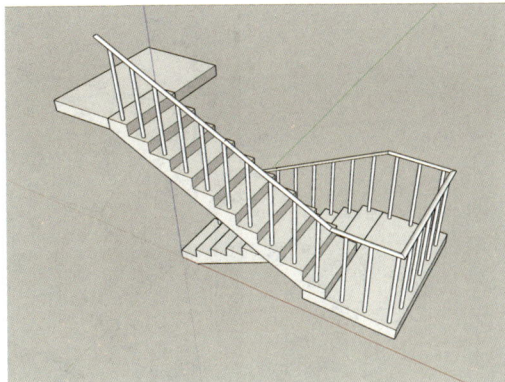

图8-2-6

提 示

创建好的楼梯段、休息平台、栏杆扶手都是组件。因此，在绘制楼梯栏杆立柱时，应直接在组外绘制，互不干扰。最后将绘制的立柱栏杆也单独编辑成组。

8.2.2 墙体开窗

下面针对 SUAPP 插件"门窗构建"工具中的"墙体开窗"功能进行详细讲解，如图 8-2-7 所示，其操作步骤如下。

（1）使用"大工具集"中的"矩形"工具，绘制出一个长 6000 mm、宽 4000 mm 的矩形。

（2）单击 SUAPP 插件中的"拉线成面"工具按钮，弹出"参数设置"对话，设置相应的参数，如图 8-2-8 所示。选择房间格局的直线，拉伸出墙体，并且自动成组，如图 8-2-9 所示。

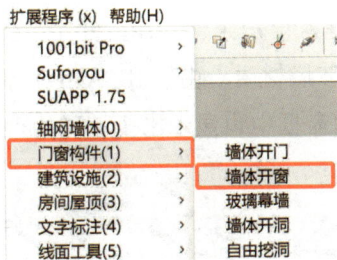

图8-2-7

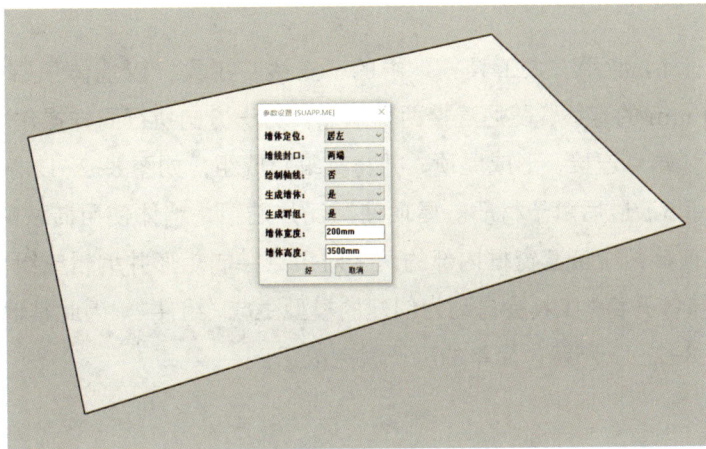

图8-2-8

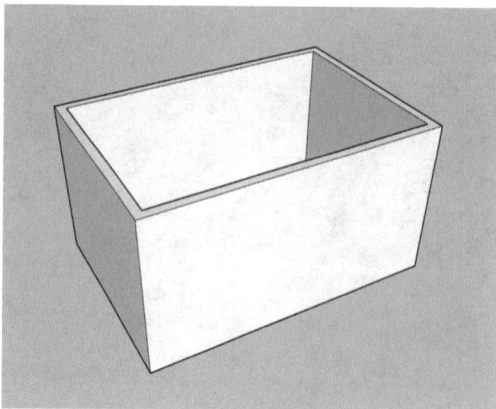

图8-2-9

（3）单击SUAPP插件中的"墙体开窗"工具按钮，弹出"参数设置"对话框，设置相应的参数，如图 8-2-10 所示。在墙体上放置窗户，如图 8-2-11 所示。此方法创建出的窗户将总窗框和两个嵌套窗框分别自动成组，非常方便后期赋予材质。

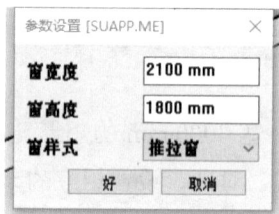

图8-2-10

图8-2-11

（4）使用"大工具集"中的"直线"工具，以墙体顶端外框线短边中点为起点向蓝轴引一条1500 mm 的直线，随后连接两个端点，另一方向执行同样操作。用"擦除"工具擦除辅助线，并将顶端两个端点连接，形成屋顶，并将其编辑成组，如图 8-2-12 示。

（5）最后赋予材质。屋顶使用瓦片贴图，墙体使用砖块贴图。进入窗户组件，用"矩形"工具分别连接两个嵌套窗框内部的两个对角点绘制矩形并编辑成组，赋予玻璃材质。由于SUAPP插件中的"墙体开窗"工具会自动为创建的模型生成"组件"，因此其他位置的窗框中也显示出了玻璃的存在。如图 8-2-13 所示，简单的房子就完成了。

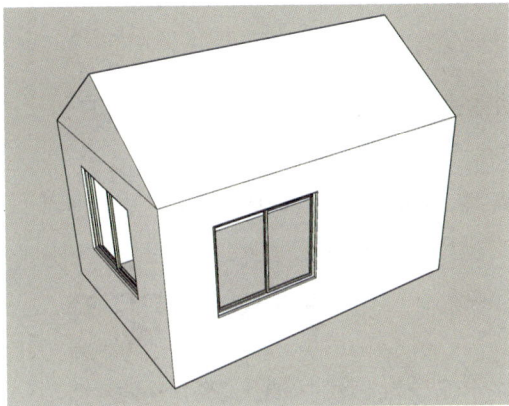

图8-2-12

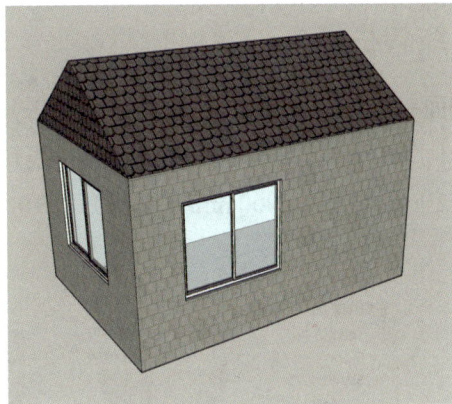

图8-2-13

　　在执行"墙体开窗"命令后，会发现窗户是贴在墙上的而不是镶嵌其中，如图8-2-14所示，因此需要对其进行调整。将墙体解组，在墙面上用"矩形"工具沿着窗户外框对角点绘制矩形，并用"推/拉"工具把这个面推掉，留出窗洞。随后用"移动"工具将窗户组件向内移动至墙体中线位置，这样形成的才是正确的嵌套关系，如图8-2-15所示。对其他窗户也执行相同操作。

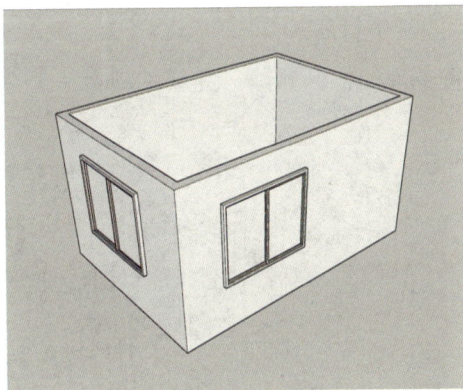

图8-2-14

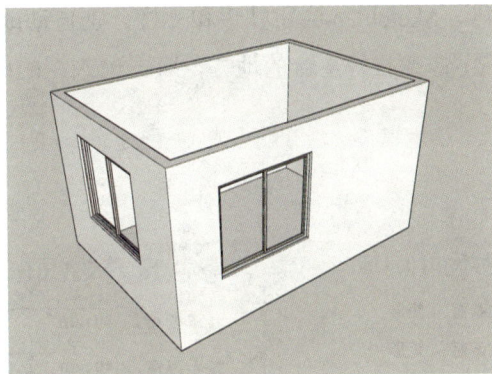

图8-2-15

　　（1）对正面朝上的面单击鼠标右键，选择"确定平面方向"，可以将其他同组内的反面均调整为正面。

　　（2）对于屋顶比较复杂的房屋模型，也可以选择屋顶轮廓线，利用SUAPP插件中的"生成面域"工具来生成屋顶形状。

8.2.3 线转栏杆

下面针对 SUAPP 插件"建筑设施"工具中的栏杆功能进行详细讲解，其操作步骤如下。

（1）执行"扩展程序—建筑设施—线转栏杆"菜单命令，如图 8-2-16 所示。

（2）绘制长为 2000 mm，两侧宽为 1000 mm 的三条线，如图 8-2-17 所示。

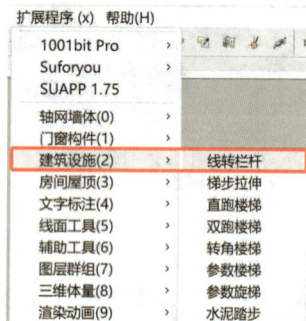

图8-2-16

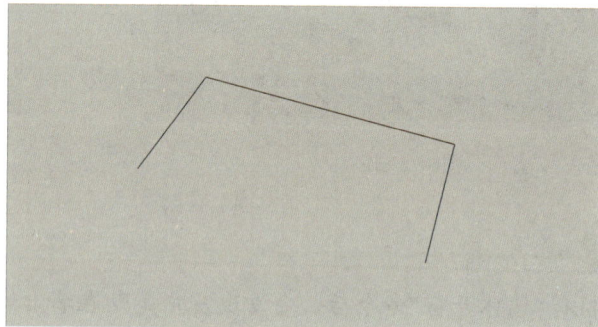

图8-2-17

（3）选择这组线段，在窗口执行"线转栏杆"命令，设置参数，如图 8-2-18 所示。

（4）生成栏杆，如图 8-2-19 所示。此方法创建出的栏杆和上述操作中的楼梯以及窗户有异曲同工之妙，SketchUp 会将扶手和立柱分别自动成组，以便后期赋予材质。

（5）修改栏杆重合的地方，双击进入组的编辑菜单，将多余的栏杆删除，完成绘制。

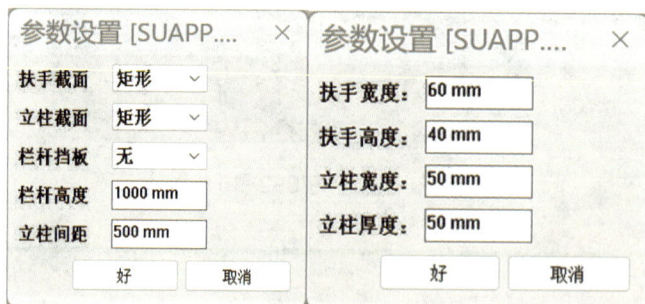

图8-2-18

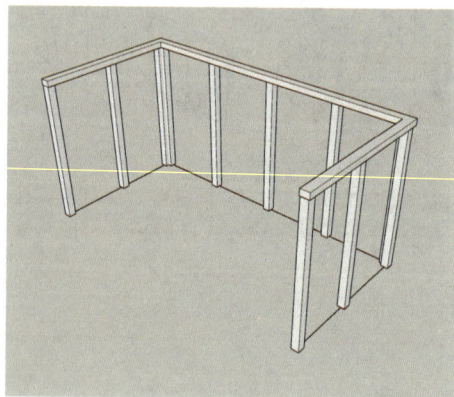

图8-2-19

用1001建筑插件中的"创建楼梯"功能创建的双跑楼梯并没有栏杆，只显示扶手所在位置的中线，如图8-2-20所示。

由于通过SUAPP建筑插件中"线转栏杆"生成的栏杆是以立柱的底端与路径线相连，所以可用"移动"工具将两组线沿Y轴方向垂直向下移动至与楼梯相接的位置。

在选中其中一组线后点击"线转栏杆"工具，会发现在斜线处生成栏杆的扶手和立柱是分离的，并且和台阶的关系是错位的，并不垂直显示，如图8-2-21所示。可见，此方法创建的栏杆只针对直线路径，而对斜线不起作用。

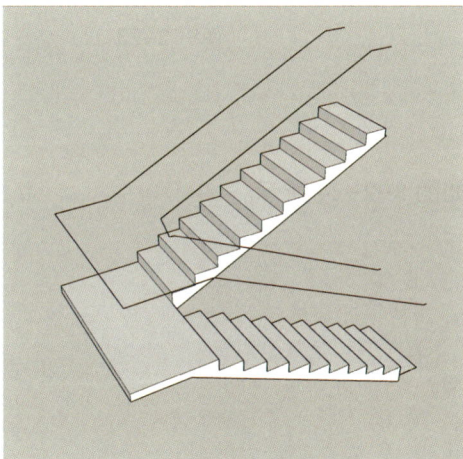

图8-2-20

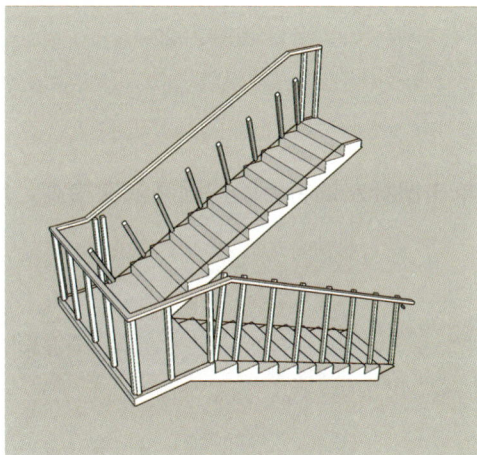

图8-2-21

8.2.4 梯步拉伸

在制作层层上升的楼梯台阶时，根据人体工程学确定每阶台阶的高度为150 mm，两阶为300 mm、三阶为450 mm……用这样的方式计算比较浪费时间，而且容易出错。因此在已经确定好台阶的数量以及每阶台阶的长度时，利用"梯步拉伸"工具就十分便捷且高效。

（1）例如，目前需要10阶且每阶长度为2000 mm的楼梯台阶，依照人体工程学中的数据可得知每阶台阶的进深是300 mm，因此10阶的总宽度就是3000 mm。利用"矩形"工具绘制一个2000 mm×3000 mm的矩形，右键选择"反转平面"。

（2）用"移动"工具配合Ctrl键将其中一条短边向内复制一根间距300 mm的直线，随后输入"9x"，将10阶台阶以平面的形式表现出来，如图8-2-22所示。

（3）执行"扩展程序—建筑设施—梯步拉伸"菜单命令，如图8-2-23所示。

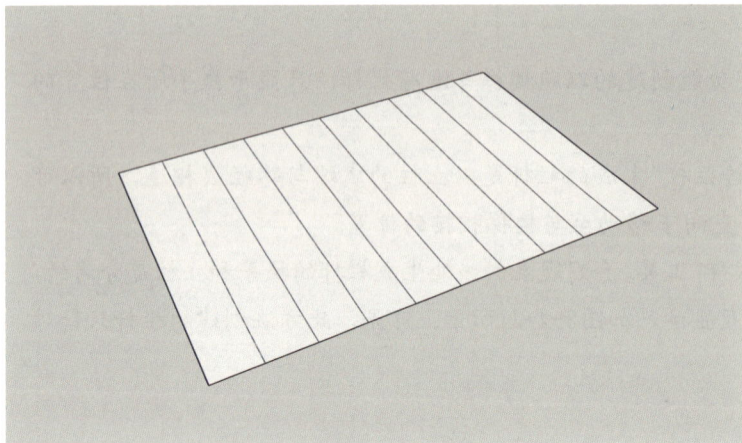

图8-2-22

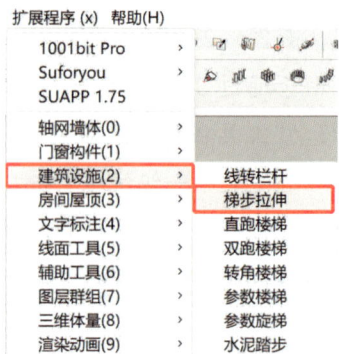

图8-2-23

（4）单击鼠标左键将台阶按顺序依次抬高，完成效果如图 8-2-24 所示。

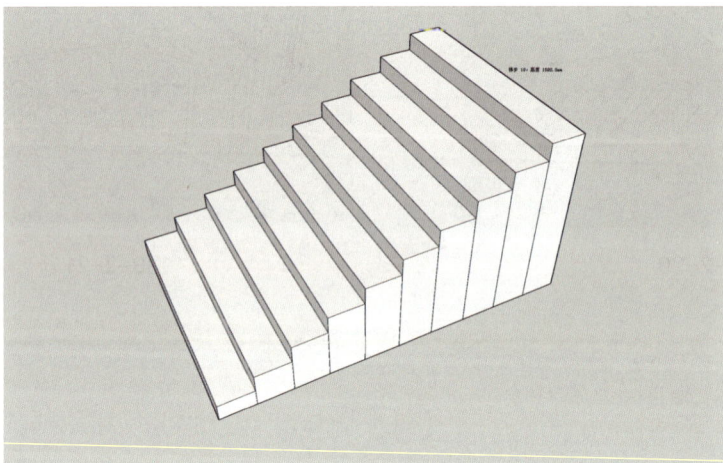

图8-2-24

8.2.5 生成面域

生成面域可以对由线框构成的封闭图形做封面处理。前文讲过可以用"直线"工具对封面进行操作，这里可以使用更加方便的工具进行封面。下面就对 SUAPP 插件中的生成面域功能进行详细讲解。

（1）执行"文件—导入"命令，打开一个 AutoCAD 文件，在"选项"功能中将单位改为"毫米"，如图 8-2-25 所示。

（2）由于 SketchUp 会自动将导入的图纸编辑成组，因此在执行本功能命令前需要先将图纸炸开。

（3）选择平面，执行"线面工具—生成面域"命令，如图 8-2-26 所示快速封面，结果如图 8-2-27 所示。

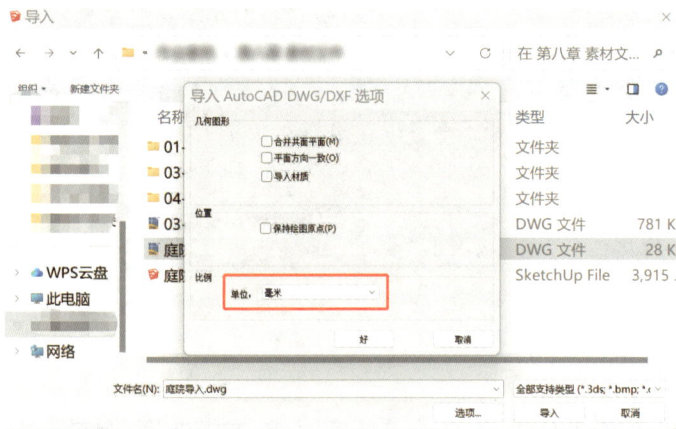

图8-2-25

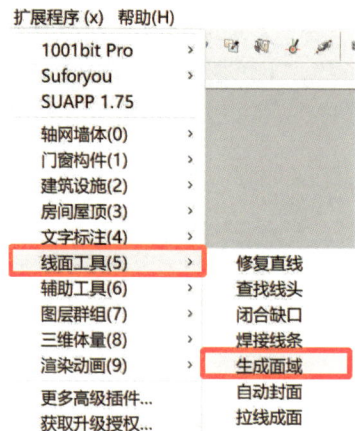

图8-2-26

图8-2-27

（4）由生成的面域能看出，仍然有未被封面的区域，这就说明 AutoCAD 图纸在绘制的过程中出现了断线、断点的问题，是不细心、操作不规范造成的。执行"文字标注—标记线头"命令，如图 8-2-28 所示。系统发现并标注出了线头所在的具体位置，如图 8-2-29 所示，我们需要用"直线"工具手动将这些空缺补齐。

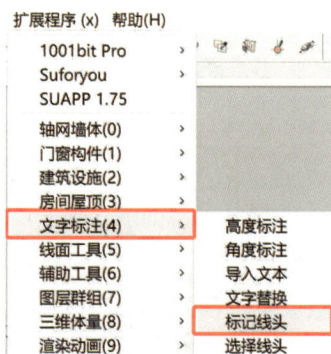

图8-2-28

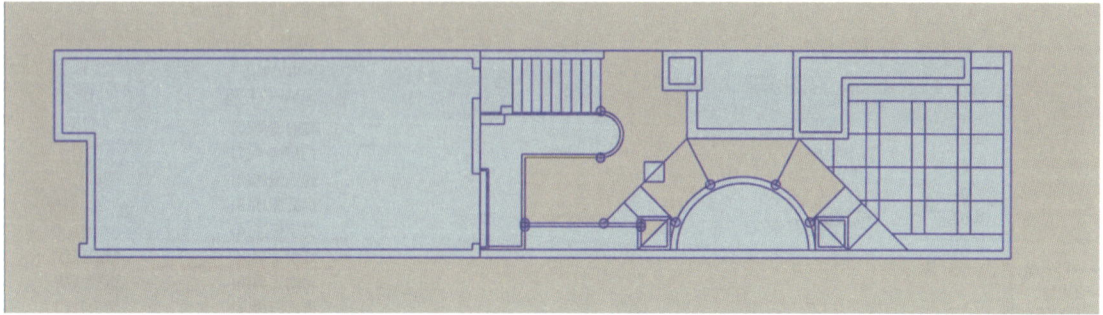

图8-2-29

（5）在手动封面后，擦除对于建模不起作用的多余线段，再全选所有面域，右键选择"反转平面"，将反面（灰色）翻转为正面（白色），如图8-2-30所示，随后形成最终效果，如图8-2-31所示。

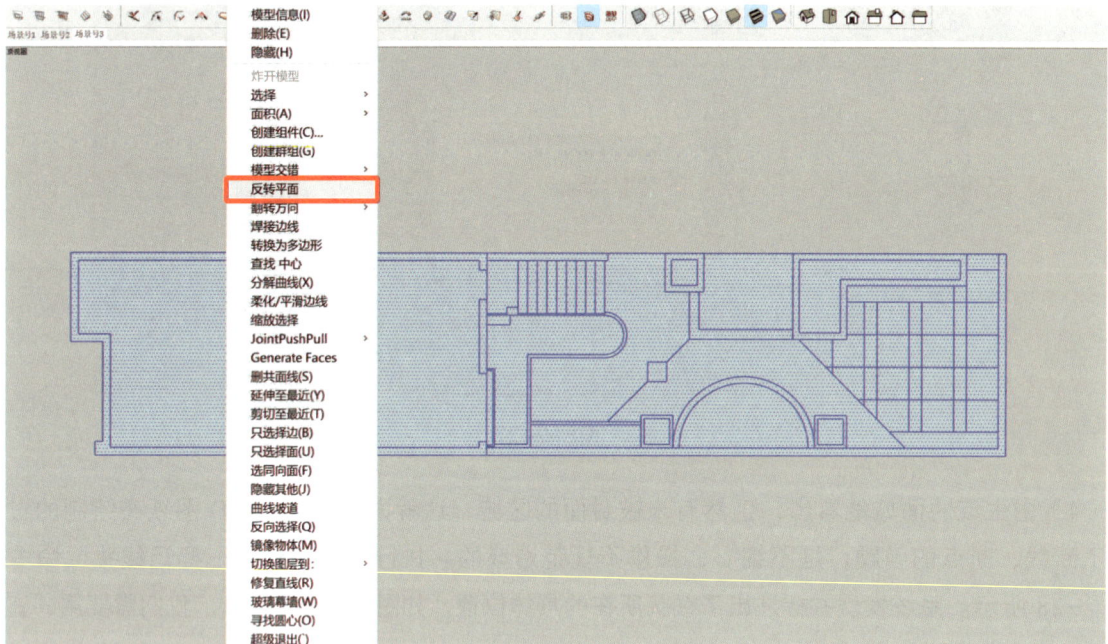

图8-2-30

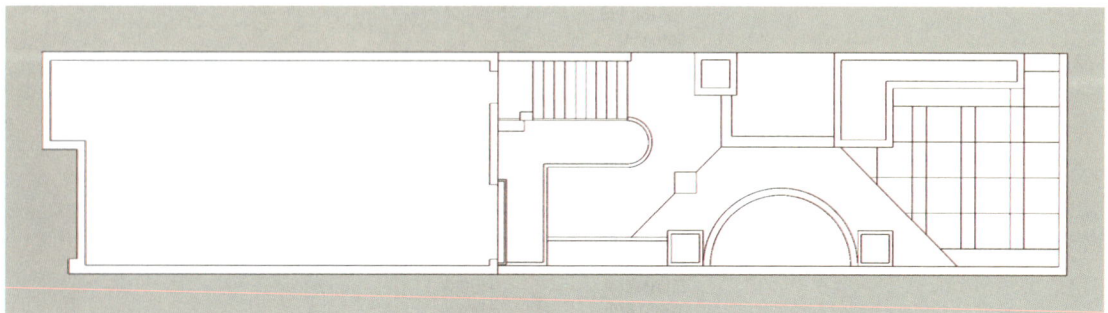

图8-2-31

8.2.6 房间屋顶

坡屋顶的类型包括坡屋顶、复折屋顶、悬山屋顶、攒尖屋顶等。下面就针对SUAPP插件"房间屋顶"工具中的"坡屋顶"功能进行详细讲解，其操作步骤如下。

（1）执行"扩展程序—房间屋顶—生成屋顶—坡屋顶"菜单命令，如图8-2-32所示。

（2）切换到顶视图，简单地创建一个房子，长为12 000 mm，宽为9000 mm，如图8-2-33所示。

（3）切换到透视图，使用"推／拉"工具，将面推拉3000 mm的高度，如图8-2-34所示。

（4）选中顶面，在窗口执行"坡屋顶"命令，设置参数，如图8-2-35所示。

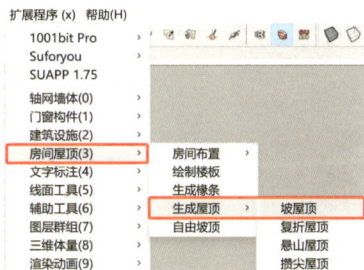

图8-2-32

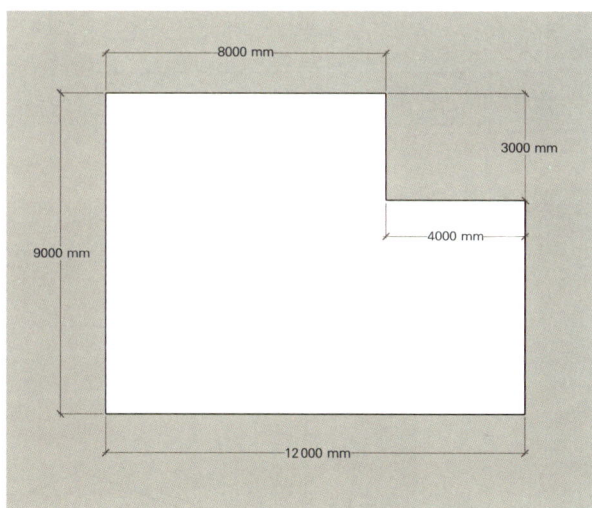

图8-2-33

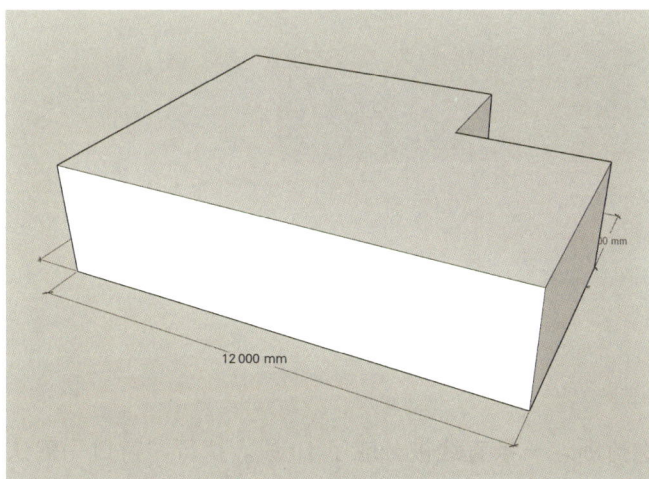

图8-2-34

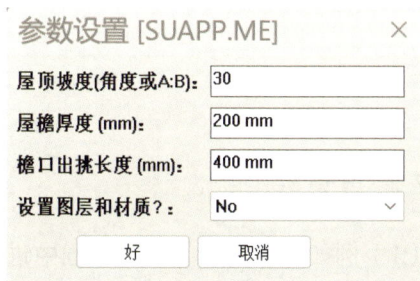

图8-2-35

（5）点击"好"后，生成坡屋顶，如图 8-2-36 至图 8-2-38 所示。

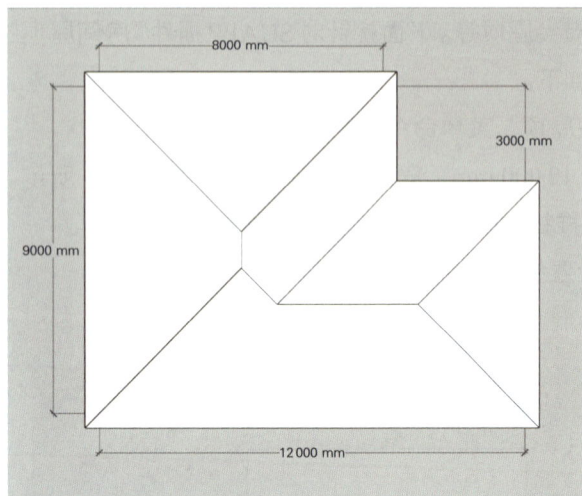

图8-2-36

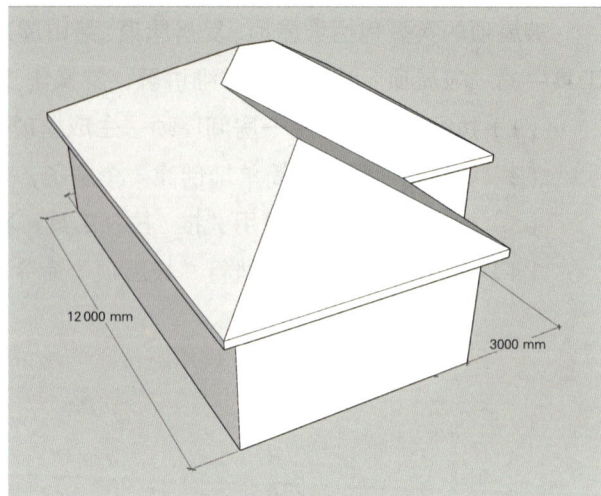

图8-2-37

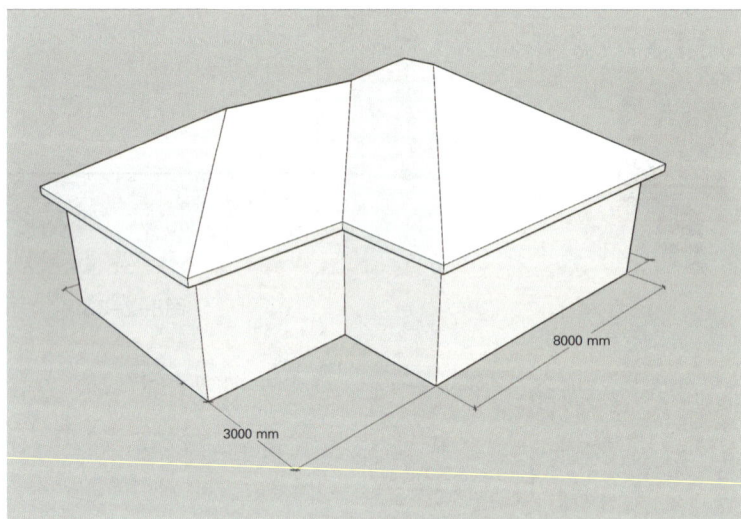

图8-2-38

8.2.7 修复直线

（1）例如，在绘制直线的过程中进行了多次打断，一条直线被分成了 10 段。执行"窗口—默认面板—图元信息"命令可以查看相关信息，如图 8-2-39 所示。

（2）选中整段直线，执行"扩展程序—线面工具—修复直线"命令，如图 8-2-40 所示。随后，9 条直线被修复成一整根，如图 8-2-41 所示。

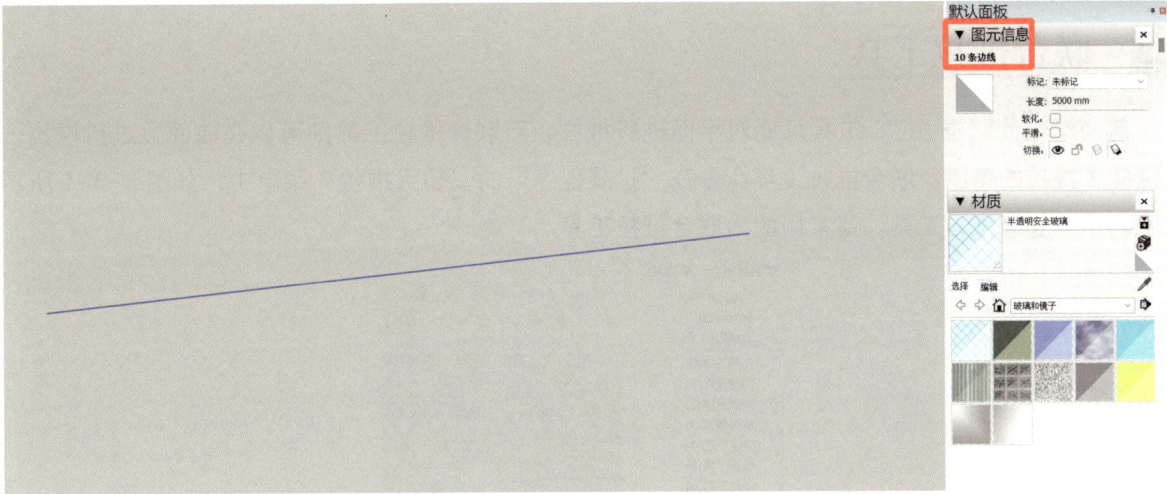

图8-2-39

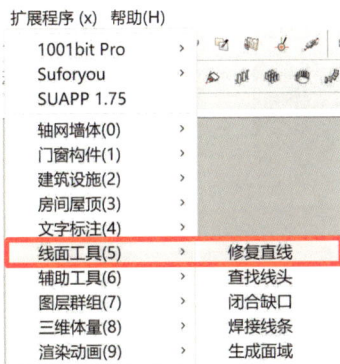

图8-2-40

图8-2-41

8.2.8 清理废线

在模型创建中需要清理模型中的废线，一条一条地删除是非常麻烦的，这时"清理废线"工具就显得十分有用。

执行"扩展程序—线面工具—清理废线"命令，如图 8-2-42 所示，可以一键删除模型中所有共面的线或者多余的废线。

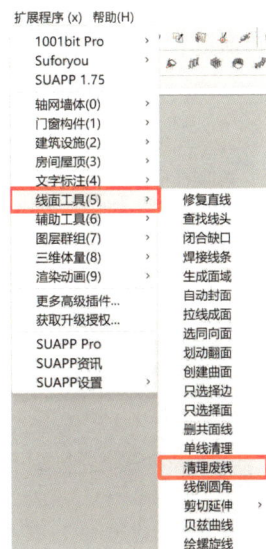

图8-2-42

8.3 联合推拉工具

前面学习的"推/拉"工具只能对平面进行推拉，而联合推拉工具则可以在曲面上进行推拉，大大延伸了推拉的范围。联合推拉工具命令在"扩展程序"的"超级推拉"菜单中，如图8-3-1所示，其中有多个超级推拉工具，最常用的为联合推拉工具。

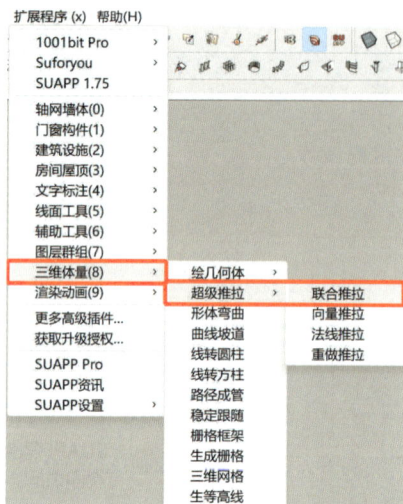

图8-3-1

操作实践3：利用圆锥练习联合推拉工具

（1）在 XY 轴上画一个圆形，利用"直线"工具找到其圆心。以圆心为端点往 Z 轴方向引一条直线作为圆锥的高，并与圆周上任意一点连线形成一个直角三角形，右键选择"反转平面"，如图 8-3-2 所示。

（2）选中底面圆形或圆周，选择"路径跟随"工具，再点击该直角三角形，圆锥绘制完成，如图 8-3-3 所示。

图8-3-2

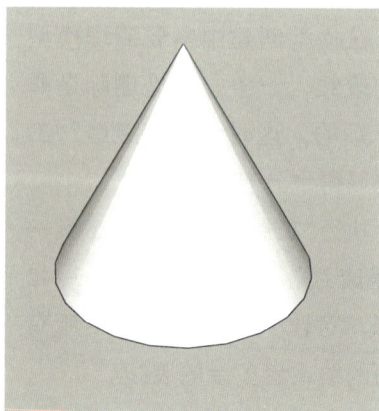

图8-3-3

（3）执行"视图—显示隐藏的几何图形"命令，这时构成圆锥侧面的虚线都显示了出来，且数量和底面圆周的段数一致。这也说明该圆锥不是严格意义上的圆锥，其侧面是由 24 个完全相同的三角形构成的，且这些三角形及其之间的虚线可被选中，如图 8-3-4 所示。

（4）选中需要推拉的面，可以同时选中多个面，这些面可以是紧挨在一起的也可以是分开的。随后执行"扩展程序—三维体量—超级推拉—联合推拉"命令，选择推拉的方向和距离，可在推拉的过程中输入距离，也可在完成推拉后改变数据。如图 8-3-5 所示，完成推拉。此方法同样适用于圆柱体侧面的推拉操作。

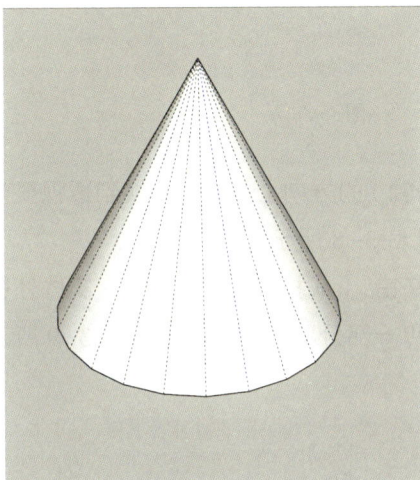

图8-3-4

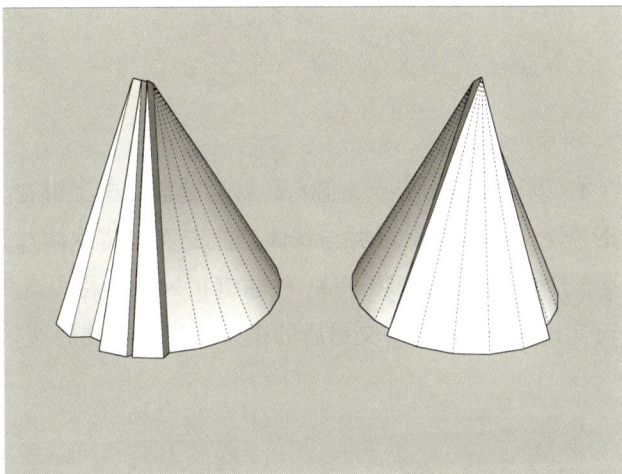

图8-3-5

提 示

由于在 SketchUp 中利用"圆"工具绘制出的圆形默认圆周段数为24段，并不是严格意义上的正圆，因此只能在"图元信息"中修改段数使该圆显得和之前相比较圆，而永远无法成为正圆。

操作实践 4：利用被切割的球体练习联合推拉工具

（1）在 XY 轴上画一个圆形，利用"直线"工具找到其圆心。以圆心为端点往 Z 轴方向引一条直线作为第二个圆的半径，并以第二个端点作为 Z 轴上圆的圆心画圆，右键选择"反转平面"，如图 8-3-6 所示。

（2）选中底面圆形或圆周，选择"路径跟随"工具，再点击第二个圆，右键选择"反转平面"，把底面圆及其半径删除，球体绘制完成，编辑成组，如图 8-3-7 所示。

（3）将视图调整为顶视图，执行"相机—平行投影"命令。

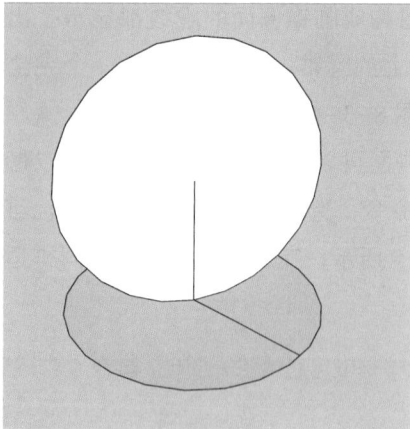

图8-3-6

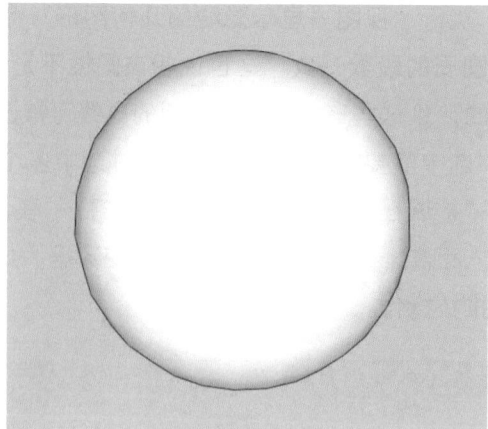

图8-3-7

（4）以球体的中心点为圆心，点击键盘的向上键在 Y 轴（绿轴）的方向上画圆。切换到透视显示，将圆形沿 Z 轴向下移动，并与球体产生交叉，将球体炸开，如图 8-3-8 所示。

（5）同时选中圆形和球体，在右键扩展菜单栏中选择"模型交错"（或执行"实体工具—实体外壳"命令可实现类似操作）。交错后的模型间产生了交界线，将圆形和一部分球体删除，如图 8-3-9 所示。

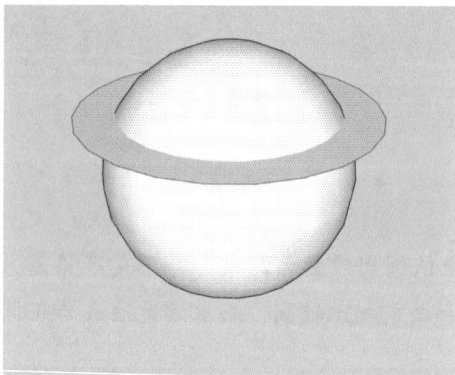

图8-3-8

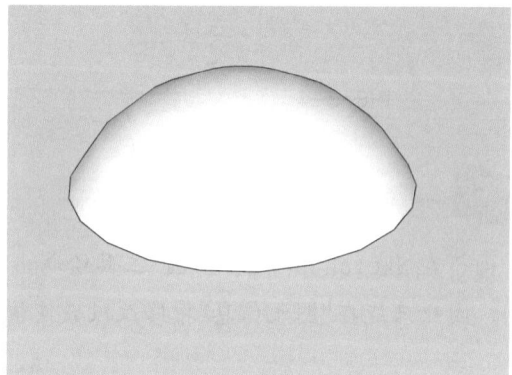

图8-3-9

（6）执行"视图—显示隐藏的几何图形"命令，选中剩余半球的部分面，执行"联合推拉"命令，如图 8-3-10 所示，完成推拉。

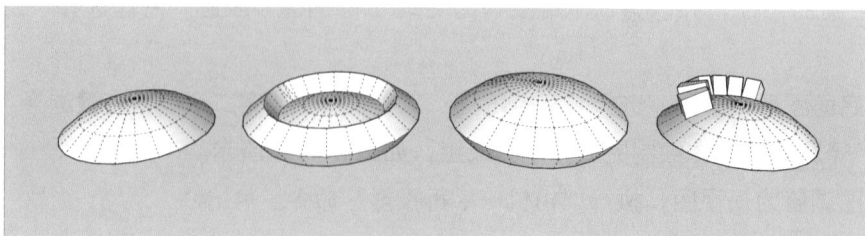

图8-3-10

操作实践 5：绘制水池

（1）结合"圆"和"推/拉"工具绘制出高 300 mm，圆半径为 1000 mm 的圆柱体。用空格键选择圆柱侧面，然后激活联合推拉工具，来到该弧形侧面上，会捕捉到其中一个分面，该面出现红色的边框，如图 8-3-11 所示。

（2）此时按鼠标左键向外拖动，如图 8-3-12 所示。松开鼠标，然后输入推拉值为 300 mm，并按回车键，效果如图 8-3-13 所示。

（3）继续使用联合推拉工具，将外圆环曲面继续向外推拉出 2000 mm。再用同样的方法，将最外圆环曲面向外推拉出 500 mm，如图 8-3-14 所示。

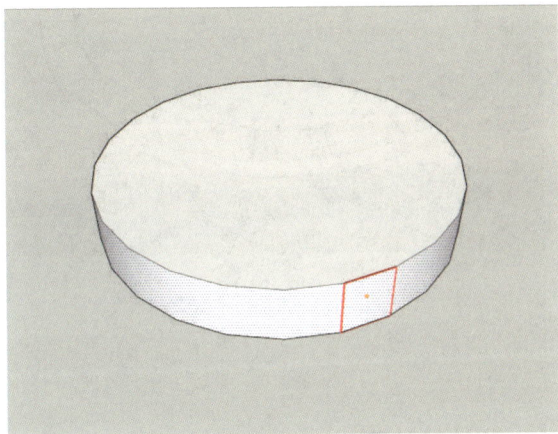

图8-3-11

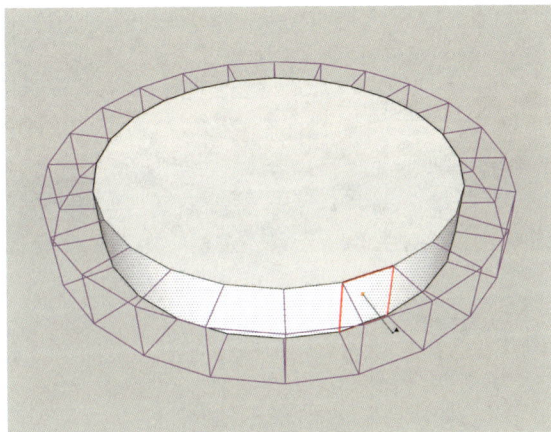

图8-3-12

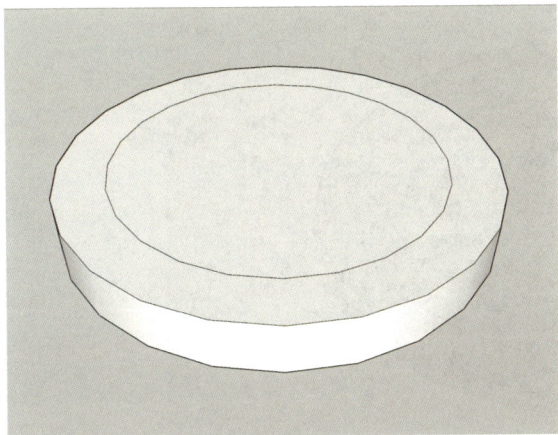

图8-3-13

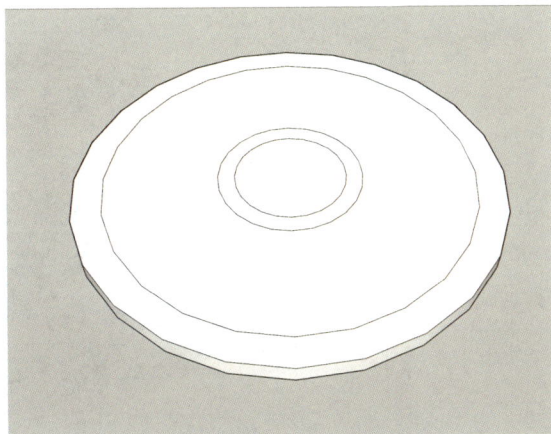

图8-3-14

（4）利用 Delete 键删除多余的表面，并将反面变正面，如图 8-3-15 所示。

（5）执行"视图—显示隐藏的几何图形"菜单命令，将隐藏的法线显示出来。按空格键切换成"选择"工具，结合 Ctrl 键选择表面上相邻的分隔面，编辑成组。

（6）随后双击鼠标左键进入组内，按 Ctrl+A 组合键全选所有面，选择联合推拉工具，按住鼠标左键不放，向上拖动以拉伸，并输入高度为"50 mm"，推拉效果如图 8-3-16 所示。

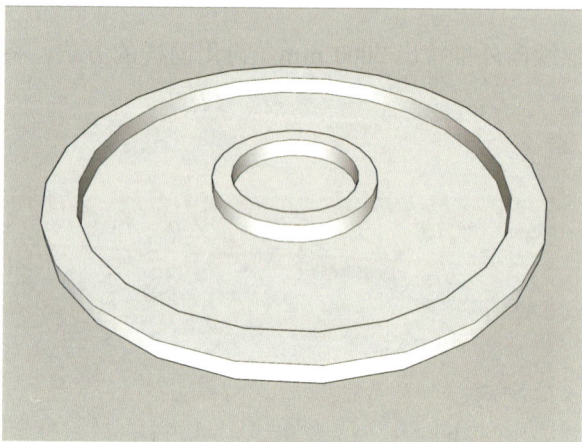

图8-3-15

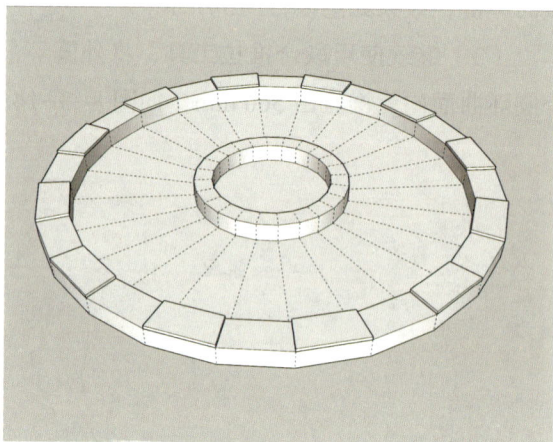

图8-3-16

（7）执行"视图—显示隐藏的几何图形"菜单命令，将法线隐藏。

（8）执行材质命令（B），对水池进行相应的材质填充，效果如图 8-3-17 所示。

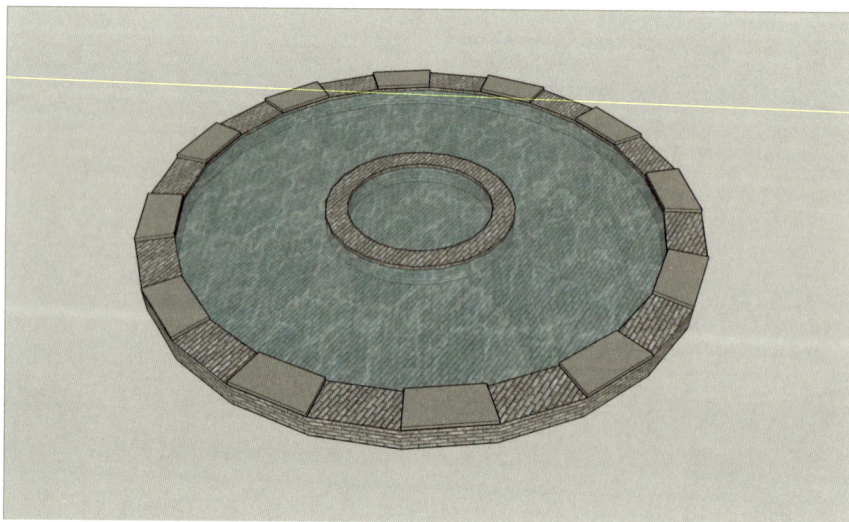

图8-3-17

（1）使用传统的"推／拉"工具时，一次性只能对一个面进行推拉，而使用联合推拉工具，一次性可推拉多个面。当选择连续的面时，推拉出的物体之间是完全吻合的；而推拉相邻的面时，则各个面按照自身的法线进行挤压。

（2）对于已有厚度的体块来说，执行"联合推拉"命令是对物体中的面进行推拉操作；对于没有厚度的面片来说，执行"联合推拉"命令是对面进行加厚。

8.4　曲面自由编辑插件

使用曲面自由编辑（Tools on Surface）插件可以方便地在曲面表面绘制基本形体，并可对曲面进行偏移、复制等操作。

曲面自由编辑工具栏由多个工具按钮组成，包括直线、矩形、圆、多边形、椭圆、平行四边形、圆弧、扇形等绘图工具，还有曲面偏移、删除等命令，如图8-4-1所示。

图8-4-1

操作实践6：绘制灯具

（1）使用"圆"和"推／拉"工具，在绘图区绘制一个半径为 75 mm 的圆，再向上推拉 600 mm 的高度，如图 8-4-2 所示。

（2）执行"缩放"命令，将整个圆柱体沿红轴按照 1 ∶ 0.7 的比例进行缩放，如图 8-4-3 所示。

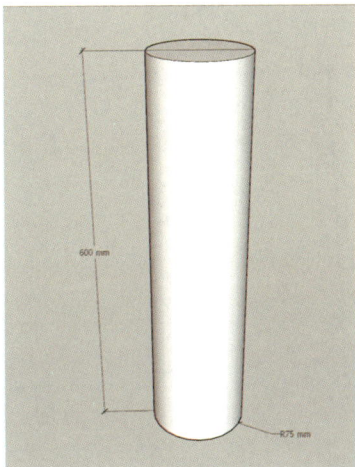

图8-4-2

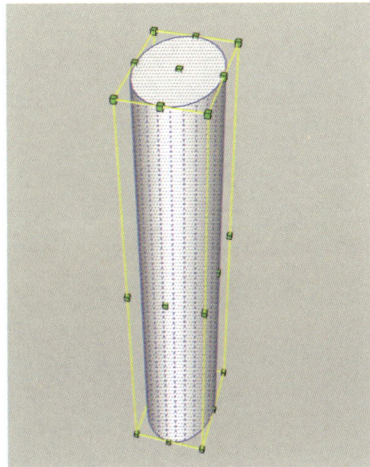

图8-4-3

（3）执行"视图—显示隐藏的几何图形"菜单命令，将隐藏的法线显示出来。

（4）执行"直线"命令，捕捉相应法线绘制连线，如图 8-4-4 所示。然后再执行"视图—显示隐藏的几何图形"命令，隐藏法线。

（5）选择绘制的直线，通过右键快捷菜单命令，将其拆分成 4 段，如图 8-4-5 所示。

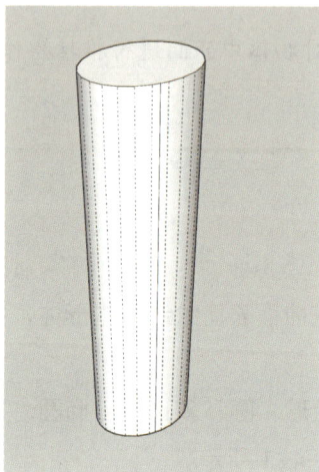

图8-4-4

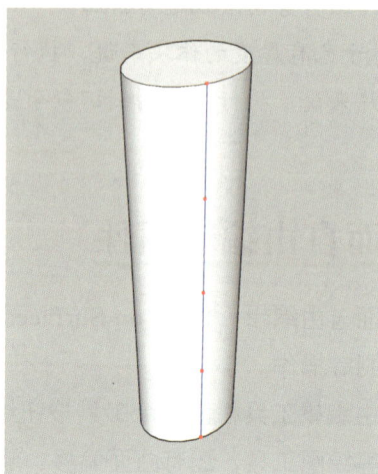

图8-4-5

（6）在曲面自由编辑插件工具栏中单击"曲面矩形"按钮，如图 8-4-6 所示。以拆分后线段的第一个端点为矩形中心点，在蓝色轴上指定半轴长为 100 mm，然后在绿轴上指定半轴长为 60 mm，如图 8-4-7 所示。

图8-4-6

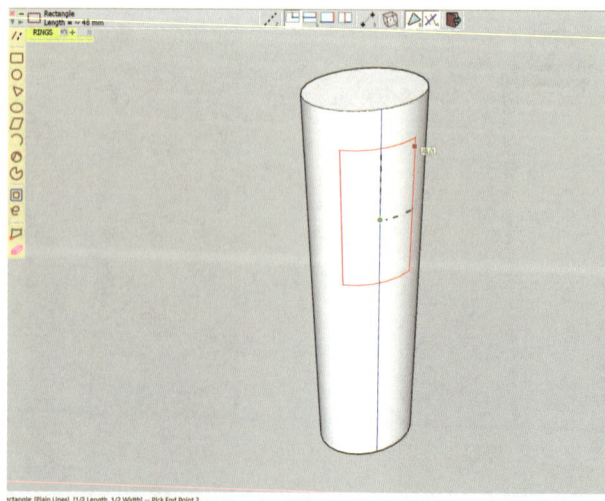

图8-4-7

　　曲面矩形与传统矩形的绘制方法不同，曲面矩形是由中心点和 2 个方向的半轴长来绘制的，绘制出矩形后会出现"中心点"标记。

　　（7）用同样的方法，在最后一个直线的端点处绘制同样大小的矩形。

　　（8）执行"擦除"命令，将相应的线段和中心点删除，如图 8-4-8 所示。

　　（9）在曲面自由编辑插件工具栏中单击"曲面偏移"按钮，如图 8-4-9 所示。将曲面矩形向内偏移 5 mm，如图 8-4-10 所示。

　　（10）按空格键选择两个矩形面，然后单击联合推拉工具，将矩形面向内推拉 5 mm（可直接输入"－5"）。再次选中这两个面，按 Delete 键删除，推拉完成，如图 8-4-11 所示。

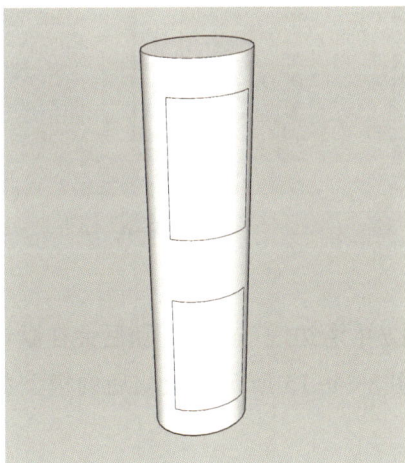

图8-4-8

图8-4-9

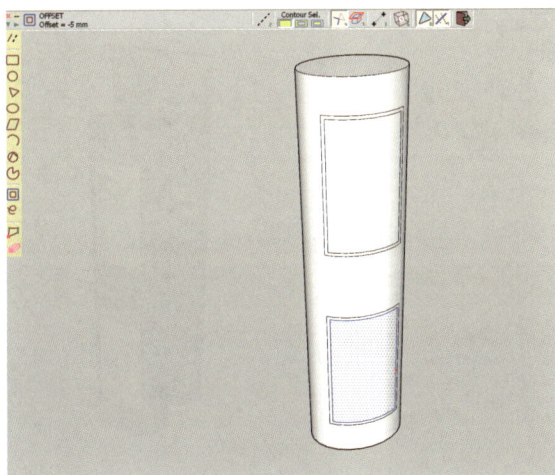

图8-4-10

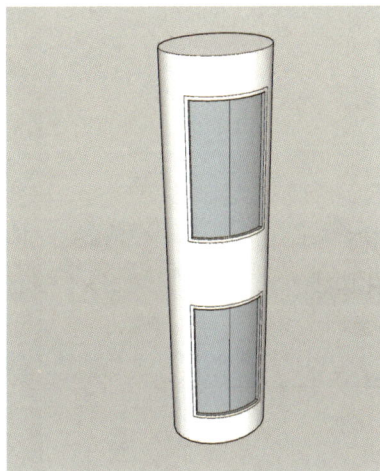

图8-4-11

（11）再次利用"擦除"工具将多余线段擦除，选中两个内面在右键扩展菜单命令中选择"反转平面"，再选择"确定平面方向"，并将其编辑成群组，如图 8-4-12 所示。

（12）执行"圆弧"命令，在空白位置绘制弧长为 200 mm，弧高为 60 mm 的圆弧；再执行"直线"命令和"推/拉"命令，将其向上推拉 700 mm 成体，并将其编辑成群组，如图 8-4-13 所示。

（13）执行"移动"命令，将两个图形组合在一起，如图 8-4-14 所示。

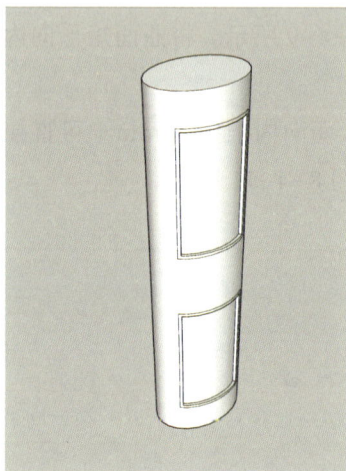
图8-4-12

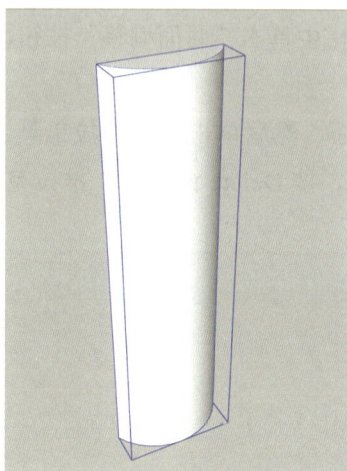
图8-4-13

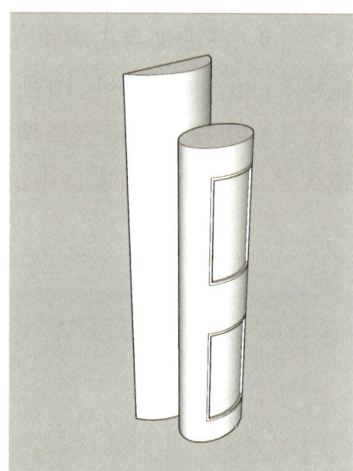
图8-4-14

（14）分别进入两个群组中，选择外轮廓面后右键选择"柔化/平滑边线"命令，随后会在默认面板中出现"柔化边线"面板。将柔滑幅度拉到 90 度左右，如图 8-4-15 所示。柔化后的模型如图 8-4-16 所示。

（15）执行"材质"命令，对图形进行相应的颜色材质填充，效果如图 8-4-17 所示。

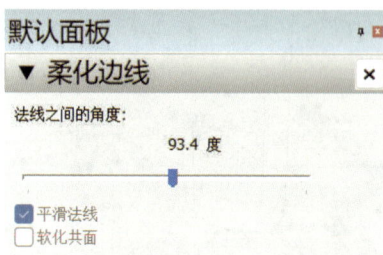
图8-4-15

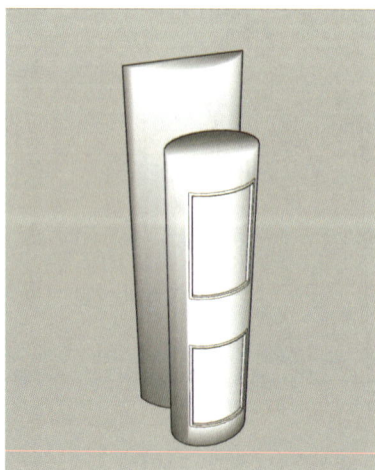
图8-4-16

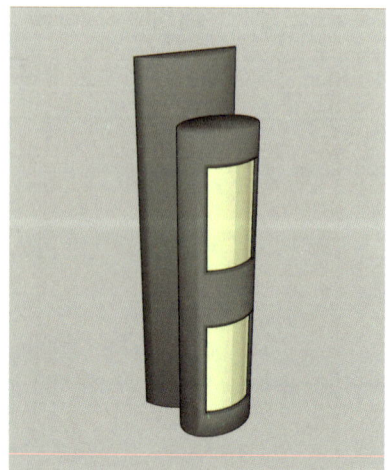
图8-4-17

8.5　Curviloft 曲线放样工具

SketchUp 自带的 "路径跟随" 工具一次只能选取一个截面进行放样，而针对多个路径和截面的时候可以选择 Curviloft 曲线放样工具，其中包括 Loft by Spline、Loft along path 和 Skin contours。

8.5.1 Loft by Spline

8.5.1.1 绘制直线路径

（1）在 Z 轴（蓝轴）上画一根直线。随后将直线复制出若干根，使其从平面角度看起来呈一条弧线的形状，如图 8-5-1 所示。

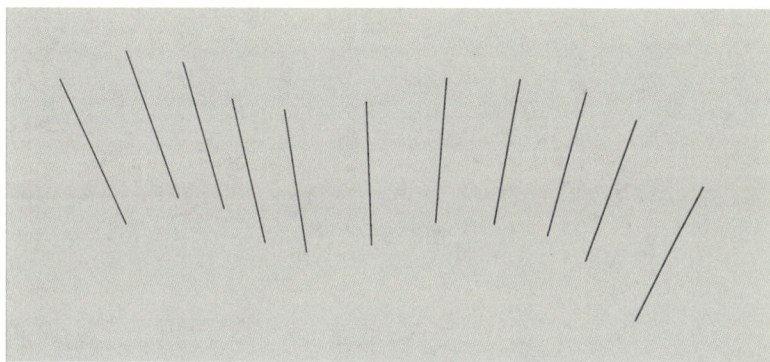

图8-5-1

（2）先点击 "Loft by Spline" 工具图标，如图 8-5-2 所示，按顺序依次选中画好的直线路径（切勿直接全选，否则放样出来的模型会出现差错，如图 8-5-3 所示，并且软件还有可能卡死），如图 8-5-4 所示，按 Enter 键确定，点击空白处退出。放样出来的模型会自动成组，且并不影响原本的直线，如图 8-5-5 所示。

图8-5-2

图8-5-3

图8-5-4

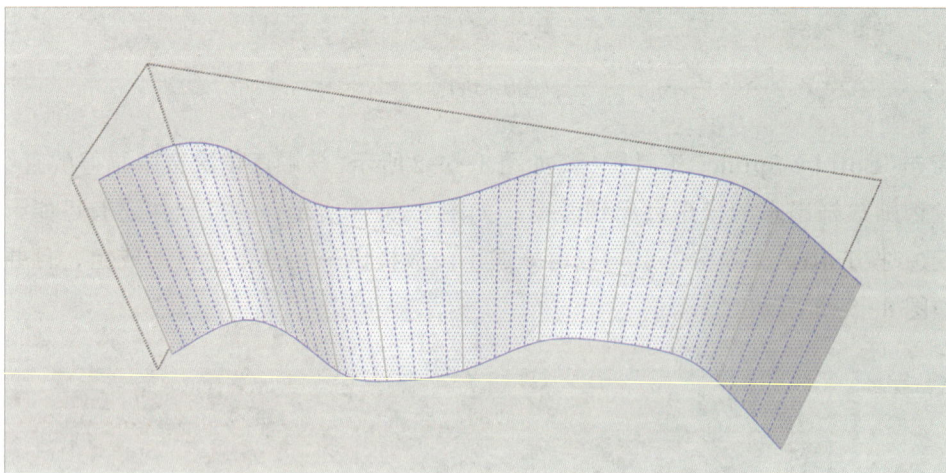

图8-5-5

8.5.1.2 绘制曲线路径

（1）在 Z 轴（蓝轴）上画一条弧线。随后将弧线复制出若干根，并旋转成一定角度，使其从平面方向看起来大体呈一条曲线的形状，如图 8-5-6 所示。

（2）配合向上键移动至不同平面。点击"Loft by Spline"工具图标，按顺序依次选中画好的路径，按 Enter 键确定，点击空白处退出，完成放样，如图 8-5-7 所示，此方法可以用来制作滑梯。构成整体放样的弧线越多，最终的模型效果就越圆滑流畅。

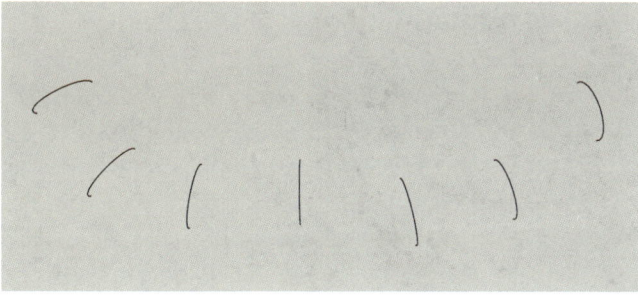

图8-5-6

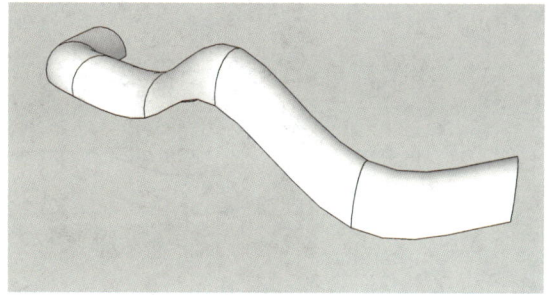

图8-5-7

8.5.2 Loft along path

（1）先在平面上画出几段连续的弧线作为路径，再画出若干个不同形状的截面，并找到它们的圆心、中心，如图 8-5-8 所示。

（2）通过适当旋转分别将截面移动到不同的端点上，擦除多余线段，如图 8-5-9 所示。

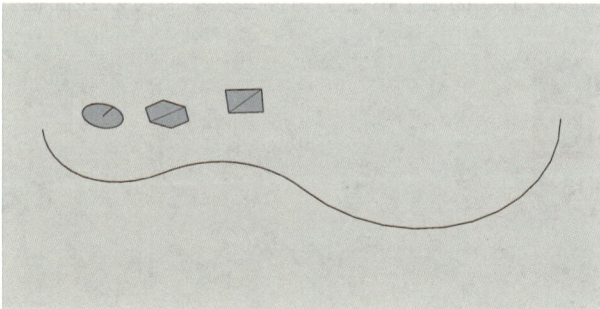

图8-5-8

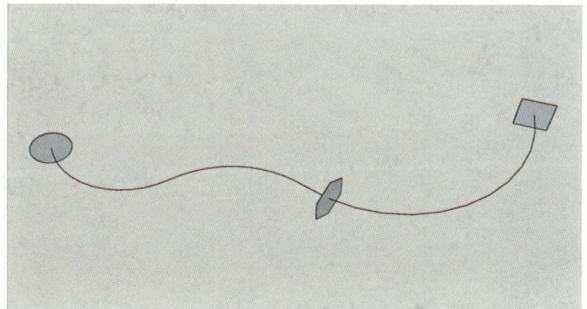

图8-5-9

（3）点击"Loft along path"工具图标，如图 8-5-10 所示，先依次选择路径，再依次选择截面，如图 8-5-11 所示。按 Enter 键确定，点击空白处退出，完成放样，如图 8-5-12 所示。

图8-5-10

图8-5-11

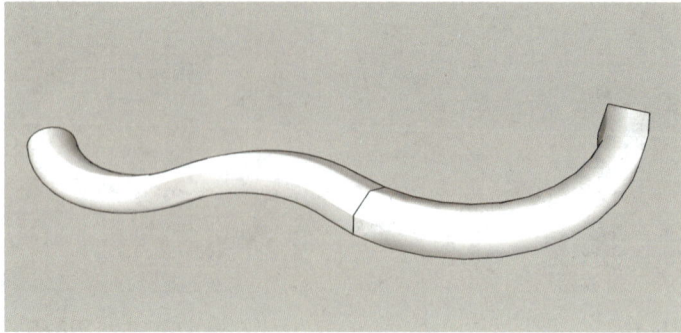

图8-5-12

8.5.3 Skin contours

如图 8-5-13 所示，该工具是根据现有的曲线或直线，生成曲面。相当于封面工具，但可以封曲面。

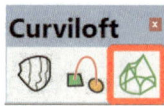

图8-5-13

操作实践7：绘制坡道

（1）执行"圆弧"命令画出一条两端点间相距 10 000 mm 的弧线，偏移 1200 mm，封面，右键选择"反转平面"，如图 8-5-14 所示。

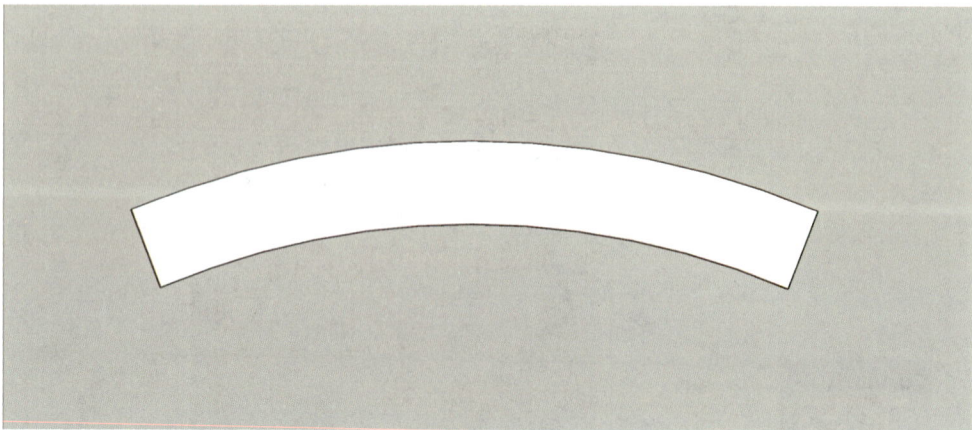

图8-5-14

（2）将该平面复制出来一份放在一边。选中其中一条弧线后点击"创建斜坡"工具图标，执行由已知边以固定距离自动创建斜坡或斜坡路径命令，如图 8-5-15 所示。或执行"扩展程序—1001 bit Pro—编辑与修改—斜坡"命令，如图 8-5-16 所示（若先点击"创建斜坡"工具图标后再选择边线，会出现如图 8-5-17 所示的提示，意为"没有边线被选中，请选中后再执行此工具"）。

图8-5-15

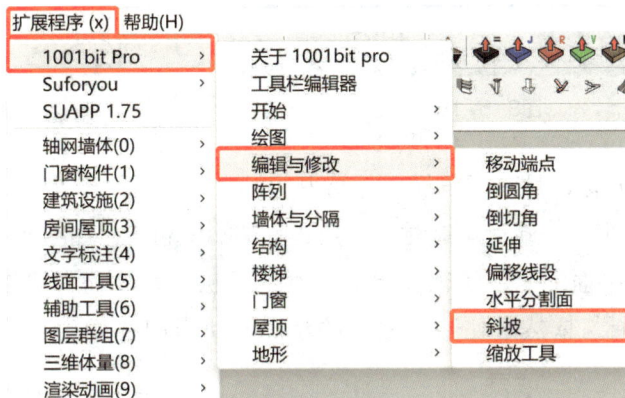

图8-5-16

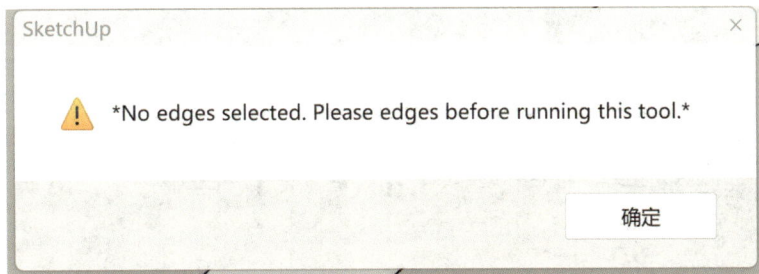

图8-5-17

（3）随后弹出"创建斜坡"编辑窗口，如图 8-5-18 所示。由于"平面距离（l）"是既定的（10 263 mm），因此只能修改高度（h）和倾斜角（a）。由勾股定理可知，在平面距离确定的情况下，只需高度或倾斜角任一数值就能得出另一个，因此二者之间确定一个即可。在这里将倾斜角（a）设置为"8"，这时高度（h）自动生成距离 1442 mm。最后在下拉列表中会看到有不同的选项，如图 8-5-19 所示，分别表示"残疾人坡道""停车场坡道"以及道路断面坡度不同的"排水沟"。这里选择保持默认（残疾人坡道），点击"创建斜坡"按钮。

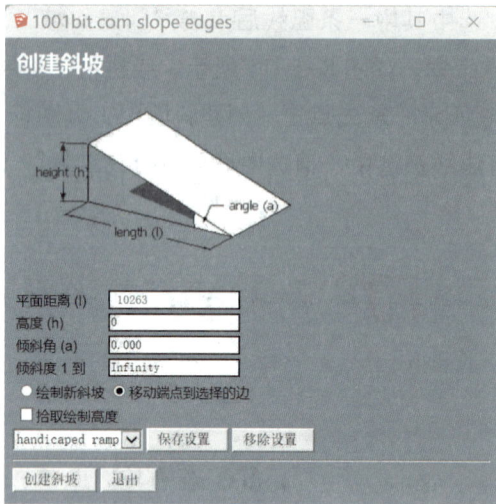

图8-5-18

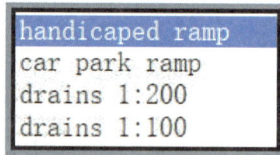

图8-5-19

（4）出现蓝色十字光标，且左下角提示"拾取起始点"。选中一个端点后系统提示"拾取或输入 Z 轴起始高度"，再拾取另一端点。这时，一条边就被抬了起来，如图 8-5-20 所示。

（5）此时会发现，平面上出现了很多分割斜线，且被分割的面都可以被单独选中，但是未进行抬高的边线没有被打断，依然是处于一根线的状态。执行同样操作，把另一条边也抬起来，如图 8-5-21 所示。

（6）把另一个面移动过来，用"直线"工具将对应的端点连接，如图 8-5-22 所示。把面全部删除，只留下线，而对于被抬起的面来说只需用"擦除"工具擦除构成面的线即可，如图 8-5-23 所示。

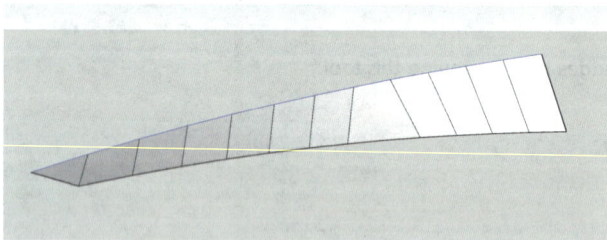

图8-5-20

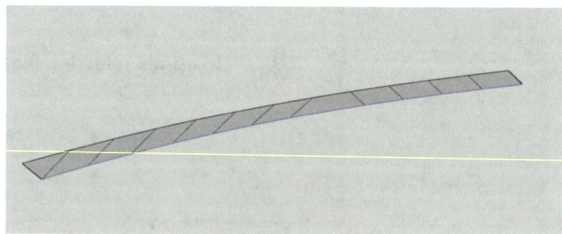

图8-5-21

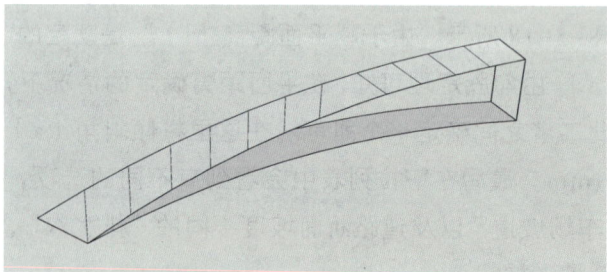

图8-5-22

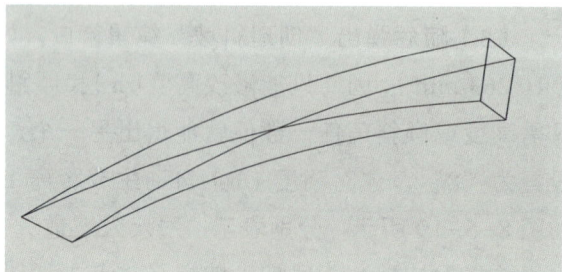

图8-5-23

（7）执行"Curviloft—Skin contours"工具命令，全选线，按 Enter 键确定，点击空白处退出，生成的坡道如图 8-5-24 所示，且自动成组（或先全选线后再点击插件工具也可得出相同结果）。

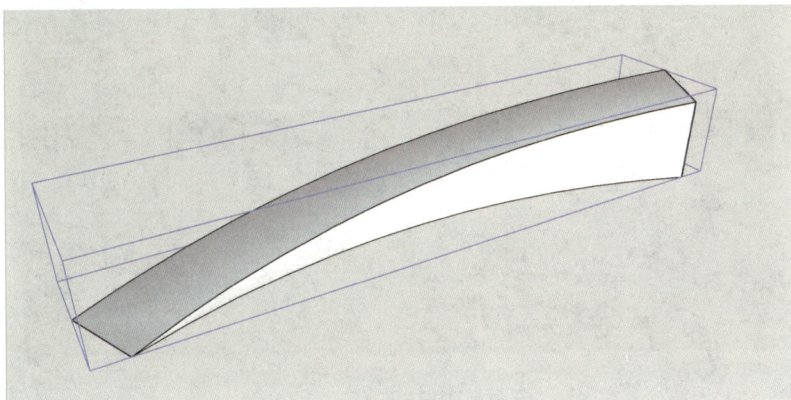

图8-5-24

（1）执行上述第一步操作画出底面后，编辑成组，进行复制。进入其中一个面的组中，使用"大工具集"中的"轴"工具，以图形的一个端点为新的坐标原点，以两边的两条边为 X、Y 轴，改变内部轴向，如图8-5-25所示。

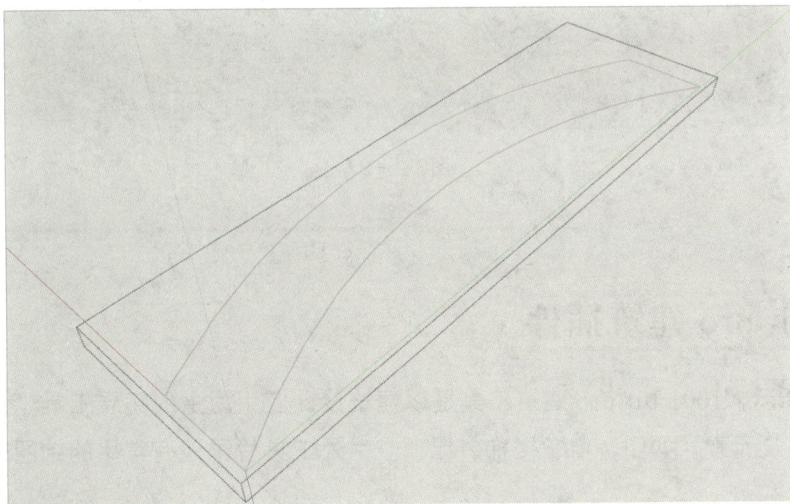

图8-5-25

（2）执行"旋转"工具并将量角尺方向旋转至红轴，以新坐标原点为旋转中心，以图形的长边为旋转轴，角度输入"8"，如图8-5-26所示。

（3）退出组，将两个组炸开，其中一个端点沿 Z 轴方向作垂线，会发现无法与对应的端点连接，如图8-5-27所示。因此此方法不可行。

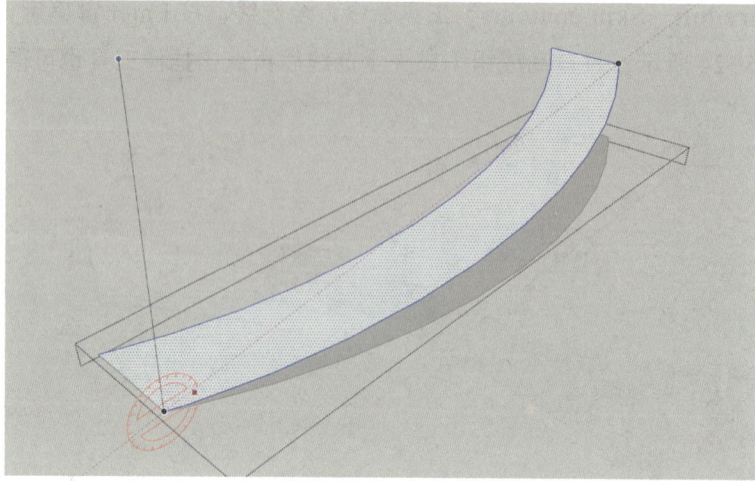

图8-5-26

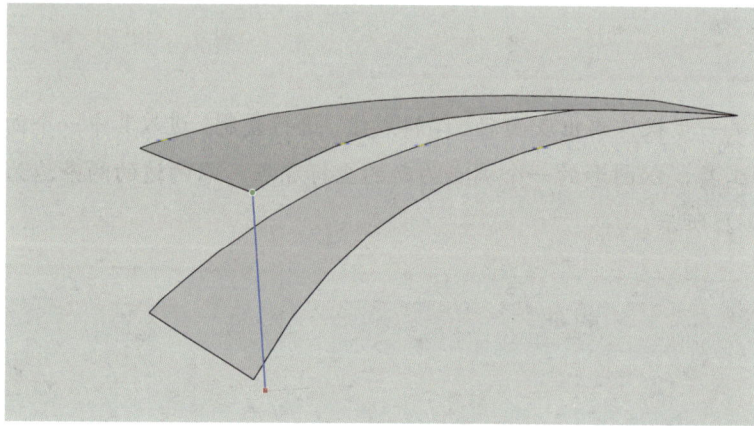

图8-5-27

8.6 1001 bit pro 建筑插件

如图 8-6-1 所示，1001 bit pro 建筑工具是以建筑设计应用为主的拓展工具。使用这套工具，可以快速建出各种建筑元素，如门、窗、楼梯、屋顶。另外工具栏里还有常用的绘图工具，如倒圆角、倒直角、延伸。

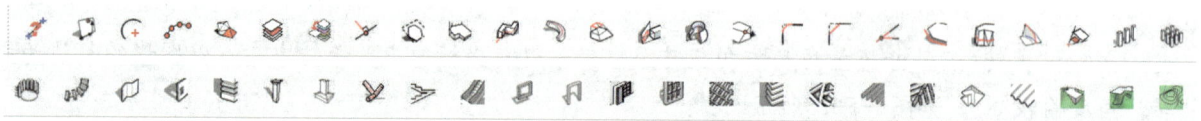

图8-6-1

8.6.1 创建楼梯

创建楼梯工具中包含了 12 种不同的楼梯，其中，有 6 种直梯、4 种剪式梯、2 种螺旋楼梯。与 SUAPP 中的创建楼梯相比有更多样式可供选择。

操作实践 8：创建双跑楼梯

下面就针对创建楼梯中的双跑楼梯进行详细讲解，其操作步骤如下。

（1）点击"创建楼梯"工具图标 ≫ ，选择"楼梯类型"里的第 7 个，随后点击"创建楼梯"，如图 8-6-2 所示。

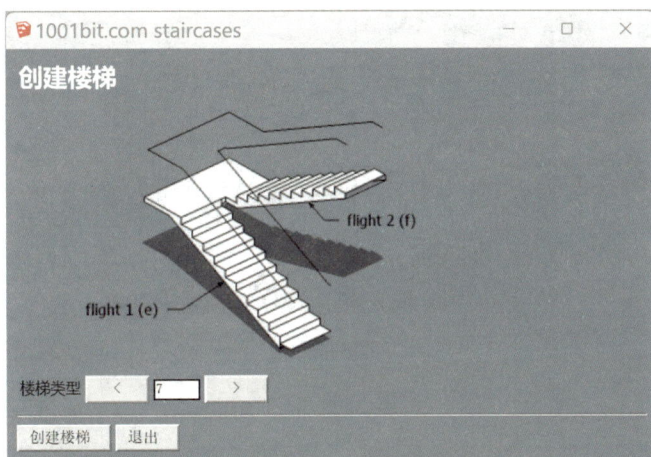

图8-6-2

（2）随后进入到如图 8-6-3 所示的窗口。其中梯段方向分为"左到右"和"右到左"，如图 8-6-4、图 8-6-5 所示。休息平台分为"无""上楼之前"和"下楼之前"，如图 8-6-6 至图 8-6-8 所示。

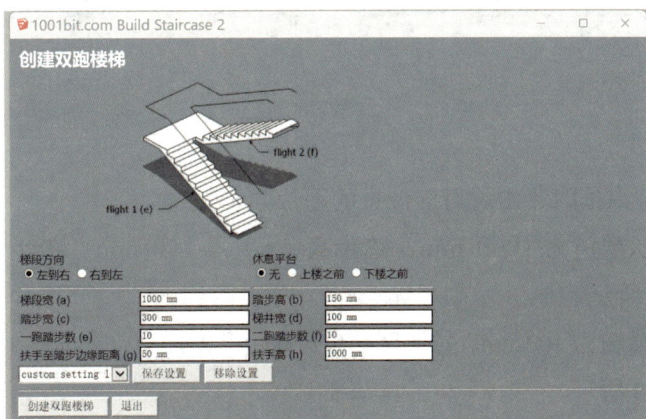

图8-6-3

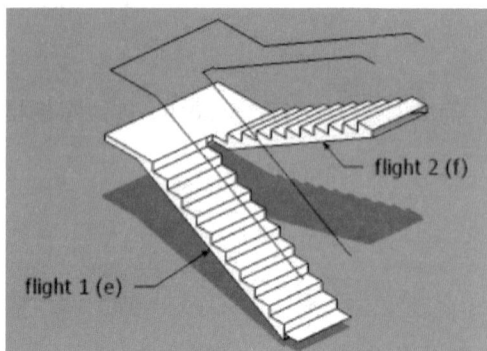

图8-6-4

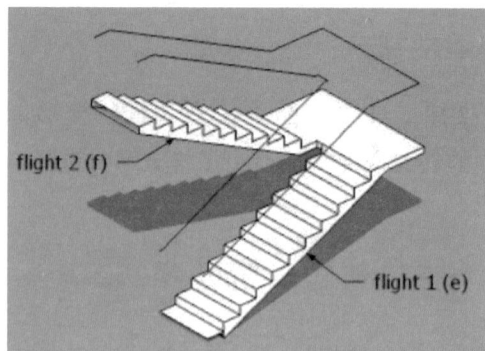

图8-6-5

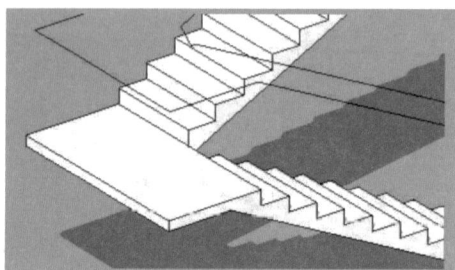

图8-6-6

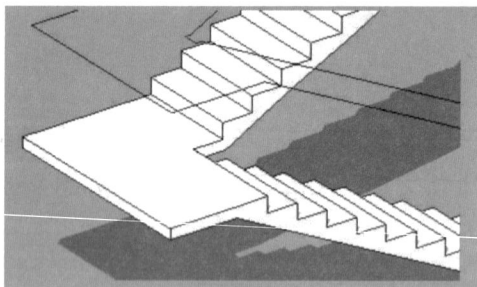

图8-6-7

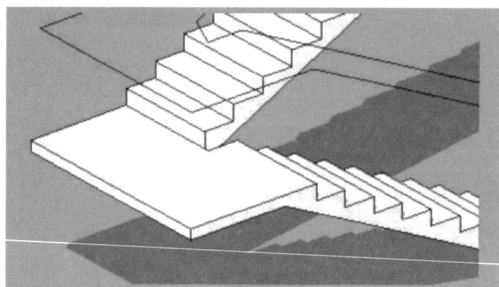

图8-6-8

下面的数据在点击空白框时会出现对应位置的图片：

① 梯段宽（a）默认数值为 1000 mm，踏步高（b）为 150 mm，踏步宽（c）为 300 mm，如图 8-6-9 至图 8-6-11 所示。

②梯井宽（d）默认数值为 100 mm，扶手至踏步边缘距离（g）为 50 mm，扶手高（h）为 1000 mm，如图 8-6-12 至图 8-6-14 所示。

③ 一跑踏步数（e）和二跑踏步数（f）默认均为 10 阶。

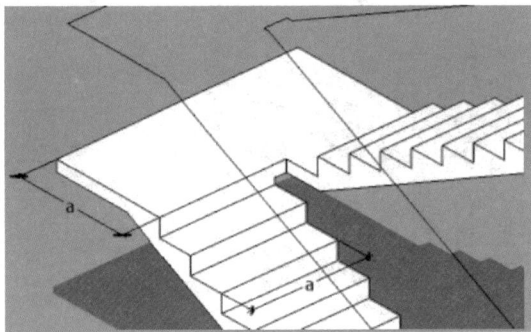

图8-6-9

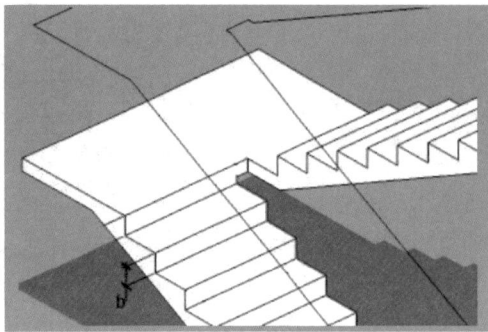

图8-6-10

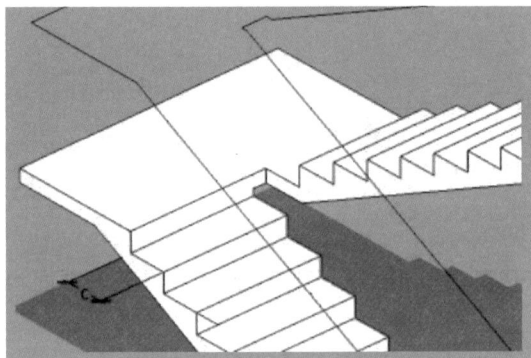

图8-6-11

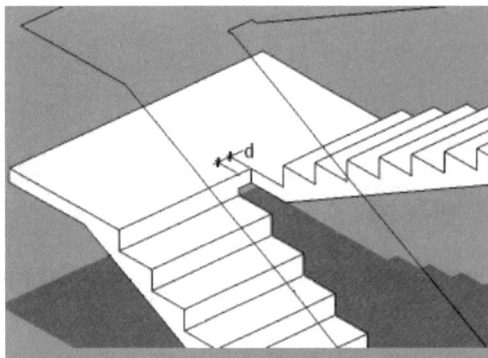

图8-6-12

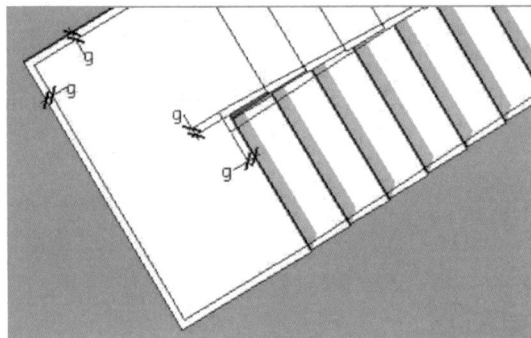

图8-6-13

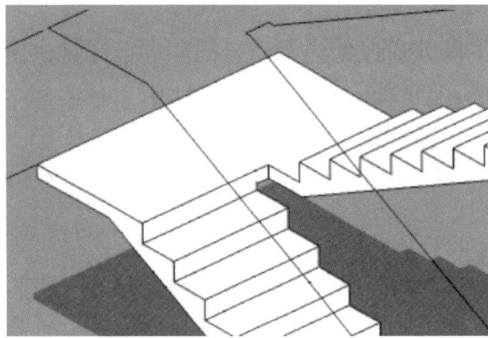

图8-6-14

（3）根据设计要求修改参数，点击"保存设置"保存数据，点击"创建双跑楼梯"，左键出现投影，再次点击左键确定方向。如图8-6-15所示，双跑楼梯创建完成。再根据8.2.1中提到的方法将楼梯栏杆扶手创建出来即可。

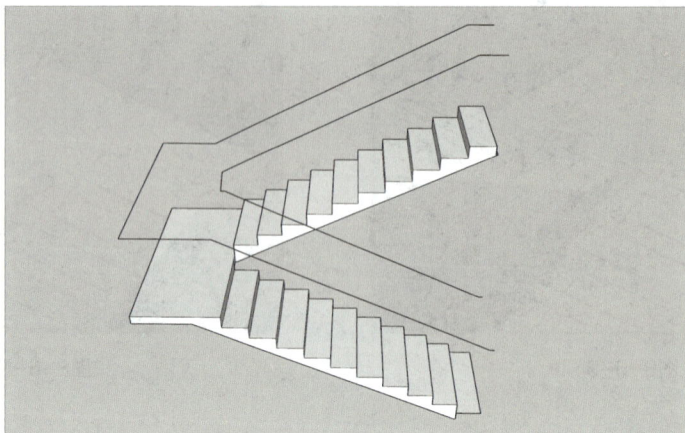

图8-6-15

8.6.2 创建窗框

此创建窗框方法与 8.2.2 中提到的 SUAPP 的墙体开窗功能相比，可修改的参数更多，截面也更丰富和灵活。

操作实践 9：创建滑动窗框

下面就通过创建滑动窗框来进行详细讲解，其操作步骤如下。

（1）根据 8.2.2 的方法创建出简单小房子，随后利用"矩形"工具在墙面上画出一个 2100 mm × 1800 mm 的矩形，如图 8-6-16 所示。

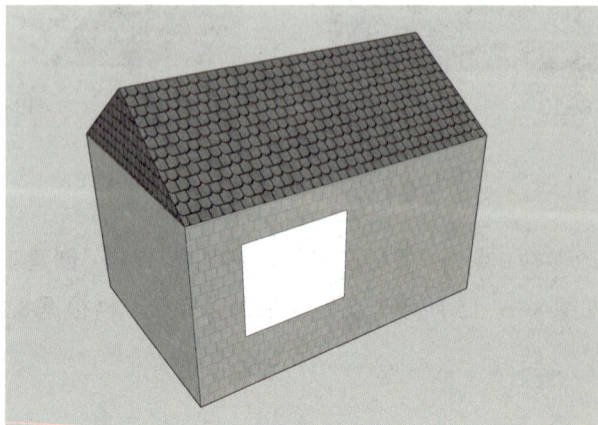

图8-6-16

（2）点击"创建窗框"工具图标 ，进入如图 8-6-17 所示的窗口。其中包括了三种窗框的截面，分别是矩形、倒角和凹 / 凸边，如图 8-6-18 至图 8-6-20 所示。

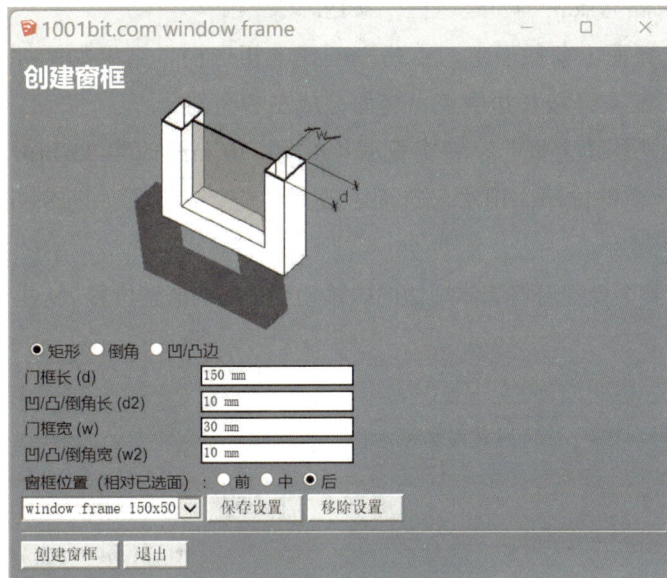

图8-6-17

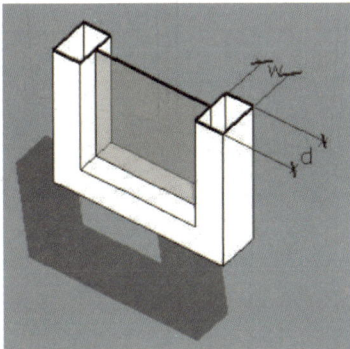

图8-6-18

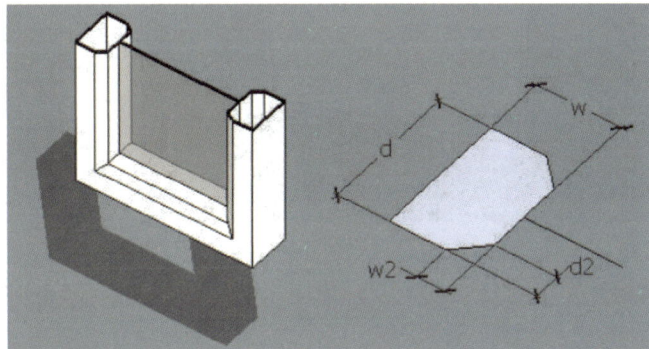

图8-6-19

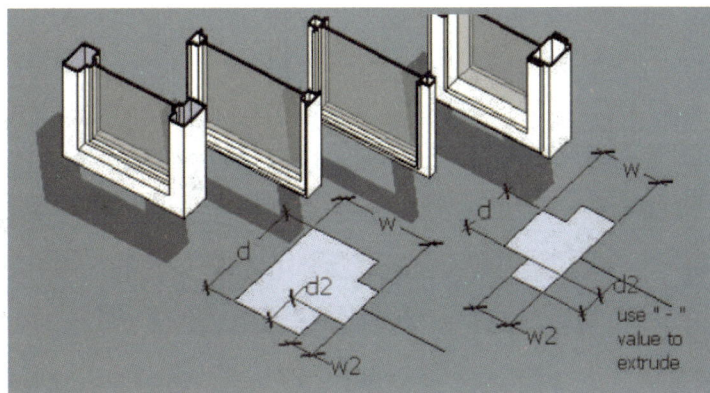

图8-6-20

（3）保持截面为默认的矩形，将窗框长（d）由 150 mm 改为 70 mm，凹/凸/倒角长（d2）和凹/凸/倒角宽（w2）不涉及相关信息因此不更改，窗框宽（w）由 30 mm 改到 50 mm。窗框位置（相对已选面）选择"后"。随后点击"创建窗框"按钮。

（4）系统提示让选择面（窗截面），点击刚创建的矩形面，结果如图 8-6-21 所示。进入组内的中间面，利用"直线"工具连接长边中点，将面分成左右两部分。

（5）随后再次执行"创建窗框"，将窗框长（d）由 70 mm 改为 35 mm，点击"创建窗框"，点击一个面，重复操作，窗框位置（相对已选面）改为"前"，结果如图 8-6-22 所示，插件依然直接把玻璃和窗框分开编辑成组。

（6）赋予材质，并把整个模型沿着墙体短边向内移动至正确的嵌套位置。创建完成，如图 8-6-23 所示。

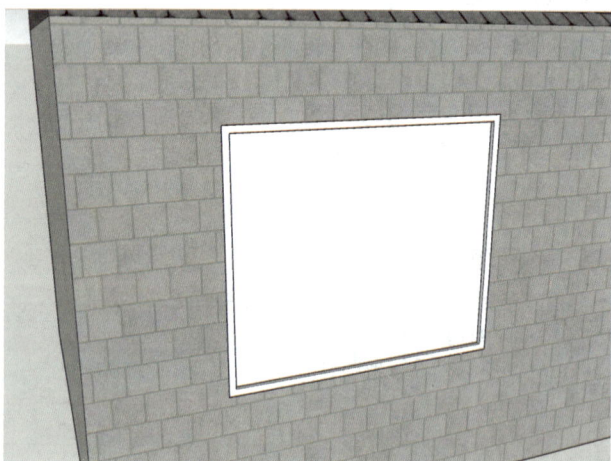
图8-6-21

图8-6-22

图8-6-23

8.6.3 创建门框

（1）在 8.6.2 创建了窗框的小房子的基础上，利用"矩形"工具在墙面上画出一个 2200 mm×
1200 mm 的矩形，如图 8-6-24 所示。

图8-6-24

（2）点击"创建门框"工具图标 ，进入到如图 8-6-25 所示的窗口。其中包括了和窗宽一致
的三种门框截面形式，如图 8-6-26 至图 8-6-28 所示。

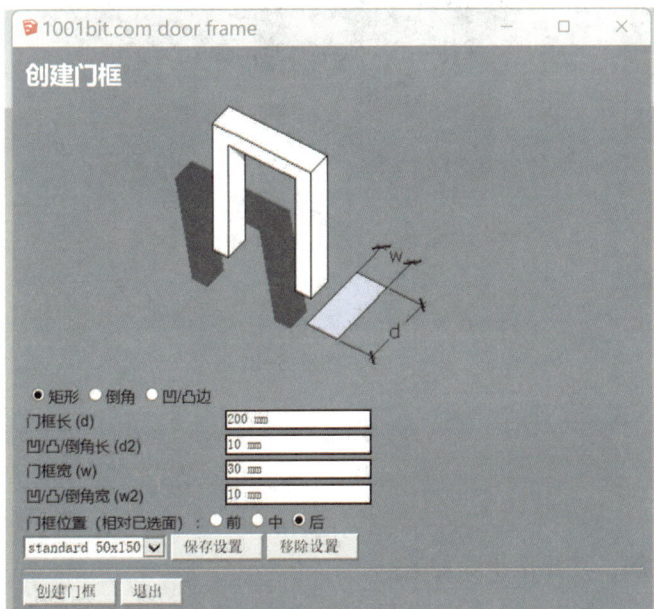

图8-6-25

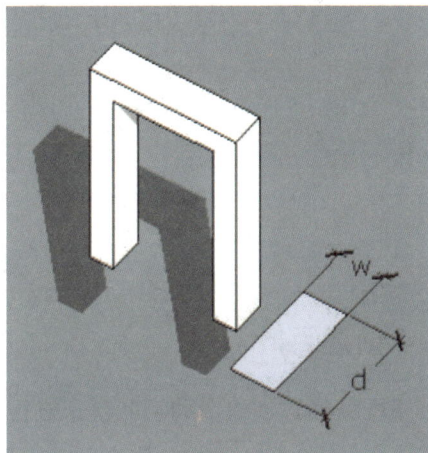

图8-6-26

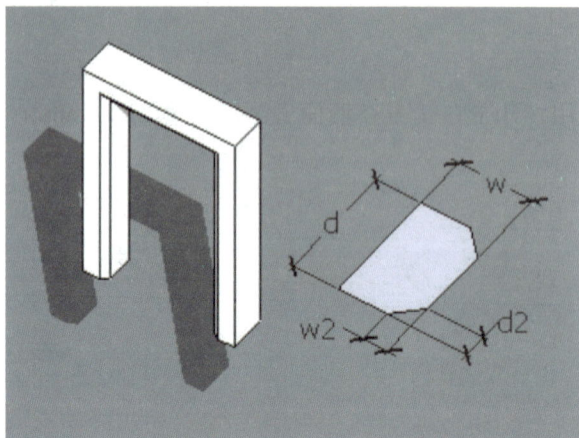

图8-6-27

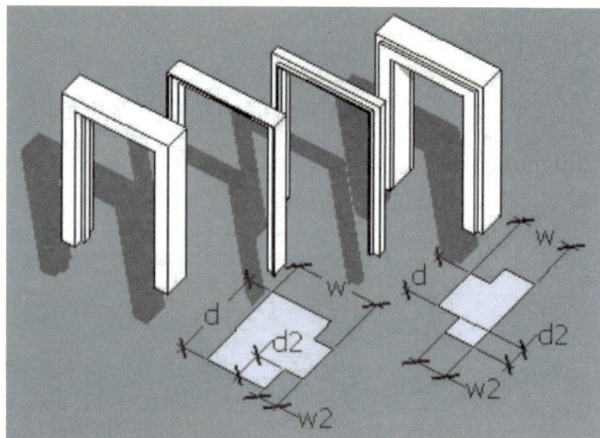

图8-6-28

（3）将门框宽（w）由 30 mm 改为 50 mm，其余所有参数保持默认。门框位置（相对已选面）选择"后"，随后点击"创建门框"按钮。点击刚创建的矩形面，结果如图 8-6-29 所示。

（4）删除多余面，在门框中间创建一个厚度为 50 mm 的门体，并将其编辑成组，和门框均赋予木质纹材质，将过门石赋予大理石材质，创建完成，如图 8-6-30 所示。

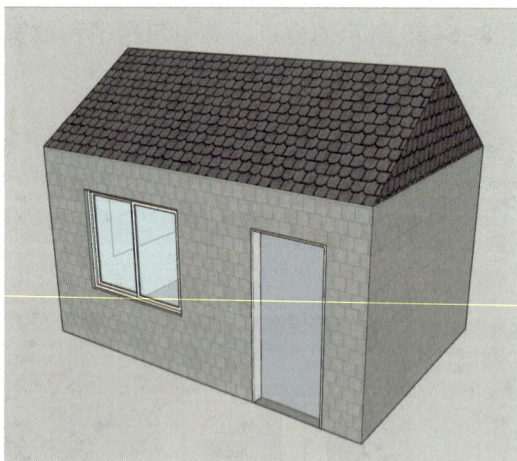

图8-6-29

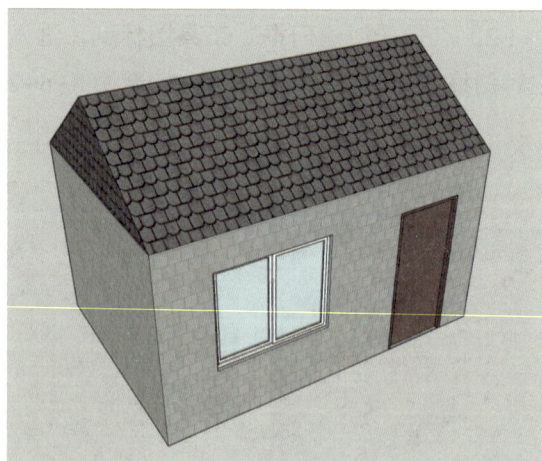

图8-6-30

8.6.4 创建百叶

下面就通过创建滑动百叶窗来进行详细讲解，其操作步骤如下。

（1）在 8.6.2 创建的滑动窗框的基础上，选中其中一个玻璃面。点击"创建百叶"工具（其中包括了 6 种百叶样式，3 种有厚度，3 种无厚度）图标，进入到如图 8-6-31 所示的窗口。

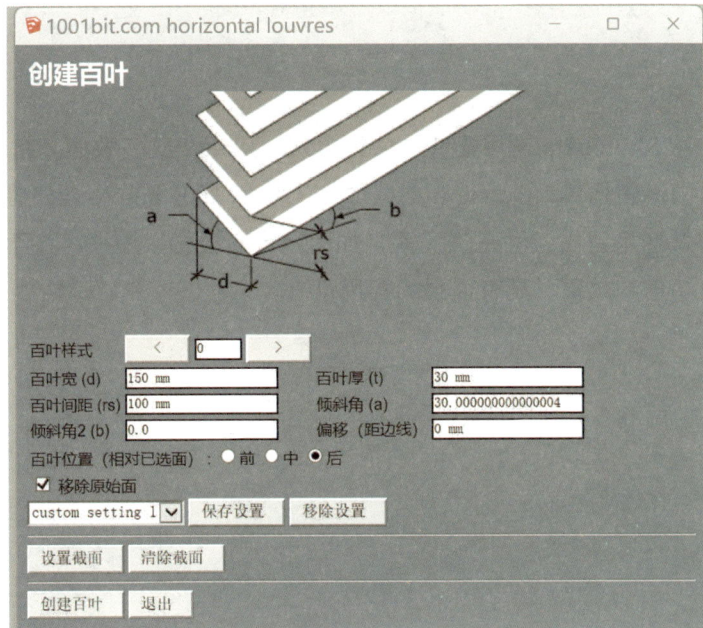

图8-6-31

（2）将百叶宽（d）从 150 mm 调为 35 mm，百叶厚（t）从 30 mm 调到 5 mm，百叶间距（rs）从 100 mm 改为 50 mm，百叶位置（相对已选面）选择"中"，其余参数均保持默认状态，随后点击"创建百叶"按钮。重复操作，将另一个面的百叶也创建出来，如图 8-6-32 所示。

图8-6-32

本章小结

　　本章主要介绍了几款 SketchUp 常用插件的使用方法、应用和安装教程。它们分别是：SUAPP、联合推拉工具、曲面自由编辑插件、Curviloft 曲线放样工具和 1001 bit pro 建筑插件。使用第三方插件能提高建模效率，可以快速地建出各种建筑元素，如门、窗、楼梯、屋顶，甚至完成一些以前无法完成的工作，会起到事半功倍的效果，具有很强的实用性。

9 文件的导入与导出

在绘图过程中，一个独立的软件往往无法完成完整效果图的绘制，需要与多个软件进行文件的转换和引用。比如，AutoCAD、Photoshop、3ds Max 等软件都可通过导入与导出功能实现文件的互用与转换。本章将详细介绍 SketchUp 与几种常用软件的衔接以及不同格式文件的导入与导出操作。

学习目标

掌握 AutoCAD 文件导入与导出的步骤方法；

掌握二维图像导入和导出的步骤方法；

掌握三维模型导入和导出的步骤方法。

9.1 AutoCAD 文件的导入与导出

9.1.1 AutoCAD 文件的导入

9.1.1.1 在SketchUp中导入AutoCAD文件的具体操作步骤

（1）执行"文件—导入"菜单命令，弹出"导入"对话框，在"全部支持类型"下拉列表框中，选择"AutoCAD 文件（*.dwg，*.dxf）"选项，如图 9-1-1 所示，确定文件名。

（2）单击"选项"按钮，弹出"导入 AutoCAD DWG/DXF 选项"对话框，如图 9-1-2 所示。勾选"合并共面平面"，可以自动删除多余的线；勾选"平面方向一致"，可以自动统一表面法线方向；勾选"导入材质"，可以将 CAD 中的材质导入 SketchUp 中；勾选"保持绘图原点"，可以使导

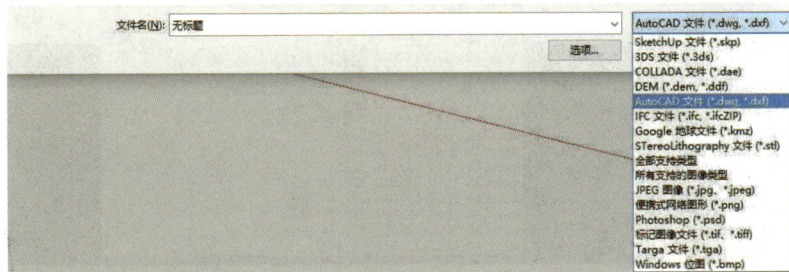

图9-1-1

219

入的 CAD 文件中的坐标原点与 SketchUp 界面中的坐标原点重合；在"单位"下拉列表框中，可以选择导入图形的度量单位（通常选择"毫米"或"米"作为单位）。

（3）单击"好"按钮，出现"导入进度"对话框，比较大的文件可能需要几分钟。

（4）导入进程结束后，出现"导入结果"对话框，如图 9-1-3 所示，单击"关闭"按钮，AutoCAD 图纸就成功导入 SketchUp 中了。

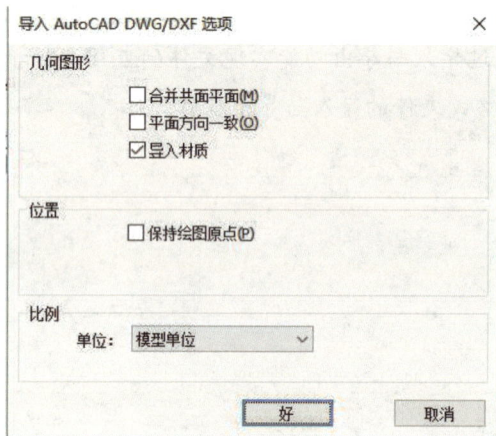

图9-1-2

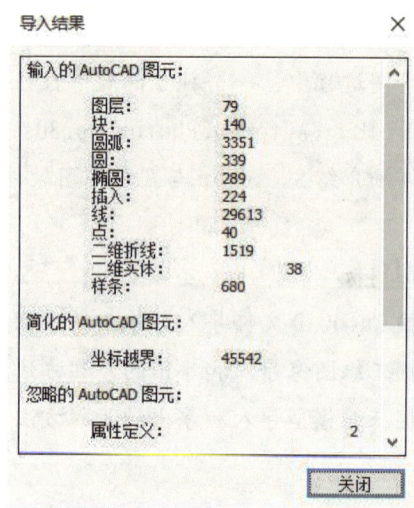

图9-1-3

9.1.1.2 注意事项

除了上述操作外，导入 AutoCAD 文件还需注意以下问题。

（1）文件格式。

AutoCAD 文件导入 SketchUp 中，必须将 AutoCAD 文件保存成默认的 *.dwg 或 *.dxf 格式文件。另外，由于 AutoCAD 版本更新相对较快，为避免出现因版本更新而使 SketchUp 无法识别的情况，建议将保存的版本格式设定为 AutoCAD 2018 或以下版本。如图 9-1-4 所示，在 AutoCAD 中，可以保存多种格式的文件。

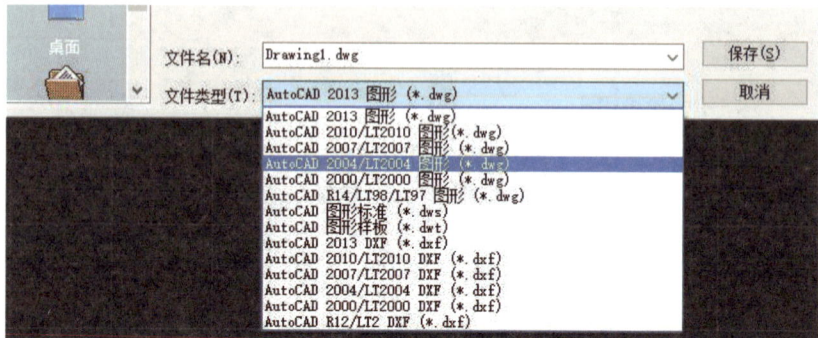

图9-1-4

（2）内容支持。

AutoCAD 文件导入到 SketchUp 后，SketchUp 能支持大部分的点、线、面等图形，以及块和图层设定，但由于软件不相同，会出现在 AutoCAD 文件中能够显示，却不能导入 SketchUp 的场景，如面域、文字、尺寸标注、填充图案、SPL 样条曲线、PL 宽度线和虚线。

二维图形在导入 SketchUp 后可以作为基础线条，但 AutoCAD 文件中的直线不能自动识别成面，所以有时会需要在线条基础上重新勾画成面，再通过拉伸等编辑功能，生成三维模型。

（3）简化 AutoCAD 图（此操作在 AutoCAD 中完成）。

AutoCAD 图纸在导入 SketchUp 时，如果文件比较大，导入时间会很长。并不是所有 AutoCAD 中的线条在 SketchUp 中都有用，可以先在 AutoCAD 图纸上进行清理，减小文件的体积，加快导入速度。

9.1.2 AutoCAD 文件的导出

9.1.2.1 导出DWG/DXF格式的二维文件

SketchUp 允许模型导出为多种格式的二维图形，二维图形只针对其中的一个视图，并且能对边线出头、轮廓线的粗细进行显示。具体的操作步骤如下所示。

（1）在绘制窗口中调整好视图的视角。导出二维图形只会将当前视图的内容导出。

（2）执行"文件—导出—二维图形"命令，在"导出二维图形"对话框的"保存类型"中选择"AutoCAD 文件（*.dwg 或 *.dxf）"，并设置导出的文件名，如图 9-1-5 所示。

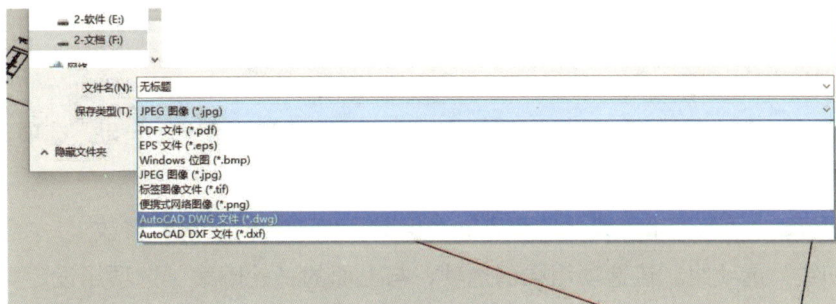

图9-1-5

（3）单击右下角"选项"按钮，在弹出的"DWG/DXF 输出选项"对话框中设置参数，然后单击"好"按钮，如图 9-1-6 所示，接着点击"导出"按钮即可。

"DWG/DXF 输出选项"对话框参数介绍如下：

（1）"AutoCAD 版本"选项组。在该选项组中可以选择导出的 AutoCAD 版本。

（2）"图纸比例与大小"选项组。

①全尺寸：勾选该选项将按真实比例 1 ∶ 1 导出。

②宽度 / 高度：定义导出图形的宽和高。

③在图纸中 / 在模型中：是导出时的缩放比例。例如，在图纸中 / 在模型中的样式 =1 毫米 /1 米，就相当于导出 1 ∶ 1000 的图形。另外，开启"透视显示"模式时不能定义这两项的比例，即使在"平行投影"模式下，也只有在法线垂直试图时才可以定义这两个选项。

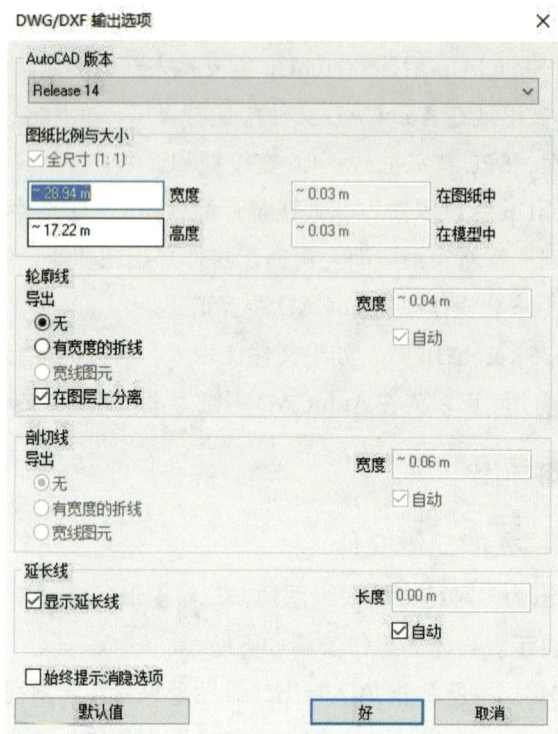

图9-1-6

（3）"轮廓线"选项组。

①无：可以使用默认线宽。

②有宽度的折线：勾选该选项，则导出的轮廓线为粗实线，取消勾选"自动"选项，可在上面的"宽度"输入框内输入宽度数值。

③在图层上分离：可以将轮廓线单独建立一个图层，便于其他设置和修改。

（4）"剖切线"选项组。该选项组中的选项，与上面的"轮廓线"选项组设定类似。

（5）"延长线"选项组。

①显示延长线：勾选后将显示 SketchUp 显示的延长线，不勾选将导出正常的线条。

②长度：用于设定延长线的长度。

③自动：勾选后将分析用户指定的导出尺寸，并匹配延长线的长度，让延长线与屏幕显示的相似。

（6）"始终提示消隐选项"。勾选后，每次导出 DWG 或者 DXF 格式的二维图形时，文件都会自动打开"DWG/DXF 输出选项"对话框。如果没有勾选此选项，将默认上次的导出设置。

（7）"默认值"按钮。单击按钮可恢复系统默认值。

9.1.2.2 导出DWG、DXF格式的三维文件

具体的操作步骤如下。

（1）执行"文件—导出—三维模型"命令，在"保存类型"下拉列表框中，选择"AutoCAD 文件（ *.dwg 或 *.dxf ）"，并设置导出的文件名，如图 9-1-7 所示。

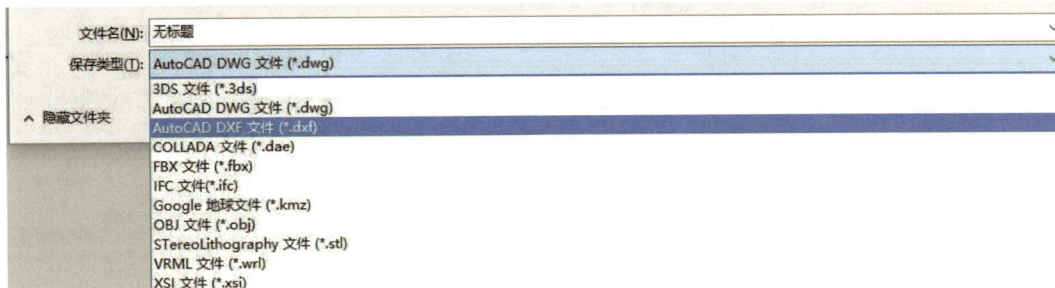

图9-1-7

（2）单击"选项"按钮，在弹出的"DWG/DXF 输出选项"对话框中设置参数，然后单击"好"按钮，如图 9-1-8 所示，接着点击"导出"按钮即可。

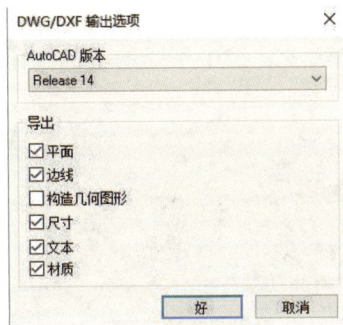

图9-1-8

"DWG/DXF 输出选项"对话框参数介绍如下。

（1）"AutoCAD 版本"选项组：可选择不同的 AutoCAD 版本格式。相应的版本格式需要不低于此版本的 AutoCAD 软件才能打开。

（2）"导出"选项组：有"平面""边线""构造几何图形""尺寸""文本""材质"选项可供选择。因为在 AutoCAD 中文字及标注都需按比例设定，所以通常只勾选"平面"选项。

9.2　二维图像的导入与导出

9.2.1 二维图像的导入

设计工作中经常要用到二维的图形文件（光栅图）。图形文件有多种格式，SketchUp 可导入的文件格式有：JPG、BMP、PNG、PSD、TGA 和 TIF。导入后的二维图形文件被合并到了 SketchUp 文件中，导入的光栅图会成为文件本身的一部分，因此 SketchUp 文件所占空间变大（所以插入的图形应尽可能保持较小分辨率）。

导入图形文件（光栅图）的具体操作步骤如下。

（1）执行"文件—导入"命令，弹出"导入"对话框，如图 9-2-1 所示。

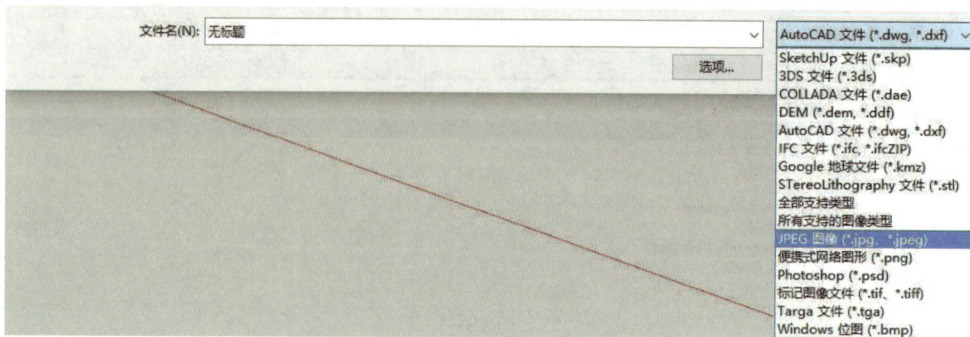

图9-2-1

（2）在"文件类型"下拉列表框中，选择"JPEG 图像（*.jpg、*.jpeg）"选项；选定相应的图形文件后，确定图形的用途；单击"导入"按钮，即可将图形文件导入 SketchUp 场景中。

如图 9-2-2 所示，共有 3 个用途选项，选中不同的单选按钮，可以使导入 SketchUp 中的二维图形文件出现不同用法。

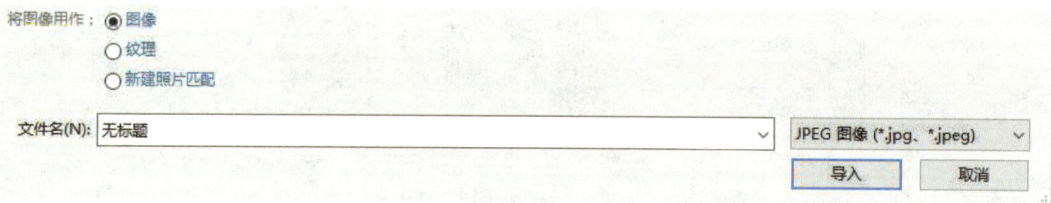

图9-2-2

① 图像。

导入的图片可以作为局部装饰，如墙面挂画。在对话框选中"图像"单选按钮，导入的图是一个表面贴有图形的矩形。在 SketchUp 中可以使用编辑命令对其位置、大小、角度进行调整（如移动、缩放、拉伸、旋转）。

导入图片作为装饰图片使用时，当图片移动到相应的立面时，会出现"在平面上"提示，这时图片就可以放置在相应的面上了。

② 纹理。

材质贴图一般在"材质"对话框中选择，或使用贴图文件，再赋到指定模型，但也可以直接通过导入光栅图，并将光栅图作为材质赋予物体和面。具体的操作步骤如下。

如图 9-2-2 所示，选中第二个选项"纹理"，然后导入光栅图。单击"材质"工具，鼠标箭头变为油漆桶形状；单击鼠标左键，指定材质贴图的位置起点；移动鼠标，在贴图的落点处，单击鼠标左键确定，如图 9-2-3 所示。

操作完成后可以看到光栅图以指定的尺寸，在指定的位置作为贴图赋予模型，如图 9-2-4 所示。

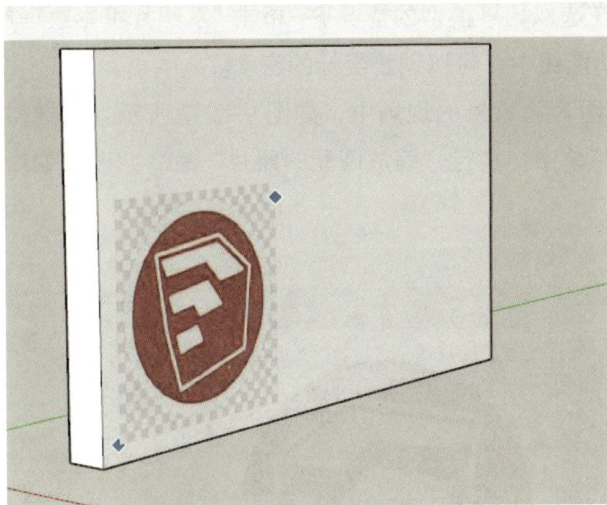

图9-2-3

图9-2-4

③新建照片匹配。

将图形文件导入模型作为背景，可以根据背景的视角及视平线，准确调节场景模型的透视关系，从而使模型与照片的透视关系完全匹配，避免模型建完后在其他软件中加入背景时，产生透视误差。

导入图片作为照片匹配，具体的操作步骤如下。

如图9-2-2所示，选择"新建图片匹配"，导入光栅图；在屏幕上，导入的图片会作为背景显示，并自动添加成一个新的页面，对此前的模型或动画没有任何影响，如图9-2-5所示。

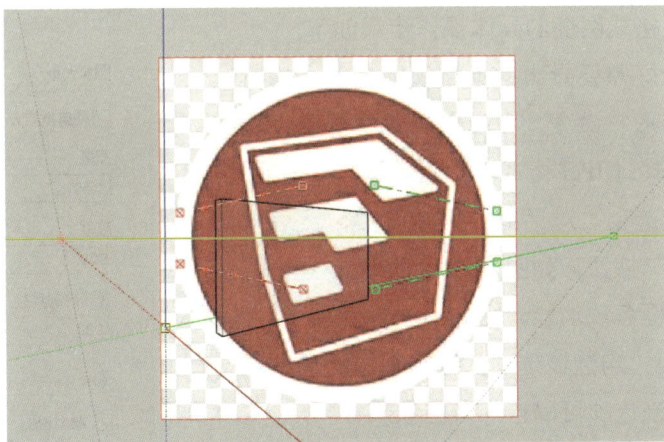

图9-2-5

此时可以选择图上的不同轴向上的灭点进行调整，使模型的透视与照片场景相符（黄色方框：调整起点；红色方框：红色灭点；绿色方框：绿色灭点）。单击这些方框并移动鼠标，就可在屏幕中根据透视关系调整模型的显示，并在"默认面板"弹出的"照片匹配"对话框中做设定，如图9-2-6所示。

勾选"模型"选项，决定其在画面上是否可见；在选取场景模型的情况下，单击"从照片投影纹理"按钮，模型表面会以图片的内容显示；在"栅格"功能组中，可以调整坐标的密度。

单击"完成"按钮，模型被正确地放置到了以图片为背景的现场中，如图 9-2-7 所示。如觉得不够满意，在图片上单击鼠标右键，在弹出的快捷菜单中，执行"缩放匹配的照片"命令，进入编辑状态进行调整。

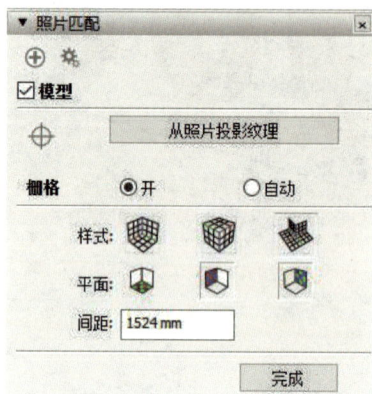

图9-2-6

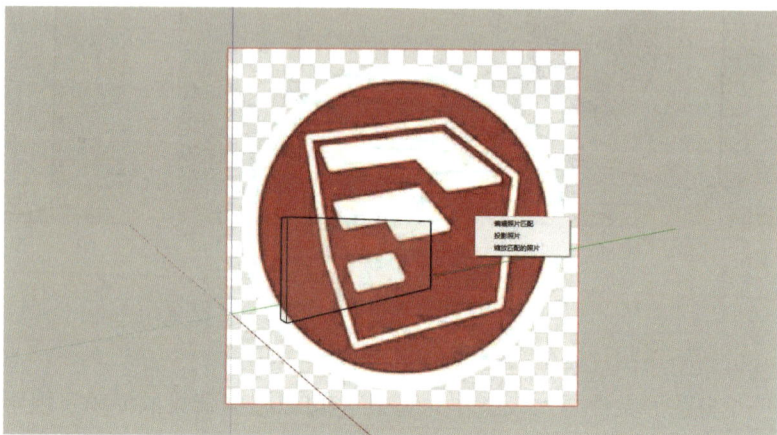

图9-2-7

9.2.2 二维图像的导出

9.2.2.1 导出JPG格式的图像

将文件导出为 JPG 格式图像的具体操作步骤如下。

在绘制窗口中设置好需要导出的模型视图角度，执行"文件—导出—二维图形"命令，在弹出的对话框中设置导出的文件名和文件格式（JPG 格式），还可单击"选项"按钮，在弹出的"输出选项"对话框中设置参数，然后依次单击"好"和"导出"按钮，如图 9-2-8 所示。

"输出选项"对话框各项功能介绍如下。

（1）使用视图大小：勾选该选项，导出图像的尺寸为当前视图的大小；取消该选项可以自定义图像尺寸。

（2）宽度与高度：指定图像尺寸，以"像素"为单位。指定的尺寸越大，导出的时间越长，消耗的内存越多，生成的文件也就越大。

（3）消除锯齿：勾选该选项后，SketchUp 会对导出

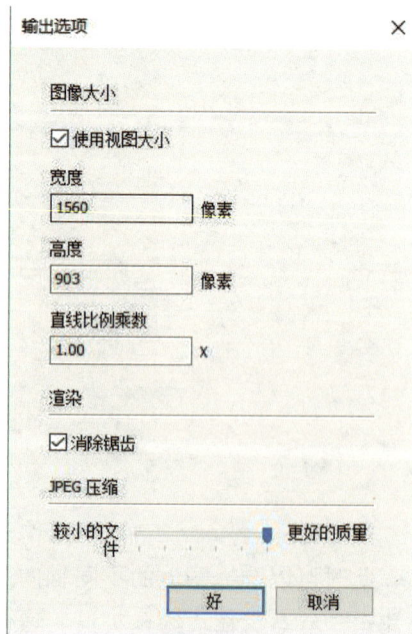

图9-2-8

的图像做平滑处理。需要更多的导出时间，但可以减少图像中的线条锯齿。

（4）JPEG 压缩：滑块向左滑动图片尺寸会变小，质量会下降，导出时间变短；向右滑动则相反。

9.2.2.2 导出PDF/EPS格式的图像

PDF 文件是 Adobe 公司开发的开放式电子文档，支持各种文字、图片、格式和颜色，是压缩过的文件，便于发布、浏览和打印。EPS 文件是 Adobe 公司开发的标准图形格式，广泛用于图像设计和印刷品出版。导出的 PDF/EPS 格式文件包括线条和填充区域，但不能导出贴图、阴影、平滑着色、背景和透明度等显示效果。如果想要导出所见即所得的图像，可以导出为光栅图像。

将文件导出为 PDF/EPS 格式的图像的具体操作步骤如下。

（1）在绘制窗口中设置好需要导出的模型视图。

（2）然后，执行"文件—导出—二维图形"命令，在弹出的对话框中设置导出的文件名和文件格式（PDF 格式或 EPS 格式），还可点击 "选项" 按钮，在弹出的对话框中设置参数，如图 9-2-9、图 9-2-10 所示。

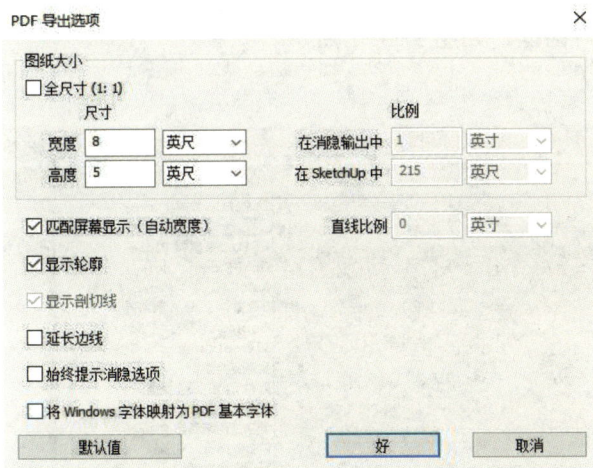

图9-2-9

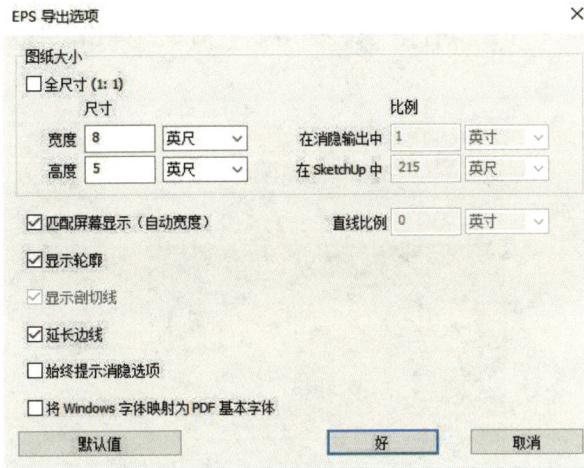

图9-2-10

9.3　三维模型的导入与导出

9.3.1 三维模型的导入

9.3.1.1 导入SketchUp文件

SketchUp 对于其他场景中 SketchUp 模型的利用通常有以下几种方式。

（1）直接在源文件中复制，再粘贴到编辑文件中。

（2）将模型制作成组件，并保存到组件库中，然后在"组件"对话框中调用。

（3）执行"文件—导入"菜单命令，弹出"导入"对话框。

直接导入 SketchUp 文件时，不同场景中如果单位设置不同，有可能给绘图工作带来麻烦。导入的源文件，在导入编辑场景后，会自动使用当前的设定参数。另外，所贴材质如果不是系统默认材质而是自定义材质的话，在不同的电脑上将无法识别材质路径，不能显示。

9.3.1.2 导入3DS文件

SketchUp 中的模型是由线和面组成的，建立一些建筑及室内的大场景非常快捷，但建立较为复杂的曲面造型时会相对困难，如沙发、家具、灯具。在 SketchUp 导入 3DS 文件可以很好解决这一难题。比如室内场景就可以在 SketchUp 中建立大的模型，再将 3DS 中的家具模型导入，以丰富场景，解决家具造型麻烦问题。

由于 *.max 文件所占空间较大，所以很多家具个体模型导出时选定格式为 3DS，但由于 3DS 文件是小空间的优化处理格式，在保存大空间和太多曲面时，会出现面丢失的现象，因此要尽量选用造型线条简洁的模型导入 SketchUp 中。

将 3DS 文件导入到 SketchUp 中，具体的操作步骤如下。

（1）执行"文件—导入"命令，弹出"导入"对话框，如图 9-3-1 所示。

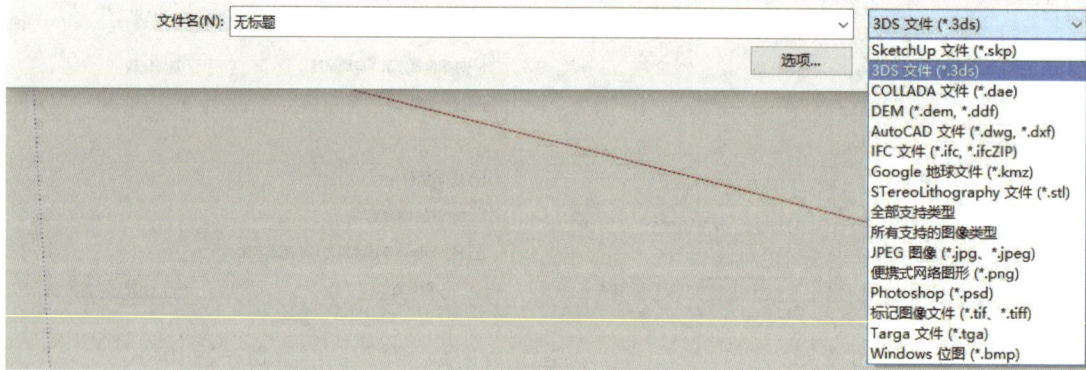

图9-3-1

（2）在"文件类型"下拉列表框中，选择"3DS 文件（*.3ds）"；在中间列表中选择 3DS 文件，单击"选项"按钮，打开"3DS 导入选项"对话框，如图 9-3-2 所示。

（3）勾选"合并共面平面"选项，可以自动删除多余的线；在"单位"下拉列表框中，可以选择导入图形的度量单位（通常选择毫米或米）；单击"好"按钮，回到"导入"对话框中。

（4）在"导入"对话框中，单击"导入"按钮，出现"导入进度"对话框，如图 9-3-3 所示。

（5）导入结束后，出现"导入结果"对话框；单击"关闭"按钮，如图 9-3-4 所示。3ds Max模型就成功导入 SketchUp 中了。

（6）导入完成后，屏幕上会出现三维模型。观察后会发现，导入SketchUp 的模型以面的方式显示，有许多网格。这就需要在 SketchUp 中进行边线柔化处理，如图 9-3-5 所示。

（7）选取模型，单击鼠标右键弹出快捷菜单，执行"柔化 / 平滑边线"命令，默认面板弹出"柔化边线"对话框，如图 9-3-6 所示。

（8）在弹出的对话框做相应的设定，即可使边线柔化。边线柔化后的曲面就不再有网格显示，而是以光滑的面来表示，如图 9-3-7 所示。

3DS 模型的表面材质虽然在"材质"对话框的"模型"选项卡上可以识别，但不能正常显示。这是由于材质路径不同而不能显示。解决这个问题，需要在 SketchUp 当中重新添加材质。

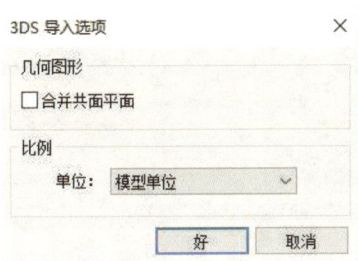

图9-3-2

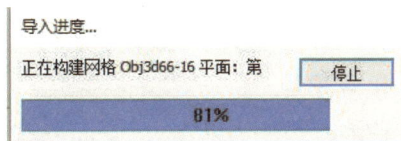

图9-3-3

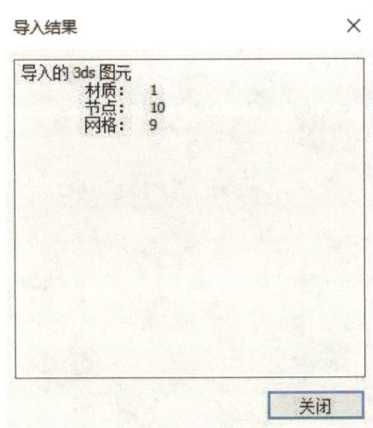

图9-3-4

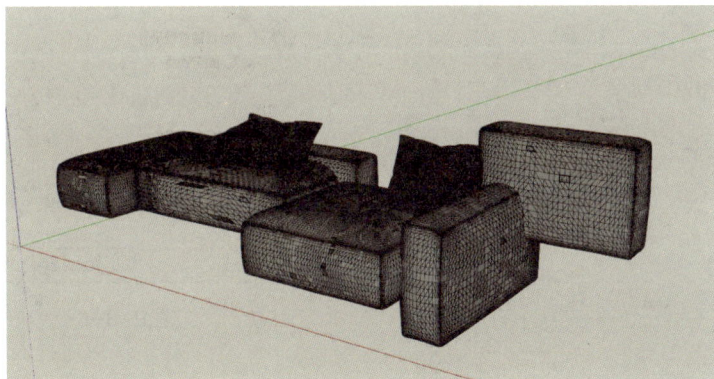

图9-3-5

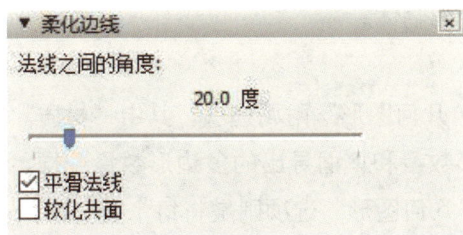

图9-3-6

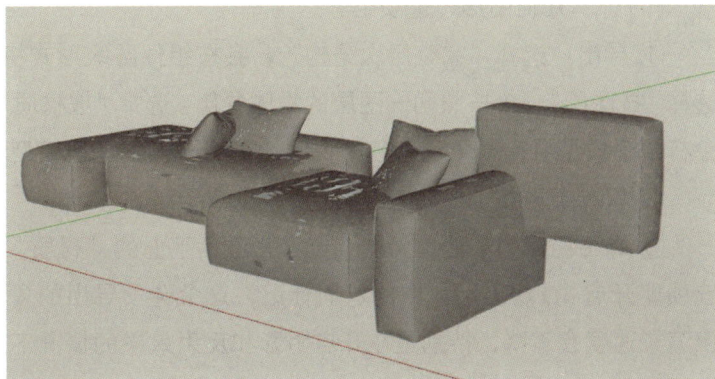

图9-3-7

9.3.2 三维模型的导出

3DS 格式文件是 3ds Max 认可的文件格式，是小场景压缩格式的文件。3DS 格式支持 SketchUp 的材质、贴图和相机设定。

导出 3DS 格式文件，具体的操作步骤如下。

（1）执行"文件—导出—三维模型"命令，在弹出的对话框里设置导出的文件名和文件格式（3DS 格式）。

（2）点击"选项"按钮，在弹出的对话框中设置相应参数，如图 9-3-8 所示。

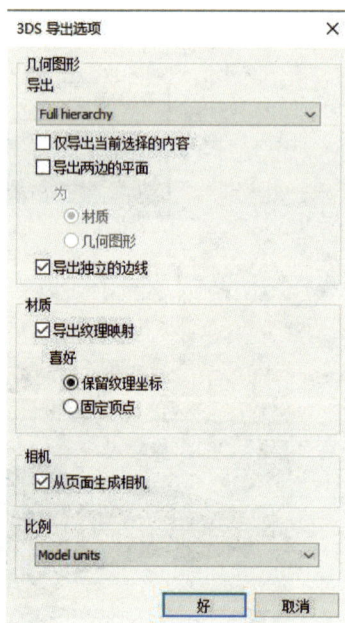

图9-3-8

"3DS 导出选项"对话框各项功能介绍如下。

（1）"几何图形"选项组。

① 导出：选择"完整层次结构"，会按组件层级形式将模型导出，任何套嵌组件都能够被识别；选择"按图层"，会按照同一图层的物体导出；选择"按材质"，会按材质贴图导出；选择"单个对象"，会将整个模型导出一个已命名的物体，常用于大型基地模型创建的物体。

② 仅导出当前选择内容：勾选后可以导出选中物体。

③ 导出两边的平面：勾选该选项将激活下面的"材质"和"几何图形"附属选项，其中"材质"选项能开启 3D 材质定义中的双面标记，这个选项导出的多边形数量和单面导出的多边形数量一样，但渲染速度会下降，特别是在开启阴影和反射效果的情况下。"几何图形"选项则是将每个 SketchUp 的面都导出两次，一次为正面，一次为背面，导出的多边形数量增加一倍，同理渲染速度也会下降，

但是导出的模型两面都可以渲染，并且正反面可以有不同的材质。

（2）"材质"选项组。

① 导出纹理映射：勾选该选项可以导出模型的材质贴图。

② 保留纹理坐标：用于在导出 3DS 文件时，不改变 SketchUp 材质贴图的坐标。只有勾选"导出纹理映射"选项后，该选项与"固定顶点"选项才能被激活。

（3）从页面生成相机：用于为当前视图创建照相机，也为每个 SketchUp 页面创建照相机。

（4）"比例"选项：指定导出模型使用的测量单位。默认设置是"模型单位"，即 SketchUp 的系统属性中指定的当前单位。

本章小结

◆ SketchUp 可以与 AutoCAD、3ds Max 等相关图形处理软件共享数据成果，以弥补 SketchUp 在精确建模方面的不足。此外，SketchUp 在建模完成后还可以导出精准的平面图、立面图和剖面图，为下一步的施工提供基础条件。作为一款方案推敲软件，SketchUp 势必要支持方案设计的全过程。SketchUp 从一开始就支持导入和导出 AutoCAD 的 DWG/DXF 格式文件。SketchUp 不仅支持粗略抽象的概念设计，也支持精确图纸的设计。

◆ SketchUp 允许将模型导出为多种格式的二维图形，包括 DWG、DXF、PDF 格式等。导出的二维图形可以方便地在任何 AutoCAD 软件或矢量处理软件中进行导入与编辑。

◆ 3DS 格式的文件支持 SketchUp 导出材质、贴图和照相机，比 DWG 格式和 DXF 格式更能完美地转换 SketchUp 模型。

10 室内设计案例

本章主要以某一家居室内空间为例，事先在 AutoCAD 软件中整理好相应的图纸，并清除不需要的对象；再优化 SketchUp 场景，导入 AutoCAD 图纸并进行调整；然后详细讲解该室内功能空间模型的创建，包括创建室内墙体及门窗洞口、创建客厅模型、创建卧室模型、创建书房模型等相关内容；创建好模型后，赋予模型不同对象材质，进行贴图操作并将模型输出为图像文件。

学习目标

了解导入 SketchUp 前的准备工作；

理解 SketchUp 中模型的创建方法；

掌握 SketchUp 图像的输出方法。

10.1 导入 SketchUp 前的准备工作

10.1.1 整理 AutoCAD 图纸

运用 SketchUp 制作建筑及室内模型，通常是从 AutoCAD 平面图纸开始的。AutoCAD 图纸通常含有大量的图层、文字、线型和图块信息；这些信息在平面设计图中是必不可少的，但如果按原样将 AutoCAD 文件导入到 SketchUp 中，会增加场景文件的复杂程度，所以在导入前要做一些整理工作，使图纸尽量简化。

（1）运用 AutoCAD 软件打开 .dwg 格式的室内场景平面图，如图 10-1-1 所示。

（2）将 AutoCAD 平面图中的家具、标注、文字以及图框等文字信息删除。由于在 SketchUp 中是由线构成面的，所以在 AutoCAD 当中不能有交叉的线或未捕捉线，否则导入后确认面相对麻烦。需要先将 AutoCAD 图上表示窗户位置的线删掉，以后在墙上开洞即可，或直接在 SketchUp 中进行删除，如图 10-1-2 所示。

（3）框选整个平面，按快捷键 W 成外部块，设置外部块的名字为"平面"，点击"确定"按钮，如图 10-1-3 所示。

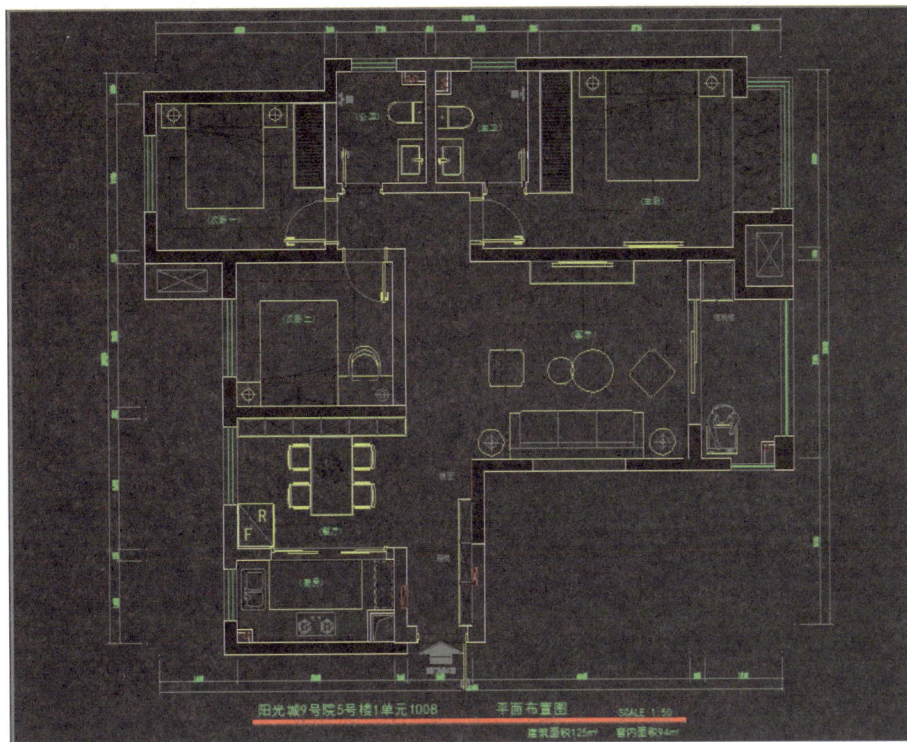

图10-1-1

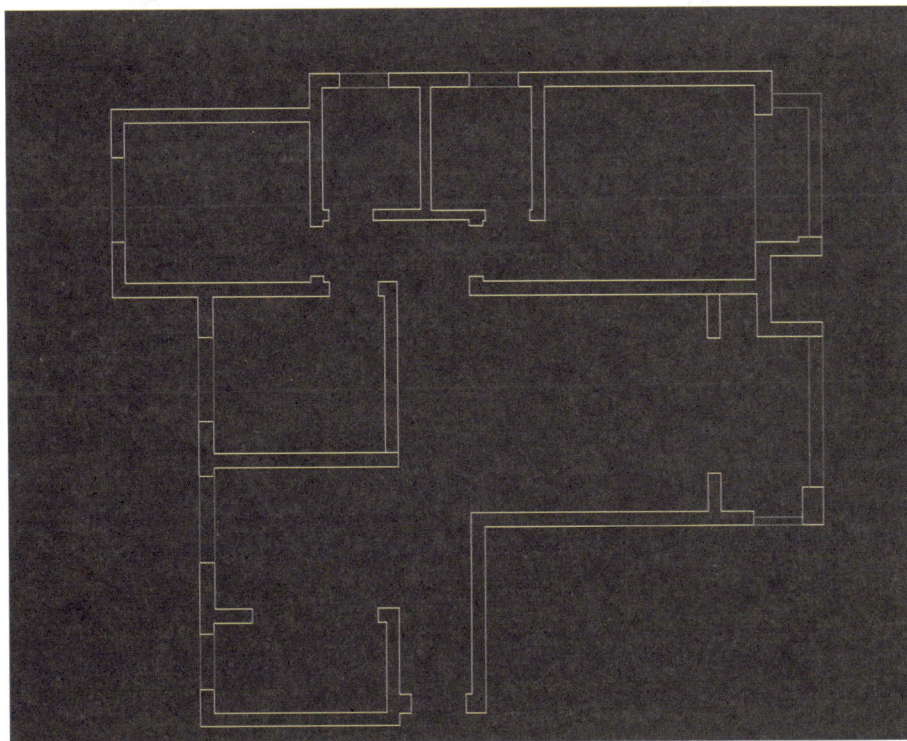

图10-1-2

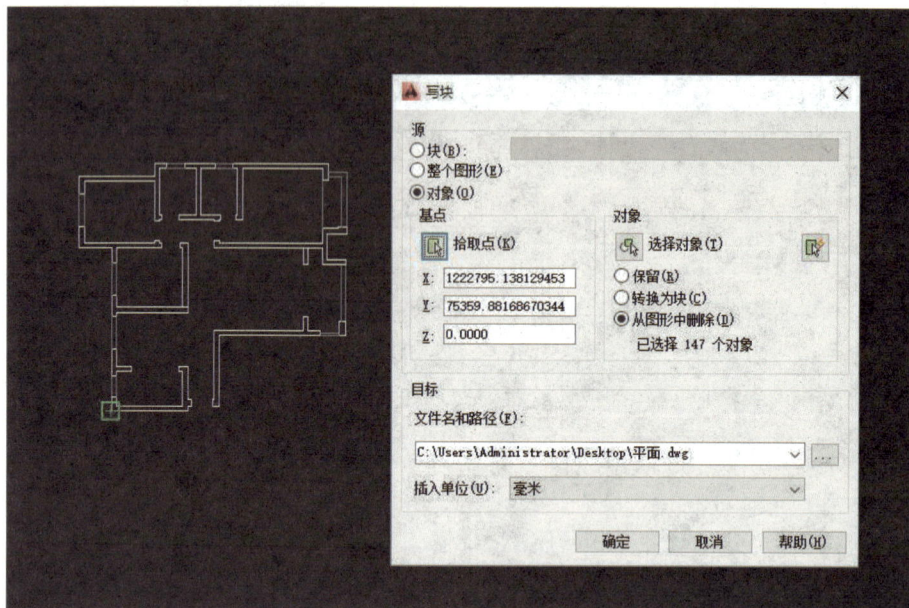

图10-1-3

10.1.2 优化 SketchUp 场景设置

（1）打开 SketchUp Pro 2020，然后执行"窗口—模型信息"菜单命令，在弹出的"模型信息"窗口中进行相应的设置，如图 10-1-4 所示。

（2）执行"窗口—默认面板—样式"命令，在"编辑"选项卡中选择"边线设置"面板，取消"轮廓线""出头""端点"的勾选，如图 10-1-5 所示。这样导入的图纸或场景就会非常清晰明了。

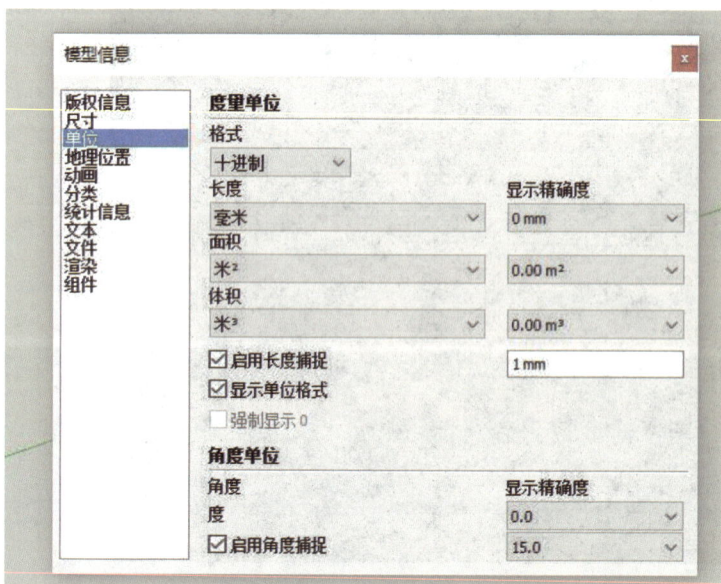

图10-1-4

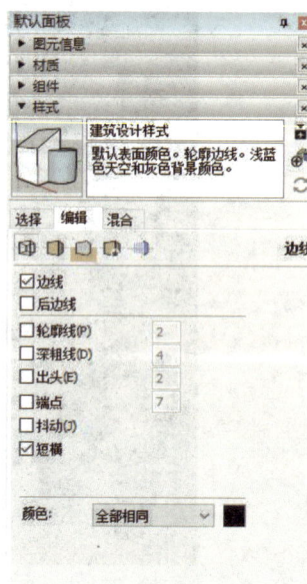

图10-1-5

10.1.3 将 AutoCAD 图纸导入 SketchUp 中

（1）打开 SketchUp Pro 2020，执行"文件—导入"菜单命令，然后在弹出的"导入"对话框中，选择在 AutoCAD 中清理好的 AutoCAD 图纸"平面"文件，并在"文件类型"下拉菜单中选择"AutoCAD 文件（*.dwg，*.dxf）"格式，如图 10-1-6 所示。

（2）单击"选项"按钮，然后在弹出的"导入 AutoCAD DWG/DXF 选项"对话框中将"比例"这一项的"单位"改成"毫米"，单击"好"按钮，最后单击"导入"按钮，完成 AutoCAD 平面图导入到 SketchUp 的操作，如图 10-1-7 所示。

（3）导入 SketchUp 中的 AutoCAD 平面图是以组的形式存在的，点击右键，选择"炸开模型"，即可选中 AutoCAD 平面图中的线段，如图 10-1-8 所示。

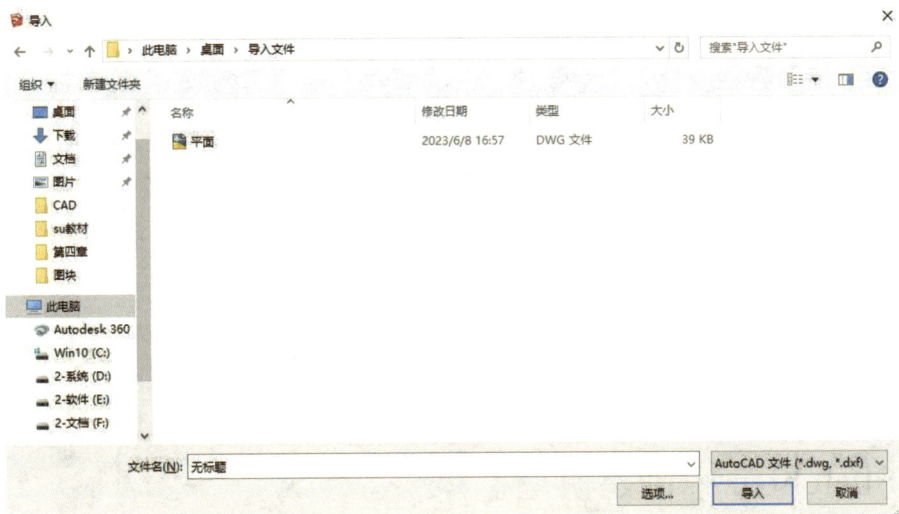

图10-1-6

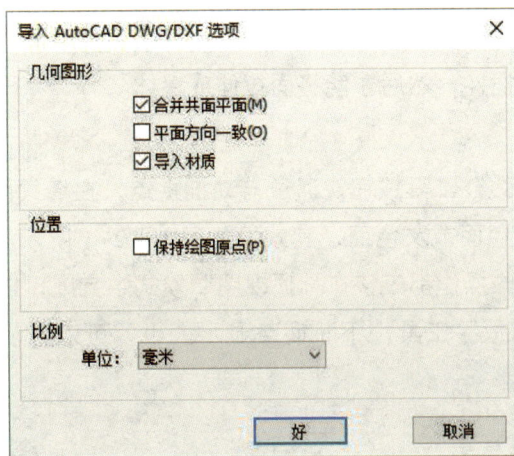

图10-1-7

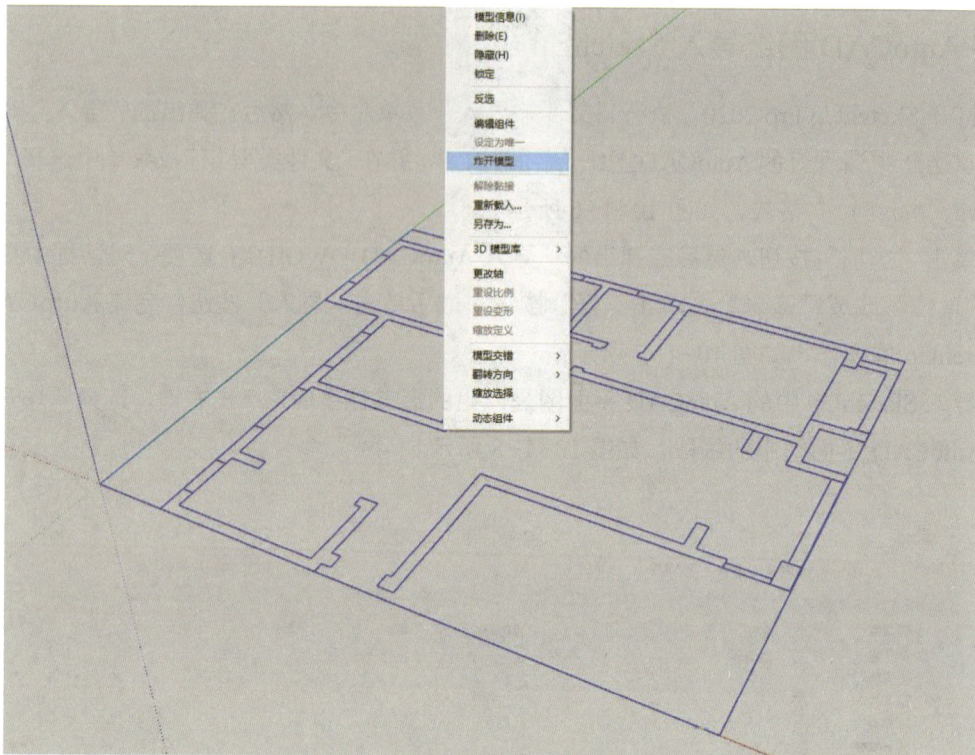

图10-1-8

10.2　在 SketchUp 中创建模型

10.2.1 创建室内墙体

通常情况下，SketchUp 并不能将导入的图形中封闭的直线识别成面，这时就需要人为地手工补线，让系统识别面，或者使用封面插件，然后才能将面拉伸成墙体。

10.2.1.1 识别墙面

单击绘图工具栏上的"直线"工具按钮，通过自动捕捉点，在墙线所在位置绘制直线；系统将封闭空间识别成面，并显示成蓝色面或灰色面，其效果如图 10-2-1 所示。使用补线的方法，将导入的墙线识别成面。注意，所有这些操作都应该在"顶视图"模式中完成，以免透视角度选点不准确。

在绘制过程中，使用"缩放"工具，不断调整显示大小，可以方便查看。完成的墙体面，如图 10-2-2 所示。

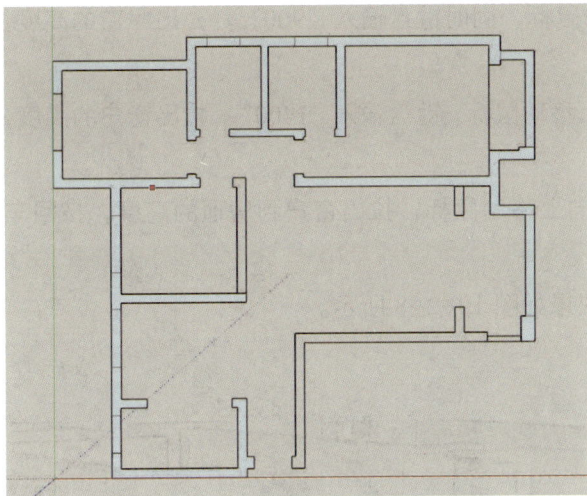

图10-2-1

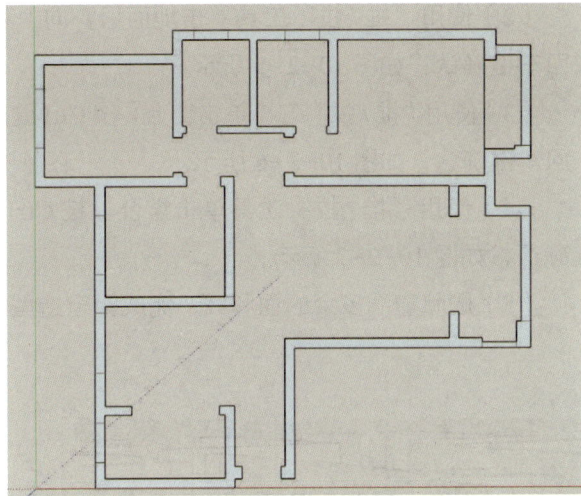

图10-2-2

10.2.1.2 拉伸墙面为墙体

　　点按鼠标滚轮键，使用"环绕观察"工具将视图调整为透视角度。使用"推／拉"工具，单击鼠标左键选中墙线面（选中时面上出现蓝点），将鼠标向上移动，这时看到墙体在拉高，直接键盘输入房屋层高"3000"，屏幕右下角的数值输入框将显示输入的墙的高度。最后完成基本框架，如图 10-2-3 所示。

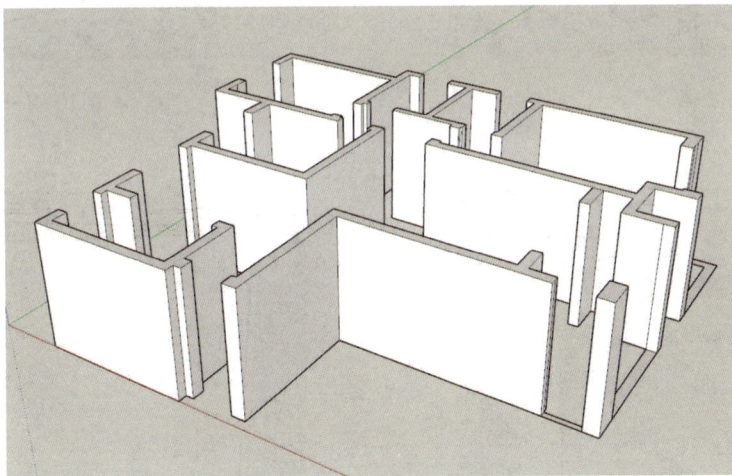

图10-2-3

10.2.2 创建窗户及门洞

　　基本的墙体建好后，需要创建模型中的门窗等构件。以卧室和书房的门窗为例。

10.2.2.1 创建卧室飘窗

　　（1）调整视图对准卧室窗户的位置，如图 10-2-4 所示。

（2）使用"推/拉"工具单击地面后，向上移动鼠标，同时键盘输入"900"，拉出飘窗的高度，按回车键确认，如图10-2-5所示。

（3）使用"推/拉"工具单击窗台，按Ctrl键向上移动鼠标，键盘输入"1400"，拉出窗户的高度，按回车键确认，如图10-2-6所示。

（4）使用"推/拉"工具单击窗台，按Ctrl键向上移动鼠标，拉出窗户到房顶的高度，按回车键确认，如图10-2-7所示。

（5）删除窗洞多余的面和线，完成飘窗造型，效果如图10-2-8所示。

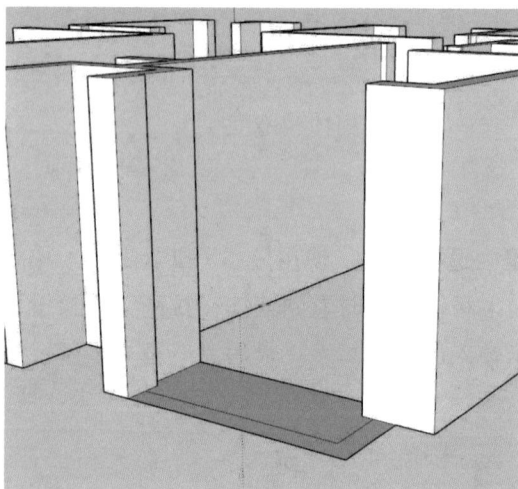

图10-2-4

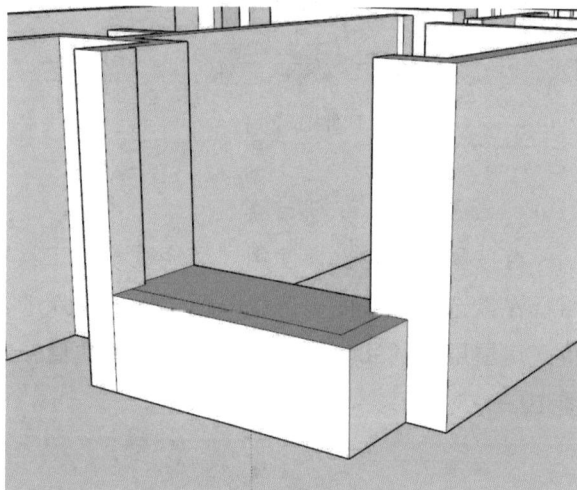

图10-2-5

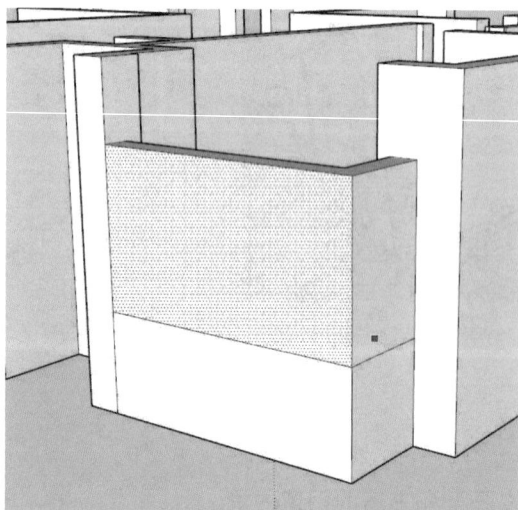

图10-2-6

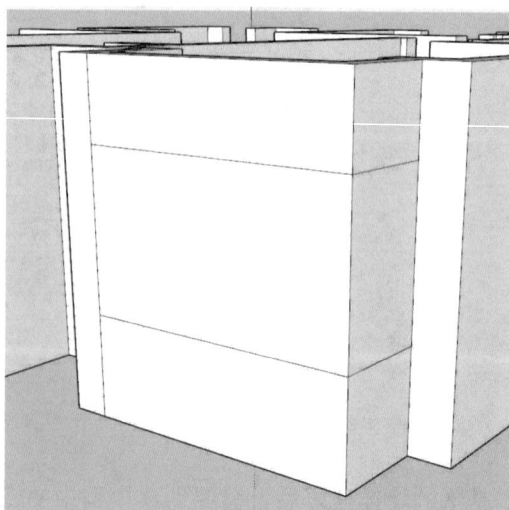

图10-2-7

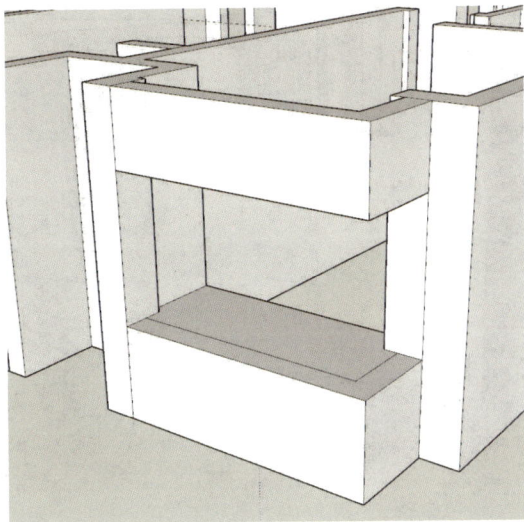

图10-2-8

10.2.2.2 创建书房窗洞

（1）调整视图对准书房窗户的位置，如图10-2-9所示。

（2）使用"推/拉"工具单击地面后，向上移动鼠标，同时键盘输入"900"，拉出窗户距离地面的高度，按回车键确认，如图10-2-10所示。

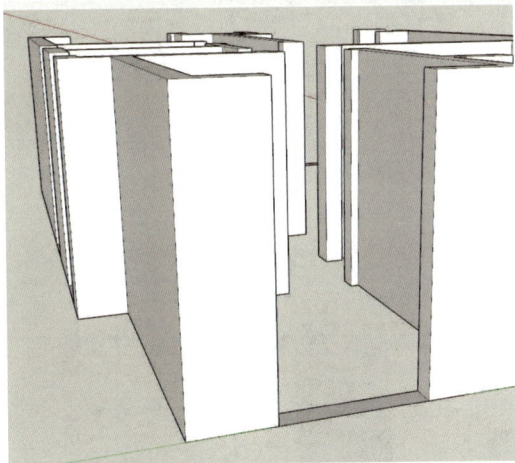

图10-2-9

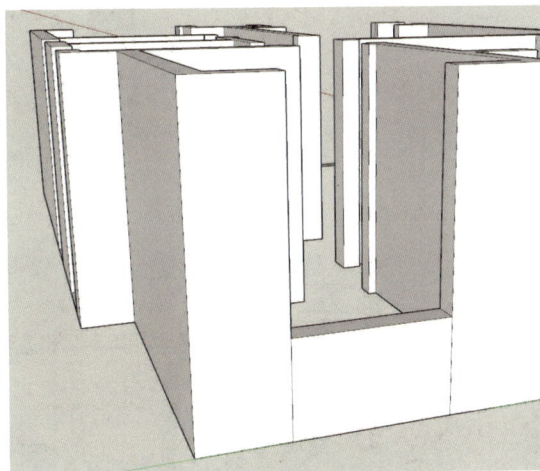

图10-2-10

（3）使用"推/拉"工具单击窗台，按Ctrl键向上移动鼠标，键盘输入"1400"，拉出窗户的高度，按回车键确认，如图10-2-11所示。

（4）使用"推/拉"工具单击窗台，按Ctrl键向上移动鼠标，拉出窗户到房顶的高度，按回车键确认，如图10-2-12所示。

（5）使用"推/拉"工具，选中窗户，向里拉伸窗户，如图10-2-13所示；出现文字提示"在平面上"时（表示已将此墙面挖空），效果如图10-2-14所示。

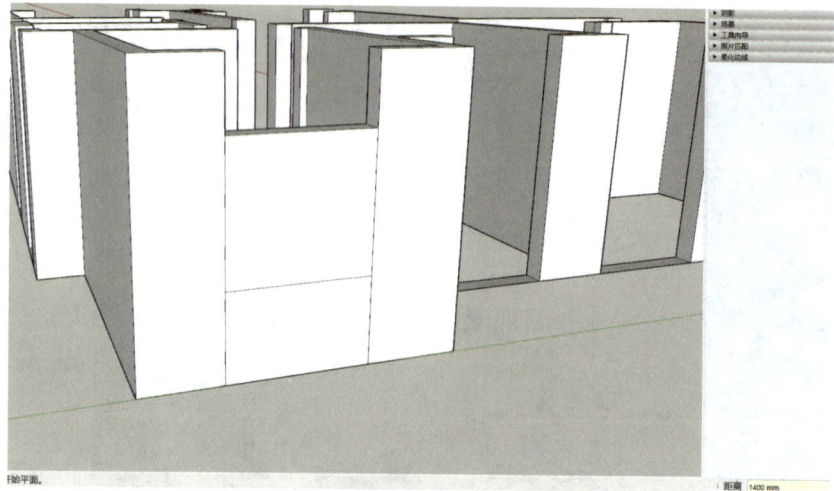

图10-2-11

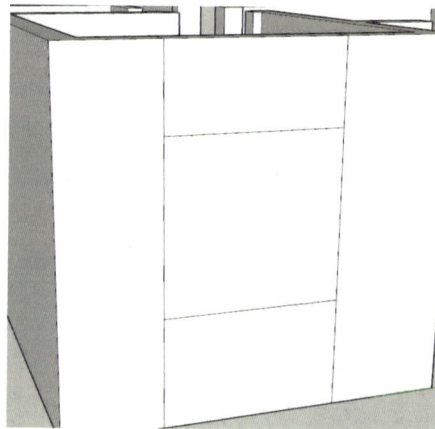

图10-2-12

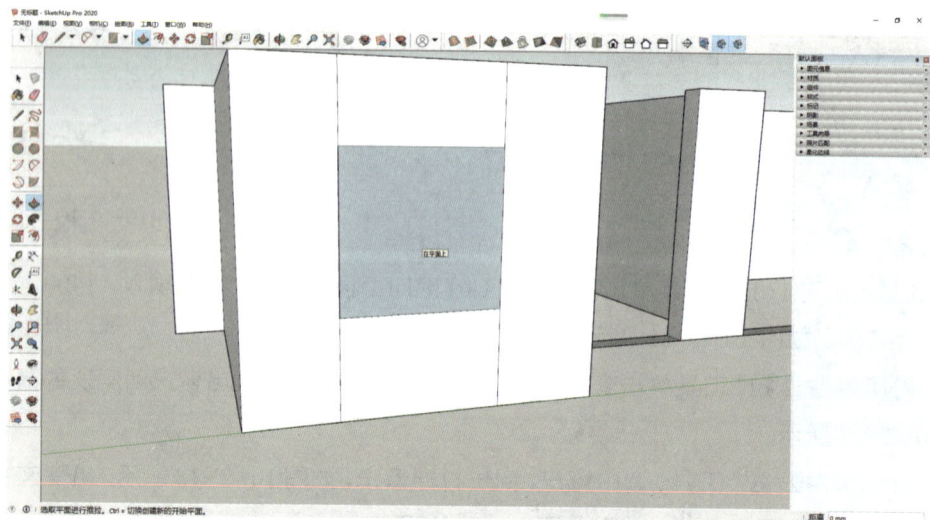

图10-2-13

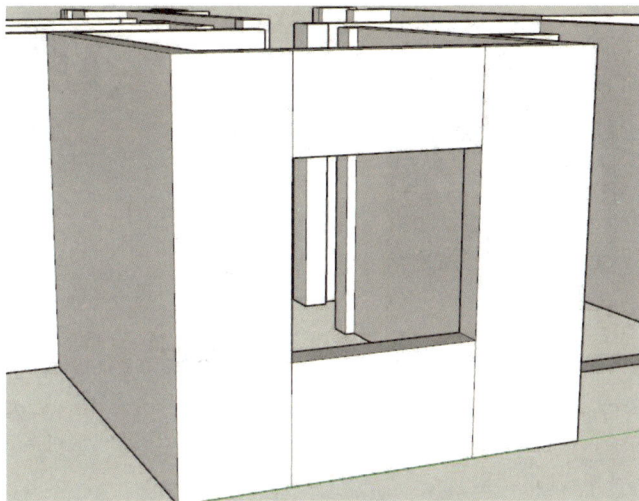

图10-2-14

10.2.2.3 创建书房门洞

（1）调整视图对准书房门洞的位置，如图 10-2-15 所示。

（2）使用"卷尺"工具单击地面后，向上移动鼠标，同时键盘输入"2200"，拉出门洞高度辅助线，按回车键确认，如图 10-2-16 所示。

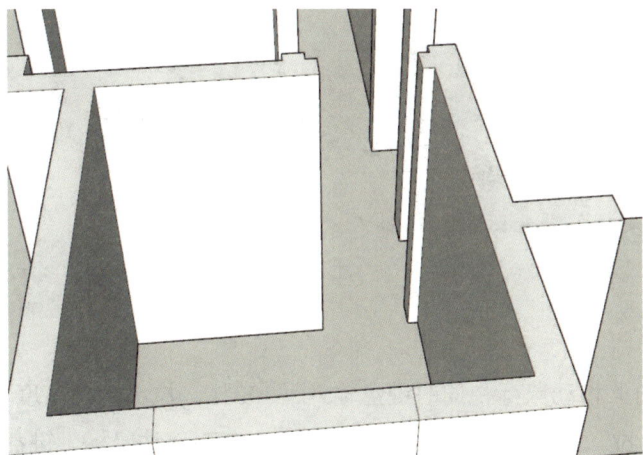

图10-2-15

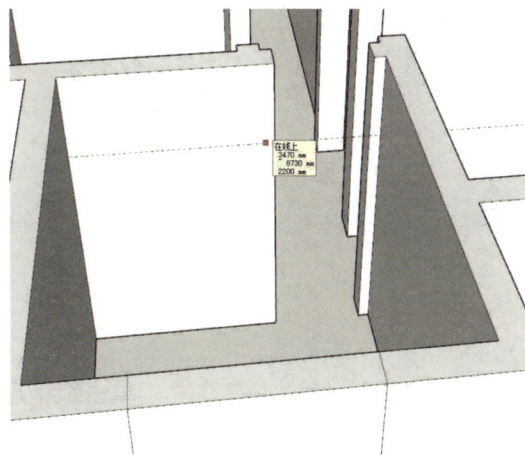

图10-2-16

（3）使用"直线"工具沿辅助线画出门洞高度，如图 10-2-17 所示。

（4）使用"推 / 拉"工具，拉出门洞到房顶的墙体，按回车键确认，如图 10-2-18 所示。

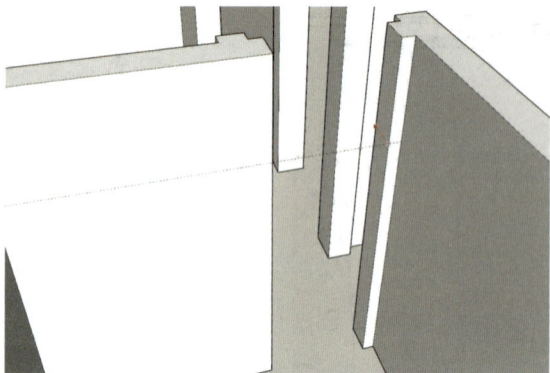
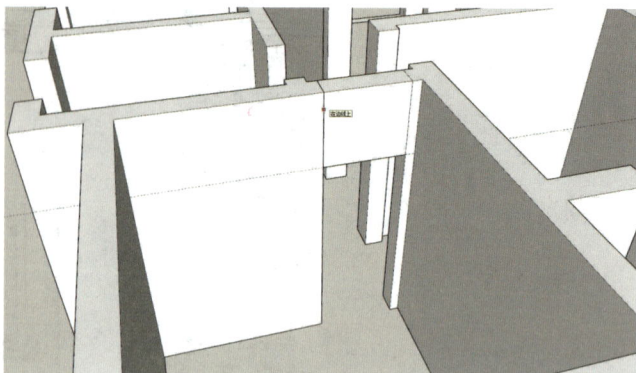

图10-2-17   图10-2-18

10.2.3 创建客厅装饰背景墙

（1）调整视图对准客厅电视背景墙的位置，如图 10-2-19 所示。

（2）使用"矩形"工具绘制出地柜的位置及大小，如图 10-2-20 所示。

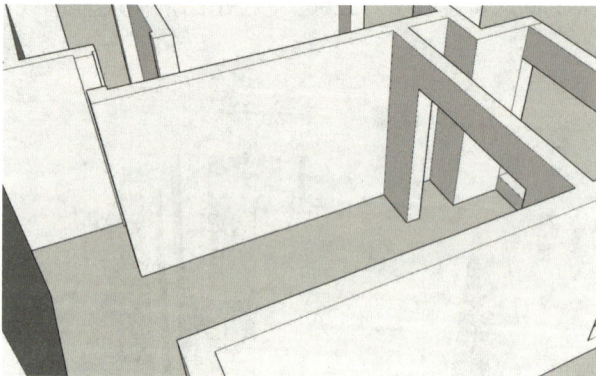
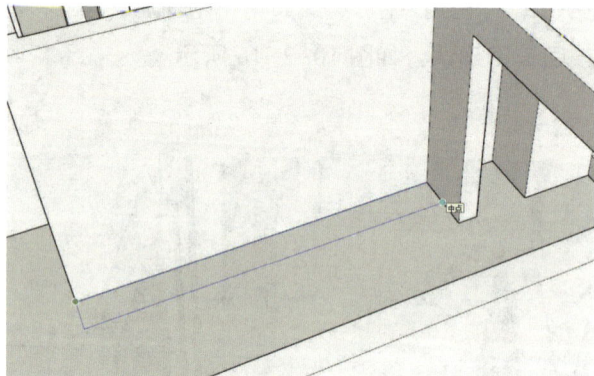

图10-2-19   图10-2-20

（3）使用"推／拉"工具，单击地柜后，向上移动鼠标，同时键盘输入"300"，拉出地柜高度，按回车键确认，如图 10-2-21 所示。使用"推／拉"工具，单击柜面，按住 Ctrl 向下移动鼠标，键盘输入"20"，拉出板材高度，按回车键确认，如图 10-2-22 所示。

（4）选择柜体的边，单击鼠标右键选择"拆分"，输入段数"6"，确定地柜抽屉长度，如图 10-2-23 所示；使用"直线"工具，捕捉到拆分点，绘制出地柜抽屉，如图 10-2-24 所示。

（5）使用"卷尺"工具，沿墙体拉出 750 mm 的辅助线，确定黑色装饰面板的位置及大小，如图 10-2-25 所示。沿柜体拉出 500 mm 的辅助线，确定白色装饰面板的位置及大小，如图 10-2-26 所示。

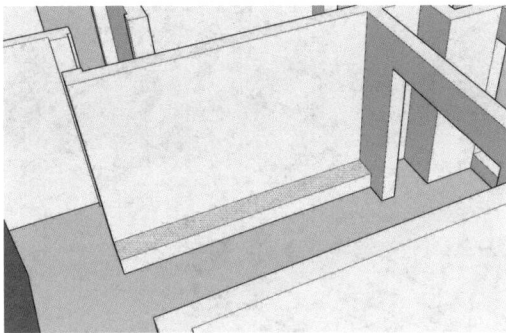

图10-2-21

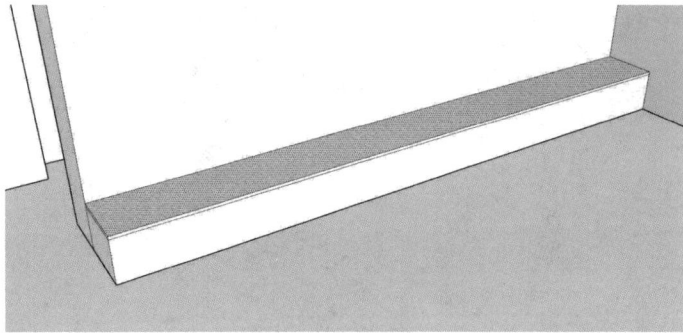

图10-2-22

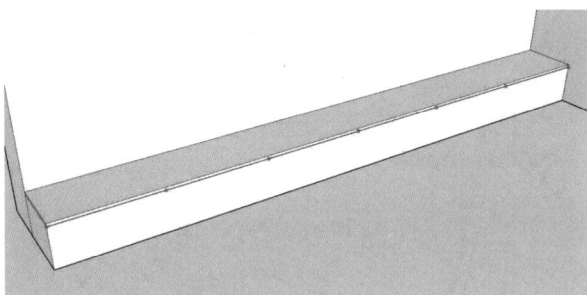

图10-2-23

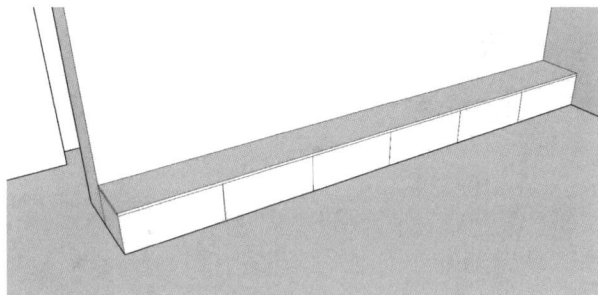

图10-2-24

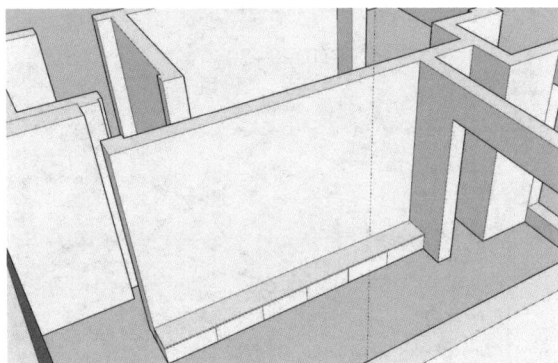

图10-2-25

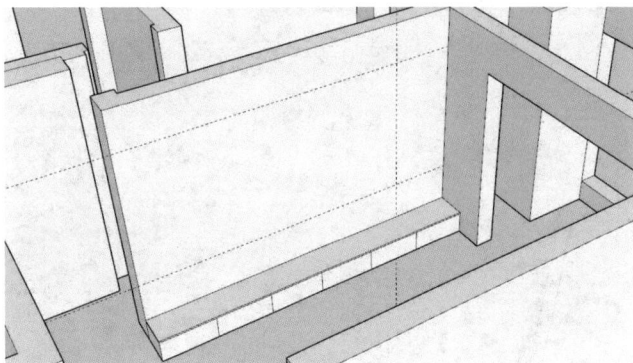

图10-2-26

（6）使用"直线"工具，沿辅助线绘制出装饰面板的位置，如图10-2-27所示。使用"推/拉"工具，单击装饰面，键盘输入"200"，拉出装饰面板的厚度，如图10-2-28所示。

（7）使用"卷尺"工具，沿装饰面板拉出辅助线，确定装饰柜及电视的位置和大小，如图10-2-29所示；使用"直线"工具，沿辅助线，绘制出装饰柜及电视的位置，如图10-2-30所示；删除多余的辅助线，如图10-2-31所示。

（8）使用"推/拉"工具，单击电视位置的面，键盘输入"200"，向里拉出安装电视需要的厚度，如图10-2-32所示。

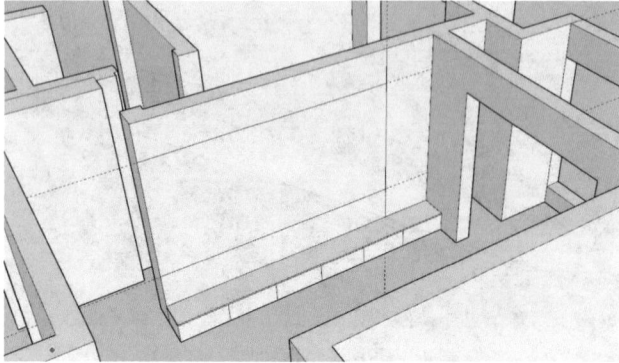
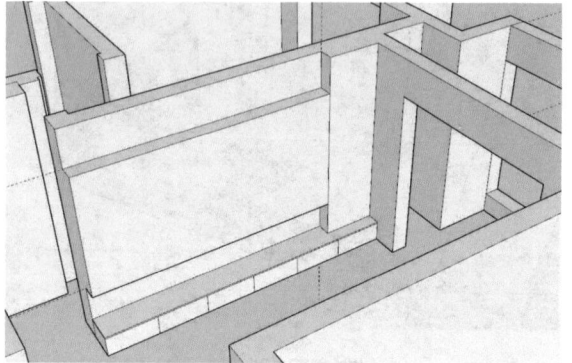

图10-2-27　　　　　　　　　　　　　　　　图10-2-28

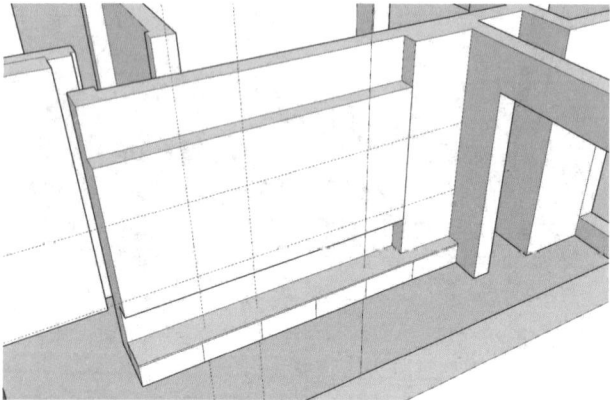
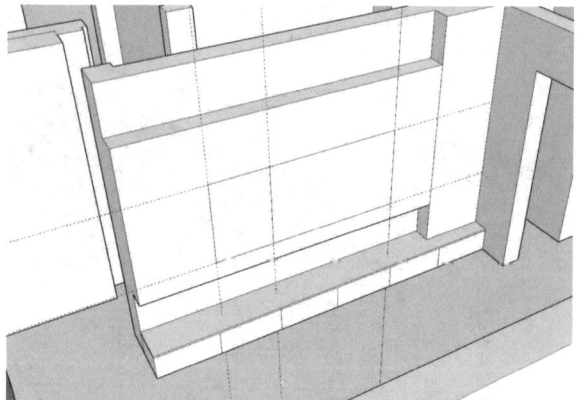

图10-2-29　　　　　　　　　　　　　　　　图10-2-30

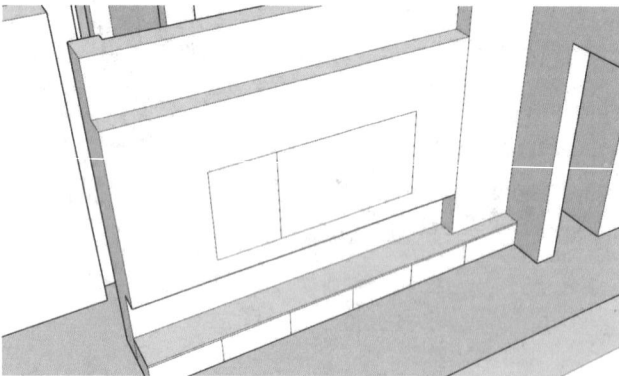
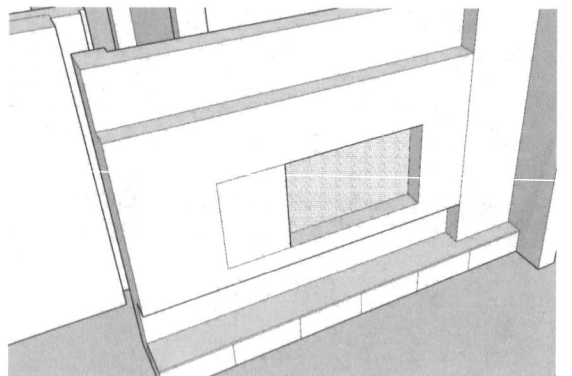

图10-2-31　　　　　　　　　　　　　　　　图10-2-32

（9）选择装饰柜的边，单击鼠标右键选择"拆分"，输入段数"3"，确定装饰柜的层数，如图10-2-33所示；使用"直线"工具，捕捉到拆分点，绘制出装饰柜层数分割线，如图10-2-34所示。

（10）使用"卷尺"工具，沿装饰柜层数分割线上下拉出10 mm的辅助线，确定板材的厚度，如图 10-2-35 所示；使用"直线"工具，沿辅助线绘制出装饰柜板材厚度并删除多余的线，如图 10-2-36 所示。

（11）使用"推/拉"工具，单击装饰柜的面，键盘输入"200"，向里拉出装饰柜需要的厚度，如图 10-2-37 所示；删除多余的线，如图 10-2-38 所示。

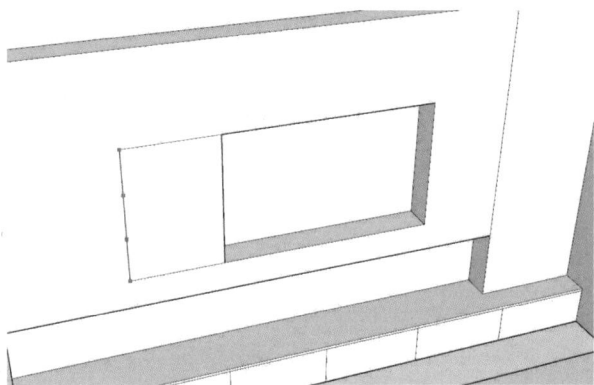

图10-2-33

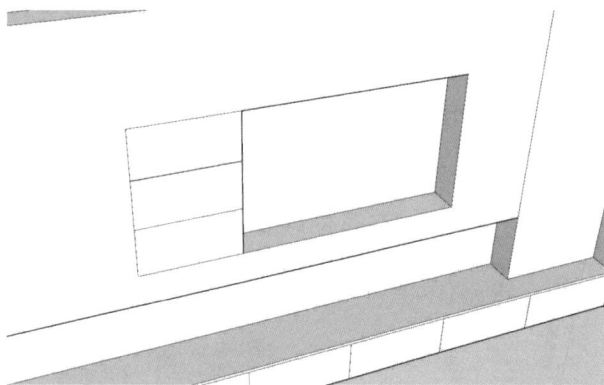

图10-2-34

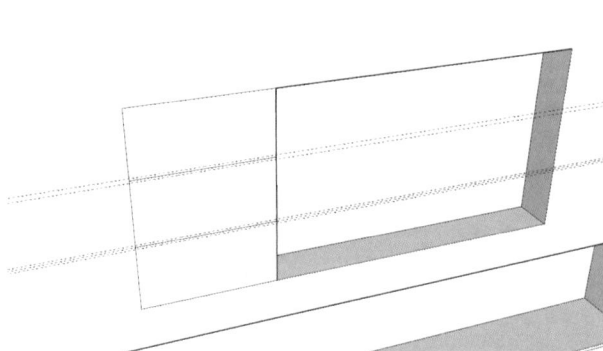

图10-2-35

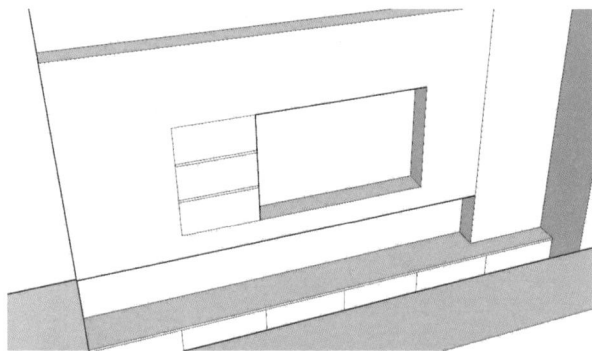

图10-2-36

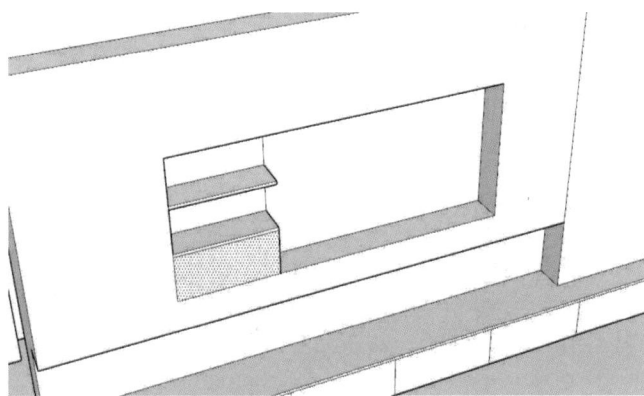

图10-2-37

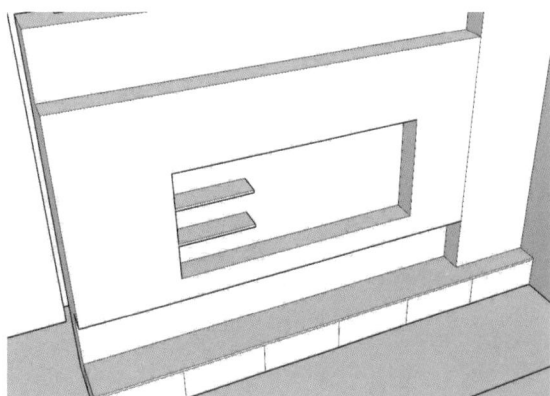

图10-2-38

（12）用"矩形"工具，绘制出 30 mm×30 mm 的格栅条，如图 10-2-39 所示；并在绘制好的矩形上单击鼠标右键选择"创建群组"，如图 10-2-40 所示。

（13）双击矩形进入群组，使用"推/拉"工具，点击矩形，键盘输入"500"，拉出格栅条的高度，如图 10-2-41 所示。

（14）选择栅格条，使用"移动"工具，按住 Ctrl 键，向右移动并在键盘输入"60"，复制出第二个栅格条，如图 10-2-42 所示；紧接着在键盘输入"x30"，即可绘制出栅格面板的效果，如图 10-2-43 所示。

（15）用同样的方法可绘制出白色木饰面板下方的栅格面板，如图 10-2-44 所示。

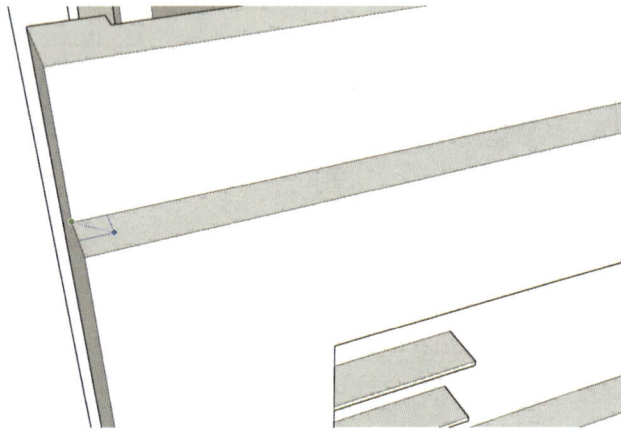

图10-2-39

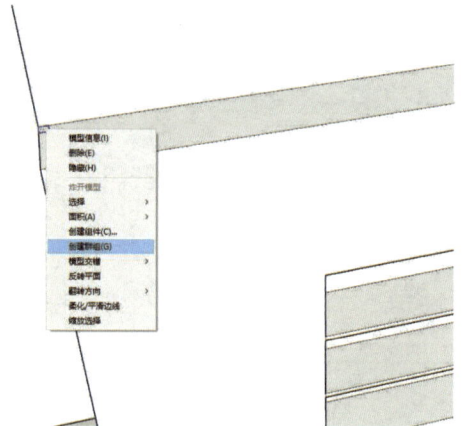

图10-2-40

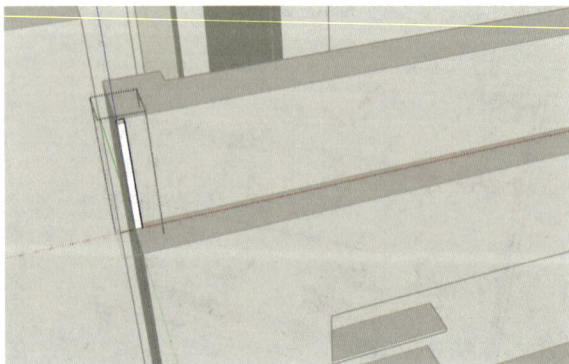

图10-2-41

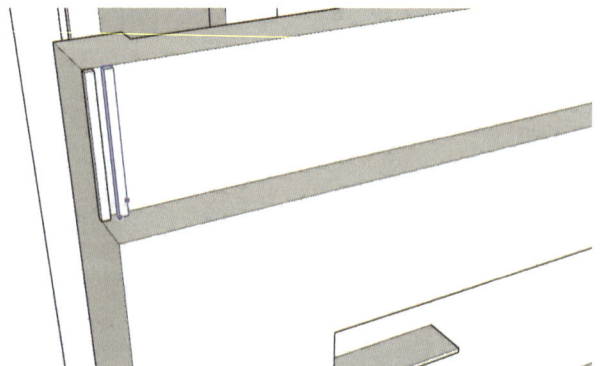

图10-2-42

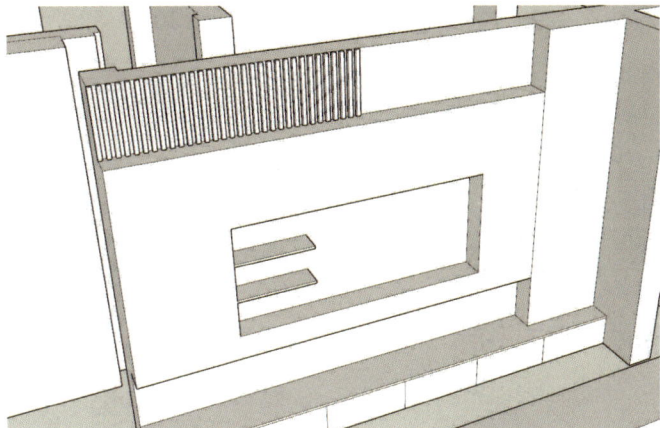

图10-2-43

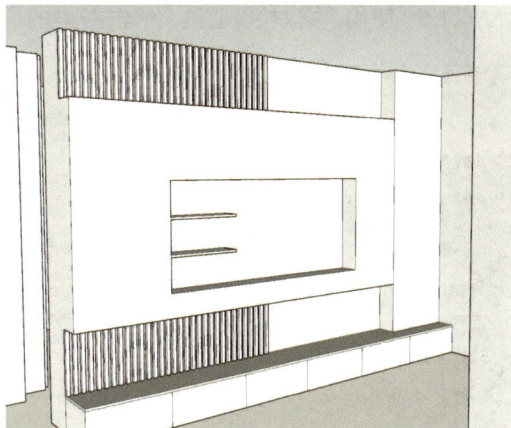

图10-2-44

10.2.4 创建书房柜体

（1）调整视图对准书房的位置，如图 10-2-45 所示；为了方便后期绘制，将遮挡我们视线的墙体单击鼠标右键选择"隐藏"，如图 10-2-46 所示。

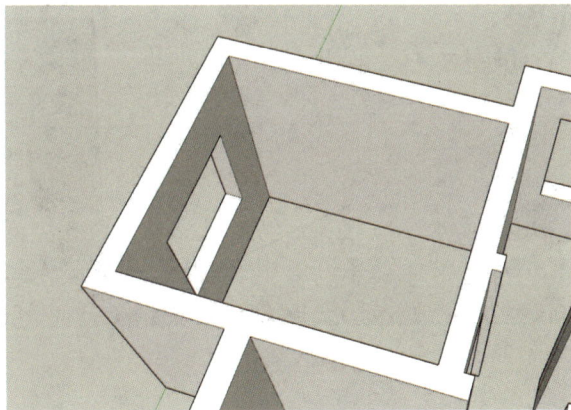

图10-2-45

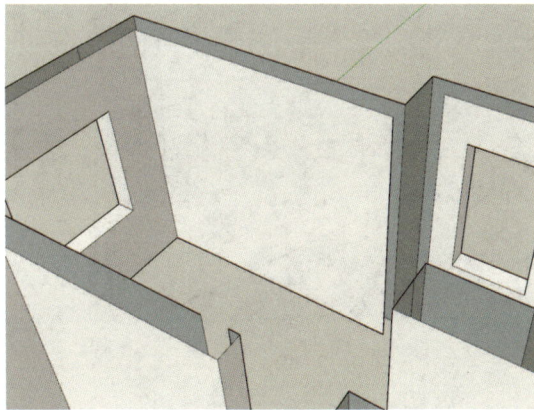

图10-2-46

（2）使用"卷尺"工具，沿地面向上拉出 730 mm 和 750 mm 的辅助线，确定书桌和书桌抽屉的高度，如图 10-2-47 所示；继续使用"卷尺"工具，沿书桌高度向上拉出 700 mm 和 1600 mm 的辅助线，确定吊柜的高度，如图 10-2-48 所示。

（3）使用"直线"工具，沿辅助线绘制出书桌及吊柜的位置及大小，并删除多余的辅助线，如图 10-2-49 所示。

（4）使用"推 / 拉"工具，单击书桌面，键盘输入"600"，向外拉出书桌的宽度，如图 10-2-50 所示；继续使用"推 / 拉"工具，单击吊柜的面，键盘输入"350"，向外拉出吊柜的宽度，如图 10-2-51 所示。

（5）使用"推/拉"工具，单击书桌的面，键盘输入"200"，向下拉出板材厚度，如图10-2-52所示。

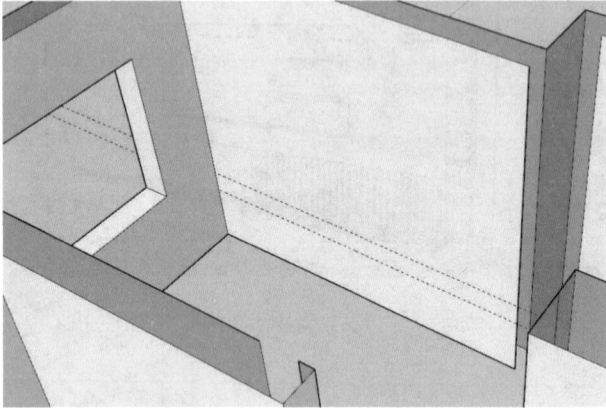

图10-2-47

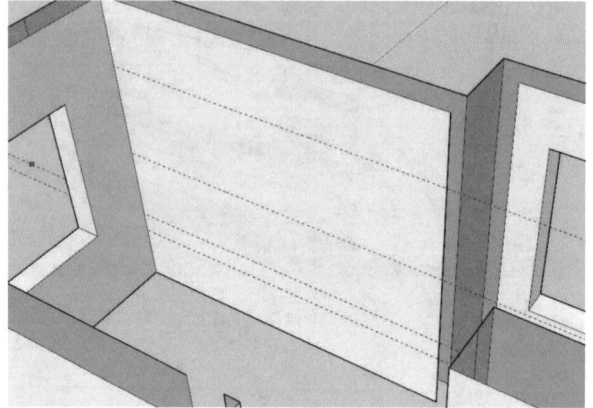

图10-2-48

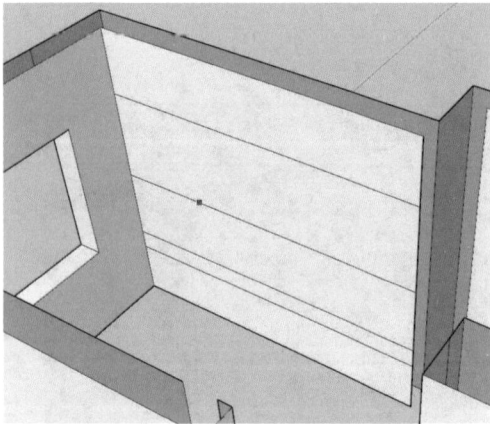

图10-2-49

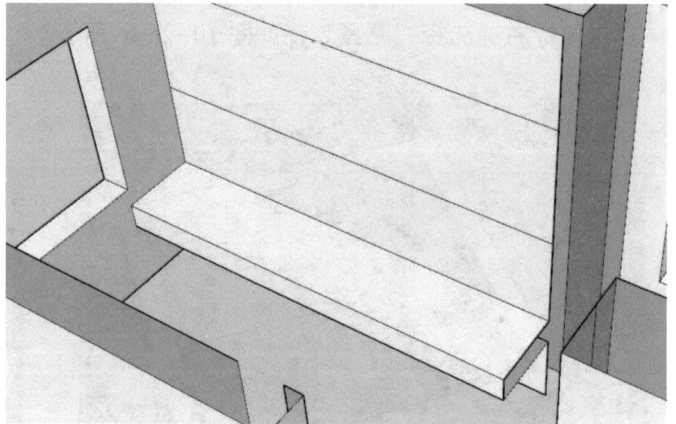

图10-2-50

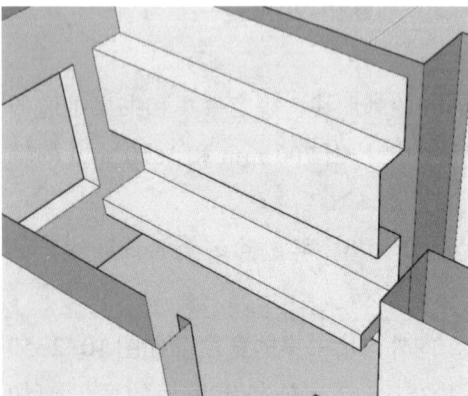

图10-2-51

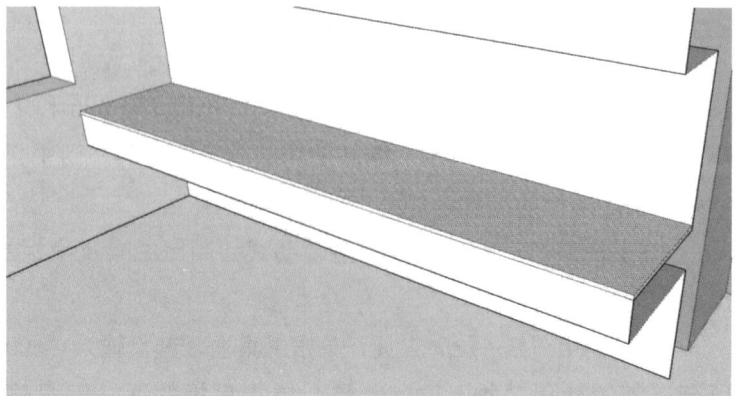

图10-2-52

（6）选择书桌的边，单击鼠标右键选择"拆分"，输入段数"4"，确定抽屉的个数，如图 10-2-53 所示；使用"直线"工具，捕捉到拆分点，绘制出抽屉分割线，如图 10-2-54 所示。

（7）使用"卷尺"工具，沿吊柜向上拉出 200 mm 的辅助线，确定吊柜中展品柜部分的高度，如图 10-2-55 所示；使用"直线"工具，沿辅助线绘制出展品柜的位置及大小并删除多余的线，如图 10-2-56 所示。

（8）使用"偏移"工具，单击装饰柜的面，键盘输入"20"，向里偏移出板材的厚度，如图 10-2-57 所示；使用"推／拉"工具，单击展品柜的面，键盘输入"350"，向里拉出展品柜需要的厚度，如图 10-2-58 所示。

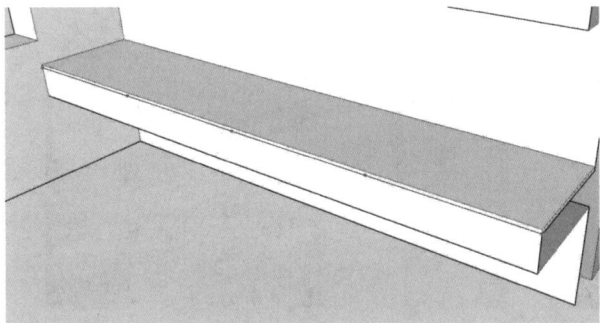

图10-2-53

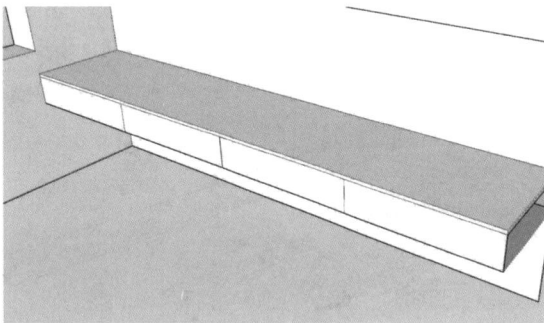

图10-2-54

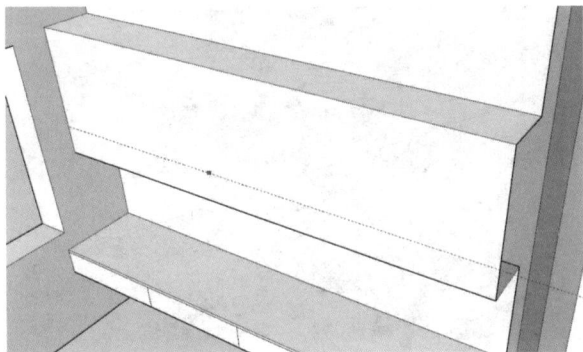

图10-2-55

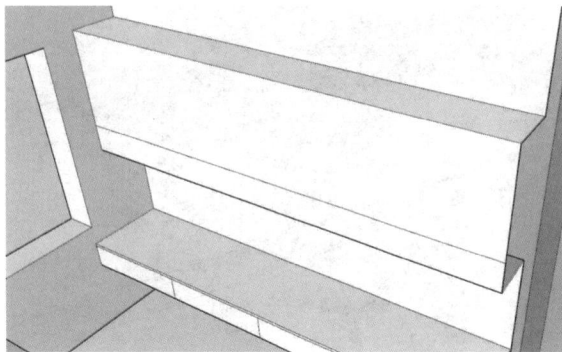

图10-2-56

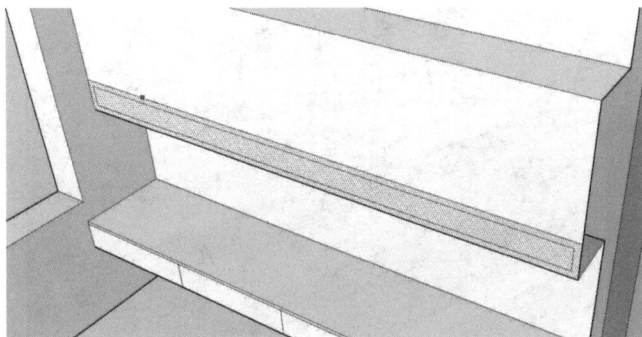

图10-2-57

图10-2-58

（9）选择吊柜的边，单击鼠标右键选择"拆分"，输入段数"6"，确定吊柜样式，如图10-2-59所示；使用"直线"工具，捕捉到拆分点，绘制吊柜样式，如图10-2-60所示。

（10）继续选择吊柜的一条边，单击鼠标右键选择"拆分"，输入段数"3"，确定吊柜样式，如图10-2-61所示；使用"直线"工具，捕捉到拆分点，绘制吊柜分割线，如图10-2-62所示。

（11）使用"卷尺"工具，沿吊柜分割线下拉出20 mm的辅助线，确定板材的厚度，如图10-2-63所示；使用"直线"工具，沿辅助线绘制出板材厚度并删除多余的线，如图10-2-64所示。

图10-2-59

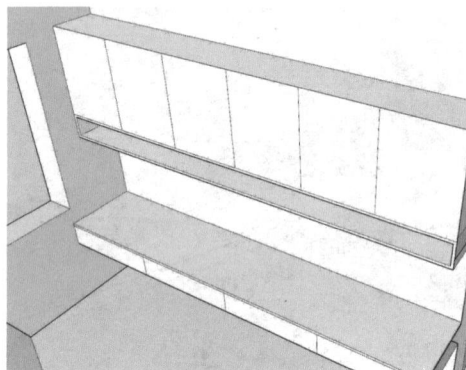

图10-2-60

图10-2-61

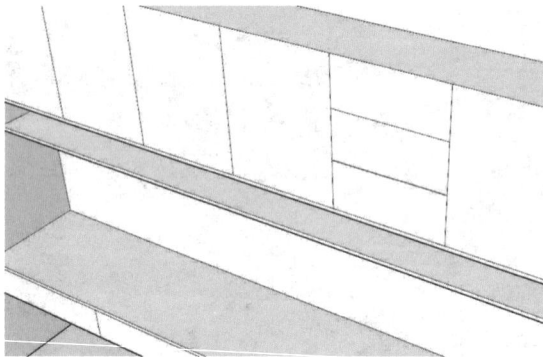

图10-2-62

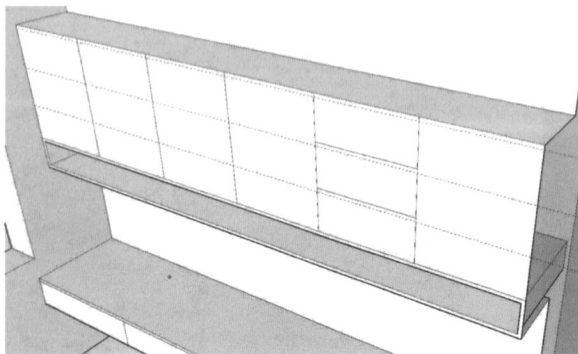

图10-2-63

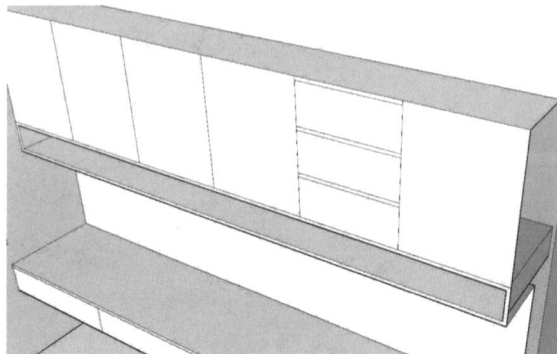

图10-2-64

（12）使用"推/拉"工具，单击吊柜的面，键盘输入"330"，向里拉出吊柜需要的厚度，如图 10-2-65 所示。

（13）执行"视图—显示隐藏的几何物体"命令，可显示之前隐藏的墙体，如图 10-2-66 所示；全选整个模型，单击鼠标右键选择"撤销隐藏"，即可恢复墙体，如图 10-2-67 所示。

（14）最终书房柜体效果如图 10-2-68 所示。

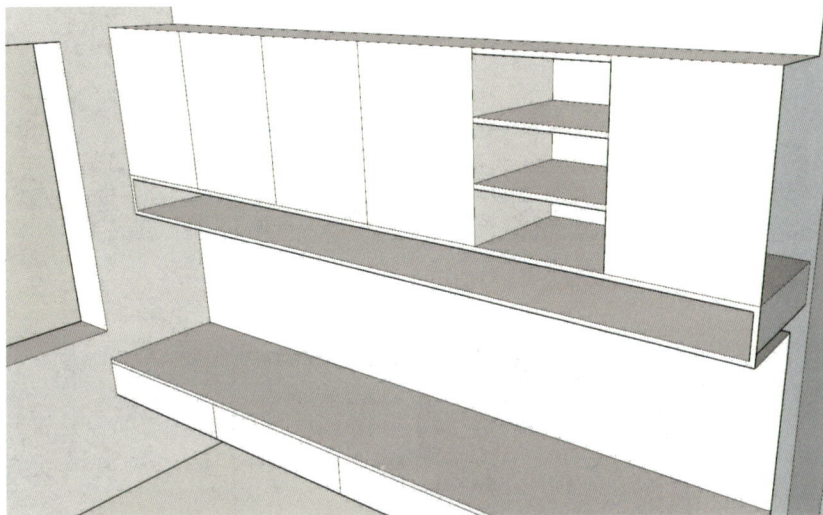

图10-2-65

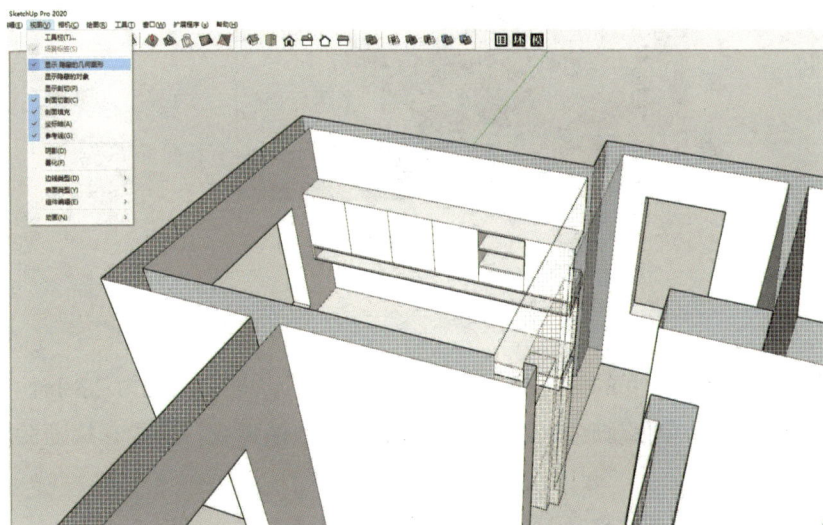

图10-2-66

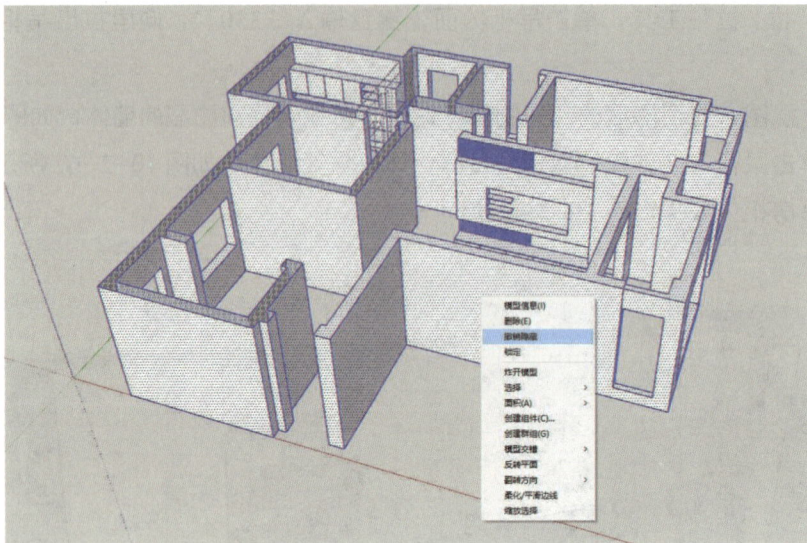

图10-2-67

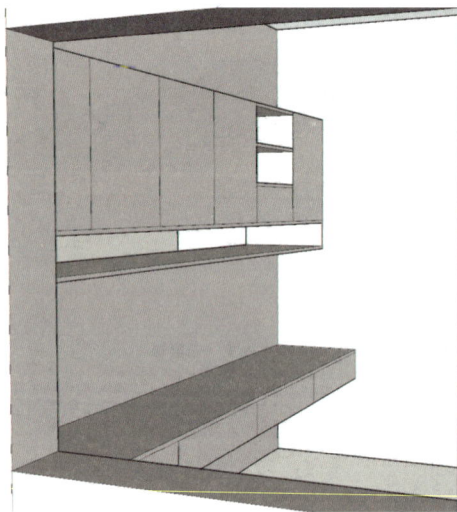

图10-2-68

10.2.5 创建踢脚线

踢脚线的高低与空间尺度之间的关系也很大。一般情况下，若空间高为 2.8 m，则踢脚线高应为 150 mm；若空间低于 2.5 m，则踢脚线高应为 100 mm。制作踢脚线，需要在墙面绘制高度，并拉伸出厚度。其制作步骤如下。

（1）选中地面的边线，使用"移动"工具并配合 Ctrl 键将其向上移动复制 150 mm，制作踢脚线，如图 10-2-69 所示。

（2）使用"推/拉"工具，选中踢脚线所在的面，向外拉伸出 15 mm 的厚度，如图 10-2-70 所示。

（3）重复以上操作，在每个空间绘制踢脚线。

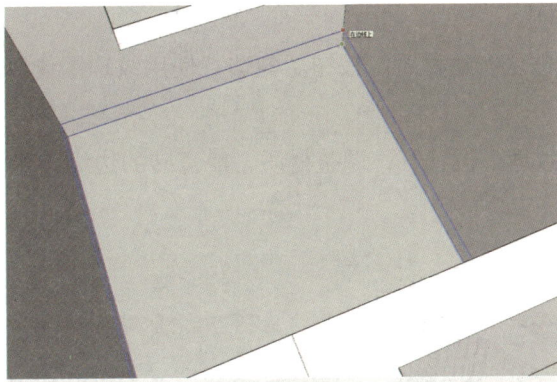

图10-2-69

图10-2-70

10.3　添加材质贴图和家具组件

10.3.1 添加材质贴图

10.3.1.1 添加地面材质

　　客厅、厨房、卫生间以及卧室的地面铺装材质不尽相同。一般家庭的客厅、餐厅人流量较多，除要求色彩与墙壁、家具等摆设的色彩相协调外，还应考虑选择耐磨、耐脏、易清除尘垢的地面装饰材料，如木质地板、塑料地板、地毯。卧室应选择隔音和保温性能好的材料，如木地板、地毯。厨房、卫生间的地面应选择具有耐腐蚀、耐刷洗、不渗水等性能的材料，如水磨石、瓷砖、马赛克。

（1）客厅、餐厅瓷砖材质。

打开"材质"面板，点击"创建材质"按钮。勾选"使用纹理图像"，添加合适的材质贴图，如图 10-3-1 所示。

用鼠标右键单击选择"纹理—位置"，调整材质，使瓷砖的边缘与墙面对齐，如图 10-3-2 所示。

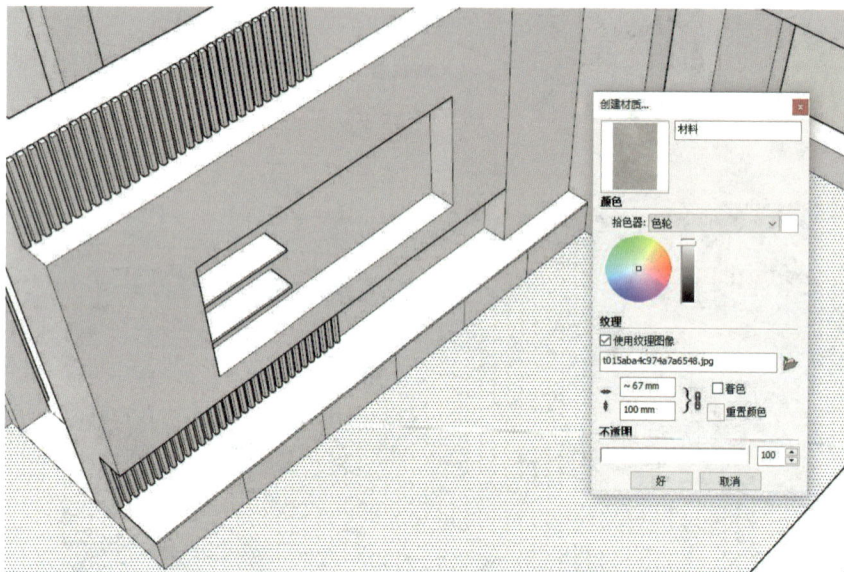

图10-3-1

图10-3-2

（2）厨房、卫生间地砖材质添加，如图10-3-3所示。

（3）卧室木地板材质。

添加木纹材质的时候，需要调整木纹的纹理方向。添加后的木纹为竖纹，如果想要将纹理修改成横纹，只需在"材质"面板中点击"在外部编辑器中编辑纹理图像"按钮，即可在外部编辑器中修改图像的方向，如图10-3-4所示。

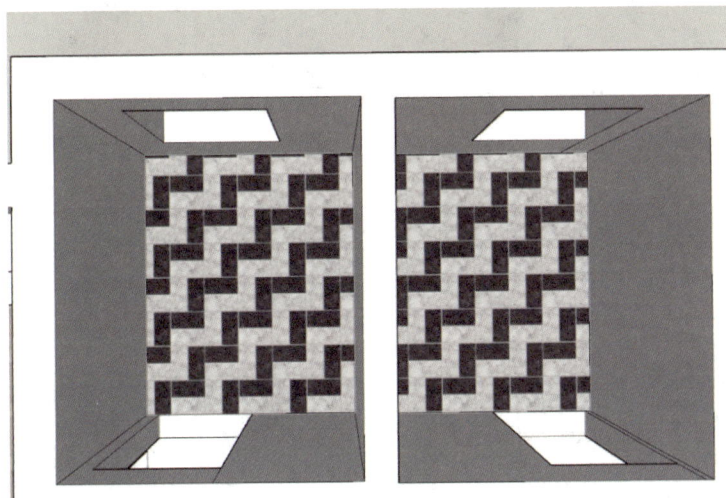

图10-3-3

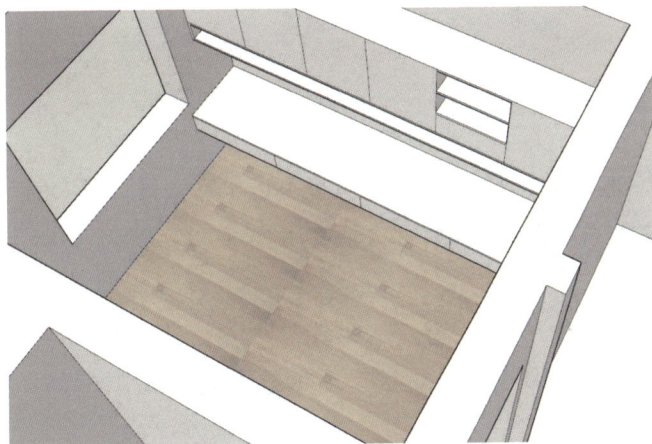

图10-3-4

10.3.1.2 添加墙面材质

（1）卧室墙面材质，如图10-3-5所示。

（2）厨房墙面材质，如图10-3-6所示。

（3）卫生间墙面材质，如图10-3-7所示。

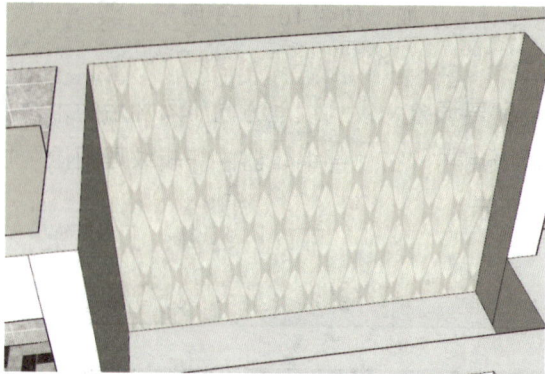

图10-3-5

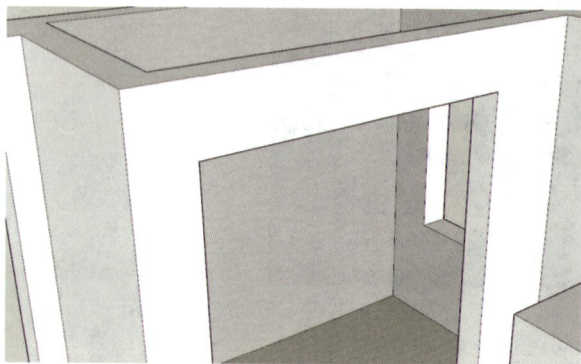

图10-3-6

图10-3-7

10.3.2 添加家具组件

在完成基本模型的基础上，可以导入各种家具模型以丰富场景。导入的可以是默认组件，也可以将常用的家具组件存成文件添加到组件库，以方便使用。

（1）导入组件。

运行 SketchUp Pro 2020，执行"窗口—组件"命令，弹出对话框，找到"室内布置"，如图 10-3-8 所示，打开并点击想要的组件，选择即可放入模型当中。

（2）调整组件。

门模型的开向和大小与设计上有所不同，需要进行调整。

①单击"编辑"工具栏上的"缩放"按钮，调用"缩放"工具；选中物体，在物体周围出现三维缩放调整网；需调整前后开向时，就选中横向的缩放点，如图 10-3-9 所示。

②按住鼠标左键不放，往反方向移动鼠标，同时直接用键盘输入"﹣1"，表示这一方向进行镜像，如图 10-3-10 所示。

③使用"缩放"工具，选定相应的缩放点，移动鼠标，同时键盘直接输入相关比例，将门的横向宽度改为 800 mm，高改为 2100 mm。

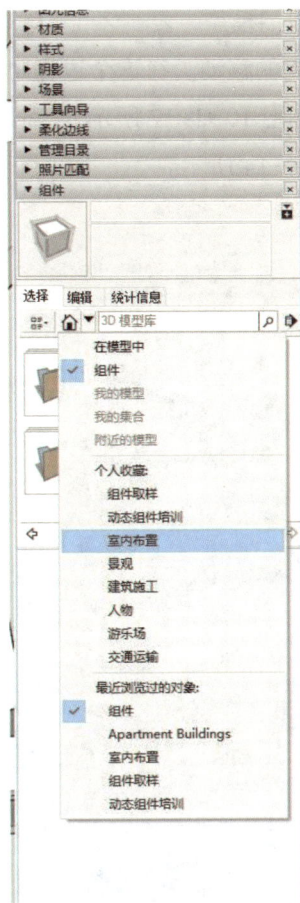

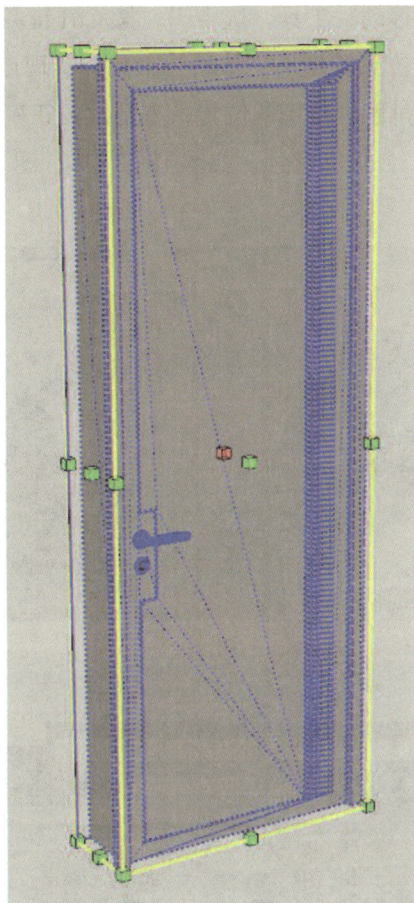

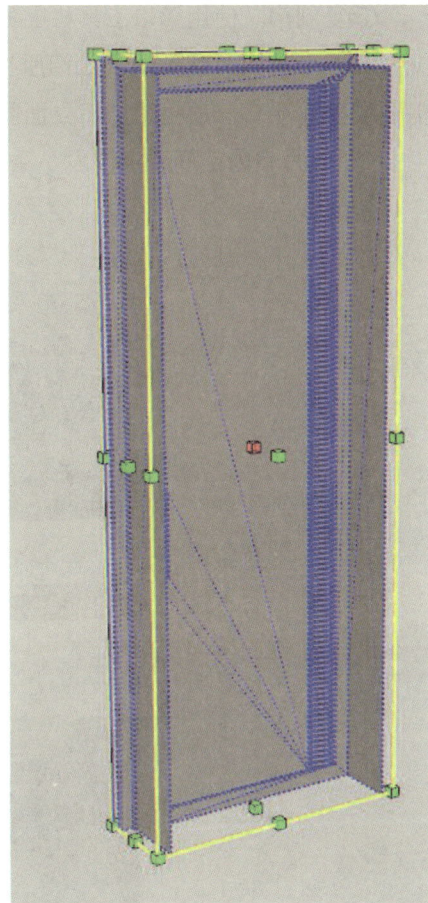

图10-3-8   图10-3-9   图10-3-10

④隐藏局部模型。按住鼠标左键不放并拖曳鼠标，对场景模型进行全部框选；按住 Shift 键不放，单击门和地面，将这两个模型排除选择；在选中对象上，单击鼠标右键弹出快捷菜单，执行"隐藏"命令，将墙体等模型隐藏，如图 10-3-11 所示。

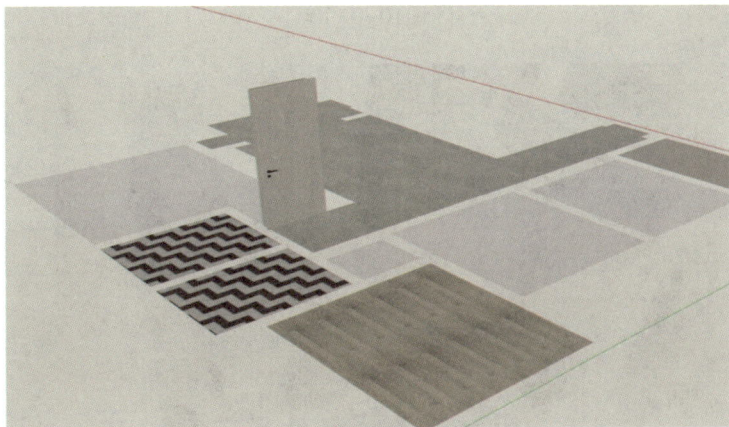

图10-3-11

⑤复制门。使用编辑工具栏上的"移动"工具，选中门，按 Ctrl 键并拖拉门模型，复制多个门。

⑥逐个将门放置到图纸上门所在的位置，使用"移动"工具，实现点对点的移动。在这个过程中需要调整视图，从顶视图、正立面图等角度观察门的位置，直至放置正确，如图 10-3-12 所示。

（3）为室内空间添加沙发、茶几、台灯等家具，如图 10-3-13、图 10-3-14 所示。

图10-3-12

图10-3-13

图10-3-14

10.4　导出图像

绘制完成后可以导出为多种图纸：风格化图、彩色平面图、剖面图、AutoCAD 图纸。

10.4.1 设定出图风格

模型完成后，显示的是默认设定的效果。如果对显示效果有进一步的要求，可以对其画面的风格做设定。执行"窗口—样式"命令，弹出"样式"对话框，可调整不同的样式，如图10-4-1所示。

图10-4-1

10.4.2 生成多种视图

10.4.2.1 生成平面图

使用"视图"工具，切换视图方式会发现始终有透视存在。即使使用"缩放"工具，通过输入数值调整视野，仍然不能生成真正意义上的平面图。

执行"相机—平行投影"命令，显示平视图后，单击视图工具栏的"俯视图"按钮，就得到一张真正的"彩色平面图"，使用建筑施工工具栏上的"尺寸"工具，拉出需要的尺寸，使用"文字"工具标注出名称，如图10-4-2所示。

10.4.2.2 生成立面图

单击截面工具栏上的"剖切面"按钮，屏幕出现剖面切片，将其移动到相应位置，即可生成立面或剖面图，如图10-4-3所示。

单击截面工具栏上"剖切面"按钮，将其剖切面隐藏；切换视图到"立面图"状态，即可得到立面图，如图10-4-4所示。

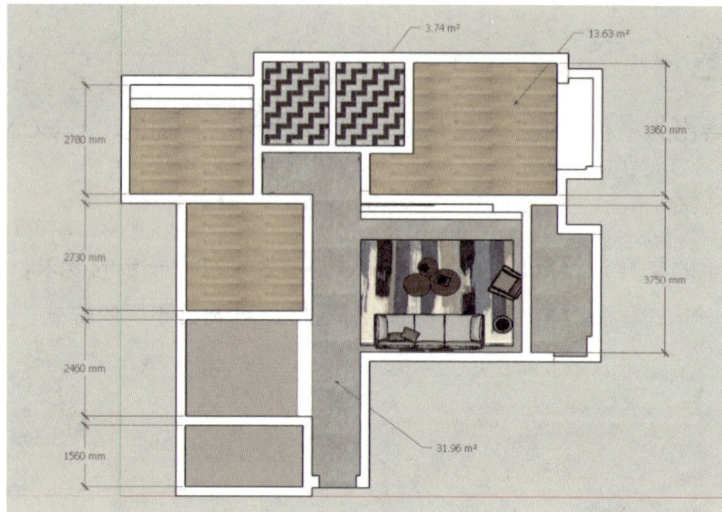

图10-4-2

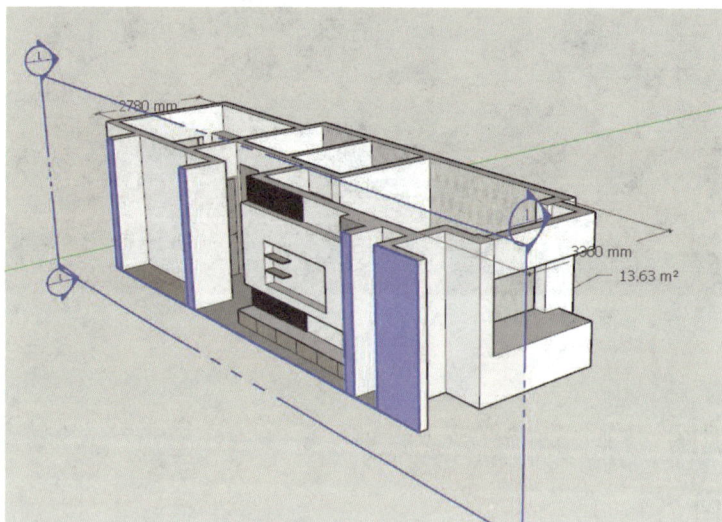

图10-4-3

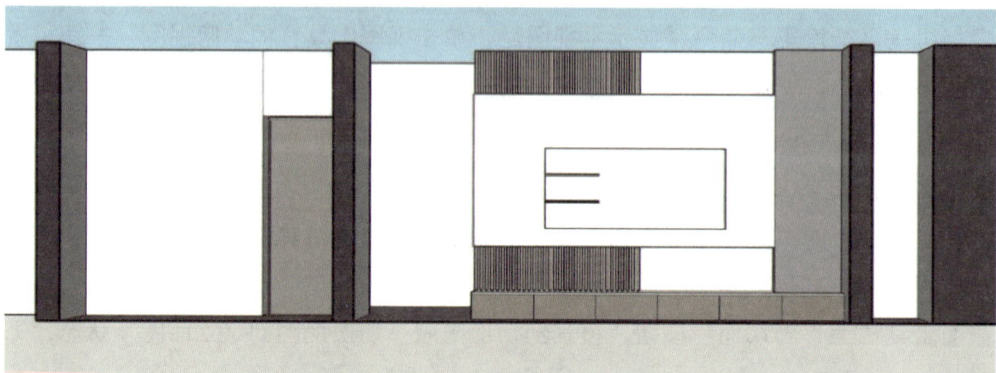

图10-4-4

10.4.2.3 生成AutoCAD图

执行"文件—导出—二维图形"菜单命令，保存类型选择 AutoCAD 格式，单击"导出"，即可将此图输出为 AutoCAD 图纸。在 AutoCAD 软件中打开，如图 10-4-5 所示。

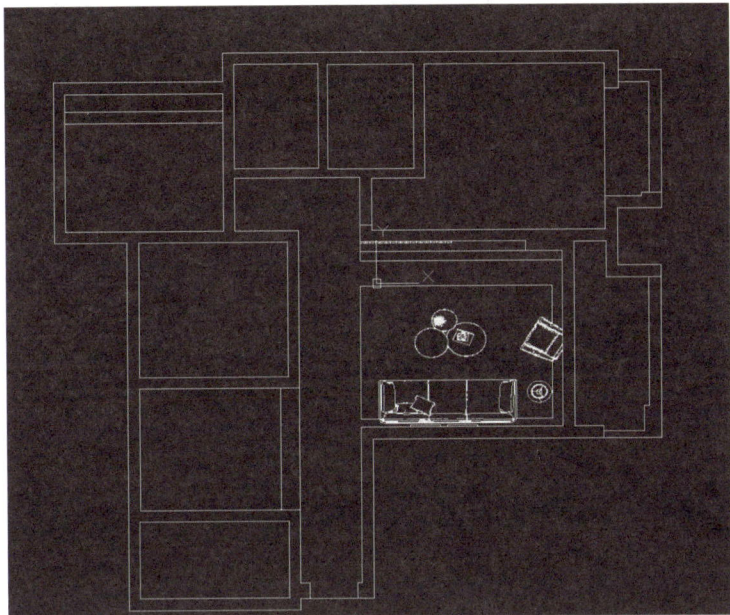

图10-4-5

完成的三维图可以辅助以光线阴影的设定，导出的二维图纸可以导入 AutoCAD 进行施工图的深化。

本章小结

◆室内设计图纸分为三类：

（1）用于方案阶段的方案图，重在效果图的表现。

（2）用于施工阶段的施工图，通常由 AutoCAD 软件完成，重在表现具体做法。

（3）用于竣工结算的竣工图，由施工图修改而得，重在表现现场和实际尺寸。

◆室内设计方案图有两种设计方式：一种是需要表达其户型的空间构想与室内各种家具之间的关系，构建一个基本的室内空间，再辅以风格化的显示表现，完成方案图的设计；另一种是需要表现室内的真实场景，通过 SketchUp 创建模型，并运用渲染插件进行灯光材质的设置渲染出图，最后进行图形的后期编辑。

◆室内建模的流程一般是根据用户的要求完成平面图纸的设计方案，然后建模出效果图，具体步骤如下。

（1）在导入 SketchUp 前整理 AutoCAD 平面图纸；

（2）根据 AutoCAD 图纸创建室内模型；

（3）为室内添置家具、材质；

（4）添加场景及阴影；

（5）渲染出图。

11 景观建模实例
——居住区主轴线景观设计

本章以居住区入口主轴线景观模型创建为例，在SketchUp中将由植物构成的软质空间和由铺地形成的硬质空间进行有机结合，构成一系列亲切的、富有生命力的、令人赏心悦目的和谐景观空间，使在此休憩、观景、交流、会客的居民能真正感受到居住区景观的实用、美观和人性化。

学习目标

了解图纸在导入SketchUp前的准备工作；

掌握在SketchUp中创建景观初步模型，将二维图纸转化为三维空间模型的方法；

掌握在SketchUp中为景观模型赋予材质，熟练材质编辑与贴图的步骤方法；

理解SketchUp图像的输出，完成效果图的制作；

了解在Photoshop中进行后期处理的相关方法。

11.1 导入SketchUp前的准备工作

在大部分的居住区景观设计案例中，都有精确的AutoCAD平面图。在导入SketchUp软件之前，需要对相关的AutoCAD图纸内容进行整理，然后再对软件进行优化设置。

下面通过一个实际案例来详细讲解如何将AutoCAD图纸进行清理。

首先，用AutoCAD打开居住区景观设计总体图纸，如图11-1-1所示。从图中可以得知，这个小区被南北走向的安成路大致等分成东、西两部分，且人行主入口均在路两边，车行主入口均在地块正北处。由于整个小区场地过大，本次建模只在复杂的AutoCAD图纸中选取了左半部分的局部来进行小区主轴线景观的设计，如图11-1-2所示。

（1）删除多余的图纸信息，保留对创建模型有用的图纸内容。对保留下来的图纸内容进行简化操作，删除对建模没有参考意义的文字信息，包括铺装材质、节点标注、楼层高度、单元号、建筑属性以及路名（若有尺寸标注也删除）等；铺装填充、景观小品（可移动的）、水体填充等图名信息（若有植被如乔木、灌木、草本植物填充图形也一并删除），保留边界轮廓线即可。处理过后的图纸如图11-1-3所示。

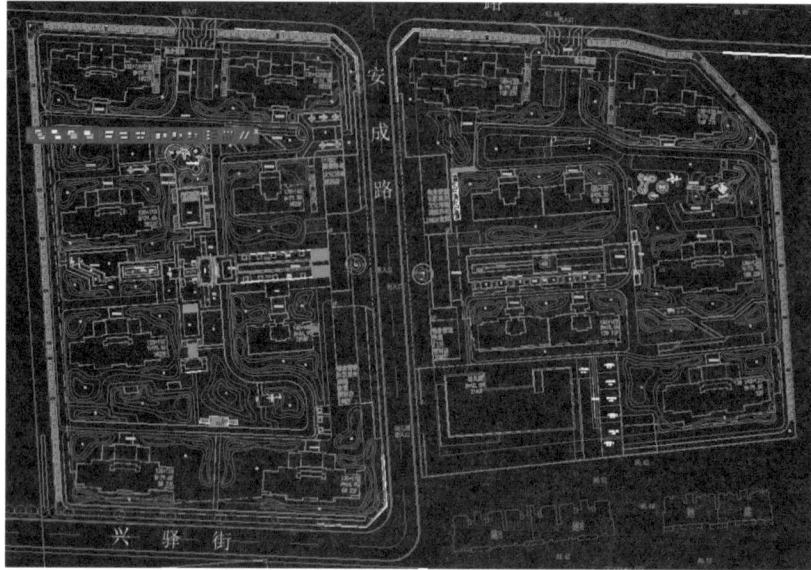

图11-1-1

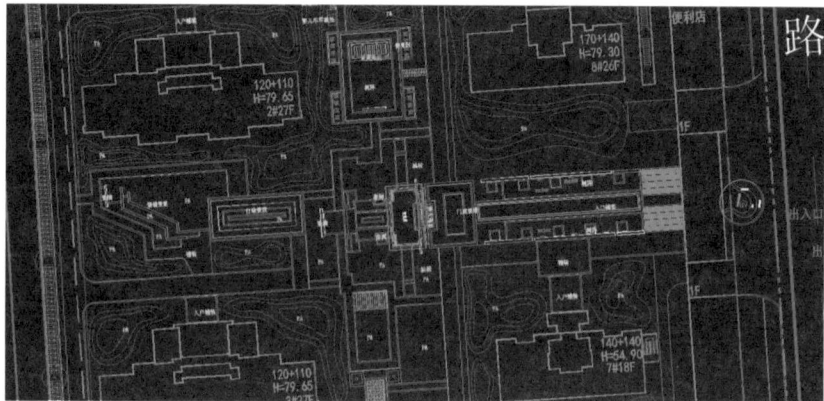

图11-1-2

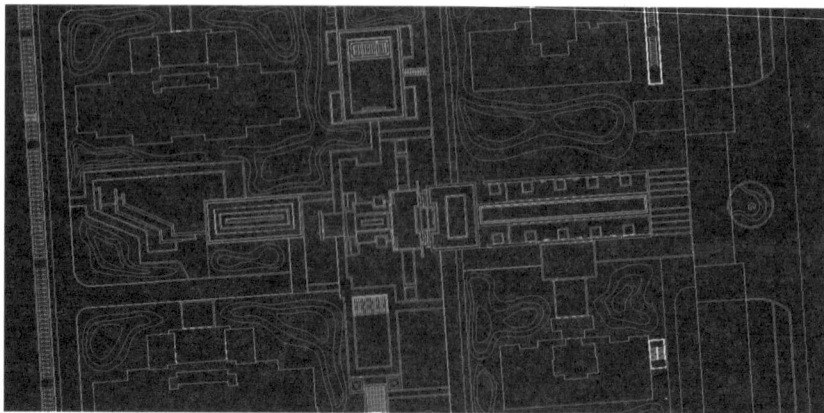

图11-1-3

（2）将所有线型统一，将微地形从虚线改为实线，将建筑轮廓线的线宽调整为和景观方案线一致。

（3）对当前图纸"PU"执行清理命令，弹出"清理"对话框，勾选"所有项目"和"清理嵌套项目"选项，然后单击"全部清理"按钮，如图 11-1-4 所示。弹出"清理 – 确认清理"对话框，单击"清除所有选中项"，如图 11-1-5 所示，清理多余的内容及图层。

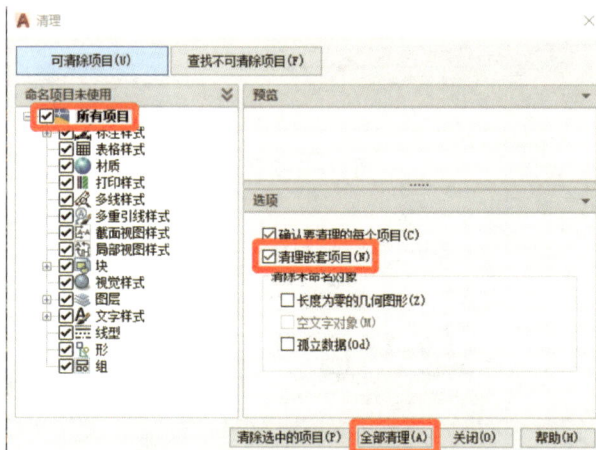

图11-1-4

图11-1-5

（4）选中需要创建的居住区主轴线景观，将它复制到新的文件中，并保存文件名为"居住区主轴线景观设计"的 dwg 格式文件。

11.2 将 AutoCAD 图纸导入 SketchUp

（1）运行 SketchUp Pro 2020，执行"文件—导入"菜单命令，在弹出的"打开"对话框中，选择"文件类型"为"AutoCAD 文件（*.dwg，*.dxf）"格式，接着选择文件"居住区主轴线景观设计 .dwg"，如图 11-2-1 所示。

（2）单击"选项"按钮，在弹出的"导入 AutoCAD DWG/DXF 选项"对话框中将"比例"这一项的单位改成"毫米"，单击"好"按钮。然后点击文件名下方的"导入"按钮，将 AutoCAD 文件导入到 SketchUp，如图 11-2-2 所示。

（3）导入到 SketchUp 的过程需要几分钟，因为 SketchUp 的几何体与 AutoCAD 软件中的几何体有很大的区别，转换需要大量的运算。导入完成后，SketchUp 会有一个导入结果的报告，如图 11-2-3、图 11-2-4 所示。

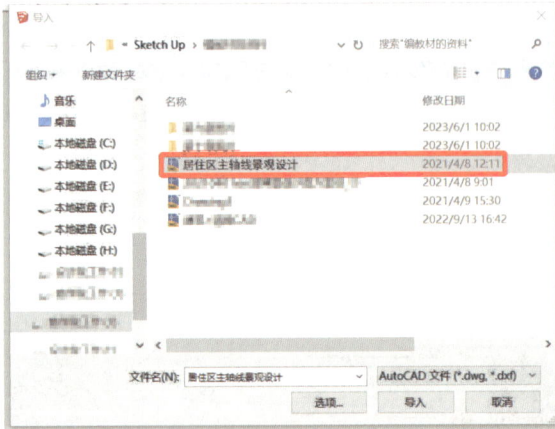

图11-2-1

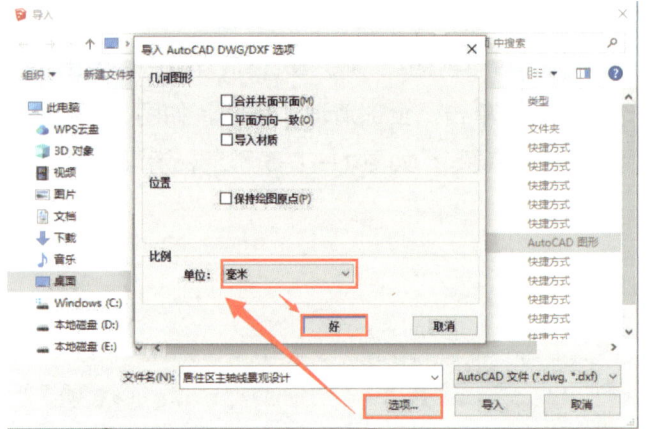

图11-2-2

图11-2-3

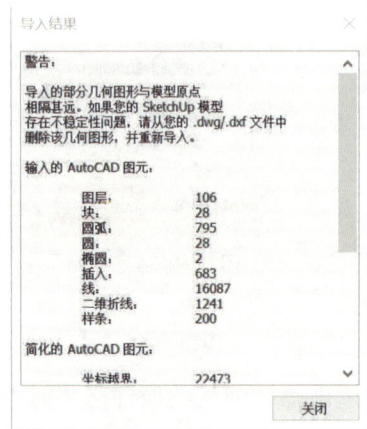

图11-2-4

操作技巧

在没有居住区AutoCAD图纸，只有JPG格式平面图（图11-2-5）的情况下创建模型的方法如下。

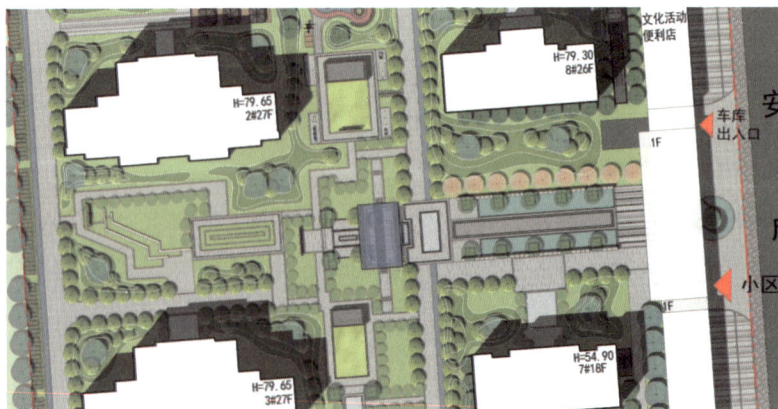

图11-2-5

在SketchUp中导入图纸作为底图，测量后，将其按比例缩放到实际尺寸大小，即可在此基础上完成建模。

（1）执行"文件—导入"菜单命令，将文件类型切换为"所有支持的图像类型"，选择该居住区主轴线景观平面图并导入，如图11-2-6所示。

（2）将图片放在坐标原点处，任意给定一个大小，随后执行"样式—X光透视模式"命令，使图片呈半透明状态，如图11-2-7所示。

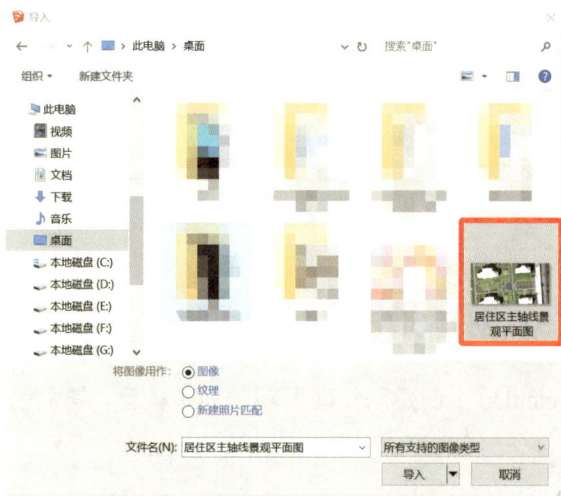

图11-2-6

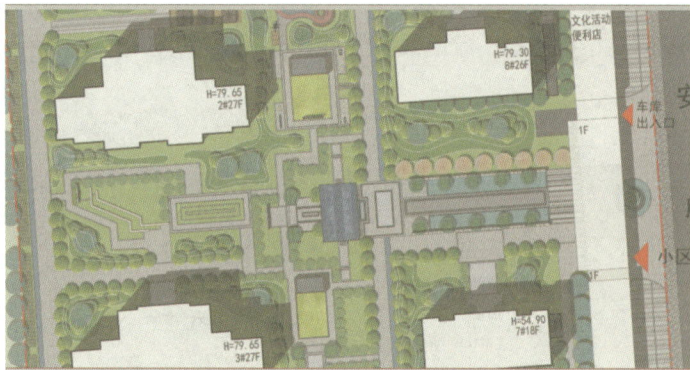

图11-2-7

（3）由于此平面图的朝向不是正南正北，且蓝色塑胶跑道的宽度是1.2 m，因此连接原图跑道一端的边线，使用"直线"工具沿着和该直线垂直的方向将宽度标出来。此时两条垂直线呈洋红色，显示出"垂直于边线"的提示，并且右下角的数值输入框中的数据为"89 mm"，如图11-2-8所示。

（4）由于1200 mm大约是89 mm的13.5倍，因此使用"缩放"工具沿着图片的对角夹点，在右下角的数值输入框的比例中输入"13.5"。这时再去测量同一位置的距离，显示为1200 mm或约等于1200 mm，如图11-2-9所示。

图11-2-8

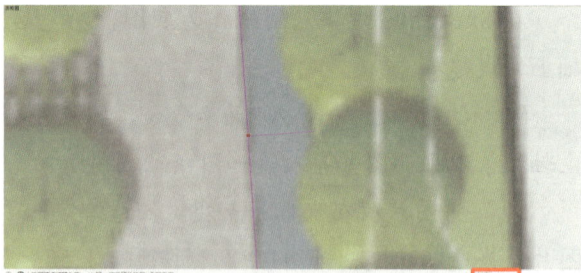
图11-2-9

（5）缩放完成，把多余线条删掉，保持 X 光模式为开启状态，在此基础上画线成面，面生成体，进行建模即可。

11.3　在 SketchUp 中创建景观初步模型

本节开始讲解怎样在 SketchUp 中创建居住区景观的初步模型，其中包括创建地面、道路、绿地等。

11.3.1 封面

（1）导入到 Sketchup 中的 AutoCAD 图形是以线的形式存在的，并且是成组的，因此先全选图形，随后右键选择"炸开模型"。

（2）执行"扩展程序—文字标注—标记线头"菜单命令，如图 11-3-1 所示。将场景中的线头标注出来，如图 11-3-2 所示。

图11-3-1

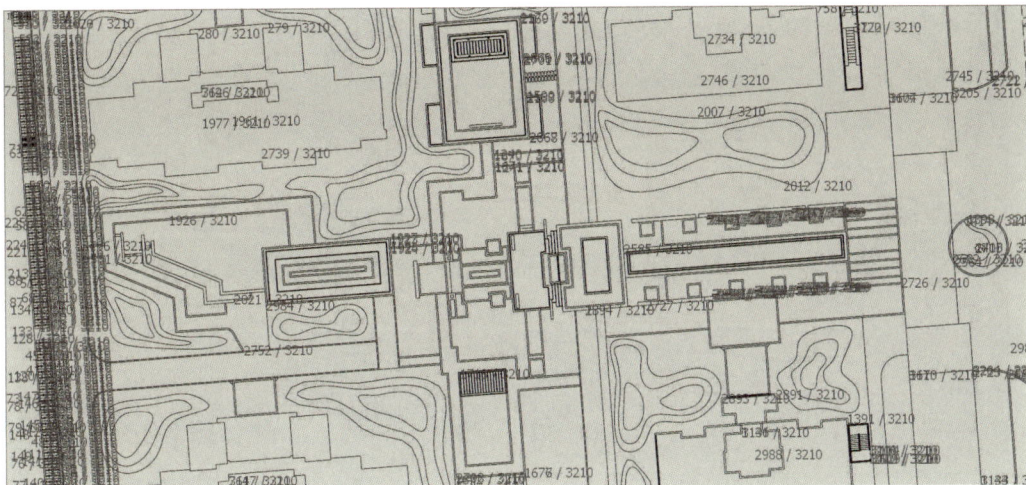

图11-3-2

（3）全选图形，执行"扩展程序—线面工具—生成面域"菜单命令（图 11-3-3），或直接执行
SUAPP 当中的生成面域功能（图 11-3-4），将存在线头的地方封面，然后用"删除"工具将标注的
线头删除掉，如图 11-3-5 所示。

图11-3-3

图11-3-4

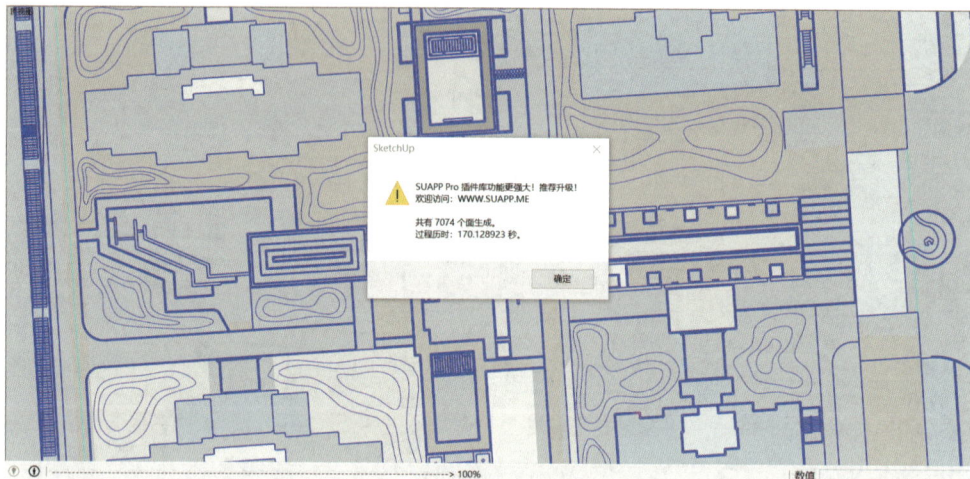

图11-3-5

（4）采用相同的方法将其他线头都封好面，线头较多的时候一定要有耐心，完成封面的图形如图 11-3-6 所示。最后单击鼠标右键选择"反转平面"，再次单击鼠标右键选择"确定平面方向"，使得所有面正面朝上。

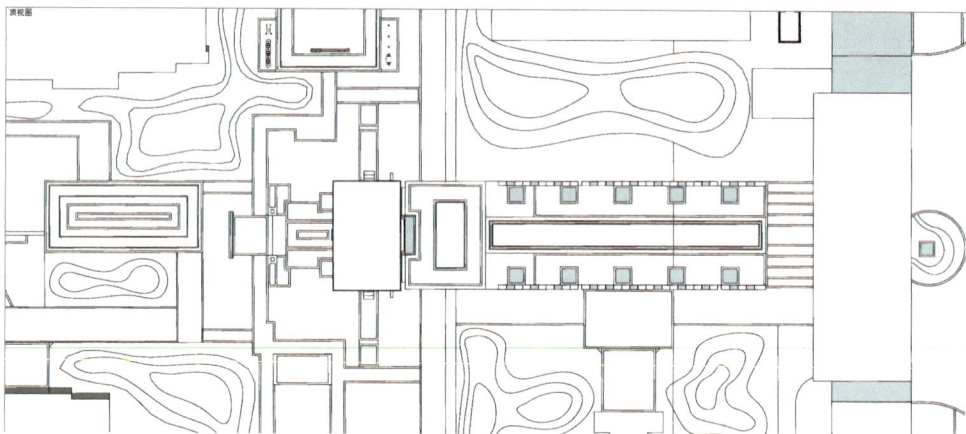

图11-3-6

操作技巧

当图纸中的东西-南北方向不在SketchUp默认的红轴和绿轴上时，可以将图纸进行适当旋转，使其新的坐标轴可以和SketchUp的轴向匹配，形成正南正北的方向，这样有利于后期建模少出差错，提高效率。

11.3.2 创建入口水景

由于 AutoCAD 图纸中的平面布局已经十分详细，因此只需在相应的平面创建景观小品即可。

（1）同时选中水池的种植区域和石材区域两个面，并将其编辑成组。双击进入组内，利用"推/拉"工具将外框面向上推拉 500 mm，内部方形面向上推 450 mm。随后将外框面配合 Ctrl 键再向下推 70 mm 和 60 mm，再生成两个面出来，如图 11-3-7 所示。

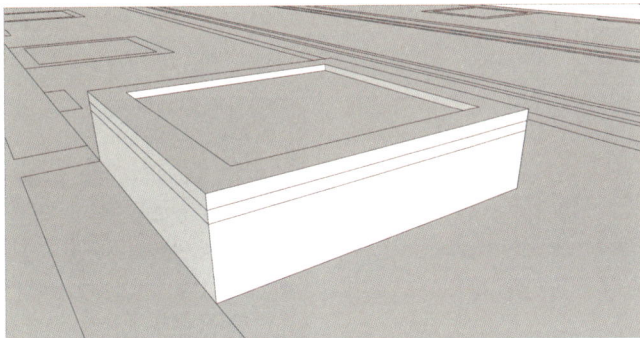

图11-3-7

（2）将生成的中间宽 60 mm 部分的 4 个面分别向内推拉 20 mm。最后利用"推/拉"工具将新生成的外框面向内偏移 10 mm，如图 11-3-8 所示，再将这个面向上推 45 mm，生成的结果如图 11-3-9 所示。

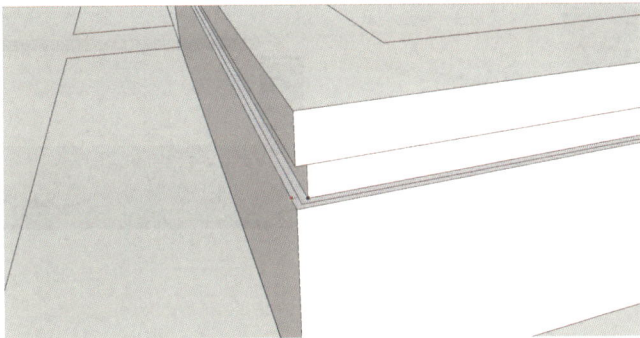

图11-3-8

图11-3-9

（3）制作铁艺装饰。进入花坛组内，利用"矩形"工具在花坛凹槽处的边缘绘制一个尺寸为5 mm×10 mm 的矩形，编辑成组，如图 11-3-10 所示。进入组内，利用"直线"工具以矩形的最外侧端点为起点绘制折形路径，长度分别为 45 mm → 60 mm → 38 mm → 38 mm → 22 mm → 15 mm → 8 mm → 7 mm → 11 mm → 29 mm → 28 mm → 51 mm → 40 mm，如图 11-3-11 所示。随后进行路径跟随操作，形成的模型如图 11-3-12 所示，再将反面翻转为正面。

（4）利用"材质"工具将其赋予为 RGB 参数分别为"77，59，45"的深棕色。随后利用"移动"工具配合 Ctrl 键将其点对点复制出来一个，并输入"27x"，形成的结果如图 11-3-13 所示。

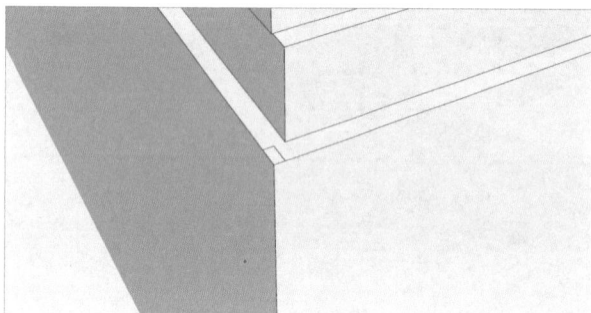

图11-3-10

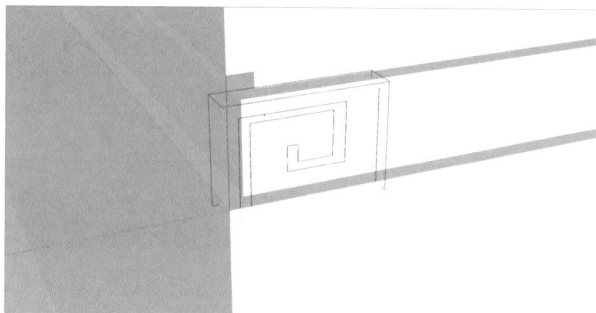

图11-3-11

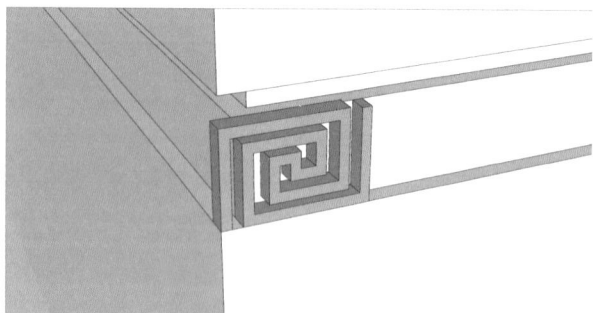

图11-3-12

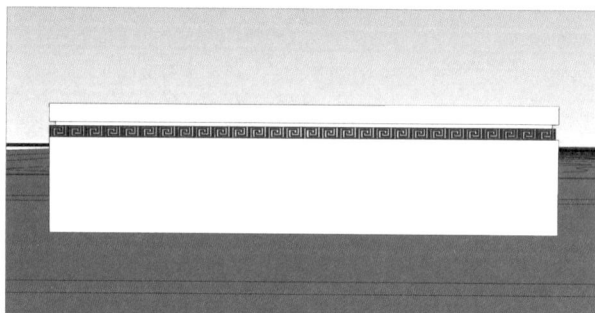

图11-3-13

（5）将 28 个小零件编辑成组，形成一个大组。以大组的外侧端点为旋转中心，以零件的厚度（10mm）为旋转轴，利用"旋转"工具，按下键盘上的↑键将旋转平面切换至蓝轴，旋转 90°，并将旋转后的组用"移动"工具微调移动至对应的端点处。剩下两个面重复以上操作。

（6）将水池的石材部分整体赋予一个带接缝的大理石石材贴图材质，样式如图 11-3-14 所示。种植区域赋予草坪材质，创建好的模型如图 11-3-15、图 11-3-16 所示。

（7）建好一个水池，然后根据 AutoCAD 图纸将其他水池复制出来，最终效果如图 11-3-17 所示。

图11-3-14

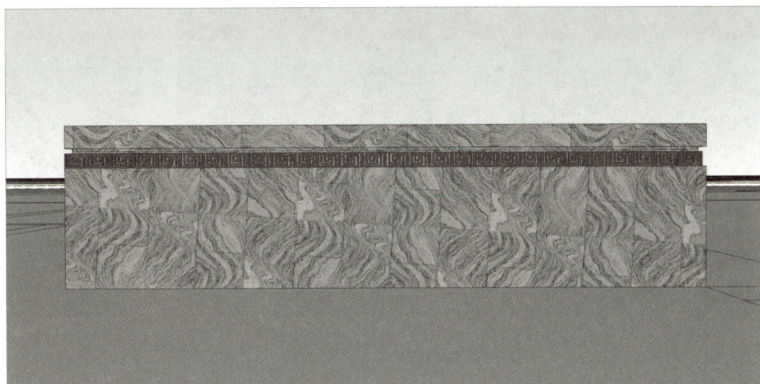

图11-3-15

图11-3-16

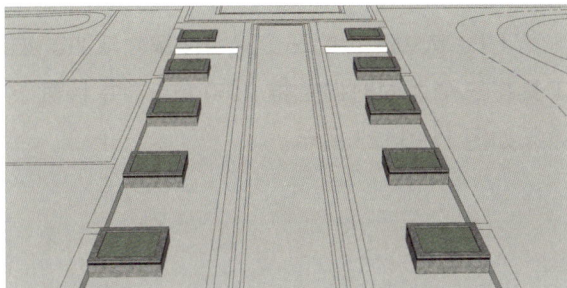

图11-3-17

11.3.3 创建入口水景水池

（1）利用"推/拉"工具将水池面向下推拉300 mm的厚度，并对池底赋予深色瓷片的贴图材质，样式如图11-3-18所示。

（2）随后将底面向上复制250 mm的高度作为水体，并将顶面赋予为半透明的水材质。

（3）水面以上的水池部分赋予纹理相对明显的芝麻黑石材，贴图样式如图11-3-19所示。另一侧水池执行同样操作，最终效果如图11-3-20所示，细节图如图11-3-21所示。

图11-3-18

图11-3-19

图11-3-20

图11-3-21

11.3.4 创建流水景墙

（1）选中一侧的三个景墙面编辑成组。进入组内，按 Crtl+A 组合键全选三个面，利用联合推拉工具将三个面同时向上推 2100 mm，并且赋予米黄色石材材质，贴图样式如图 11-3-22 所示。模型效果如图 11-3-23 所示。

图11-3-22

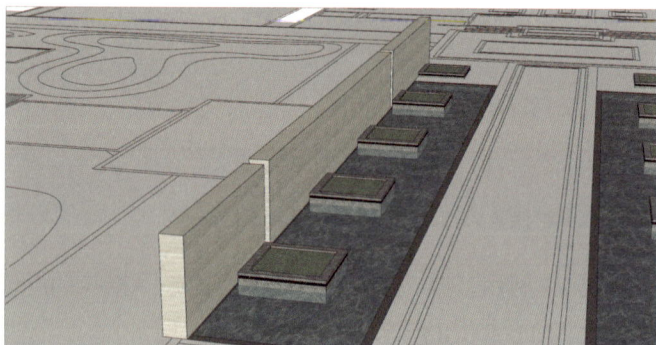
图11-3-23

（2）将第一组长为 5000 mm 的景墙的长边拆分为 5 段，利用"直线"工具将端点存在的地方进行上下连接，并将其背面和顶面连接。将第一组"倒 U 型线"选中，利用"移动"工具配合 Ctrl 键进行移动复制，形成左右各 10 mm 且间隙总宽度为 20 mm 的状态，擦除中间线。对剩下 3 组线执行同样操作，结果如图 11-3-24 所示。

（3）将所有生成的中间面向内推 10 mm 作为缝隙，并赋予和水池部分金属装饰零件一样颜色的材质，效果如图 11-3-25 所示。

（4）将第二组长为 15 000 mm 的景墙长边拆分为 15 段，其余部分执行同样操作。

（5）在第二组景墙上创建储水槽，且每两个储水槽之间相隔 4 块砖块。离水池边缘高 1500 mm，总长 730 mm，高度 100 mm，金属包边厚度为 20 mm。将中间面向后推但不打通，如图 11-3-26 所示。最终效果如图 11-3-27 所示。

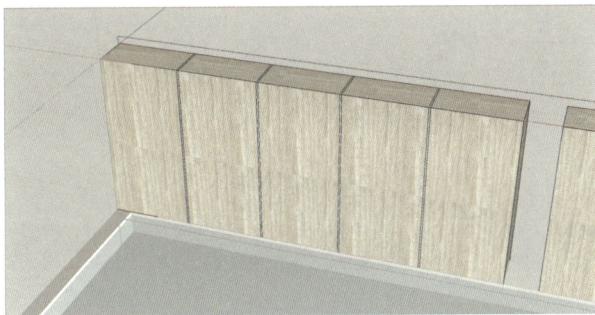

图11-3-24

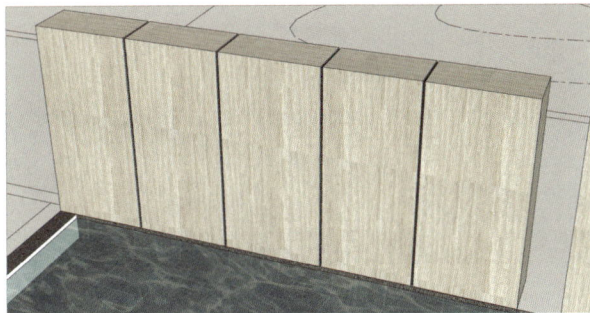

图11-3-25

图11-3-26

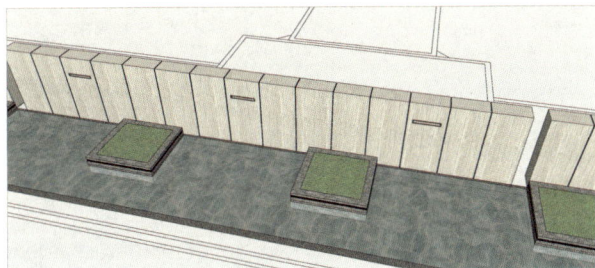

图11-3-27

（6）用同样方式创建第三组景墙，并将这三组景墙再次编辑成组，对称复制到水池的另一侧。

（7）创建水流。先将水面隐藏，进入景墙组内，在水槽正中间区域利用"矩形"工具绘制一个矩形并赋予水材质，如图 11-3-28 所示。随后以该矩形的一外侧端点为基准，在绿轴方向绘制一个尺寸为 180 mm × 2400 mm 的矩形作为流出的纵向水体。

（8）在此平面上利用"圆弧"工具和"直线"工具绘制一组落水线，如图 11-3-29 所示。随后把矩形面与构成线删除，并将剩下的两根线复制到另一侧，再利用"直线"工具将低端两端点连接，将下半部分的矩形面补齐，如图 11-3-30 所示。

（9）选中组成弧面的四条线，点击插件 Curviloft 曲线放样工具中的第三个工具图标"Skin contours"，如图 11-3-31 所示。按下 Enter 键进行确定，按 Esc 键退出，生成的效果如图 11-3-32 所示。

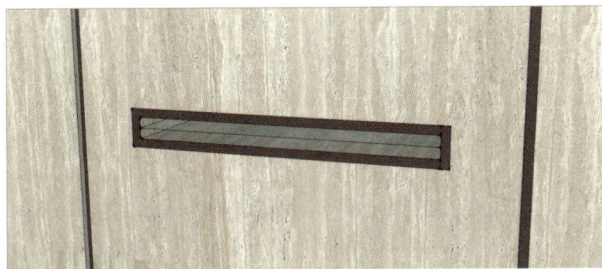

图11-3-28

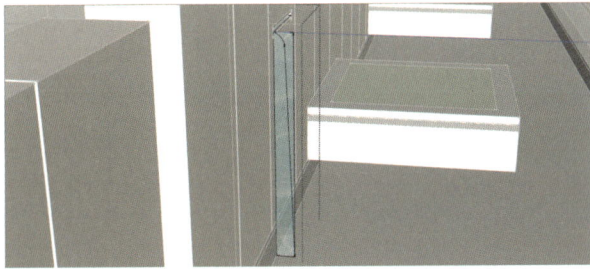

图11-3-29

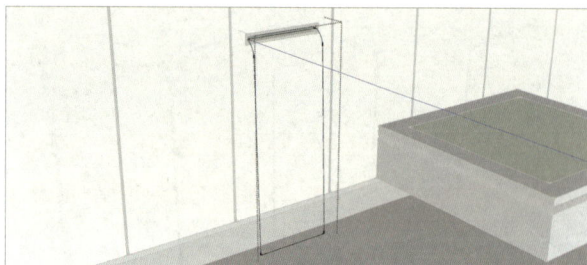

图11-3-30

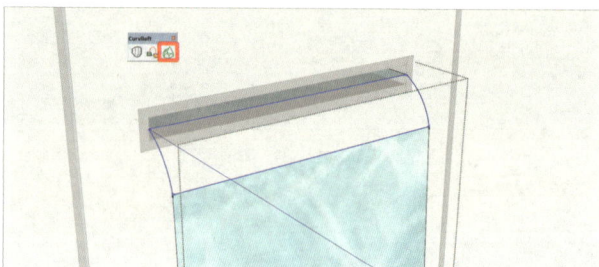

图11-3-31

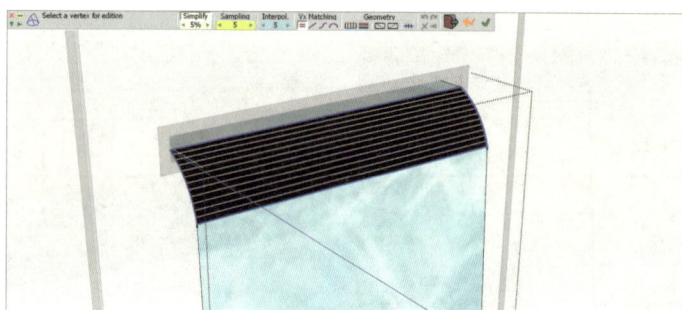

图11-3-32

（10）执行"窗口—默认面板—样式"菜单命令，在"编辑"选项卡中的第一个"边线设置"中，将端点开启，如图 11-3-33 所示。利用"移动"工具识别到弧面和下边矩形面之间的两个交点，并各向内移动 10 mm，同时将矩形面的另外两个端点向内移动各 100 mm，如图 11-3-34 所示。

（11）退出组，将水流复制到其他出水口处，并将水面取消隐藏，完成的最终效果如图 11-3-35、图 11-3-36 所示（将投影开启以显示明暗对比更清晰的画面）。

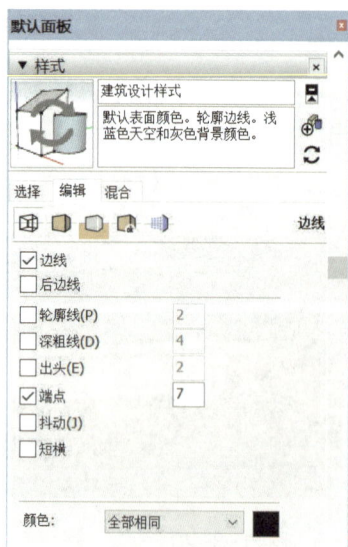

图11-3-33

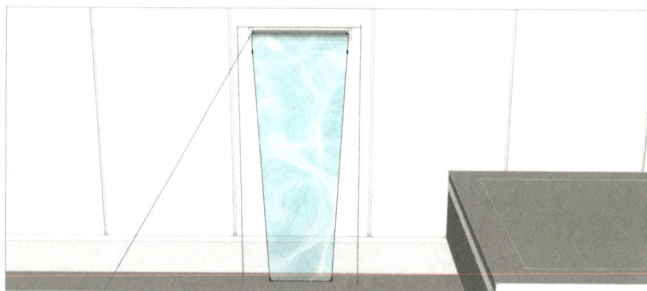

图11-3-34

图11-3-35

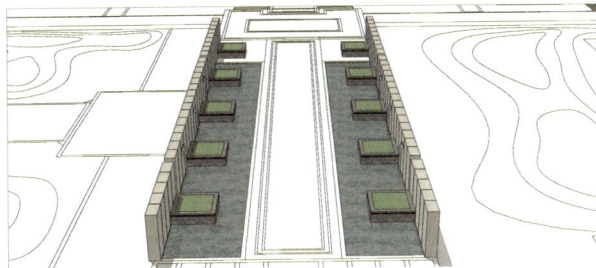

图11-3-36

11.3.5 创建主轴线景观地面铺装

（1）创建入口处地面铺装。水池与大门之间广场区域的贴图呈条纹状，使用的是颜色深浅不一的花岗岩石材，分别赋予芝麻黑（和水池边缘材质相同）、芝麻灰和芝麻白（贴图样式如图 11-3-37 所示）的贴图材质，且芝麻黑位于间隔处，并用芝麻灰进行收边（贴图样式如图 11-3-38 所示）。整体效果如图 11-3-39 所示。

（2）由于芝麻灰和芝麻白的材质贴图的方向是错的，没有顺着道路的走向，因此需要对贴图进行旋转。单击鼠标右键贴图材质选择"纹理—位置"，在弹出的固定图钉（或叫彩色图钉）中选择绿色图钉，在不改变贴图大小的情况下对其进行旋转，直到贴图中的线与芝麻黑接缝的走向一致为止，微调位置，效果如图 11-3-40 所示。

图11-3-37

图11-3-38

图11-3-39

图11-3-40

（3）选择"材质"工具后按下 Alt 键切换至"吸管"工具，吸取调整好的贴图，按下 Shift 键进行替换填充，可将其余错位的芝麻灰和芝麻白的贴图都调整为正确方向，如图 11-3-41 所示。

图11-3-41

（4）创建水景地面铺装。除了已经赋予过材质的水池边缘，紧邻的区域采用芝麻灰，内部包边均使用芝麻黑。中间区域使用白色鹅卵石材质，贴图样式如图 11-3-42 所示。最内侧矩形区域则使用灰色砖块，贴图样式如图 11-3-43 所示。由于此贴图赋予在模型上的方向也有问题，因此采用和前文相同的方式来处理。整体效果如图 11-3-44 所示。

图11-3-42

图11-3-43

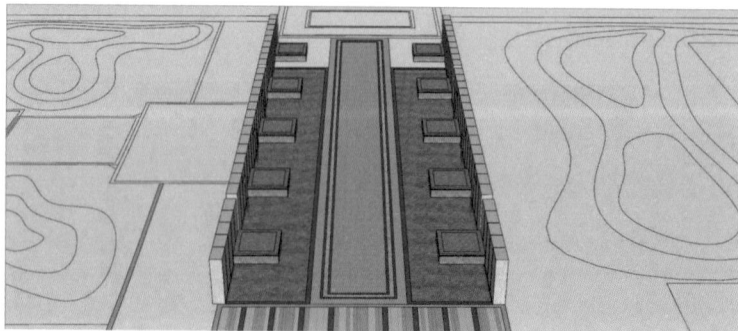

图11-3-44

（5）创建水景和景观亭之间区域的地面铺装。对第五组水池所在的位置及水景和景观亭之间外侧区域的地面赋予带白色接缝的条形广场铺装，贴图样式如图 11-3-45 所示。最内侧矩形区域使用青石砖，贴图样式如图 11-3-46 所示。包边区域依然交替使用芝麻灰和芝麻黑。整体效果如图 11-3-47 所示。

图11-3-45

图11-3-46

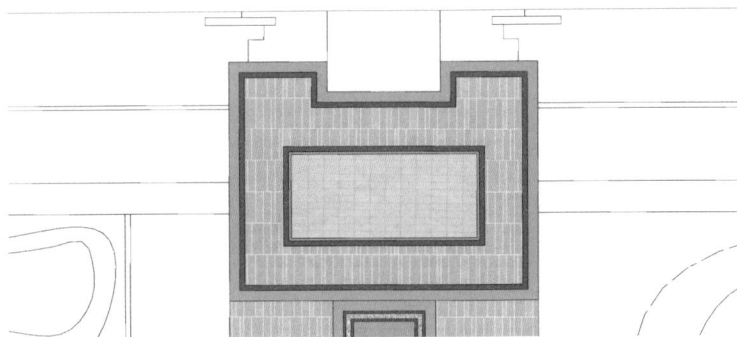

图11-3-47

（6）与上述区域相连接的两侧步行道的材质采用灰色石砖，贴图样式如图 11-3-48 所示。路缘石采用芝麻灰，跑道采用蓝色塑胶，贴图样式如图 11-3-49 所示。整体效果如图 11-3-50 所示。

图11-3-48

图11-3-49

图11-3-50

11.3.6 创建流水景观亭台阶

（1）将四个方向的台阶面和亭子所在的平台面同时选中后编辑成组。双击进入组内，首先创建流水两侧的台阶。将第一个台阶的踏步面向上抬 150 mm 的高度，再把收边面向上复制，再向下推拉出 50 mm 的厚度。编辑成组，赋予如图 11-3-51 所示的芝麻灰材质，台阶与草坪交接的区域同样赋予该材质。效果如图 11-3-52 所示。

图11-3-51

图11-3-52

（2）以同样方式创建出第二阶、第三阶和第四阶，每一阶都单独成组，高度分别为 300 mm、450 mm 和 600 mm。再将一二三四阶整体成组，单击鼠标右键选择"反转方向—组件的绿轴"向另一侧进行镜像复制。创建结果如图 11-3-53 所示。

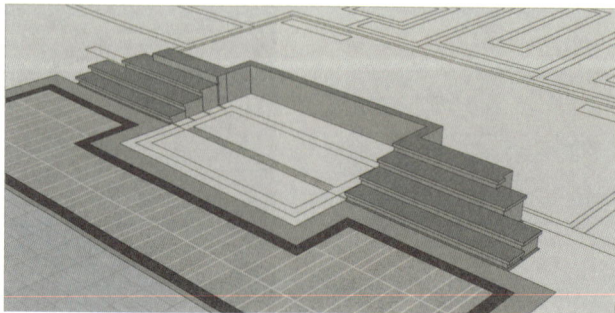

图11-3-53

（3）平台处以及其收边的高度和第四阶台阶的高度一致，也是 600 mm。将中间面赋予一个带黑色接缝的米黄色花岗岩石材贴图，样式如图 11-3-54 所示。收边内侧为芝麻黑材质，外侧为芝麻灰，整体成组，效果如图 11-3-55 所示。

（4）以同样方式创建出另外三个方向的台阶，但长度调整为每阶 1200 mm，效果如图 11-3-56 所示。

图11-3-54

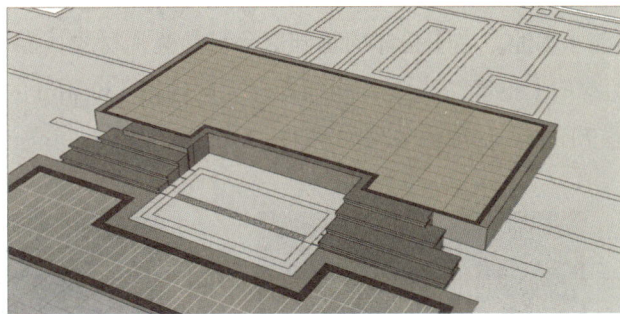

图11-3-55

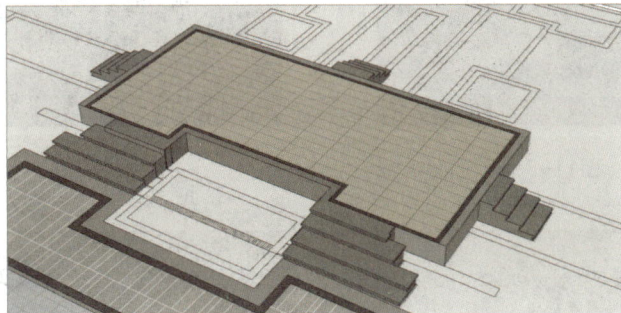

图11-3-56

11.3.7 创建台阶两侧景墙

创建 2 个高度为 2100 mm，长度为 2700 mm 的墙体，编辑成组。用和创建流水景墙一样的方式将其拆分成三部分，且分割处要有接缝。完成后向另一方向复制，效果如图 11-3-57 所示。

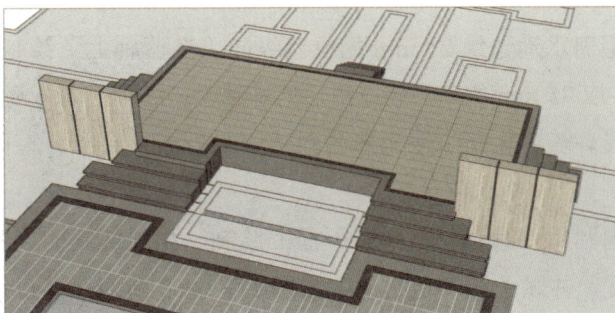

图11-3-57

11.3.8 创建流水水池

（1）创建流水水池边缘区域。将构成部分编辑成组，进入组内，将金属收边推拉 20 mm 的高度，赋予的材质贴图样式如图 11-3-58 所示。把和台阶相齐平的面拉高到和台阶相错 20 mm 的位置，包边赋予深灰色钢板材质，高度保持和台阶一致。其他面赋予碎石材质，贴图样式如图 11-3-59 所示。创建的效果如图 11-3-60 所示。

（2）创建流水水池。由于整体的基础部分都是瓷片材质，因此全选所有面编辑成组。进入组内，将最外侧水池边缘向上抬高 20 mm，相邻矩形面向内推 130 mm 的深度。后面整体向上推拉 600 mm，中间面再向下推 70 mm。形成的效果如图 11-3-61 所示。

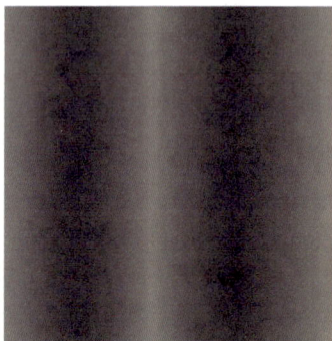

图11-3-58

图11-3-59

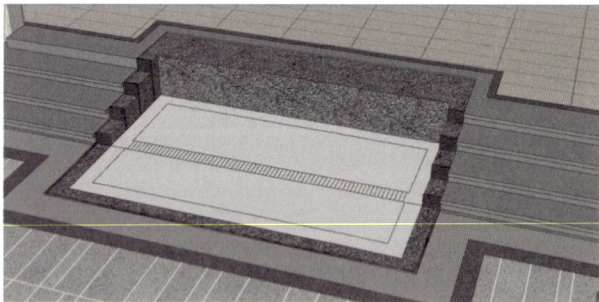

图11-3-60

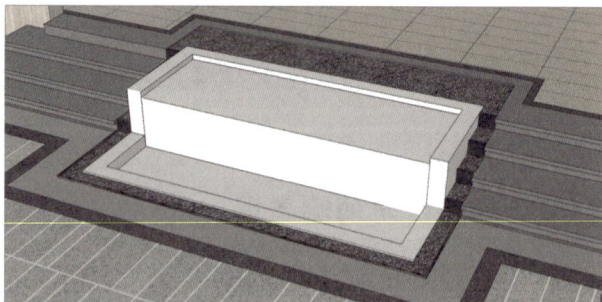

图11-3-61

（3）创建水槽。在距离水池边缘 25 mm 的位置纵向（在蓝轴上）绘制一个底边长 200 mm，高 75 mm 的直角三角形。并以 75 mm 的高为新三角形的基础，在红轴上向外侧绘制一个底边长 60 mm，高为 10 mm 的直角三角形。随后将两个三角形的斜边延长形成交会点，擦除多余线条。尺寸标注如图 11-3-62 所示。

（4）在右上角区域内利用"圆弧"工具在平面上绘制一根弧线，随后把多余的线都删除。将这个面推拉出 50 mm 的厚度，并赋予深灰色材质，如图 11-3-63 所示。退出组，将这个单独的零件间隔 50 mm 再复制出 34 个，如图 11-3-64 所示。

（5）用和创建流水景墙同样的方式将水流创建出来，再利用联合推拉工具将水流推拉出和水面等高的厚度（30 mm），并延伸至水面处。编辑成组，复制出 35 个，效果如图 11-3-65 所示。

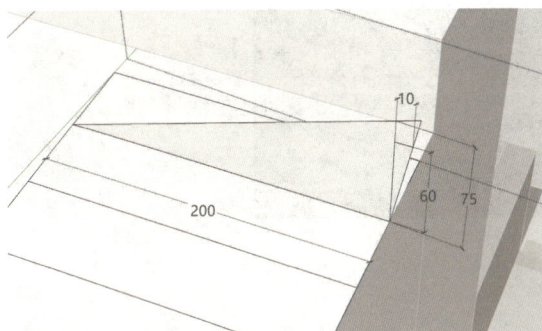

图11-3-62

图11-3-63

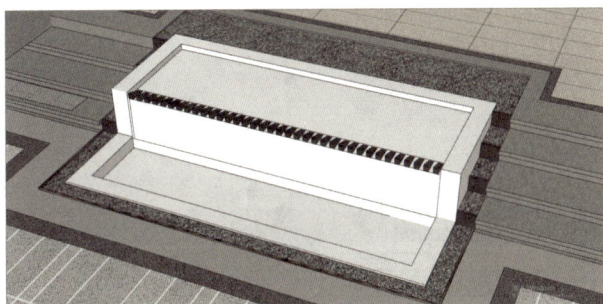

图11-3-64

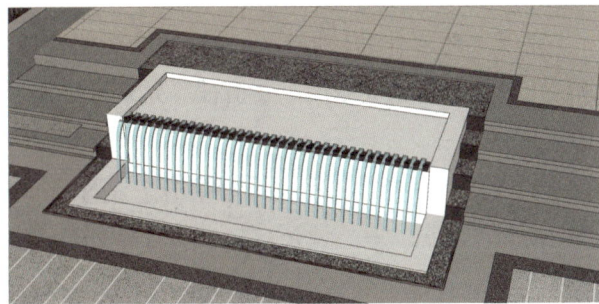

图11-3-65

（6）将水池赋予蓝色瓷片材质，创建群组，样式如图 11-3-66 所示。将底端的池底面向上复制到与地平面齐平的位置作为水面，再将顶端的池底面复制到中间位置，均赋予水纹材质，效果如图 11-3-67 所示。

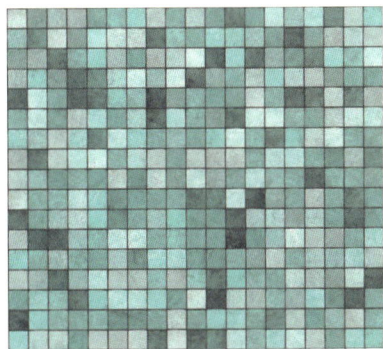

图11-3-66

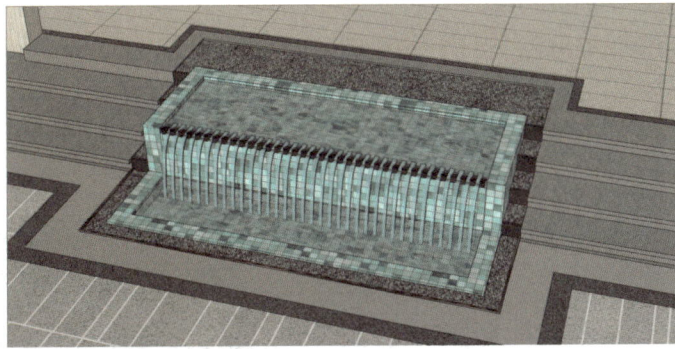

图11-3-67

（7）将景观亭和沙发组件以及落地灯模型放在平台上，最终效果如图 11-3-68 所示。

图11-3-68

11.4 在 SketchUp 中添加周边环境

完成上述操作后，居住区主轴线景观的整体效果如图 11-4-1、图 11-4-2 所示，但是目前的景观还比较单调，需要添加一些植被等元素来丰富。

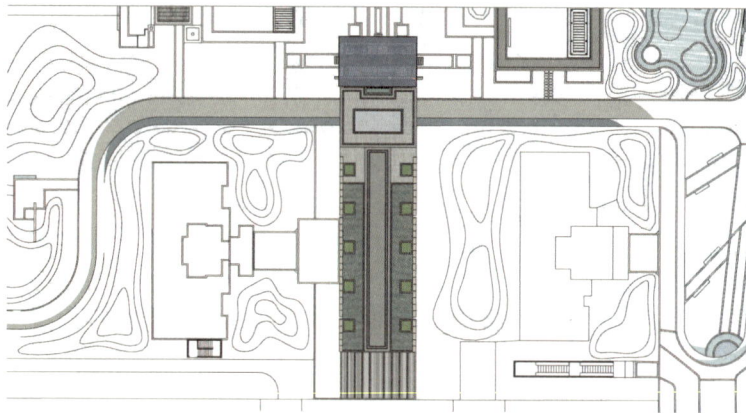

图11-4-1

图11-4-2

SketchUp 中通常需要大量的植物来丰富景观，因此，植物的处理要相对复杂些。植物的排列可以参考以下三种情况：利用二维或三维植物模型（图 11-4-3、图 11-4-4），植物陈列，不规则种植。

图11-4-3

图11-4-4

操作技巧

　　三维组件与二维模型组件相比，文件更大，占用的内存也更大，大面积使用三维组件会大大降低作图效率，但二维组件的内容与细节相对少一些，真实性差。因此，可以将二维植物模型沿轴线移动复制成为十字形，这样既不占太大内存，细节也相对较多，如图11-4-5所示。

图11-4-5

　　添加完成树木的效果如图 11-4-6 所示，植物配置是有所考虑的。水池中种植的是 4 m 高的粉色观花小乔木。此处位于居住区的入口主轴线上，是重要节点，因此两侧的植物需要保持同种种类，形成整齐的气势但又不能喧宾夺主，影响到人观赏远处流水景观亭的视线；景观亭两侧对称种植竹子，和亭子、流水一同打造新中式风格的氛围；路边种植 6.5 m 高的绿色观叶中乔木作为奠定整个小区基调的行道树；亭子后面的集中绿地区域种植若干棵 9.5 m 高的大乔木营造气势。这样，该节点的植物配置在高度上达到了错落有致的效果，在空间通透性上也是疏密得当，且品种上也有区分，但颜色依然以绿为主，且是不同色相的绿，没有过多的跳色。

图11-4-6

11.5 在 SketchUp 中创建周围建筑物

在创建居住区入口处主轴线景观时，视角下能看到的建筑物为图 11-5-1 中打对勾的两栋，分别是 2 号楼和 3 号楼，高度均为 79.65 m，27 层。在 AutoCAD 中对图纸进行处理时可以删除中间的连接线，只保留轮廓线。导入 SketchUp 后的效果如图 11-5-2 所示。选中这两个建筑底面编辑成组，利用"推/拉"工具推拉出 79 650 mm 的高度，赋予白颜色材质，并将不透明度调整为 70%。建筑物创建白模后的效果如图 11-5-3 所示。

图11-5-1

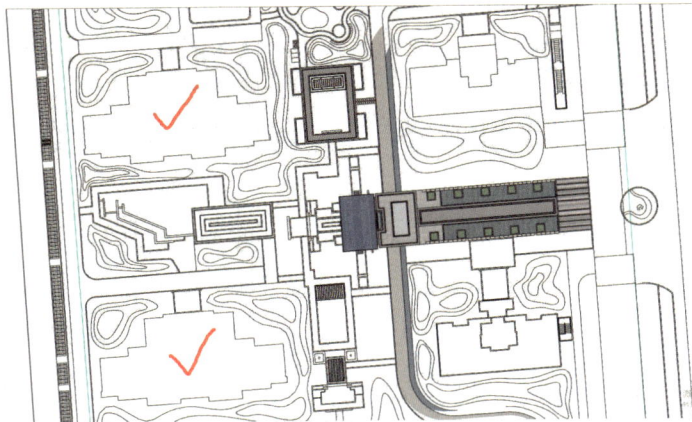

图11-5-2

图11-5-3

操作技巧

若甲方没有对建筑物风格、外形提要求，也没有直接提供特定的模型，而只是在完成课程作业的前提下进行居住区模型制作时，可以直接对建筑物进行白模的创建。这样做有三点好处：

（1）可以降低处理AutoCAD图纸及建模的难度，提高效率、节约时间，而且也不用大费周章地寻找和平面AutoCAD图纸相对应的建筑物。

（2）从外部模型库中导入的单个建筑模型大概率很占内存，而且我们在创建居住区景观的时候一般都是针对整个小区，因此需要若干栋建筑物。导入的建筑物数量越多，文件所占内存越大，会拖慢SketchUp的运行速度，可能会对后期出图、渲染造成麻烦，也可能会导致软件卡顿、崩溃闪退等问题。

但如果电脑配置足够高，可以带得动模型库中的建筑物，进行外部导入也是完全可以的，这也考察了读者对居住区风格的整体把握和考虑。

（3）创建白模时调整一下建筑物的不透明度，60%～75%最佳，可以在不同角度都能观察到建筑物后面的景观场景，如植物、小品，视角更开阔，空间更有通透性和延伸性，三维效果更佳，在效果图渲染的时候也可以表现更多内容，增强图面的丰富性。

11.6 在 SketchUp 中添加场景并导出图像

在 SketchUp 中创建完模型和导入其他组件之后，需要选取输出效果图的角度并将场景输出为相应的图像文件，以便后期处理。其操作步骤如下。

（1）选择"大工具集"中的"定位相机"图标，如图 11-6-1 所示。按照具体的位置、视点高度和方向定位相机视野。先选择小人站立的位置，之后进入"绕轴旋转"。角度选择为主轴线的正前方，且两端的景观呈对称状态。人视高度为 SketchUp 默认的 1676 mm，根据需要也可以适当调整为俯视或仰视（视点高度不变）。调整后的角度如图 11-6-2 所示。

图11-6-1　　　　　　　　　　　　　　　　图11-6-2

（2）此时的画面效果不佳，光线太暗，而且边线密集导致远处的景观看不清楚。可以执行"窗口—默认面板—阴影"命令，如图 11-6-3 所示，打开"阴影"开关，设置日期与时间，如图 11-6-4 所示。

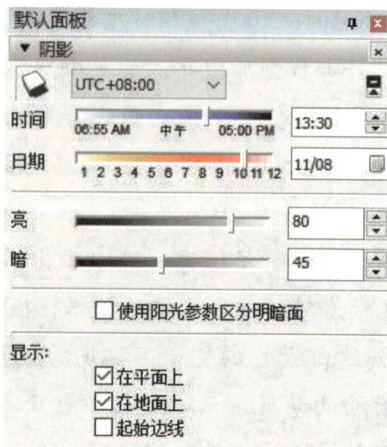

图11-6-3　　　　　　　　　　　　　　　　图11-6-4

（3）如图 11-6-5 所示，在"样式"面板中取消勾选"轮廓线"和"边线"选项（"边线"可有选择性地进行关闭）。最后如图 11-6-6 所示执行"视图—坐标轴"命令将坐标轴关闭。最终效果如图 11-6-7 所示。

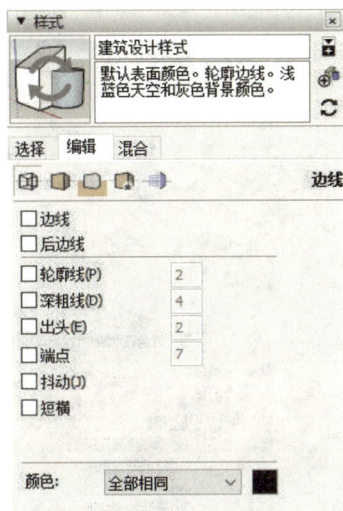
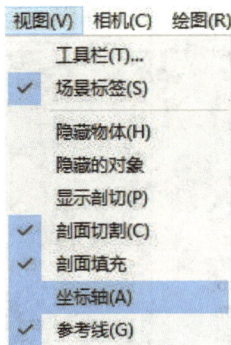

图11-6-5　　　　　　　　　　　　　图11-6-6

图11-6-7

（4）选择好角度且设定好一定参数后，执行"视图—动画—添加场景"命令（图 11-6-8）。然后执行"窗口—默认面板—场景"命令会在操作面板中看到如图 11-6-9 所示的界面，并得到"场景号 1"。

（5）如图 11-6-10 所示执行"文件—导出—二维图形"命令，在弹出的"输出二维图形"对话框中，输入文件名"居住区入口主轴线景观效果图"，如图 11-6-11 所示。最后点击"导出"按钮，保存为JPG 格式，并将文件输出到相应的存储位置。

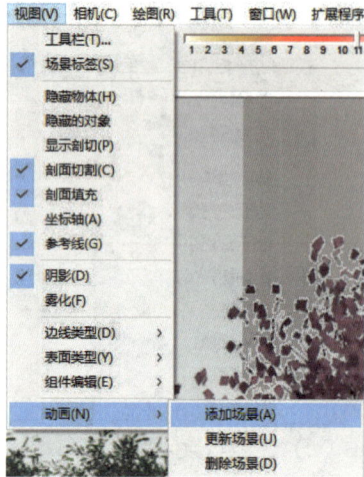

图11-6-8

图11-6-9

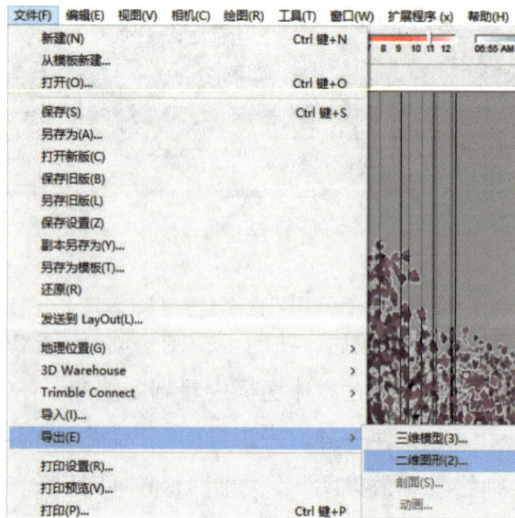

图11-6-10

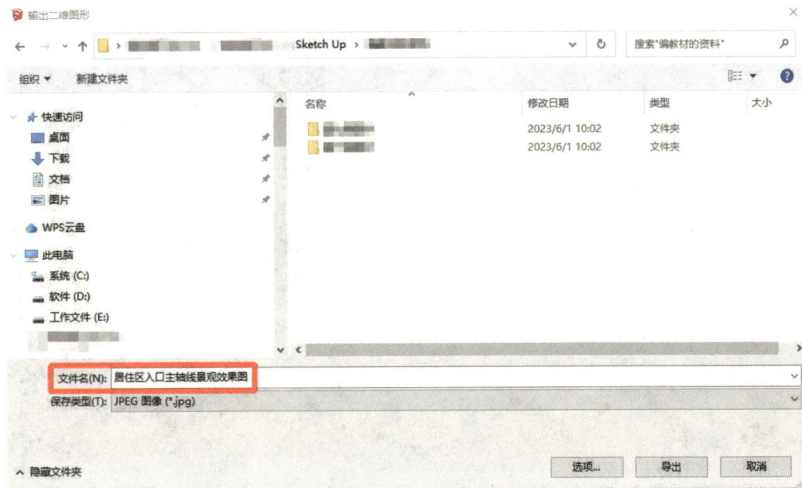

图11-6-11

操作技巧

在"输出二维图形"窗口中单击"选项"按钮，在"输出选项"对话框中取消勾选"使用视图大小"选项，将宽度改为"9999像素"，高度会自动变为和本显示屏的图像高宽比适配的"5762像素"，如图11-6-12所示。由于SketchUp输出图像时宽度对应的是图片的长，高度对应的是宽，而其中宽最大可调至9999像素，这样输出的图像可以达到最清晰的效果。

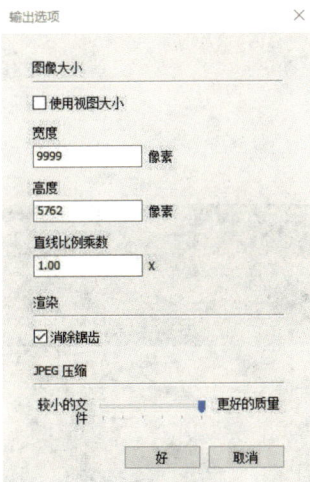

图11-6-12

（6）完成文件输入后，可在刚刚存储的文件夹中找到此JPG文件，并用看图软件打开，如图11-6-13所示。若要导出不同视角的JPG图形，可调整不同的视角并分别导出，或创建场景再导出。

图11-6-13

11.7 在 Photoshop 中进行图像后期处理

在上一节已经将文件导出了相应的图像文件，接下来需要在 Photoshop 软件中对导出的图像进行后期处理，使其符合效果图要求。

11.7.1 调色

（1）使用 Photoshop 软件打开刚导出的"场景号 1"的效果图，双击"背景"图层上的锁，将其解锁，并命名为"图层 1"，如图 11-7-1 所示。

图11-7-1

（2）效果图调色。

①选择"图层 1"，然后调整图像的"亮度 / 对比度"，如图 11-7-2、图 11-7-3 所示。

②执行"滤镜—锐化—锐化"命令，对图像进行锐化处理，这样可以使 SketchUp 导出的图像边缘更加清晰，如图 11-7-4 所示。根据图像需要，可以进行多次锐化，以具体效果图为准。

③执行"图像—调整—照片滤镜"命令，"滤镜"选择"加温滤镜（85）"，"密度"为"10%"，点击"确定"按钮，如图 11-7-5 所示。

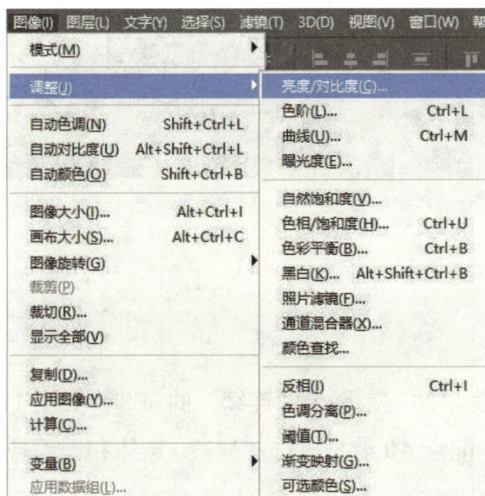

图11-7-2

图11-7-3

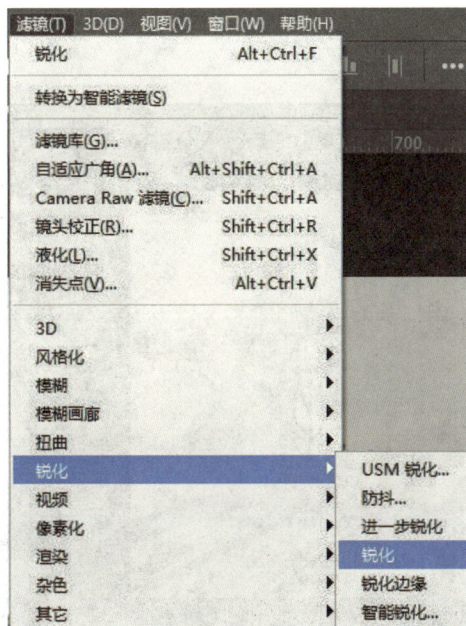

图11-7-4

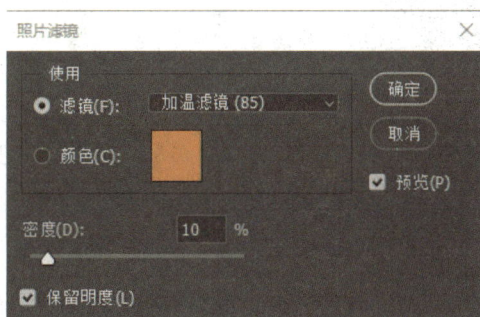

图11-7-5

④将合并的图层调整为"柔光"模式，"不透明度"设置为"20%"，如图11-7-6所示。

⑤完成图像的处理后，将图像另存为JPG格式，如图11-7-7所示。

图11-7-6

图11-7-7

11.7.2 添加天空背景

（1）在工具栏上，单击"魔棒"工具，"容差"设为"20"，取消"连续"的勾选，如图11-7-8所示。选中效果图中的空白处，再选择"多边形套索工具"配合Alt键把多选的建筑、墙体和地面减选掉，按Delete键将其删除，如图11-7-9所示。

图11-7-8

图11-7-9

（2）从网上下载一张如图 11-7-10 所示无水印的天空贴图并导入 Photoshop。右键该图层选择"栅
格化图层"，并将"天空"图层叠在"图层 1"下面，如图 11-7-11 所示。

图11-7-10

图11-7-11

（3）针对天空图片再次调整"亮度"和"对比度"至"40"和"20"，如图 11-7-12 所示。再
按 Ctrl+U 组合键将饱和度调整为"-30"，如图 11-7-13 所示。

（4）完成图像的处理后，将图像另存为 JPG 格式，如图 11-7-14 所示。

图11-7-12

图11-7-13

图11-7-14

11.7.3 制作植物组件

组件库中的组件有限，可以通过网络下载更多的植物组件，同时也可以利用 JPG 图片来制作更加逼真的二维植物组件。在 Photoshop 中制作二维图片，并导入到 SketchUp 中，具体操作如下。

（1）运行 Photoshop 软件，打开一张如图 11-7-15 所示的植物贴图，双击解锁图层。

（2）在工具栏上，单击"魔棒"工具，"容差"设为"20"，取消"连续"的勾选。选中空白处按 Delete 键将其删除，使树的图案镂空，如图 11-7-16 所示。

（3）执行"文件—另存为"命令，将图片保存为 PNG 格式文件。

图11-7-15

图11-7-16

（4）运行SketchUp，执行"文件—导入"命令，导入刚才保存的文件，导入后效果如图11-7-17所示。

（5）由于直接导入的PNG格式图片不能正常显示阴影，为让其有阴影效果，需要重新建立一个树形状的面。切换到立面图，在菜单栏找到"相机"，勾选"平行投影"。

（6）使用"手绘线"工具，勾画树的轮廓，并连接成面，如图11-7-18所示。

（7）如图11-7-19所示，打开样式工具栏中的"X光透视模式"，将乔木图片内部的枝干进一步描画。绘制完毕后关掉X光，效果如图11-7-20所示。

（8）将图片选中，单击鼠标右键，执行"炸开模型"命令，将图片分解。激活"材质"工具，弹出"材质"面板，按Alt键切换到"吸管"工具，在图片上单击鼠标左键，用"吸管"工具吸取材质，将材质赋予到新建的面上。此时发现贴图显示错位，可右键图片选择"纹理—位置"来调整，如图11-7-21所示。调整后的效果如图11-7-22所示。

图11-7-17

图11-7-18

图11-7-19

图11-7-20

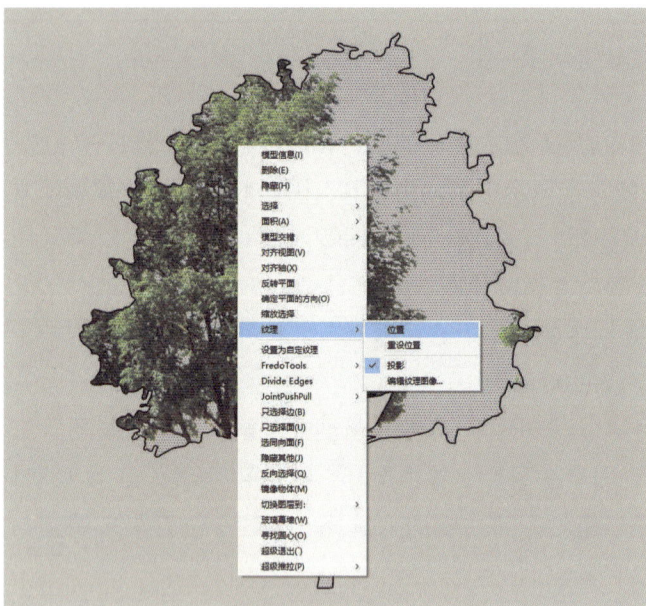

图11-7-21

图11-7-22

（9）双击新的模型，右键创建组件，打开"创建组件"对话框，勾选"总是朝向相机"选项，并为组件命名为"乔木"，如图11-7-23所示。然后执行"视图—阴影"命令，最终效果如图11-7-24所示。

图11-7-23

图11-7-24

本章小结

　　本章利用 SketchUp 软件制作居住区景观效果图时，需事先确定平面方案，构思好功能分区和交通流线；创建景观初步模型，之后赋予材质；导入建筑和各种景观小品模型；最后将模型输出为图像文件并进行后期处理即可。其具体操作步骤如下。

　　（1）在导入 SketchUp 前整理 AutoCAD 平面图纸。

　　（2）根据 AutoCAD 图纸创建室内外模型。

　　（3）为室外添置景观小品、材质等。

　　（4）添加场景及阴影。

　　（5）导出图片后利用 Photoshop 软件进行效果图的后期处理。

12 模型的渲染
——V-Ray for SketchUp

V-Ray for SketchUp 是一款可生成照片级渲染的三维渲染软件，它嵌置于 SketchUp 之内，并完美兼容 SketchUp 的日照和贴图习惯，为设计人员在建模后导出高质量效果图提供更便捷高效的渠道。本章主要讲述 V-Ray for SketchUp 渲染器的功能特性、主界面，以及渲染过程中的相关设置，并以一套室内客厅效果图为例讲述完整的渲染步骤。

学习目标

了解 V-Ray for SketchUp 的简介；

学习 V-Ray for SketchUp 的材质设置；

学习 V-Ray for SketchUp 的光源设置；

学习 V-Ray for SketchUp 的渲染器设置；

通过模型实例学习 V-Ray for SketchUp 效果图渲染。

12.1　V-Ray for SketchUp 简介

12.1.1 V-Ray for SketchUp 介绍

V-Ray for SketchUp 渲染器是一款高质量渲染软件，是由计算机图形技术公司 Chaos Group 生产的产品，是业界最受欢迎的渲染引擎之一。

V-Ray for SketchUp 面世之前，SketchUp 没有内置的渲染器，模型出图都要依靠导入到 3ds Max 后，再通过 V-Ray for 3ds Max 渲染，这种复杂的形式过多地耗费设计人员的精力和时间，从而 V-Ray for SketchUp 这一高质量渲染器应运而生。

过去很多渲染程序在创建复杂的场景时，必须花大量时间调整光源的位置和强度才能得到理想的照明效果，而 V-Ray for SketchUp 具有全局光照和光线追踪功能，不放置任何光源的场景，也可以渲染出很出色的图片效果，并且完全支持 HIDRI 贴图，具有强大的着色引擎、灵活的材质设定、较快的渲染速度等优点。完美兼容 SketchUp 的日照和贴图习惯，既可以发挥出 SketchUp 的优势，又能弥补 SketchUp 的不足，为设计人员提供了高质量的图片和动画渲染，可以更方便快捷地渲染出照片级的效果图。

12.1.2 V-Ray for SketchUp 4.2版本功能特点

本章节以 V-Ray for SketchUp 4.2 版本为例进行阐述。Chaos Group 公司发布的 V-Ray for SketchUp 4.2 版本可供 SketchUp Pro 2020 使用，比之前的版本更加直观和流畅。此版本主要在用户界面、工作流程和渲染性能三方面进行了优化。

用户界面最直观的改变是增加了配色功能，可以调整界面风格。

工作流程的优化体现在材质流程、代理物体流程和摄影机流程三个方面。材质面板新增色彩助理功能，也就是在调色板上新增一个辅助选色功能，如图 12-1-1 所示。4.2 版本重新编写了材质的结构逻辑，可以任意添加或删除某些特殊的材质属性，如可以直接给 V-Ray 标准材质增加双面材质半透明的属性，灯罩材质几乎可做到一键制作。代理物体方面，4.2 版本在 4.0 版本便捷的材质管理基础上，简化了材质链接操作。摄影机方面新增提取自动曝光和自动白平衡的数值等人性化功能。

渲染性能方面，4.2 版本最大的提升就是支持 NVIDIA 的 RTX 技术。

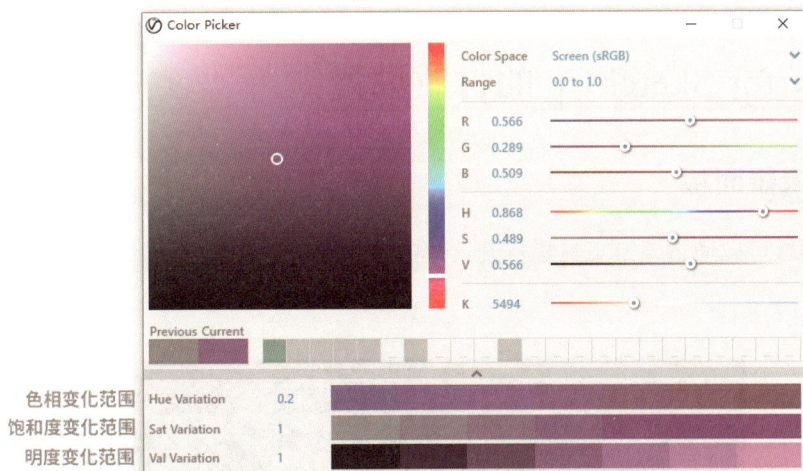

图12-1-1

12.1.3 V-Ray for SketchUp 主界面

V-Ray for SketchUp 的操作界面简洁直观，安装好 V-Ray for SketchUp 后打开 SketchUp，操作界面会出现四个工具栏，分别是 V-Ray for SketchUp（渲染）工具栏、V-Ray 灯光工具栏、V-Ray 实用工具栏和 V-Ray 物体工具栏，对 V-Ray for SketchUp 的所有操作都可以通过这四个工具栏完成，如图 12-1-2 所示。

若界面中没有自动弹出这四个工具栏，可执行"视图—工具栏"菜单命令，在"工具栏"面板勾选 V-Ray for SketchUp 的四个工具栏选项，相关工具栏即可显示在操作界面中，如图 12-1-3 所示。

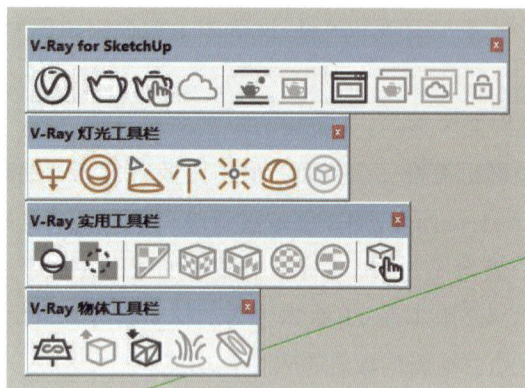

图12-1-2

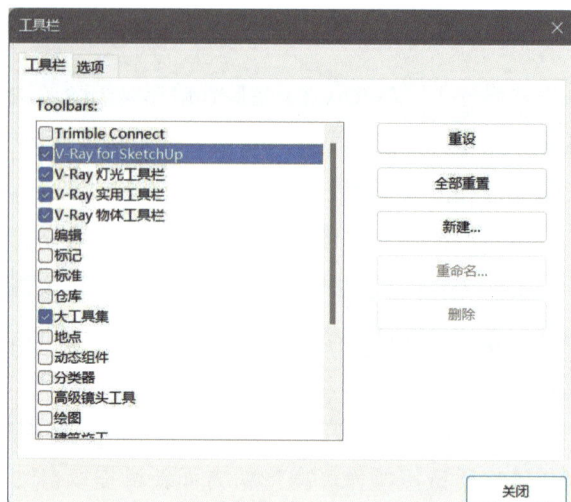

图12-1-3

12.2　V-Ray for SketchUp 的材质设置

12.2.1 资源编辑器面板

　　资源编辑器面板可以通过渲染工具栏打开，单击◎弹出"V-Ray 资源编辑器"窗口，如图 12-2-1 所示。

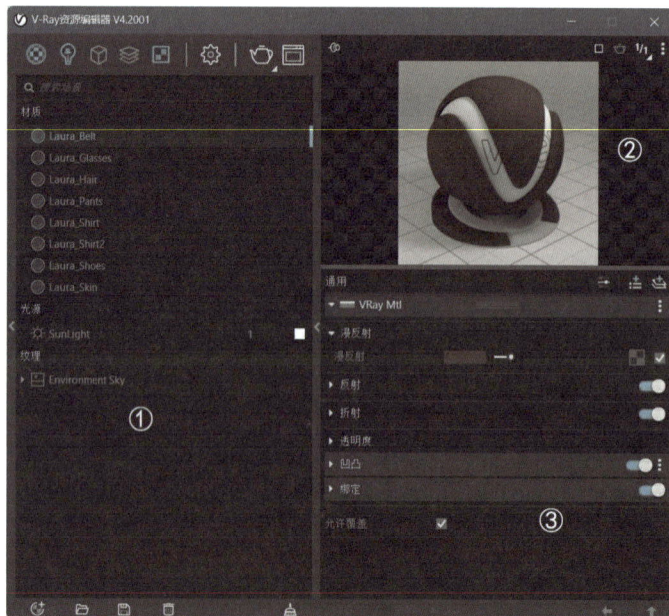

图12-2-1

①区为材质工作区，可以对材质进行重命名、复制、保存和删除等操作，也可以将材质应用到场景中。

②区为材质效果预览区，可以实时粗略查看材质效果。修改材质参数后材质效果预览区自动刷新预览效果，也可单击"更新预览"按钮⊙更新材质效果。

③区为材质参数区，可在其中各层的卷展栏设置材质的各类参数，也可增加层参数，增加后参数中会出现相应的卷展栏。

12.2.2 材质的编辑

（1）材质的重命名。

为已有或新建的材质重命名，可点击该材质，在右键菜单中选择"重命名"选项，然后输入新的材质名称即可，如图 12-2-2 所示。

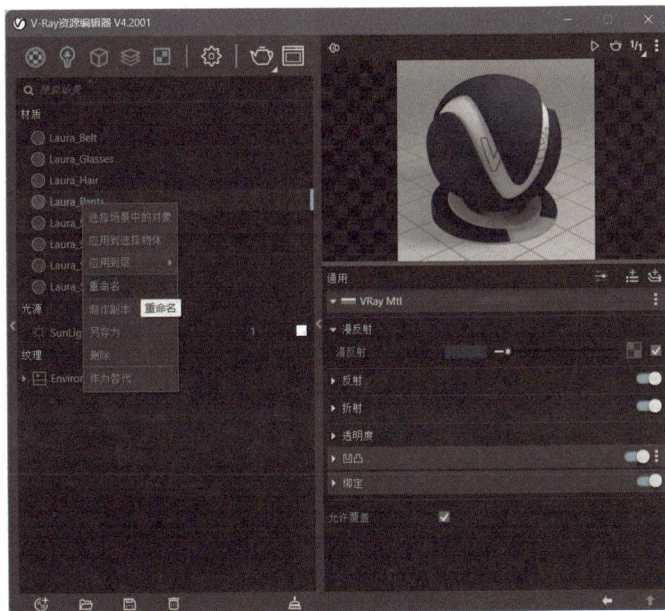

图12-2-2

（2）材质的复制。

若新建材质与现有的材质参数近似，可以通过对已有材质进行复制并修改相应参数来完成，以提高工作效率。点击该材质，在右键菜单中选择"制作副本"选项，如图 12-2-3 所示。

（3）材质的保存。

若要保存设置好的材质，点击该材质，在右键菜单中选择"另存为"选项，如图 12-2-4 所示，在弹出的"保存材质参数"文件窗口中，编辑保存路径、文件名和保存类型等信息，然后点击"保存"即可。

（4）材质的删除。

若要删除已有的材质，点击该材质，在右键菜单中选择"删除"选项即可，如图 12-2-5 所示。若该材质已赋予场景中，则会提示该材质已被使用，是否确定删除，确定删除之后物体的材质会被 SketchUp 的默认材质所替换。

（5）材质的应用。

若要将 V-Ray 材质分配给物体，首先在场景中选择物体，然后选择材质列表中将要分配的材质单击鼠标右键，在弹出的菜单栏中选择"应用到选择物体"选项即可，如图 12-2-6 所示。

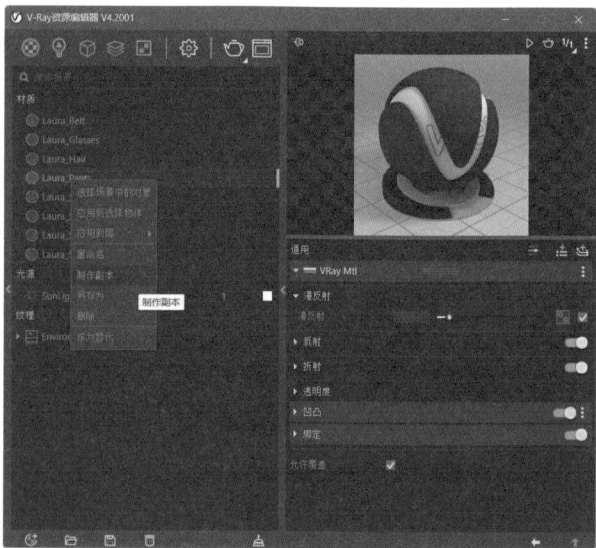

图12-2-3

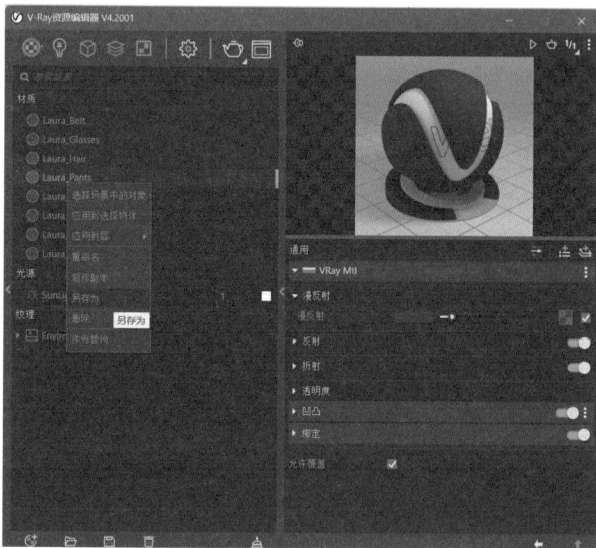

图12-2-4

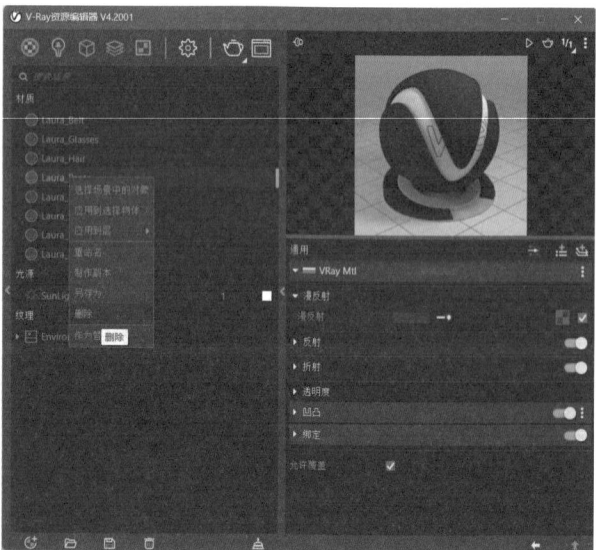

图12-2-5

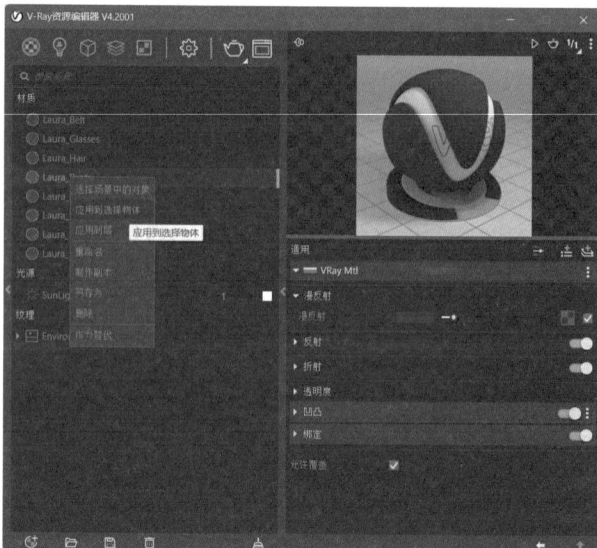

图12-2-6

12.2.3 V-Ray Mtl 设置

（1）漫反射。

材质默认的漫反射层主要用于表现材质的固有颜色，参数调整在材质参数区的漫反射卷展栏中进行。漫反射层可以多个重复添加并单独编辑，以表现更丰富的漫反射颜色，如图12-2-7所示。

"漫反射"选项中的色块▭用来设置材质的漫反射颜色（可打开"色彩选择器"更改漫反射颜色和倍增值，如图12-2-8所示），右侧的调整条▬▬▬▬用来增加或减少颜色的漫反射度。单击其右侧的▪按钮，可以在弹出的位图图库中为材质增加纹理贴图，如图12-2-9所示。

（2）反射。

V-Ray for SketchUp 场景中的物体质感主要是通过或清晰或模糊的反射属性来表现的，因此反射是表现材质质感的一个重要元素，如图12-2-10所示。

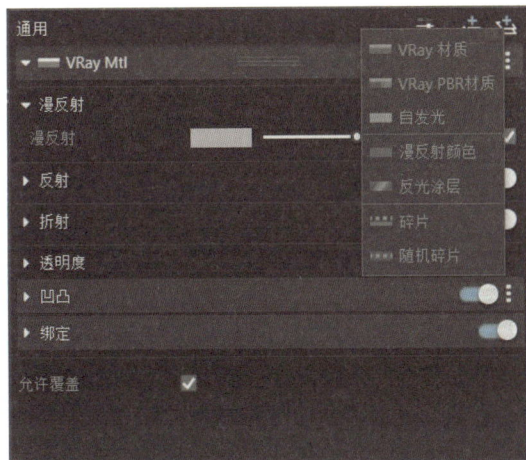

图12-2-7

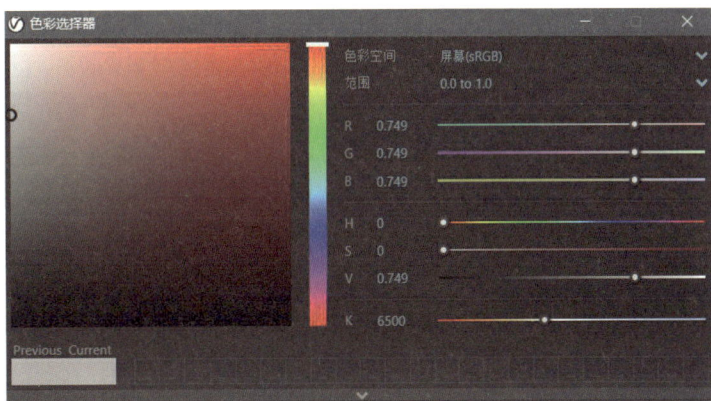

图12-2-8

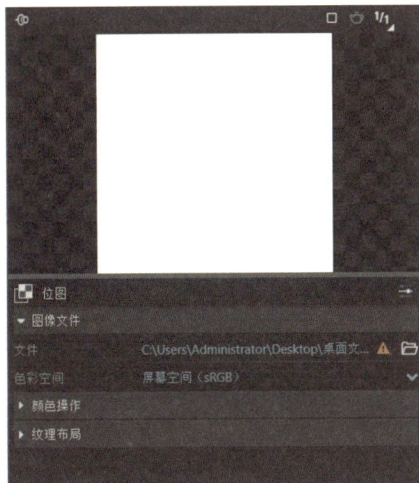

图12-2-9

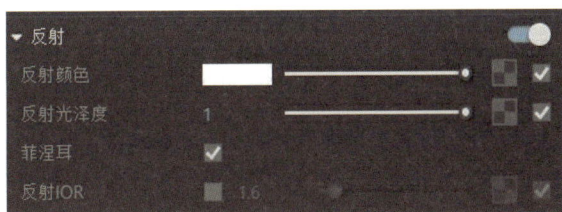

图12-2-10

可在"反射颜色"选项中可更换反射颜色和倍增值，点击调整条中的滑块来控制反射的强度，黑色为不反射，白色为完全反射，如图12-2-11、图12-2-12所示。

反射光泽度指定反射的光泽度，可通过细分值参数来控制光泽反射的质量，较低的参数值会产生类似哑光的反射效果，最高值1则会产生完美的镜像效果，如图12-2-13、图12-2-14所示。

图12-2-11

图12-2-12

图12-2-13

图12-2-14

菲涅耳是模拟自然界中物体反射周围环境的一种现象，即菲涅尔效应，可以更真实地表现材质的反射效果，一般默认勾选此项。

反射IOR是反射衰减的强弱变化值，数值越大反射的强度就越大，如图12-2-15至图12-2-17所示。

（3）折射。

折射用于设置透明材质，在表现透明材质时需要添加折射属性，如图12-2-18所示。

折射颜色可以设定材质中光线折射的颜色和强度。

雾颜色用于设置透明材质的颜色，如有色玻璃。

雾倍增用于控制材质颜色的浓度，值越大颜色越深，如图12-2-19、图12-2-20所示。

（4）透明度。

透明度指材质的透明度，如图12-2-21所示，可添加纹理贴图和自定义透明源。

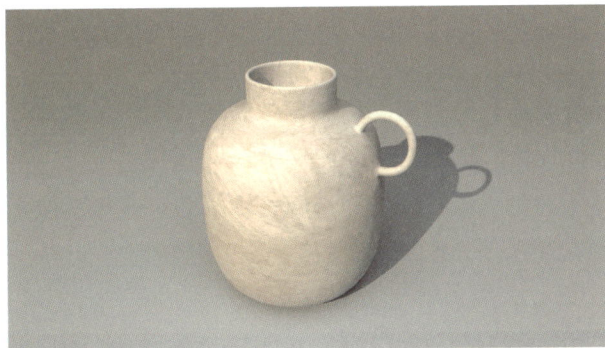

图12-2-15

图12-2-16

图12-2-17

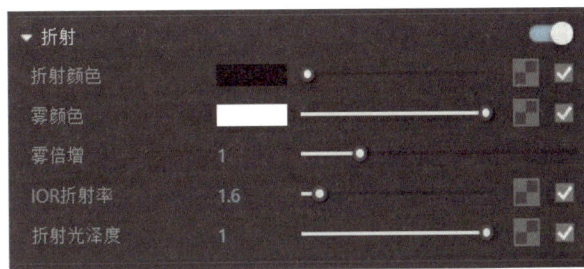

图12-2-18

图12-2-19

图12-2-20

图12-2-21

12.2.4 凹凸设置

凹凸设置用于为各个通道添加贴图，可模拟粗糙的表面，将带有深度变化的材质纹理赋予物体，经过光线渲染处理后，物体表面会呈现凹凸不平的光影质感，如图 12-2-22 所示。

贴图模式包括凹凸贴图、凹凸贴图通道和法线贴图三种，点击■按钮选择位图，即可选择图像文件的位置，进行色彩操作和纹理布局的调整，如图 12-2-23 所示。

图12-2-22

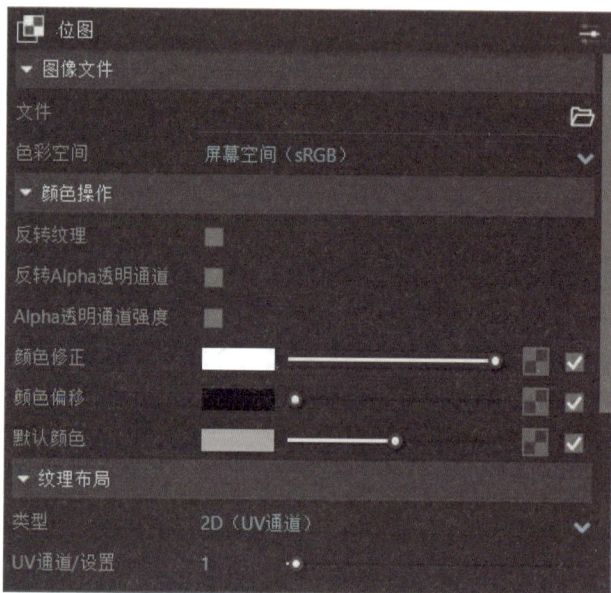

图12-2-23

12.3 V-Ray for SketchUp 光源设置

光源的布置需要根据具体的对象而定，在渲染过程中一般都会开启全局照明来获得更好的光照分布效果。场景中一般采用全局照明中的环境光与灯光结合使用，尽可能模拟真实场景中的光线环境。全局照明中的环境光产生的光线是均匀的，若强度太大会使画面显得平淡，体现不出画面的重点和材质的质感，而各种类型的灯光运用可以很好地解决问题，因此作为主要光源来使用。

12.3.1 太阳光

V-Ray 的 SunLight（太阳光）与天光配合使用，可以模拟真实世界中的太阳光，参数设置根据大气环境、阳光强度和色调的影响而变化。

在 "V-Ray 资源编辑器" 面板中点击 "光源管理选项" 按钮 选择默认创建的 SunLight 光源，如图 12-3-1 所示。

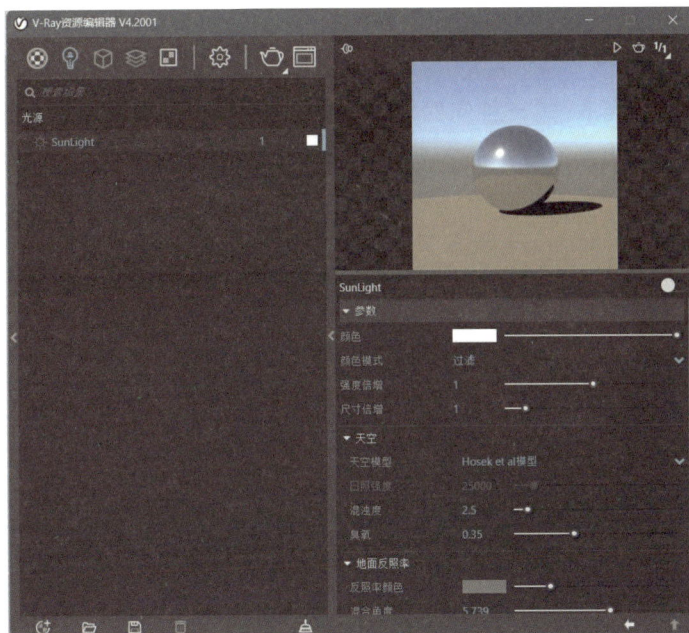

图12-3-1

12.3.2 矩形灯

　　矩形灯也称面光源，面光源在 V-Ray 中渲染效果比较柔和，它不像聚光灯有照射角度的问题，而且能够让反射性材质反射矩形光源从而产生高光，更好地体现物体质感，如图 12-3-2 所示。面光源的大小影响其本身的光线强度，其他条件不变的情况下，面光源尺寸越大亮度越大，因此对面光源进行旋转和缩放编辑时，其亮度和方向也会产生变化。

图12-3-2

　　单击 V-Ray 灯光工具栏的"矩形灯"按钮 ▽，确定面光源的形状和大小，在场景中建立面光源后，可在"V-Ray 资源编辑器"面板中设置矩形灯的灯光参数。

12.3.3 球形灯

球形灯是形状为球形的光源,是一种向四面八方均匀照射的光源,用于模拟台灯、点光等灯光效果。球形灯的参数调整比泛光灯更加便捷高效,且效果高度类似,因此需要球形光源时可以优先选择球形灯,如图12-3-3所示。

图12-3-3

单击灯光工具栏的"球形灯"按钮◎,确定球形灯的位置,在场景中建立面光源后可在"V-Ray资源编辑器"面板中设置球形灯的灯光参数。

12.3.4 聚光灯

聚光灯也称为射灯,其特点就是光衰很小、亮度高、方向性强、对比度高,同时也因反差过高而显得生硬、缺少变化,如图12-3-4所示。

图12-3-4

单击灯光工具栏的"聚光灯"按钮△,确定聚光灯的位置,在场景中建立面光源后可在"V-Ray资源编辑器"面板中设置聚光灯的灯光参数。

12.3.5 IES 灯

IES 灯也称为光域网灯，光域网是一种关于光源亮度分布的三维表现形式，存储于 IES 文件中。IES 灯的光源因不同的光域网而呈现丰富的射灯效果，可以简单理解为更高级别的聚光灯，是 V-Ray 灯光中使用频率最高的光源之一，如图 12-3-5、图 12-3-6 所示。

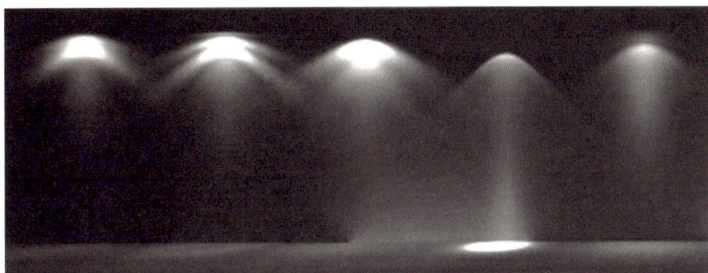

图12-3-5

图12-3-6

单击灯光工具栏的"IES 灯"按钮🔦，确定灯的位置，在场景中建立面光源后可在"V-Ray 资源编辑器"面板中设置 IES 灯的灯光参数。

12.3.6 穹顶灯

穹顶灯是 V-Ray 灯光中的专属光源，是一种可模拟物理天空的区域光源，可用在空间较为宽广的礼堂、大厅等室内场景或在室外，模拟一个半球形的穹顶向灯光所在点打灯，模拟环境光，以覆盖传统的全局照明设置，如图 12-3-7 所示。

单击 V-Ray 灯光工具栏的"穹顶灯"按钮🌙，确定灯的位置，在场景中建立面光源后可在"V-Ray 资源编辑器"面板中设置穹顶灯的灯光参数。

图12-3-7

12.3.7 自发光

　　V-Ray自带的发光材质，可以用于模拟电视、电脑屏幕等发光物体，也可用于灯光。

　　在"V-Ray资源编辑器"面板中选定需要设定自发光的贴图材质，在材质参数区添加自发光层，在自发光卷展栏中调整自发光颜色、强度、透明度等参数，如图12-3-8、图12-3-9所示。

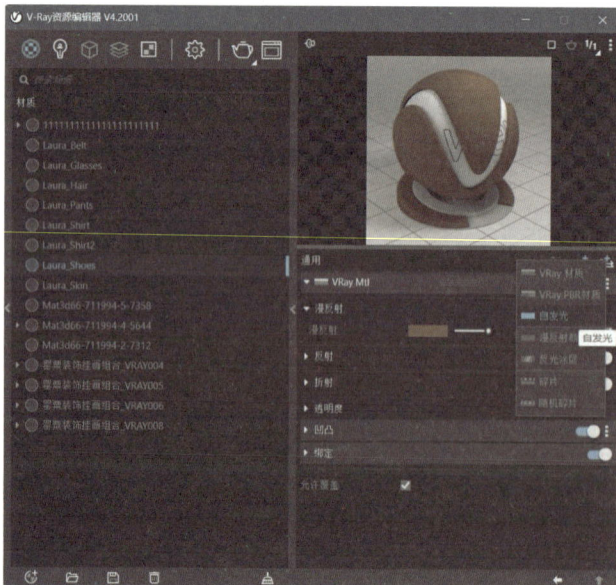

图12-3-8

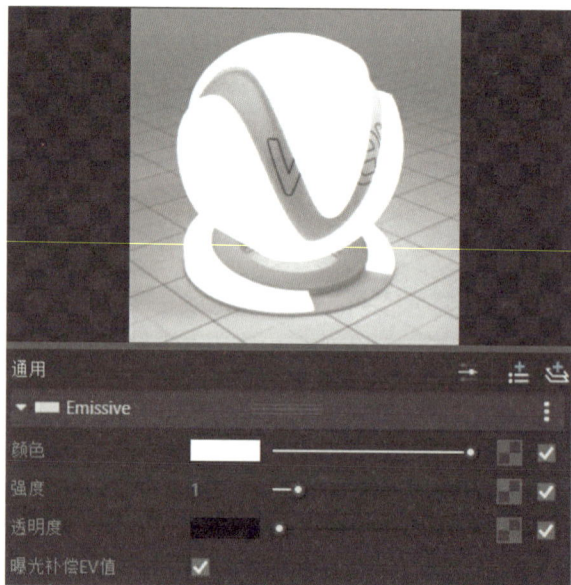

图12-3-9

12.4　V-Ray for SketchUp 渲染器设置

V-Ray 渲染器的参数是比较复杂的，但是大部分参数只需要保持默认设置就可以满足效果图渲染需求，真正需要手动设置的参数不多。在"V-Ray 资源编辑器"面板的"设置"页面中，单击左侧的选项栏即可在右侧展开该选项的渲染设置卷展栏，如图 12-4-1 所示。

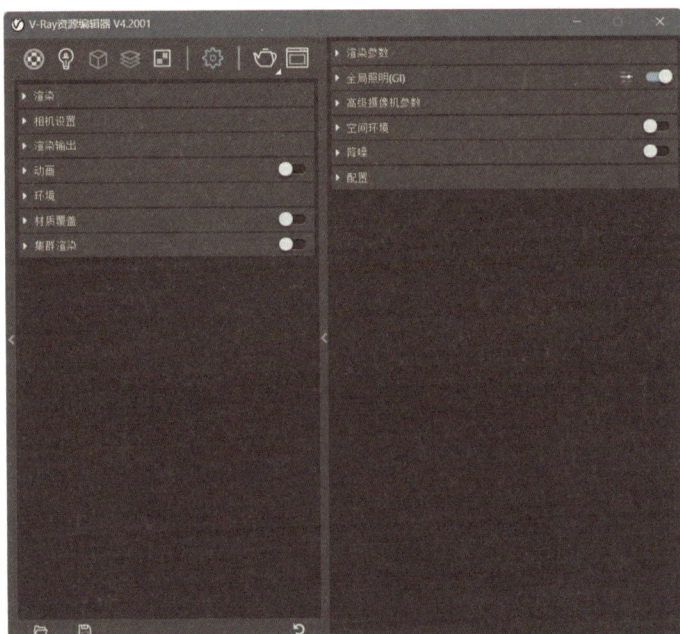

图12-4-1

12.4.1 渲染设置

渲染设置选项栏提供了对常见渲染功能的便捷访问方式，如渲染引擎的选择、互动模式与渐进式模式的开关、渲染质量的选择，如图 12-4-2 所示。

渲染引擎可在 CPU、CUDA 和 RTX 之间切换，三种渲染引擎的选择需要基于电脑配置条件。"渲染引擎"默认选择"CPU"，是渲染最慢但最成熟的渲染技术。

互动模式使交互式渲染引擎能够在场景中编辑对象、灯光和材质的同时查看渲染器图像的更新。"互动模式"与"渐进式"模式不可同选。

渐进式模式开启后，渲染噪点均匀分布在整幅图像中，开启后图像画面以尽可能快的速度完整呈现，一般默认开启。

渲染质量选项可自动调整光线跟踪全局照明设置。

降噪功能开启后可在右侧详细的卷展栏中选择相关设置，如图 12-4-3 所示。

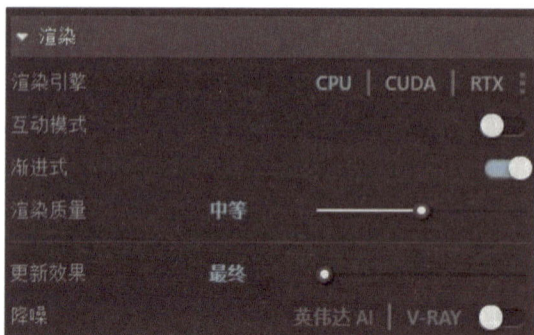

图12-4-2

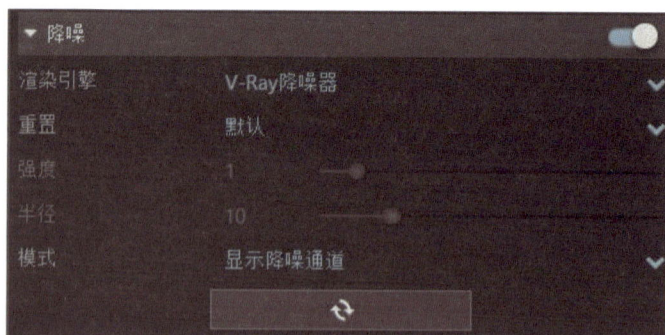

图12-4-3

12.4.2 相机设置

相机设置主要用于控制场景几何体投影到图像上的方式，V-Ray 中的摄像机通常用于定义投射到场景中的光线，也就是将场景投射到屏幕上，如图 12-4-4 所示。

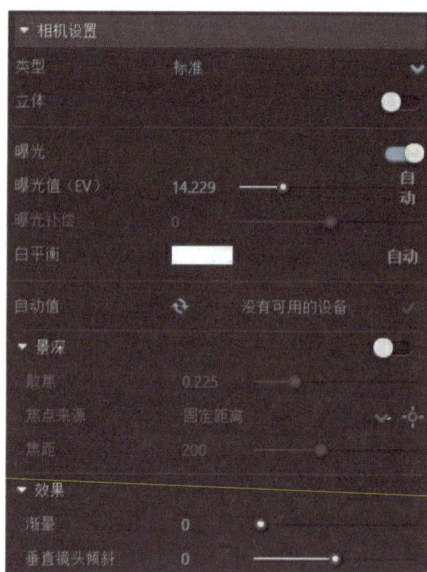

图12-4-4

相机设置中常用的选项是曝光和景深。曝光用来控制相机对场景照明级别的灵敏度，调整图像整体的亮度。景深是一种特殊的镜头效果，可以突出场景中的某个对象，或者增强场景的纵深感。开启景深效果后需要设定焦点位置，距离焦点越近的物体越清晰，反之则越模糊。

景深中包括散焦、焦点来源和焦距三个参数。

散焦指光线不在焦点会聚，而是呈发散状态，相机散焦成像，与聚焦相反。

焦点的选取通过点击按钮，在摄像机视口中拾取合适的点，确定焦点在三维空间中的位置。

焦距就是焦点到场景中心点之间的距离，对焦的距离影响着景深，并决定场景的哪一部分将对焦。

12.4.3 渲染输出

在渲染输出卷展栏中根据需要修改图像输出尺寸、设定长宽比以及预设图像保存路径，如图 12-4-5 所示。打开渲染安全框，SketchUp 模型操作界面会根据设定好的图像尺寸显示安全框，可以帮助把控图像画面构图，如图 12-4-6 所示。

图12-4-5

图12-4-6

12.4.4 环境

环境也就是场景所在环境，包括背景和全局照明两部分。通过环境卷展栏中的参数调整，不仅可以根据需求选择场景背景颜色，还可以控制场景的天光、天光的亮度与颜色，以及天光的贴图和反射、折射环境，如图 12-4-7、图 12-4-8 所示。

图12-4-7

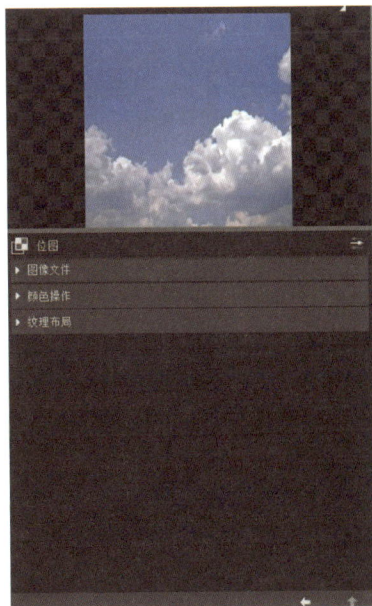

图12-4-8

背景开启后，可以点击"色彩选择器" ▮▮▮▮▮更换背景颜色和倍增值，颜色选择黑色可导出透明背景，如图12-4-9所示，也可更换其他颜色，如图12-4-10所示，还可以点击▮按钮选择所需的背景贴图，如图12-4-11所示。

全局照明也就是 V-Ray 的 GI 环境光，反射和折射一般为黑色，默认开启，全局照明、反射、折射均可更改颜色和倍增值，也可以添加位图模拟真实的环境照明。

图12-4-9

图12-4-10

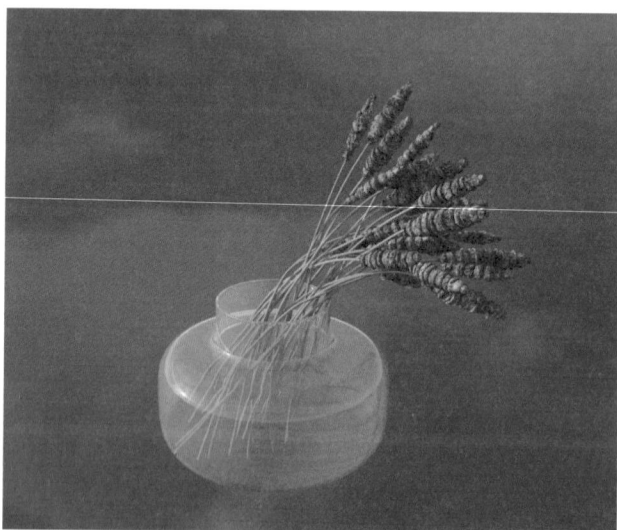

图12-4-11

12.5　室内空间效果图渲染案例

下面以客厅空间为例，学习在渲染阶段中材质的调整和室内外灯光的布置。

12.5.1　创建场景

（1）打开案例源文件"客厅 .skp"，如图 12-5-1 所示。

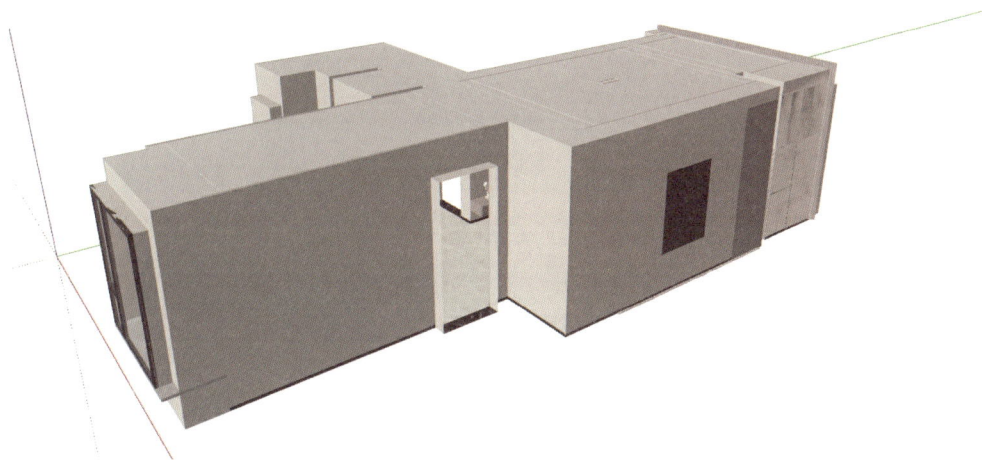

图12-5-1

（2）在合适的位置创建剖面，帮助确定视图角度和相机位置，并将场景视角调整为"两点透视图"，如图 12-5-2、图 12-5-3 所示。

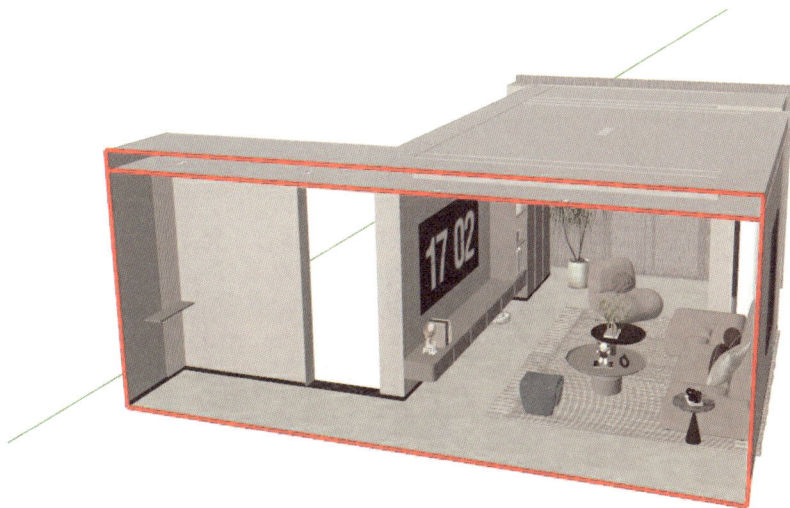

图12-5-2

图12-5-3

（3）执行"视图—动画"菜单命令创建"场景号1"，如图12-5-4所示。

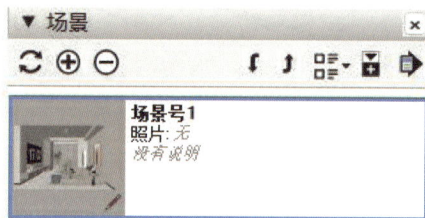

图12-5-4

12.5.2 室外天光

（1）单击"穹顶灯"按钮🍥，将穹顶灯放置在无限平面的位置，如图12-5-5所示。

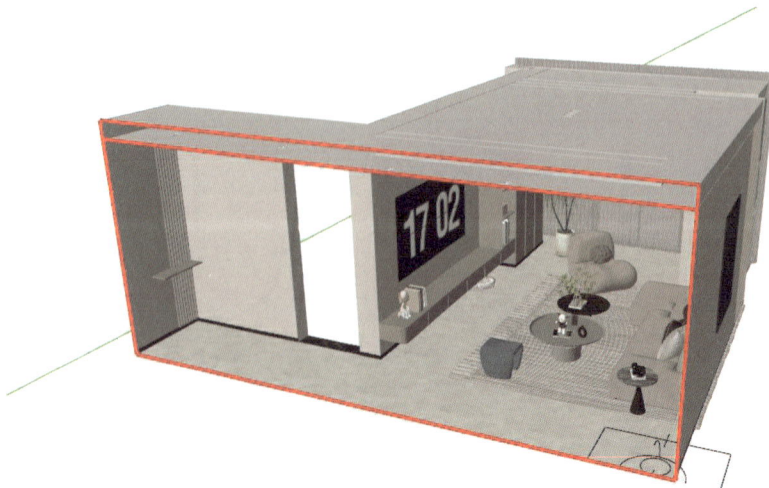

图12-5-5

（2）在"V-Ray资源编辑器"面板的"光源"选项栏中选中所添加的穹顶灯光源，形状选择"球形"，在右侧的参数编辑区中点击■按钮，添加HDR贴图，为室外窗景添加景色，如图12-5-6所示。

（3）点击弹出的位图编辑区域的"文件"添加预先准备好的图片文件，在"色彩空间"选项选择"屏幕空间（sRGB）"，在"纹理布局"中的"贴图"选项选择"屏幕"，点击底部的返回键返回，如图12-5-7所示。

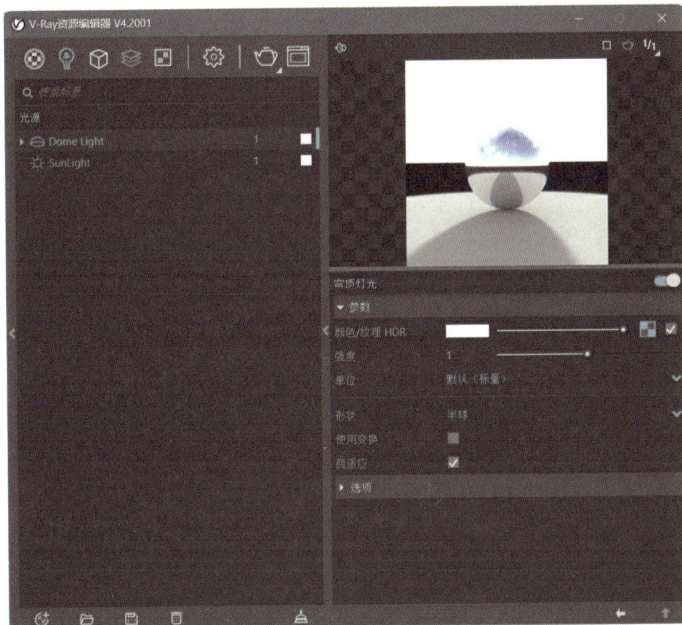

图12-5-6

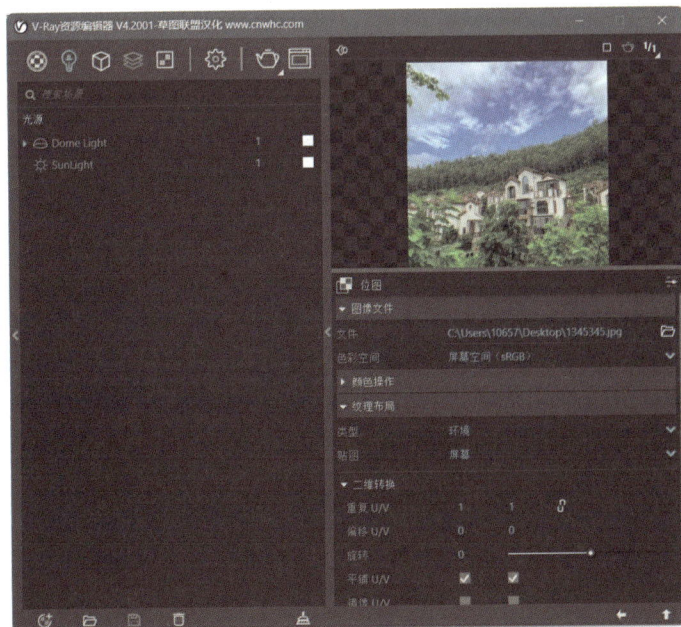

图12-5-7

（4）设定好参数之后渲染预览图，根据需求调整穹顶灯强度，如图 12-5-8、图 12-5-9 所示。

（5）打开阴影工具栏调整合适的日期和时间，在室内呈现漂亮的阳光阴影，如图 12-5-10 所示。

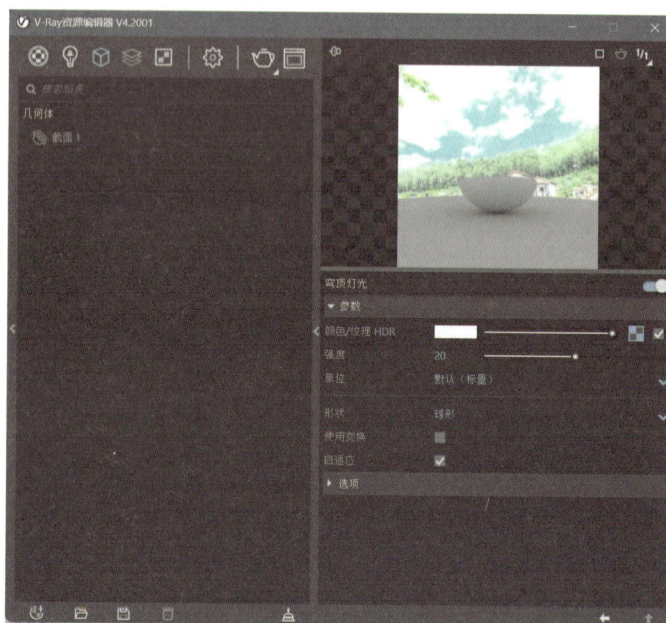

图12-5-8

图12-5-9

图12-5-10

12.5.3 室内灯光

（1）单击"IES 灯"按钮 为客厅的射灯放置相应的 IES 灯光，如图 12-5-11 所示。根据渲染的预览图调整 IES 光源的颜色和强度，如图 12-5-12 所示。

图12-5-11

图12-5-12

（2）将灯罩设定为自发光，进一步模拟真实场景中的灯具状态。在"V-Ray 资源编辑器"面板中找到灯罩材质，添加自发光层，调整自发光颜色和发光强度，如图 12-5-13、图 12-5-14 所示。

（3）点击"矩形灯"按钮 在吊顶和电视柜底部创建所需尺寸的灯带，调整光源颜色和光源强度，添加装饰性灯带，为客厅增加氛围性灯光，如图 12-5-15 所示。

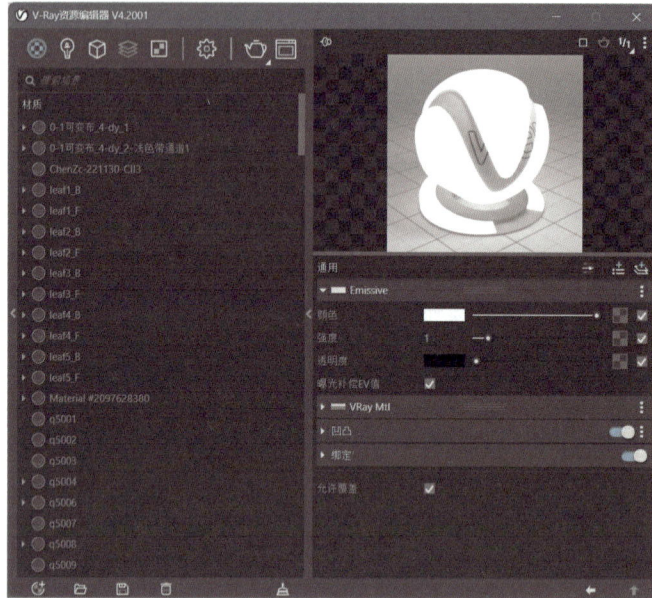

图12-5-13

图12-5-14

图12-5-15

12.5.4 材质设置

（1）设置沙发皮革材质，在"V-Ray 资源编辑器"面板中打开沙发皮革材质的参数区，点击"凹凸贴图"添加预先选好的皮革贴图，根据预览图修改反射光泽度和凹凸数量值，如图 12-5-16 所示。

（2）设置茶几材质，该材质应具有一定的反射属性，可根据预览图修改反射颜色和反射光泽度的参数值，如图 12-5-17 所示。

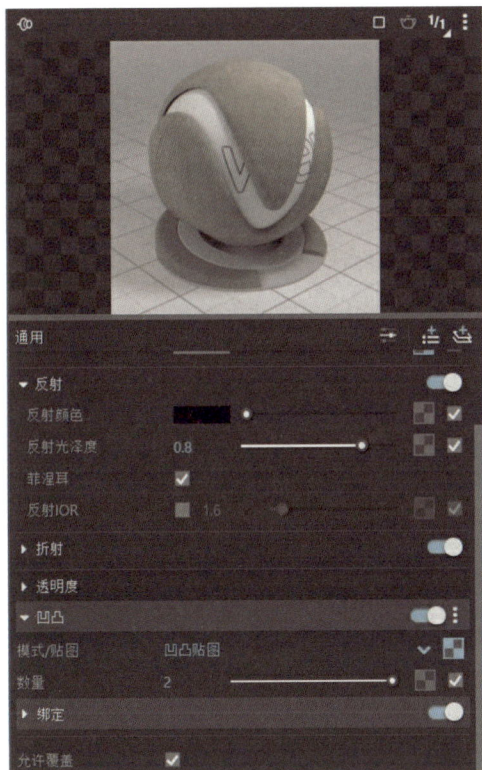

图12-5-16

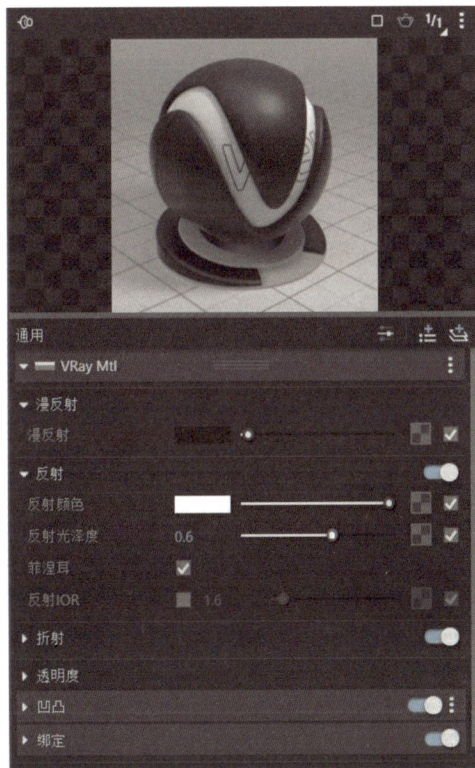

图12-5-17

（3）设置乳胶漆墙面材质，添加乳胶漆质感的凹凸贴图，根据预览图修改反射光泽度和凹凸数量值，如图 12-5-18 所示。

（4）设置地面水泥自流平材质，添加哑光水泥质感的凹凸贴图，修改反射颜色、反射光泽度与凹凸数量值参数，如图 12-5-19 所示。

（5）设置地毯材质，添加编织纹理的凹凸贴图，修改凹凸数量值参数，如图 12-5-20 所示。

（6）设置木柜材质，添加木材质感的凹凸贴图，修改反射颜色、反射光泽度和凹凸数量值参数，如图 12-5-21 所示。

（7）设置电视显示屏材质，修改反射颜色和反射光泽度参数，如图 12-5-22 所示。

（8）渲染效果如图 12-5-23 所示。

图12-5-18

图12-5-19

图12-5-20

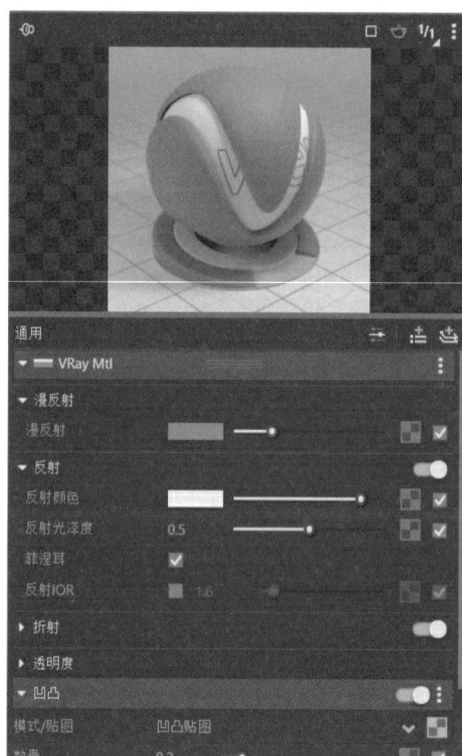

图12-5-21

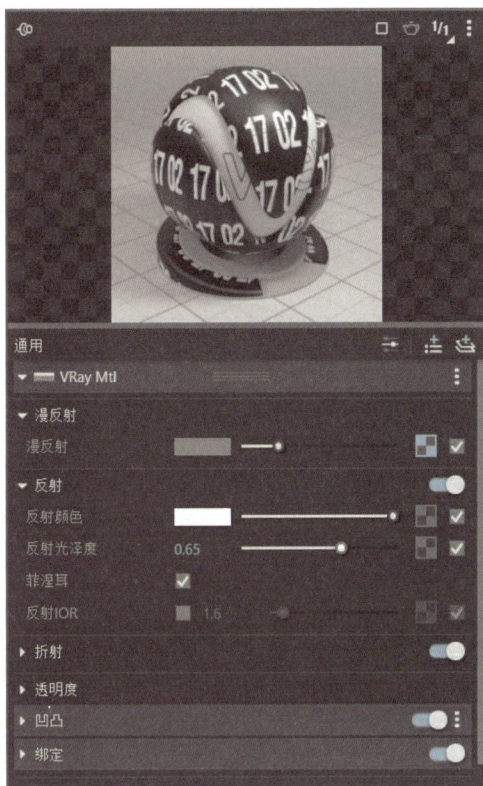

图12-5-22

图12-5-23

12.5.5 效果图后期处理

灯光和材质设置完成之后，进入最终的渲染出图阶段。

（1）目测当前效果图有对比度过大、饱和度略低、明度较暗、色调偏冷的问题，打开全局渲染设置面板，点开曝光、色相 / 饱和度、色彩平衡选项栏对效果图的对比度、饱和度、明度及色调进行调整，如图 12-5-24 所示。

（2）最终效果渲染完成，保存图片，如图 12-5-25 所示。

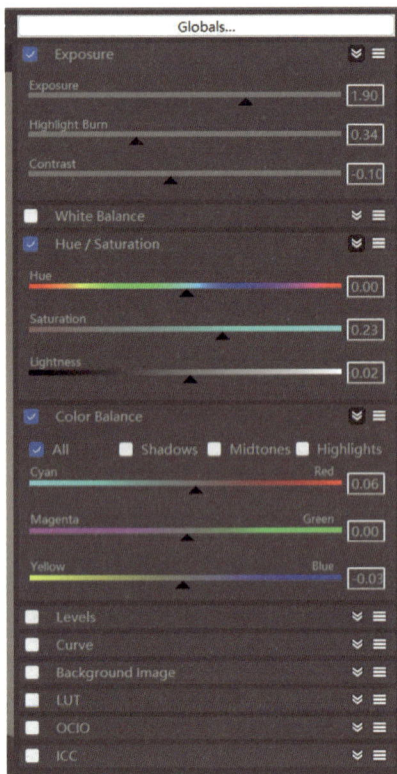

图12-5-24

图12-5-25

本章小结

本章主要介绍了 V-Ray for SketchUp 渲染器的构成与使用方法，并与室内案例结合渲染效果图。学完本章后，读者应重点掌握以下内容：

◆点击"样本颜料"工具✏吸取需要设置渲染参数的材质，"V-Ray 资源编辑器"面板会自动显示该材质属性。

◆漫反射层主要用于表现材质的固有颜色，可以多个重复添加并单独编辑，以表现更丰富的漫反射颜色。

◆渲染效果图后期处理可在"V-Ray 资源编辑器"面板中调整，也可保存后在 Photoshop 中调整。

◆场景中的物体质感主要是通过或清晰或模糊的反射属性来表现的，可在"反射颜色"选项中更换反射颜色和倍增值，黑色为不反射，白色为完全反射。

◆折射用于设置透明材质，在表现透明材质时需要添加折射属性。

◆凹凸用于模拟粗糙的表面，将带有深度变化的材质纹理赋予物体，经过光线渲染处理后，物体表面会呈现凹凸不平的光影质感。

◆矩形灯用于创建环补光与隐藏灯带，球灯均匀散射的灯光适用于台灯、点灯等点光源，IES 灯主要用于射灯、吊灯等光源。

　　◆矩形灯可任意编辑其大小、尺寸和方向。

　　◆穹顶灯是 V-Ray 灯光中的专属光源，可模拟物理天空的区域光源，常用在空间较为宽广的礼堂、大厅等室内场景，或在室外模拟环境光，创建于场景中的圆顶或球形内，以覆盖传统的全局照明设置。

　　◆环境中的背景默认开启，可任意更换背景颜色，颜色选择黑色可导出透明背景，也可添加贴图设置所需的背景贴图。

　　◆全局照明、反射、折射均可更改颜色和倍增数，也可以添加位图模拟真实的环境照明。